CASOS CLÍNICOS
EM NEUROCIÊNCIAS

C341   Casos clínicos em neurociências / Toy... [et al.] ;
        tradução e revisão técnica: Maria Elisa Calcagnotto. – 2. ed. –
        Porto Alegre : AMGH, 2016.
        xiv, 418 p. ; 23 cm.

        ISBN 978-85-8055-537-0

        1. Neurociências – Casos clínicos. I. Toy, Eugene C.

                                                          CDU 616.8

Catalogação na publicação: Poliana Sanchez de Araujo – CRB 10/2094

2ª Edição

CASOS CLÍNICOS
EM NEUROCIÊNCIAS

TOY • SNYDER • NEMAN • JANDIAL

Tradução e revisão técnica:
Maria Elisa Calcagnotto
Professora adjunta do Departamento de Bioquímica,
Programa de Pós-Graduação em Bioquímica e Programa de Pós-Graduação
em Neurociências da Universidade Federal do Rio Grande do Sul (UFRGS).
Médica Neurologista. Doutora em Neurologia/Neurociências
pela Universidade Federal de São Paulo (UNIFESP).
Pós-doutora em Neurofisiologia Básica (eletrofisiologia)
pelo Montreal Neurological Institute (MNI-McGill),
pela University of California, San Francisco (UCSF),
pela UNIFESP, pelo Centro Andaluz de Biología
Molecular y Medicina Regenerativa (CABIMER),
e pelo Departamento de Bioquímica da UFRGS.

McGraw Hill Education | artmed

AMGH Editora Ltda.

2016

Obra originalmente publicada sob o título *Case Files in Neuroscience*, 2nd Edition
ISBN 007179025X / 9780071790253

Original edition copyright©2014, The McGraw-Hill Global Education Holdings, LLC, New York, New York 10121. All rights reserved.

Portuguese language translation copyright©2016, AMGH Editora Ltda., a Grupo A Educação S.A. company. All rights reserved.

Gerente editorial: *Letícia Bispo de Lima*

Colaboraram nesta edição

Editora: *Mirela Favaretto*

Preparação de originais: *Luana Janini Peixoto Neumann*

Leitura final: *Rebeca dos Santos Borges*

Arte sobre capa original: *Márcio Monticelli*

Editoração: Bookabout – *Roberto Carlos Moreira Vieira*

NOTA

A medicina é uma ciência em constante evolução. À medida que novas pesquisas e a experiência clínica ampliam o nosso conhecimento, são necessárias modificações no tratamento e na farmacoterapia. Os autores desta obra consultaram as fontes consideradas confiáveis, em um esforço para oferecer informações completas e, geralmente, de acordo com os padrões aceitos à época da publicação. Entretanto, tendo em vista a possibilidade de falha humana ou de alterações nas ciências médicas, os leitores devem confirmar estas informações com outras fontes. Por exemplo, e em particular, os leitores são aconselhados a conferir a bula de qualquer medicamento que pretendam administrar, para se certificar de que a informação contida neste livro está correta e de que não houve alteração na dose recomendada nem nas contraindicações para o seu uso. Essa recomendação é particularmente importante em relação a medicamentos novos ou raramente usados.

Reservados todos os direitos de publicação, em língua portuguesa, à
AMGH EDITORA LTDA., uma parceria entre GRUPO A EDUCAÇÃO S.A.
e McGRAW-HILL EDUCATION
Av. Jerônimo de Ornelas, 670 – Santana
90040-340 – Porto Alegre – RS
Fone: (51) 3027-7000 Fax: (51) 3027-7070

Unidade São Paulo
Av. Embaixador Macedo Soares, 10.735 – Pavilhão 5 –
Cond. Espace Center – Vila Anastácio
05095-035 – São Paulo – SP
Fone: (11) 3665-1100 Fax: (11) 3667-1333
SAC 0800 703-3444

É proibida a duplicação ou reprodução deste volume, no todo ou em parte, sob quaisquer formas ou por quaisquer meios (eletrônico, mecânico, gravação, foto cópia, distribuição na Web e outros), sem permissão expressa da Editora.

IMPRESSO NO BRASIL
PRINTED IN BRAZIL

AUTORES

Eugene C. Toy, M.D.
Vice Chair of Academic Affairs and
Residency Program Director
Department of Obstetrics and Gynecology
Houston Methodist Hospital
John S. Dunn Sr. Academic Chair of
Obstetrics and Gynecology
St. Joseph Medical Center
Houston, Texas
Clerkship Director and Clinical Professor
Department of Obstetrics and Gynecology
University of Texas Medical School at
Houston
Houston, Texas

Evan Yale Snyder, M.D., Ph.D
Professor and Director
Center for Stem Cells & Regenerative
Medicine
Sanford-Burnham Medical Research
Institute
Department of Pediatrics
University of California-San Diego
La Jolla, California

Josh Neman, Ph.D.
Assistant Professor, Research
Department of Neurological Surgery
Keck School Medicine
University of Southern California
Los Angeles, California
Formerly:
Research Fellow
Division of Neurosurgery
City of Hope Comprehensive
Cancer Center
Beckman Research Institute
Duarte, California

Rahul Jandial, M.D., Ph.D.
Assistant Professor, Neurosurgery
City of Hope Comprehensive
Cancer Center
Beckman Research Institute
Duarte, California

Allison L. Toy
Senior Nursing Student
Scott & White Nursing School
University of Mary Hardin-Baylor
Belton, Texas
Revisora de originais

Athena R. Anderson, M.S.
Research Associate
Department of Neurosurgery
City of Hope
Duarte, California
Hemorragia intracerebral e hipertensão intracraniana

Cecilia Choy, M.S.
Doctoral Student, Class of 2015
Division of Neurosurgery
City of Hope
Duarte, California
Hemorragia intracerebral e hipertensão intracraniana

John L. Raytis, M.D.
Assistant Clinical Professor
Department of Anesthesiology
City of Hope National Medical Center
Duarte, California
Hemorragia intracerebral e hipertensão intracraniana

Josh Neman, Ph.D.
Assistant Professor, Research
Department of Neurological Surgery
Keck School Medicine
University of Southern California
Los Angeles, California
Anteriormente:
Research Fellow
Division of Neurosurgery
City of Hope Comprehensive Cancer Center
Beckman Research Institute
Duarte, California
Abordagem à aprendizagem em neurociências; Adição; Audição; Células-tronco neurais; Cognição espacial; Consciência; Controle do movimento; Controle neural; Desenvolvimento do sistema nervoso central; Determinação do destino celular; Distúrbios de linguagem;

Doença de Alzheimer; Eixo neuroendócrino; Fatores de crescimento do nervo; Formação do córtex cerebral; Funções executivas; Funções regulatórias do hipotálamo; Hipertermia; Integração sináptica; Junção neuromuscular; Lateralidade encefálica; Lesão axonal; Liberação de neurotransmissores; Migração neuronal; Movimentos oculares; Neurogênese; Neurulação; Nocicepção; Olfação; Percepção visual; Propriedades elétricas dos neurônios e potencial de repouso da membrana; Propriocepção; Reparo neural; Respiração; Síndromes de desconexão; Sono e sistema límbico; Sistema nervoso parassimpático; Sistema nervoso periférico; Sistema nervoso simpático; Sistema reticular ativador ascendente; Tipos celulares do sistema nervoso; Tipos de neurotransmissores; Via espinotalâmica; Visão

Michael W. Lew, M.D.
Professor and Chair
Department of Anesthesiology
City of Hope National Medical Center
Duarte, California
Hemorragia intracerebral e hipertensão intracraniana

Tatsuhiro Fujii
Medical Student, Class of 2016
Keck School of Medicine
University of Southern California
Los Angeles, California
Bainha de mielina e potencial de ação; Cerebelo; Desenvolvimento do sistema nervoso central; Formação do córtex cerebral; Neurônio; Núcleos da base; Receptores de neurotransmissores; Sinapses; Tipos celulares do sistema nervoso

AUTORES DA PRIMEIRA EDIÇÃO

Allen Ho, M.D.
Resident, Department of Neurosurgery
School of Medicine
Stanford University
Stanford, California
Células-tronco neurais; Fatores de crescimento do nervo; Lesão axonal; Reparo neural

Amol M. Shah
Medical Student, Class of 2011
University of California
San Diego School of Medicine
San Diego, California
Adição; Controle neural; Respiração; Sistema reticular ativador ascendente

Andrew D. Nguyen, M.D., Ph.D.
Assistant Professor of Neurosurgery
University of California San Diego Health System
San Diego, California
Formação do córtex cerebral; Determinação do destino celular; Desenvolvimento do sistema nervoso central; Migração neuronal; Neurogênese; Neurulação; Sistema nervoso periférico

Brett Reichwage, M.D.
Resident Neurosurgeon
Division of Neurological Surgery

University of Florida
Gainesville, Florida
Adição; Controle neural; Eixo neuroendócrino; Funções regulatórias do hipotálamo; Hipertermia; Respiração; Sistema nervoso parassimpático; Sistema nervoso simpático; Sistema reticular ativador ascendente; Sono e sistema límbico

Evan Ou
Medical Student, Class of 2011
University of California, San Diego School of Medicine
San Diego, California
Consciência; Funções executivas; síndromes de desconexão

Lissa C. Baird, M.D.
Resident in Neurosurgery
Division of Neurosurgery
University of California, San Diego
Medical Center
San Diego, California
Audição; Cerebelo; Controle do movimento; Movimentos dos olhos; Nocicepção; Núcleos da base; Olfação; Propriocepção; Via espinotalâmica; Visão

Mary Kendall Thoman
Medical Student, Class of 2010
University of Texas Medical School at Houston
Houston, Texas
Células-tronco neurais; Fatores de crescimento do nervo; Lesão axonal; Reparo neural

Melanie Hayden Gephart, M.D., MAS
Resident Neurosurgeon
Department of Neurosurgery
Stanford University Hospital and Clinic
Stanford, California
Cognição espacial; Consciência; Distúrbios de linguagem; Doença de Alzheimer; Funções executivas; Lateralidade encefálica; Percepção visual; Síndromes de desconexão

Min S. Park, M.D.
Division of Neurosurgery
Naval Medical Center San Diego
San Diego, California
Bainha de mielina e potencial de ação; Integração sináptica; Junção neuromuscular; Liberação de neurotransmissores; Neurônio; Propriedades elétricas dos neurônios e potencial de repouso da membrana; Receptores de neurotransmissores; Sinapses; Tipos celulares do sistema nervoso; Tipos de neurotransmissores

Pooja Rani Patel, M.D.
Resident, Department of Obstetrics and Gynecology
Anteriormente: Medical Student, Class of 2008
Baylor College of Medicine
Houston, Texas
Abordagem à aprendizagem em neurociências; Principal revisora e coordenadora de originais; Via espinotalâmica

DEDICATÓRIA

Para minha mentora, Dra. Patricia Butler, que, como Reitora Associada do Programa de Educação da University of Texas Medical School, em Houston, inspira a todos a excelência na disseminação do conhecimento. Ela teve influência muito grande sobre inúmeros estudantes e professores de medicina.

– ECT

Meu trabalho neste livro é dedicado à memória de meu pai, Harry Snyder, e em homenagem a minha mãe, Martha Snyder, que me inspiram a buscar a excelência em ajudar os outros. Também o dedico a meus filhos, Ciaran e Madden, que espero inspirar da mesma forma. Por fim, dedico este trabalho a minha esposa, Angela, que me ajuda a ser o melhor que posso.

– EYS

Para meus maiores mentores – meus pais, Joseph e Farideh. Sua orientação e apoio me permitiram seguir sempre minha paixão e meus sonhos. Por isso, sou eternamente grato.

– JN

Para meu avô Mani Ram Jandial, pela criação de uma família com fidelidade e audácia, princípios pelos quais continuo sendo beneficiado e espero poder passar para meus próprios filhos amados, Ronak, Kai e Zain.

– RJ

AGRADECIMENTOS

A inspiração para esta série de ciências básicas ocorreu em um retiro educacional liderado pelo Dr. Maximillian Buja, que na época era o diretor da faculdade de medicina. Dr. Buja foi o reitor da University of Texas Health Science Center no Houston Medical School de 1995 a 2003 antes de ser nomeado vice-presidente executivo de Assuntos Acadêmicos. Tem sido uma grande alegria trabalhar em conjunto com os Drs. Jandial e Snyder e, mais recentemente, com Josh Neman, que são neurocientistas e professores brilhantes.

Gostaria de agradecer a McGraw-Hill por acreditar no conceito de ensino por meio de casos clínicos. Tenho uma grande dívida para com Catherine Johnson, que tem sido uma editora fantasticamente encorajadora e entusiasmada. Tem sido incrível trabalhar com minha filha Allison, estudante de enfermagem sênior do Scott and White School of Nursing; ela é uma astuta revisora de originais e, já em seu início de carreira, tem boa perspicácia clínica e um estilo de redação muito claro. Gostaria de reconhecer nossos excelentes administradores no St. Joseph Medical Center: Pat Mathews e os Drs. Thomas Taylor e John Bertini. Agradeço o aconselhamento e a assistência dos Drs. Mark Boom, Judy Paukert e Alan Kaplan e de Linda Bergstrom, no Methodist Hospital. Sem a ajuda de meus colegas, Drs. Konrad Harms, Priti Schachel e Gizelle Brooks-Carter, esta obra não poderia ter sido escrita. Mais importante, sou imensamente grato pelo amor, carinho e incentivo de minha adorável esposa, Terri, e de nossos filhos: Andy e sua esposa Anna, Michael, Allison e Christina.

Eugene C. Toy, M.D.

PREFÁCIO

Agradecemos a todos os amáveis comentários e sugestões de muitos estudantes de medicina nos últimos cinco anos. Sua recepção positiva tem sido um incentivo incrível para a série *Casos Clínicos*. Nesta segunda edição de *Casos Clínicos em Neurociências*, o formato básico do livro foi mantido. Melhorias foram feitas na atualização de muitos capítulos, incluindo uma nova seção de correlação de casos, em que casos relacionados são referenciados para permitir que o aluno revise outros conceitos neurobiológicos ou patológicos. Foi adicionado um novo caso de hemorragia subaracnóidea. Foram incluídas dicas em neurociência com aspectos clínicos importantes, e as questões de múltipla escolha foram cuidadosamente revisadas e reescritas. Com esta segunda edição, esperamos que o leitor continue a gostar de aprender a realizar diagnósticos e tratamentos por meio dos casos clínicos simulados. É certamente um privilégio ser professores de tantos alunos entusiasmados e receptivos, e é com humildade que apresentamos esta segunda edição.

Os Autores

SUMÁRIO

SEÇÃO I
Abordagem à aprendizagem em neurociências 1

Parte 1. Quadro geral 2
Parte 2. Conhecer as vias 2
Parte 3. Entender a terminologia 3

SEÇÃO II
Casos clínicos 5

SEÇÃO III
Lista de Casos 399

Lista por número do caso 401
Lista por assunto (em ordem alfabética) 402

Índice 403

INTRODUÇÃO

Dominar áreas extensas e variadas do conhecimento dentro de um campo tão amplo como a neurociência não é uma tarefa fácil. É ainda mais difícil extrair o conhecimento, relacioná-lo com casos clínicos e aplicá-lo ao contexto do paciente individualmente. Para aprender essas habilidades, bons modelos, orientação adequada por professores experientes e inspiração para uma leitura assídua e autodirigida são fundamentais. Claramente, não há substituto para a educação no laboratório de pesquisa. Mesmo com conhecimento exato da ciência básica, a aplicação desse conhecimento nem sempre é fácil. Assim, esta coleção de casos de pacientes foi projetada para simular uma abordagem clínica e enfatizar a relevância clínica nas neurociências. No entanto, também é importante lembrar que, embora muitas vezes se mencione que "a pesquisa no laboratório vai até o leito clínico", na verdade, a curiosidade e a perspicácia das hipóteses do clínico é que impulsionam pesquisadores básicos a refletir sobre certas questões no laboratório. Por isso, é igualmente poderoso dizer que o caminho é "do leito clínico ao laboratório de pesquisa". É por esse caminho que esperamos que este livro também estimule seus leitores.

Mais importante ainda, as explicações dos casos enfatizam mecanismos e princípios de estrutura-função, em vez de questões e respostas meramente repetitivas. Este livro está organizado de forma versátil para permitir que o aluno "com pressa" conheça rapidamente os diferentes cenários clínicos e verifique as respostas correspondentes ou considere as explicações instigantes. As respostas estão organizadas do simples ao complexo: exposição da resposta, uma correlação clínica do caso, uma abordagem ao tema pertinente, incluindo objetivos e definições, um teste de compreensão no final, dicas em neurociência para maior ênfase e uma lista de referências para leitura adicional. Uma lista de casos está incluída na Seção III para auxiliar o aluno que deseja testar seu conhecimento em determinada área ou rever um tópico incluindo definições básicas. Intencionalmente utilizamos perguntas abertas nos casos clínicos para incentivar o aluno a pensar por meio de relações e mecanismos.

SEÇÃO I

Abordagem à aprendizagem em neurociências

Parte 1. Quadro geral
Parte 2. Conhecer as vias
Parte 3. Entender a terminologia

1. Quadro geral

A neurociência é única, pois integra um entendimento da ciência em vários níveis, a partir de uma compreensão molecular de eventos, como, por exemplo, desde os receptores ao nível das sinapses até uma compreensão global dos tratos sensoriais/motores e suas interações espaciais. É por meio do entendimento de todos estes conceitos que o aluno pode compreender melhor as apresentações clínicas dos distúrbios neurológicos e a teoria envolvida nas diferentes opções de tratamento. O aluno deve abordar cada tópico em neurociência em ambos os aspectos, se aplicável. Por exemplo, ao estudar a esclerose múltipla (EM), o aluno deve compreender que essa doença em nível molecular envolve a destruição de oligodendrócitos, responsáveis pela formação e pela manutenção da bainha de mielina em torno dos axônios do sistema nervoso central. O estudante, então, deve revisar os nódulos de Ranvier e os conceitos relativos à condução saltatória do potencial de ação. Em seguida, ele deve avaliar a condição de uma perspectiva neuroanatômica. Por exemplo, se o paciente com EM apresenta prejuízo na adução do olhar à direita, mas convergência normal e abdução normal ao olhar para a esquerda, o aluno terá condições não só de diagnosticar que o paciente possui uma oftalmoplegia intranuclear (OIN) à esquerda, mas também de entender que a lesão se localiza no fascículo longitudinal medial (FLM) à esquerda, e poderá seguir com a revisão da anatomia do trato FLM (ou seja, o FLM à esquerda conecta o núcleo do VI par craniano à esquerda com o núcleo do II par craniano à direita). O aluno deve se esforçar para compreender que tais sintomas fazem sentido, em vez de confiar na simples memorização.

2. Conhecer as vias

Não há qualquer maneira de evitar isto: o aluno tem de memorizar as várias vias neurais (ou seja, o trato espinotalâmico, o trato corticospinal, etc.) **de trás para frente**. É mais fácil primeiro estudar cada trato separadamente e memorizar o caminho exato que os neurônios percorrem pelo corpo, anotando todas decussações ou sinapses para que o aluno possa determinar se as lesões irão produzir os sintomas ipsilateral (mesmo lado da lesão) ou contralateral (lado oposto à lesão), ou que núcleos estão envolvidos. O **segundo passo** seria **sintetizar esta informação** por meio da observação de várias secções transversais do sistema nervoso (a partir da medula espinal até o encéfalo) e ser capaz de identificar onde cada trato se localiza, revendo ao mesmo tempo a direção de cada um. É importante notar que os termos *a montante* e *a jusante* podem ser espacialmente diferentes, dependendo do trato referido. Por exemplo, no caso do trato corticospinal, *a montante* significa uma secção transversal *acima* do nível que está sendo estudado, uma vez que o sentido desse trato é descendente (o sentido da informação desloca-se caudalmente). No entanto, quando nos referimos ao trato espinotalâmico, *a montante* significa uma secção transversal *inferior* à que está sendo estudada, uma vez que o sentido desse trato é ascendente (o sentido da informação desloca-se cranialmente). A terceira etapa envolve conhecer as secções transversais tão completamente que o estudante pode visualizar ou desenhar qualquer secção transversal, incorporando todos os tratos e núcleos envolvidos nessa secção. Durante todo o processo de estudo, os alunos devem estar se perguntando: *se houver uma lesão nessa estrutura ou a este nível, que sintomas* i*rão se manifestar?*

3. Entender a terminologia

Embora seja mais fácil memorizar a terminologia médica sem entender a origem do termo, é muito mais eficaz a longo prazo compreender a razão por trás do nome de uma estrutura ou condição patológica. Voltando ao nosso exemplo da EM, o termo *esclerose* refere-se às placas ou lesões na substância branca, enquanto o termo *múltipla* se refere à variedade de local e tempo. Em outras palavras, a fim de diagnosticar EM, o paciente deve ter pelo menos duas lesões anatomicamente distintas que ocorrem em dois períodos diferentes. Da mesma forma, o estudante não deve simplesmente memorizar estruturas como o *trato espinotalâmico* e os *tratos corticospinais* anteriormente mencionados. Em vez disso, deve entender que o *trato espinotalâmico* recebe a informação no nível da medula espinal que percorre até fazer sinapses nos núcleos talâmicos. Da mesma forma, o *trato corticospinal* envia informação proveniente de células no córtex motor para a medula espinal, o que, no final, coordena o movimento muscular via neurônios motores inferiores.

DICAS DE NEUROCIÊNCIAS

- ▶ O estudante deve procurar entender a neurociência em nível molecular, sináptico e em um nível mais elevado, como o nível do trato sensorial/motor.
- ▶ A compreensão das vias neurais deve permitir ao aluno sintetizar, imaginar e desenhar as secções transversais desde o encéfalo até a medula espinal.
- ▶ O aluno deve se esforçar para entender a terminologia médica, em vez de simplesmente memorizá-la.

SEÇÃO II

Casos clínicos

CASO 1

Um paciente de 53 anos chega à emergência após uma crise epiléptica generalizada de início recente. Após a crise, ele se apresenta alerta e orientado quanto a pessoa, lugar e tempo, embora não tenha qualquer memória específica da ocorrência da crise. Não se observam déficits neurológicos ao exame físico, mas a imagem por ressonância magnética (RM) e a tomografia por emissão de pósitrons (PET, *positron emission tomography*) indicam a presença de uma lesão cerebral. O paciente é submetido à cirurgia para ressecção do tumor e é diagnosticado com um tumor encefálico maligno primário identificado como um glioblastoma multiforme (GBM). O plano do neurocirurgião é colocar o paciente sob profilaxia antiepiléptica de longo prazo e esteroides em combinação com radioterapia estereotáxica.

▶ Que outros tipos de tumores têm estreita relação com a malignidade desse tumor no paciente?
▶ Quais são os aspectos de imagem mais característicos desses tipos de tumores?
▶ Quais são os achados patológicos característicos desses tipos de tumores?

RESPOSTAS PARA O CASO 1
Tipos celulares do sistema nervoso

Resumo: Um paciente de 53 anos com crise epiléptica de início recente e uma massa de lobo parietal esquerdo é submetido à cirurgia para ressecção de um tumor encefálico primário, diagnosticado como um GBM. Ele também recebe tratamento de radiação adjuvante.

- **Tumores relacionados:** Astrocitomas de baixo grau e astrocitoma anaplásico.
- **Características de imagem:** Uma lesão com margens em anel no lobo parietal esquerdo com edema circundante e efeito de massa.
- **Achados neuropatológicos:** GBMs apresentam marcada hipercelularidade, pleomorfismo nuclear, proliferação microvascular e pseudopaliçadas de células tumorais em torno de áreas de necrose.

ABORDAGEM CLÍNICA

O quadro clínico do paciente é típico de GBM, a forma mais grave e maligna de tumor intracraniano primário.

Astrocitomas são um grupo de tumores encefálicos primários derivados dos astrócitos, as células gliais em formato de estrela que formam a estrutura de suporte à função do neurônio (ver Discussão). A Organização Mundial da Saúde (OMS) classifica os astrocitomas em um *continuum* de graus I a IV, com base em achados patológicos. Os graus I e II consistem em astrocitomas de baixo grau, o grau III consiste em astrocitomas anaplásicos, e o grau IV inclui GBMs, que representam 15 a 20% de todos os tumores encefálicos primários. Esses tipos de tumores classificados pela OMS em um *continuum* apresentam progressivamente maior hipercelularidade e pleomorfismo nuclear (um grupo de células heterogêneas com núcleos de vários tamanhos e formas). A proliferação de células tumorais em torno de estruturas vasculares ao longo dos tratos da substância branca ocorre nos astrocitomas anaplásicos e nos GBMs. Necrose com pseudopaliçadas de células tumorais só é encontrada em GBMs.

Tem sido relatada uma grande variedade de sintomas que vão desde sonolência e fadiga a dificuldades de comunicação e déficits motores. O tratamento consiste em cirurgia, radioterapia e quimioterapia, individualmente ou em combinação. Apesar dos avanços contínuos na abordagem terapêutica, o prognóstico de GBM continua desfavorável, e a média de sobrevivência para os pacientes é consistentemente baixa (Tabela 1-1). Devido à natureza altamente agressiva dos GBMs e à alta frequência de recorrência, o acompanhamento regular, por meio de imagem e avaliação clínica, continua sendo vital para o manejo da doença.

Oligodendroglioma é outro tipo de tumor encefálico primário que surge a partir de oligodendrócitos, células gliais que formam a bainha de mielina em torno dos axônios dos neurônios no sistema nervoso central. Os oligodendrogliomas em

TABELA 1.1 • SOBREVIDA ESTIMADA NOS CASOS DE ASTROCITOMA	
Tipo de astrocitoma (grau da OMS)	Sobrevida média
Astrocitoma de baixo grau (I)	8-10 anos
Astrocitoma de baixo grau (II)	7-8 anos
Astrocitoma anaplásico (III)	~2 anos
Glioblastoma multiforme (IV)	< 1 ano

geral afetam adultos em sua quinta década de vida, ocorrendo nos lobos frontais e com manifestação clínica de crises epilépticas. Eles têm uma aparência radiográfica e microscópica característica, devido ao padrão de calcificação no tumor. Semelhante ao manejo dos astrocitomas, o tratamento é multimodal, envolvendo procedimento cirúrgico adequado, seguido por radioterapia e quimioterapia. A presença ou ausência de deleções cromossômicas específicas, no braço longo do cromossoma 1 ou no braço curto do cromossoma 19, afeta a sensibilidade desses tumores à quimioterapia. Os oligodendrogliomas tendem a ter um prognóstico melhor do que os astrocitomas, com uma sobrevida relatada na literatura de 10 a 30% em 10 anos.

Outros tumores que surgem de células do sistema nervoso incluem tumores com componentes oligodendrocítico e astrocítico, **schwanomas** que derivam de **células de Schwann** do sistema nervoso periférico, e **gangliogliomas** resultantes de células da glia e dos neurônios. Essa lista não é extensa, mas representa a variedade de patologias encontradas em tumores encefálicos primários.

ABORDAGEM AOS
Tipos celulares do sistema nervoso

OBJETIVOS

1. Diferenciar entre sistema nervoso periférico e central.
2. Saber os nomes de cada tipo celular no sistema nervoso.
3. Descrever o papel de cada tipo celular no sistema nervoso.
4. Identificar os componentes que formam a barreira hematoencefálica (BHE).

DEFINIÇÕES

MENINGES: Uma série de três membranas que envolvem o sistema nervoso central (SNC).
ESPAÇO SUBARACNÓIDEO: Espaço entre a aracnoide e a pia-máter que contém tecido conectivo delicado, vasos sanguíneos e líquido cerebrospinal (LCS).

CÉLULAS GLIAIS: Células que fornecem suporte aos neurônios e formam a rede estrutural do sistema nervoso. Incluem os astrócitos, os oligodendrócitos e a micróglia.
MIELINA: Bicamada de fosfolipídeos que isola os axônios para aumentar a velocidade de propagação do potencial de ação, comumente chamada de condução saltatória. Formada pelas células gliais.

DISCUSSÃO

O sistema nervoso humano pode ser dividido em dois componentes principais: o **sistema nervoso central** (SNC) e o **sistema nervoso periférico** (SNP) (Figura 1-1). O SNC está contido inteiramente no interior das **meninges**, enquanto o SNP está distribuído fora das meninges. As camadas meningeais consistem na dura-máter, na pia-máter e na aracnoide. Raramente, certos tipos de tumores, referidos como **meningiomas**, podem se desenvolver nas meninges. Existem dois tipos principais de células no sistema nervoso: células nervosas (**neurônios**) e células gliais (**glia**). A maioria é glia, que forma o quadro estrutural do sistema nervoso e fornece suporte funcional para os neurônios.

- Os **oligodendrócitos**, encontrados apenas no SNC, e as **células de Schwann**, encontradas apenas no SNP, são células gliais que executam funções semelhantes.

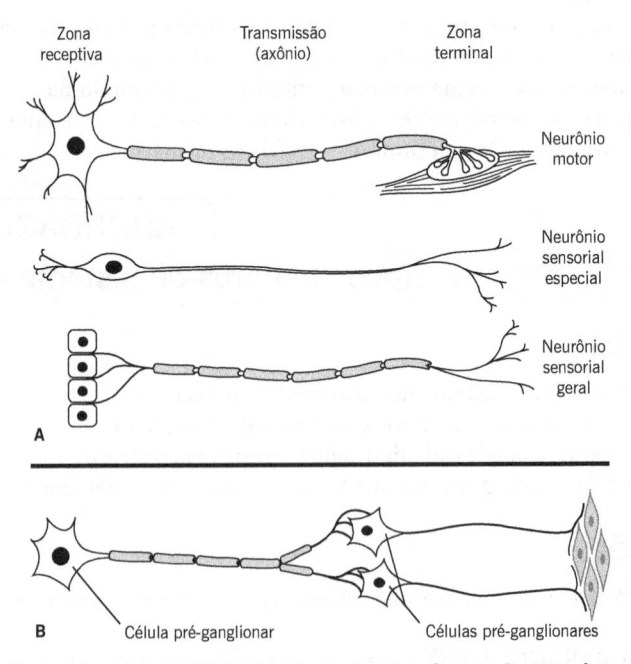

Figura 1.1 Ilustração esquemática dos tipos de neurônios. **A:** Neurônios motores e sensoriais. **B:** Células pré-ganglionares.

Eles formam a bainha de mielina que isola os axônios dos neurônios para que a propagação de sinais elétricos ocorra mais rapidamente. Um oligodendrócito pode formar bainhas de mielina para muitos axônios, mas uma célula de Schwann forma mielina para apenas um axônio.
- A **micróglia**, o fagócito do sistema nervoso, são células mobilizadas por insultos no SNC para remover detritos após a lesão ou a morte neuronal. Elas surgem a partir de macrófagos fora do sistema nervoso e são fisiologicamente relacionadas com outras células da glia.
- Os **astrócitos**, o tipo mais numeroso de células gliais, são células em formato de estrela que preenchem o espaço interneuronal no SNC. Eles fornecem suporte estrutural para os neurônios no SNC, isolam e separam os neurônios uns dos outros, e ajudam a regular a concentração de íons de potássio no espaço extracelular ao redor dos neurônios.*
- **Junções apertadas** ocorrem entre os processos dos astrócitos (pseudópodos) e as membranas endoteliais dos vasos sanguíneos para ajudar a manter a **BHE**, um revestimento quase impermeável dos capilares e das vênulas do encéfalo que evita a entrada de certas substâncias tóxicas do sangue. Esse mecanismo protetor pode constituir um obstáculo para a passagem de agentes terapêuticos para o SNC.
- Os **neurônios** são a unidade de sinalização dentro do sistema nervoso e são as únicas células do sistema nervoso envolvidas na condução de impulsos elétricos. Embora haja inúmeros tipos de neurônios morfologicamente diferentes, todos eles compartilham o mesmo fenótipo celular, constituído por um corpo celular ou soma, dendritos múltiplos, axônio(s) e um terminal pré-sináptico.

QUESTÕES DE COMPREENSÃO

1.1 Uma paciente de 37 anos vem para uma consulta em sua clínica de medicina de família porque a medicação que está tomando para sua alergia sazonal causa extrema sonolência. Você aconselha a trocar o anti-histamínico de primeira geração que ela está tomando por um anti-histamínico mais recente de segunda geração, pois sabe que este último tem menos incidência de sonolência, uma vez que não pode penetrar a BHE. Que tipo de células no SNC é responsável pela formação da BHE?

   A. Astrócito
   B. Micróglia
   C. Oligodendrócito
   D. Células de Schwann

---

* N. de R.T. Além das funções mencionadas, os astrócitos fornecem suporte não só estrutural, mas também funcional para os neurônios no SNC e ajudam a regular não só a concentração de íons de potássio, mas também a sinalização e a liberação de neurotransmissores no espaço extracelular ao redor dos neurônios.

1.2 Um paciente de 45 anos consulta seu médico com queixas de dor de cabeça persistente nos últimos meses. Após uma extensa investigação, é diagnosticado um tumor encefálico intraparenquimatoso. Na biópsia, o patologista informa que o tumor tem elementos de mielina. Qual o tipo de célula do SNC que provavelmente deu origem a esse tumor?

    A. Astrócito
    B. Micróglia
    C. Célula de Schwann
    D. Oligodendrócito

1.3 Um estudante universitário de 21 anos é levado para a sala de emergência com queixa de estar com a pior dor de cabeça de sua vida. Ao exame físico, apresenta rigidez de nuca e fotofobia. Como médico de plantão, você está preocupado que esse jovem possa ter sangramento devido a um aneurisma roto. Você solicita uma tomografia computadorizada seguida de uma punção lombar que apresenta um LCS com sangue, confirmando sua suspeita. O neurocirurgião é chamado, e o paciente é levado às pressas para a cirurgia. De onde foi obtido este LCS com sangue?

    A. Espaço epidural
    B. Espaço intraparenquimatoso
    C. Espaço subaracnóideo
    D. Espaço subdural

RESPOSTAS

1.1 **A.** Os **astrócitos** estendem os processos (pseudópodos) que, em conjunto com as células endoteliais dos capilares cerebrais, são um componente crítico da BHE. As junções apertadas das células endoteliais são as mais importantes na manutenção da BHE. A BHE é uma estrutura muito importante que, como o nome indica, restringe o acesso de moléculas a partir do sangue para o encéfalo. Essa restrição em geral tem como base o tamanho e a lipossolubilidade, de modo que as moléculas pequenas e lipofílicas podem cruzar, ao passo que as moléculas maiores e lipofóbicas não podem. A BHE também ajuda a evitar que as bactérias e os vírus entrem no encéfalo. Os oligodendrócitos são responsáveis por mielinizar os axônios do SNC, enquanto as células de Schwann mielinizam axônios do SNP e a micróglia representa os fagócitos do SNC.

1.2 **D.** Os tumores originados dos **oligodendrócitos** contêm elementos de mielina e estão localizados no SNC. Na análise de tumores, é importante lembrar que as células tumorais disfuncionais surgem a partir de células normais e, portanto, expressam os mesmos marcadores das células de onde derivam. Neste caso, o tumor contém elementos de mielina, sendo assim originado provavelmente de uma célula que produz mielina: oligodendrócito ou célula de Schwann. Como a questão se refere especificamente ao SNC, a resposta correta é oligodendrócito. Os outros tipos de células citados não produzem mielina.

1.3 **C.** Como o LCS flui no **espaço subaracnóideo** entre a aracnoide e pia-máter, sangue no LCS indica sangue nesse espaço. Hemorragia no SNC é uma situação de emergência com um prognóstico grave, apesar de um manejo adequado e oportuno. Sangramento epidural costuma ocorrer de forma aguda após trauma e está comumente associado a uma laceração da artéria meníngea média. Sangramento subdural com frequência se apresenta de forma subaguda, várias semanas após trauma craniano leve, em especial nos idosos. Sangramento intraparenquimatoso ocorre de várias formas, dependendo da quantidade e da localização da hemorragia no parênquima encefálico.

DICAS DE NEUROCIÊNCIAS

- Glioblastomas são uma forma de astrocitoma, sendo as formas mais malignas de tumor encefálico primário.
- A estrutura mais importante na formação da BHE é a junção apertada especializada das células endoteliais.
- O SNC está contido no interior das meninges (consistindo na dura-máter, na pia-máter e na aracnoide), enquanto o SNP está distribuído fora das meninges.
- Os neurônios conduzem impulsos elétricos ao longo do sistema nervoso.
- As células da glia são suporte aos neurônios e formam o quadro estrutural e funcional do sistema nervoso.
- Os oligodendrócitos formam a mielina no SNC, enquanto as células de Schwann formam a mielina no SNP.
- A micróglia surge a partir de macrófagos e fagocita detritos após lesão neuronal ou morte celular.
- Os astrócitos fornecem suporte estrutural para os neurônios do SNC, isolam os neurônios separados uns dos outros, e ajudam a regular a concentração de íons de potássio no espaço extracelular ao redor dos neurônios.
- Junções apertadas entre os processos dos astrócitos (pseudópodos) e a membrana endotelial dos vasos ajudam a manter a BHE.

REFERÊNCIAS

Bear MF, Connors B, Paradiso M, eds. *Neuroscience: Exploring the Brain*. 3rd ed. Baltimore, MD: Lippincott Williams & Wilkins; 2006.

Kandel E, Schwartz J, Jessell T, eds. *Principles of Neural Science*. 5th ed. New York, NY: McGraw-Hill; 2012.

Squire LR, Berg D, Bloom FE, du Lac, S, eds. *Fundamental Neuroscience*. 4th ed. San Diego, CA: Academic Press; 2012.

CASO 2

Uma paciente de 54 anos saudável chega ao consultório médico queixando-se de fraqueza, inicialmente envolvendo as mãos e progredindo para os membros inferiores ao longo de vários meses. Ela afirma que sente as mãos enrijecidas e desajeitadas e que tem dificuldade de abotoar suas roupas ou usar as chaves. Ela caiu várias vezes nas últimas semanas ao subir e descer escadas em casa. Ultimamente, tanto a paciente quanto seu marido têm notado que ela "tropeça nas palavras" quando fala. Ela nega ter qualquer alteração de sensibilidade ou dormência e não tem história familiar de doença neurológica.

Ao exame físico, ela se apresenta alerta e orientada quanto a pessoa, espaço e tempo. Os nervos cranianos estão intactos, exceto por algumas fasciculações sutis (contrações musculares involuntárias) da língua. O teste de força dos membros superior e inferior à direita mostra fraqueza suave com pronação. Os reflexos de estiramento muscular são vivos nas extremidades superiores, mas reduzidos no membro inferior direito. Ela também tem dificuldade com movimentos alternados rápidos do membro superior direito. Não há alterações no exame sensorial. O médico faz um diagnóstico presuntivo de **esclerose lateral amiotrófica** (ELA) e explica que esta é uma doença do neurônio motor superior.

▶ Que parte do sistema nervoso provavelmente está envolvida?
▶ Explique o mecanismo das fasciculações nesta doença.
▶ Quais são os achados patológicos para esta doença?

RESPOSTAS PARA O CASO 2
Neurônio

Resumo: Uma paciente de 54 anos com fraqueza progressiva de membros superiores e inferiores e com dificuldade de fala sutil é diagnosticada com ELA.

- **Parte do sistema nervoso afetada:** Sistema nervoso central (SNC), especificamente os neurônios motores.
- **Fasciculações:** A ELA é uma doença neurodegenerativa e progressiva que afeta os neurônios motores, os quais são células do SNC que controlam os movimentos voluntários. A perda do sinal de comunicação para os músculos causada pela degeneração dessas células provoca atrofia muscular, o que se manifesta como fasciculação.
- **Patologia:** Perda de neurônios motores nos núcleos do tronco encefálico e nos cornos anteriores da medula espinal, em conjunto com degeneração dos tratos corticospinais na medula espinal.

ABORDAGEM CLÍNICA

A ELA é uma doença degenerativa progressiva dos **neurônios motores** da medula espinal, dos núcleos do tronco encefálico e dos tratos corticospinais. Em sua apresentação clássica, os pacientes na sexta década de vida inicialmente se queixam de dificuldade de movimentos finos, rigidez e fraqueza dos dedos e das mãos. Os pacientes também podem experimentar câimbras ou **fasciculações** dos músculos nas extremidades superiores. À medida que o tempo passa, uma fraqueza atrófica envolve os membros superiores, e espasticidade e hiper-reflexia desenvolvem-se nas extremidades inferiores. Os músculos do pescoço, da língua, da faringe e da laringe também podem ser acometidos. Dependendo do grau de envolvimento dos diferentes neurônios motores, **uma doença do neurônio motor superior e inferior mista torna-se evidente**. Não há distúrbios cognitivos, sensoriais ou autonômicos nessa doença. Uma eletromiografia (EMG) obtida para efeitos de confirmação revela fibrilações e fasciculações generalizadas, evidência de desenervação ativa e reinervação dos músculos. A análise do líquido cerebrospinal (LCS) pode revelar níveis normais ou ligeiramente elevados de proteína. Infelizmente, a etiologia da ELA é desconhecida. À medida que a doença progride ao final, o paciente fica com paralisia flácida de todos os músculos voluntários, com exceção dos músculos extraoculares e do esfíncter. O tratamento é direcionado para minimizar a deficiência. Por exemplo, medicamentos, como o diazepam e o baclofeno, podem ser utilizados para tratar a espasticidade. A sobrevida média desde o início dos sintomas é de 3 a 4 anos, embora os indivíduos possam viver uma vida normal se os cuidados adequados estiverem disponíveis.

ABORDAGEM AO
Neurônio

OBJETIVOS
1. Descrever o papel e a estrutura do neurônio.
2. Saber a classificação dos neurônios de acordo com a morfologia.
3. Saber a classificação dos neurônios de acordo com a função.

DEFINIÇÕES

CITOESQUELETO: A rede e as fibras internas que formam a estrutura intracelular. No neurônio, o citoesqueleto consiste em três tipos de filamentos – microtúbulos, neurofilamentos e microfilametos – e determina a forma do neurônio, fornece rigidez celular e cria o mecanismo de transporte intracelular.

SOMA: Corpo celular do neurônio, que contém as organelas e age como um centro metabólico da célula.

DENDRITOS: Prolongamentos da membrana celular que aumentam a superfície de contato do neurônio e recebem o sinal de outros neurônios.

AXÔNIO: Principal unidade que propaga o sinal elétrico, conhecido como potencial de ação, a outras células. Potenciais de ação são formados no cone do axônio, a origem do axônio no corpo celular, e propagam-se pelo axônio de uma forma tudo-ou-nada em direção a outra célula.

TERMINAL PRÉ-SINÁPTICO: Botão terminal do axônio que forma a sinapse ou a fenda neuroquímica com a célula pós-sináptica (neurônio, músculo, etc.). Os sinais são transmitidos nas sinapses pela liberação de neurotransmissores na fenda sináptica que se difundem até a célula pós-sináptica, desencadeando quimicamente uma resposta fisiológica.

DISCUSSÃO

Características morfológicas

Os neurônios, os componentes básicos funcionais do encéfalo, são células que funcionam como as principais unidades de sinalização do sistema nervoso. O citoesqueleto do neurônio é constituído por três tipos de filamentos, cada um construído a partir de diferentes classes de proteínas. Juntos, eles formam a estrutura do citoesqueleto dos neurônios que determina a forma do neurônio, proporciona rigidez à célula e cria um mecanismo de transporte intracelular.

- **Microtúbulos** (cerca de 25 nm de diâmetro), o maior dos filamentos, são construídos a partir de 13 tipos diferentes de protofilamentos em uma matriz circular e servem para manter os processos neuronais. Os protofilamentos são formados por duas subunidades, alfa e beta-tubulina, em um padrão alternado. Os microtúbulos também estão envolvidos no transporte axoplasmático, ou no movimento de vários componentes celulares ao longo do axônio, como mitocôndrias, lipídeos, vesículas sinápticas, proteínas, e assim por diante.

- **Neurofilamentos** ou filamentos intermediários têm cerca de 10 nm de diâmetro e são mais abundantes do que os microtúbulos ou os microfilamentos. Os neurofilamentos são feitos a partir de cadeias de proteínas que se emparelham em uma estrutura helicoidal. Os pares de proteínas dobram-se entre si para formar protofilamentos maiores. Quatro protofilamentos combinam-se para formar o neurofilamento final. Neurofilamentos podem formar ligações cruzadas com os microtúbulos para proporcionar rigidez e dar forma à célula. Dentro do contexto da doença de Alzheimer, neurofilamentos são modificados de modo a formar agregados patológicos de proteína chamados de emaranhados neurofibrilares.
- **Microfilamentos** são, como o nome indica, os mais finos, com cerca de 3 a 5 nm de diâmetro, e são formados pela polimerização da proteína actina, formando uma estrutura helicoidal dupla. Os microfilamentos estão localizados na periferia da célula adjacente ao citoplasma. Em conjunto com vários tipos de proteínas que se ligam à actina, eles auxiliam nas funções dinâmicas da célula.

Existem quatro características morfológicas distintas em um neurônio típico.

- O **corpo celular** ou **soma** atua como o centro metabólico do neurônio e contém as organelas ultraestruturais, como o núcleo (armazenamento de DNA e produção do ribossoma), o retículo endoplasmático (síntese proteica), a mitocôndria (energia por meio da produção de trifosfato de adenosina), os lisossomas (eliminação de resíduos) e as vesículas (embalagem e transporte) necessários para as funções metabólicas básicas.
- Vários **dendritos** curtos se ramificam a partir do corpo celular em uma forma semelhante aos galhos de uma árvore. Os dendritos funcionam principalmente para aumentar a área de superfície dos neurônios e para receber sinais de outros neurônios.
- Um único **axônio** surge a partir do corpo celular e serve como a principal unidade de propagação para o transporte de sinais elétricos a outros neurônios e músculos. Esses sinais elétricos, chamados de **potenciais de ação**, são transmitidos rapidamente de uma forma tudo-ou-nada ao longo do axônio. Os potenciais de ação são gerados no **cone do axônio**, a origem do axônio a partir do corpo da célula. Para facilitar a transmissão do sinal elétrico, os axônios podem ser envoltos por **bainhas de mielina** formadas por oligodendrócitos ou células de Schwann.
- O **terminal pré-sináptico** no final do axônio forma uma sinapse com a célula pós-sináptica (outro neurônio, músculo, etc.). Quando o potencial de ação atinge o terminal pré-sináptico, uma cascata de eventos ocorre culminando na liberação de neurotransmissores para a fenda sináptica. Os neurotransmissores difundem-se para a célula pós-sináptica, onde desencadeiam certas respostas fisiológicas.

Santiago Ramon y Cajal, usando técnicas de coloração pela prata, desenvolvidas por Camillo Golgi, foi o primeiro a notar que a forma do neurônio pode ser usada para a classificação. Com base no número de axônios e dendritos que se originam a partir do corpo celular, os neurônios podem ser classificados em vários grupos.

- **Neurônios unipolares** são as células nervosas mais simples e têm um único processo que emerge do corpo da célula. Esse processo se ramifica com um ramo funcionando como axônio e o outro ramo funcionando como dendrito. Eles são encontrados em todo o SNC de invertebrados e no sistema nervoso visceral de vertebrados.
- **Neurônios bipolares** têm dois processos anexados a um corpo celular. Um processo funciona como dendrito e transporta a informação a partir da periferia do organismo. O outro processo funciona como axônio e transporta a informação para o SNC. Neurônios bipolares são encontrados na retina do olho e no epitélio olfativo.
- **Neurônios pseudounipolares** são uma variante do neurônio bipolar e têm um único processo que emerge a partir do corpo da célula. Esse único processo se divide em dois: um funciona como dendrito e transporta a informação a partir da periferia para o corpo da célula, e o outro funciona como axônio e transmite a informação para o SNC. Eles são encontrados nos gânglios da raiz dorsal da medula espinal e transmitem as sensações de tato, pressão, dor das extremidades para a medula espinal.
- **Neurônios multipolares** são o principal tipo de neurônio no SNC de mamíferos. Eles têm um único axônio e múltiplos dendritos emergentes do corpo da célula. Os processos de neurônios multipolares variam em número, diâmetro e comprimento, dependendo do número de contatos sinápticos com outros neurônios.

Classificação funcional

Os neurônios também podem ser classificados de acordo com a função no sistema nervoso.

- **Neurônios sensoriais** ou **aferentes** transportam a informação a partir do corpo para o SNC. A informação sensorial pode incluir dor, pressão, tato e sensação de posição articular, entre outros.
- **Neurônios motores** conduzem comandos do encéfalo e da medula espinal para os músculos e as glândulas na periferia.
- **Interneurônios** compreendem todos os neurônios que não se encaixam nos dois grupos anteriores. Eles transportam informações dentro do sistema nervoso e se conectam com neurônios próximos ou distantes.

Todos os comportamentos são mediados por uma série de neurônios que formam redes de sinalização. Por exemplo, mecanorreceptores transportam informações relativas à posição das articulações por meio de neurônios sensoriais para a medula espinal. Essa informação é transmitida por meio de vários interneurônios da medula espinal e do encéfalo para permitir que o SNC processe a informação e determine onde está localizado o membro do indivíduo em relação ao corpo e ao espaço. Uma vez tomada a decisão de mover a extremidade, uma variedade de interneurônios transmite a informação para os neurônios motores, que retransmitem o comando final para os músculos. Assim, os interneurônios, por meio de uma variedade de neurotransmissores, podem agir para inibir ou estimular outros neurônios.

Neurônios da medula espinal

Neurônios da medula espinal são classificados em somatossensoriais e motores. Neurônios somatossensoriais formam uma via ascendente de neurônios na medula espinal, transmitindo informações sobre o tato, a propriocepção (equilíbrio e autoconhecimento), a vibração, a dor e a temperatura. Os neurônios motores formam um trato descendente de neurônios na medula espinal que controlam a função muscular de todo o corpo. A medula espinal é dividida em várias seções axiais: dorsal, lateral e cornos ventrais. Neurônios somatossensoriais do corpo percorrem o corno dorsal, onde eles se conectam com interneurônios no corno lateral que transmitem informações pelos tratos ascendentes até o encéfalo ou, no caso do reflexo espinal, diretamente até os neurônios motores no corno ventral. Os neurônios motores que percorrem fora do corno ventral são igualmente controlados pela sinalização reflexa direta de um neurônio sensorial ou por neurônios eferentes (motores) que percorrem o trato descendente a partir do encéfalo.

> ### CORRELAÇÃO COM O CASO CLÍNICO
> - Ver Casos 1 a 10 (neurociência celular e molecular).

QUESTÕES DE COMPREENSÃO

2.1 Um paciente de 35 anos é levado para a sala de emergência pelos paramédicos depois de ter a mão esquerda esmagada em um acidente industrial. Ele está com uma dor excruciante. Que tipo morfológico de neurônio é responsável por transmitir o sinal de dor do coto mutilado ao SNC?

   A. Bipolar
   B. Multipolar
   C. Pseudounipolar
   D. Unipolar

2.2 Quando um potencial de ação alcança o terminal pré-sináptico, ocorre um conjunto complexo de funções celulares, envolvendo uma grande variedade de proteínas com funções diferentes. Como a maioria dos elementos envolvidos na cascata de sinalização chega ao terminal pré-sináptico?

   A. Difusão
   B. Eles são sintetizados no terminal pré-sináptico
   C. Eles são transportados por cinesina por interação com os microtúbulos
   D. Eles são transportados por dineína por interação com os microtúbulos

2.3 Depois que um neurotransmissor é liberado pelo terminal pré-sináptico, ele interage com um neurônio pós-sináptico, levando à sinalização celular. Qual característica morfológica do neurônio é responsável por receber a transmissão sináptica e conduzir os sinais pós-sinápticos para o resto da célula?

   A. Axônio
   B. Dendrito
   C. Soma
   D. Botão terminal

RESPOSTAS

2.1 **C.** Os neurônios do gânglio da raiz dorsal são **pseudounipolares**. A sensação de dor é transmitida a partir de órgãos terminais sensoriais para os neurônios sensoriais cujos corpos celulares estão localizados nos gânglios da raiz dorsal e, em seguida, transmitem o sinal para os neurônios sensoriais de segunda ordem na medula espinal. Eles são bastante semelhantes aos neurônios bipolares, têm um dendrito e um axônio grandes, mas esses processos se fundem antes de entrarem no corpo celular, havendo apenas um processo originado do soma.

2.2 **C.** A interação entre os microtúbulos do citoesqueleto e as moléculas portadoras é responsável pelo transporte axonal rápido. A **cinesina** é responsável pelo transporte anterógrado (longe do corpo celular) e a **dineína** é responsável pelo transporte retrógrado (em direção ao corpo da célula). Lembre-se que quase todas as macromoléculas e organelas encontradas no terminal pré-sináptico foram originalmente sintetizadas no corpo da célula, mas que o axônio é muito longo para depender da difusão das moléculas por meio dele.

2.3 **B.** Os **dendritos** são responsáveis pela transmissão de sinais para o corpo da célula. Os axônios são processos neurais que transmitem sinais para fora do corpo celular. O soma é responsável por armazenar praticamente toda a maquinaria biomolecular da célula, e o botão terminal contém o sistema pré-sináptico de liberação de neurotransmissores.

> ### DICAS DE NEUROCIÊNCIAS
>
> ▶ A ELA é a doença mais comum do neurônio motor e afeta ambos os neurônios motores superiores e inferiores.
> ▶ A ELA está associada à perda de neurônios no corno anterior da medula espinal (neurônio motor inferior) e à degeneração dos tratos corticospinais laterais (neurônio motor superior).
> ▶ O citoesqueleto do neurônio é constituído por três tipos de filamentos: microtúbulos, neurofilamentos e microfilamentos.
> ▶ Os microtúbulos estão envolvidos no transporte de vários componentes celulares ao longo de um axônio. –Um neurônio típico possui quatro características morfológicas distintas: soma, dendritos, axônio e terminal pré-sináptico.
> ▶ Os neurônios podem ser classificados como unipolares, bipolares, pseudounipolares e multipolares de acordo com o número de axônios e dendritos originados a partir do corpo celular.
> ▶ Os neurônios podem ser classificados como neurônios sensoriais/aferentes, motores/eferentes ou interneurônios de acordo com sua função.
> ▶ Os interneurônios conectam-se com neurônios próximos ou distantes e podem atuar tanto excitando quanto inibindo outros neurônios.

REFERÊNCIAS

Bear MF, Connors B, Paradiso M, eds. *Neuroscience: Exploring the Brain.* 3rd ed. Baltimore, MD: Lippincott Williams & Wilkins; 2006.

Kandel E, Schwartz J, Jessell T, eds. *Principles of Neural Science.* 5th ed. New York, NY: McGraw-Hill; 2012.

Purves D, Augustine GJ, Fitzpatrick D, Hall WC, eds. *Neuroscience.* 5th ed. Sunderland, MA: Sinauer Associates Inc; 2011.

CASO 3

Um homem de 39 anos a trabalho no Japão foi levado para a sala de emergência por paramédicos com queixas iniciais de dormência e formigamento em torno da boca. Seus sintomas evoluíram com tontura e náuseas/vômitos. Ele tinha acabado de concluir um negócio bem-sucedido e comemorou a ocasião com um jantar em um restaurante fino cujo prato era baiacu, uma iguaria japonesa. Após sua chegada à emergência, ele rapidamente ficou incapaz de se mover e apresentou insuficiência respiratória grave e telemetria com batimentos cardíacos irregulares. O paciente foi rapidamente entubado e colocado em ventilação mecânica. Infelizmente, ele faleceu pouco depois. A necropsia confirmou o diagnóstico de envenenamento por tetrodotoxina (TTX).

▶ Qual é o mecanismo bioquímico desta doença?
▶ Como a TTX inibe a atividade neural?
▶ Que opções de tratamento estão disponíveis?

RESPOSTAS PARA O CASO 3
Propriedades elétricas dos neurônios e potencial de repouso da membrana

Resumo: Um empresário de 39 anos é levado para a sala de emergência com queixas de dormência e formigamento na boca, que evoluem para paralisia, insuficiência respiratória e morte.

- **Mecanismo:** A TTX liga-se ao sítio extracelular do canal de sódio dependente de voltagem na membrana plasmática, conhecido como *sítio 1*. Essa ligação bloqueia temporariamente o canal iônico, resultando em morte por paralisia.
- **Atividade neural:** A TTX é uma neurotoxina potente sem qualquer antídoto conhecido que bloqueia a geração de potenciais de ação por meio da ligação aos canais de sódio dependentes de voltagem localizados nas membranas das células nervosas. Especificamente, o potencial de ação é inibido durante a fase de despolarização rápida.
- **Tratamento:** Não há antídoto conhecido para o envenenamento por TTX. O esvaziamento do estômago do paciente, a ingestão de carvão ativado para eliminar a toxina e os cuidados de suporte com ventilação mecânica são a única assistência médica atual.

ABORDAGEM CLÍNICA

A TTX é uma neurotoxina potente comumente encontrada em espécies de peixes na ordem Tetraodontiformes. Ela se liga aos canais de sódio dependentes de voltagem em neurônios e impede a entrada de íons sódio na célula. Embora não se ligue de modo irreversível ao canal, a TTX tem uma afinidade muito forte pelo canal e não é facilmente removida. Os sintomas podem começar com dormência e parestesia da face, da boca e das extremidades e progredir para tontura ou vertigem, náuseas/vômitos, paralisia e dificuldade respiratória. Para até 50% dos indivíduos envenenados com TTX, a morte em geral ocorre dentro de 24 horas após a ingestão. Por causa dos perigos potenciais inerentes à ingestão de baiacu ou fugu, apenas chefes de cozinha especialmente treinados e licenciados estão autorizados a comprar e preparar essa iguaria japonesa.

ABORDAGEM ÀS
Propriedades elétricas dos neurônios e ao potencial de repouso da membrana

OBJETIVOS

1. Descrever os mecanismos de sinalização no sistema nervoso.
2. Descrever os elementos necessários para criar um gradiente eletroquímico.

3. Descrever como a membrana plasmática e os canais criam o ambiente necessário para a sinalização.

DEFINIÇÕES

GRADIENTE ELETROQUÍMICO: Gradiente através de uma membrana celular criado pela diferença de concentrações de íons carregados em ambos os lados da membrana (p. ex., a diferença nas concentrações de íons potássio e sódio dentro e fora de um neurônio que, quando regulada por seus respectivos canais iônicos, permite a geração e a propagação do potencial de ação ao longo do axônio).
CANAIS IÔNICOS: Proteínas transmembrana que formam um poro que abre e fecha para permitir a passagem de íons.
PROCESSO DE ABRIR E FECHAR (*GATING*): Processo pelo qual os canais sofrem alterações conformacionais para permitir a passagem de íons.
POTENCIAL DE REPOUSO: Potencial de membrana em um neurônio em repouso devido aos canais de repouso e à bomba de sódio-potássio.

DISCUSSÃO

O sistema nervoso depende de dois tipos de mecanismos de sinalização, **elétrico** e **químico**, para transmitir informações por todo o sistema nervoso. As rápidas mudanças no potencial elétrico através da membrana plasmática neuronal geram sinais elétricos que são transmitidos ao longo do neurônio. Esse sistema necessita de (1) uma membrana intacta para separar os íons e manter um **gradiente eletroquímico** e (2) **canais iônicos** para permitir a passagem seletiva de íons de cargas específicas para gerar o sinal elétrico.

A membrana celular do neurônio é formada por uma bicamada lipídica impermeável às partículas carregadas. A dupla camada de fosfolipídeos é hidrofóbica. Os íons carregados são hidrofílicos e, portanto, atraem para si moléculas de água. Isso permite que a membrana do neurônio separe cargas em toda a sua superfície para manter o gradiente eletroquímico. No entanto, para criar e utilizar a energia armazenada do gradiente eletroquímico, devem existir estruturas na membrana que permitam a passagem de íons através dela. Essas estruturas são os canais iônicos, formados por proteínas transmembrana. Essas proteínas possuem grupos de carboidratos ligados à sua superfície externa e uma região central, o poro do canal, que permite a passagem de íons. Essa região dos poros atravessa a membrana e geralmente é composta de duas ou mais subunidades.

Cada canal iônico também deve ser seletivo para partículas carregadas específicas. Um método pelo qual os canais selecionam íons específicos é pelo tamanho. Embora o diâmetro de um íon potássio (K^+) seja maior que o diâmetro de um íon sódio (Na^+), os íons Na^+ apresentam uma forte atração eletrostática para moléculas de água. Assim, em uma solução, os íons Na^+ têm mais água de hidratação que os íons K^+. Os canais podem, portanto, selecionar íons K^+ com base no tamanho diferencial em uma solução. Outros tipos de canais são seletivos para íons específicos com base na afinidade elétrica do íon a porções carregadas do canal. A atração entre um íon e o canal deve ser forte o suficiente para ultrapassar a atração hidrostática do íon. Uma vez que o íon libera o reservatório de água de solvatação ao seu redor, ele pode se difundir através do canal.

O fluxo de íons através de um canal é passivo e regulado pelo gradiente eletroquímico. Alguns canais iônicos são altamente seletivos para um ânion ou cátion específico, enquanto outros são mais indiscriminados. Canais iônicos também podem abrir e fechar com base nas necessidades do neurônio. Essa mudança de estado requer uma mudança conformacional das proteínas que formam o canal, um processo chamado de *gating*.

Para podermos entender as propriedades elétricas do neurônio, temos que compreender o gradiente eletroquímico. Os íons são distribuídos de forma desigual através da membrana celular. As concentrações de Na^+ e Cl^- são maiores do lado de fora da célula, enquanto as concentrações de K^+ e ânions orgânicos, como ácidos e proteínas de aminoácidos carregados, são maiores no interior da célula (Tabela 3-1). Os íons orgânicos são incapazes de passar através da membrana celular.

Como a membrana da célula é essencialmente impermeável a partículas carregadas, os íons precisam de canais e transportadores específicos para entrar ou sair do neurônio. Existem dois tipos gerais de canais iônicos no neurônio, os **canais de repouso** e os **canais fechados**. Os canais de repouso normalmente estão abertos no estado de repouso do neurônio e são importantes para o estabelecimento do **potencial de repouso**. Os canais fechados normalmente estão fechados no estado de repouso e são abertos apenas em resposta a um sinal externo para permitir rápidas mudanças no potencial elétrico necessárias para a sinalização celular.

Os canais de repouso são responsáveis por gerar o potencial de equilíbrio, o ponto em que não há fluxo líquido de íons através da membrana celular. O potencial de equilíbrio é criado pelo gradiente de concentração de um único íon através da membrana celular, conforme calculado pela **equação de Nernst**:

$$V_m = RT/FZ \times \ln [Íon]_{Ext}/[Íon]_{Int}$$

em que V_m é o potencial de membrana em volts, R é a constante dos gases (8,3143 joules/mol grau), T é a temperatura absoluta, F é a constante de Faraday (96.487 coulombs/mol), Z é a valência do íon e $[Íon]_{Ext}/[Íon]_{Int}$ é o gradiente de concentração do íon através da membrana celular. Usando o potássio como um

TABELA 3.1 • CONCENTRAÇÃO IÔNICA APROXIMADA ATRAVÉS DA MEMBRANA PLASMÁTICA NEURONAL

Íon	[Ext]a (mmol)	[Int]a (mmol)	Potencial de equilíbrio (mV)
Na^+	150	15	+55
K^+	5,5	150	-90
Cl^-	125	9	-70
Ânions orgânicos	-	385	-

[a] [Ext] e [Int] representam as concentrações de íons no meio extracelular (fora da célula) e intracelular (dentro da célula), respectivamente.

exemplo, o potencial de equilíbrio representa a voltagem na qual o gradiente químico que conduz íons K⁺ para fora da célula é exatamente balanceado pelo gradiente elétrico que mantém os íons K⁺ no interior da célula, o que resulta em uma variação líquida nula de íons K⁺.

Enquanto a equação de Nernst representa um único íon, a **equação de Goldman-Hodgkin-Katz** leva em consideração os principais íons que contribuem para o potencial de repouso da membrana e cada coeficiente de permeabilidade do íon, que representa a facilidade com que o íon atravessa a membrana plasmática pelo canal:

$$V_m = RT/F \times \ln(pK[K^+]_{Ext} + pNa[Na^+]_{Ext} + pCl[Cl^-]_{Ext})/(pK[K^+]_{Int} + pNa[Na^+]_{Int} + pCl[Cl^-]_{Int})$$

em que o coeficiente de permeabilidade para um íon específico é representado por pK, pNa e pCl. Se imaginarmos uma membrana celular hipotética com apenas canais de repouso de potássio abertos, veríamos que os íons K⁺ saem da célula devido a seu gradiente de concentração. No entanto, a carga líquida negativa resultante dentro da célula (a partir dos ânions orgânicos restantes) iria limitar o efluxo de K⁺ por equilibrar o gradiente de concentração com o gradiente elétrico cada vez mais negativo no interior da célula. Adicionando os canais de sódio na equação, os íons Na⁺ entram na célula, não só a favor de seu gradiente de concentração, mas também a favor de seu gradiente elétrico. Isso continua até que o sistema atinja o equilíbrio entre os gradientes de concentração e elétrico para o Na⁺ e o K⁺ até que não haja mais movimento líquido de íons através da membrana. É este estado estacionário que cria o potencial de repouso da membrana nos neurônios (-65 mV). Como a permeabilidade dos íons K⁺ é maior do que a dos íons Na⁺, o potencial de repouso da membrana é mais próximo do potencial de equilíbrio de K⁺ do que de Na⁺. Uma vez que o potencial de repouso da membrana no neurônio é semelhante ao potencial de equilíbrio dos íons Cl⁻, esses íons não contribuem muito para o potencial de membrana global.

Se o fluxo de íons pelos canais de repouso não fosse contrabalanceado, o potencial de repouso da membrana continuaria a diminuir. Assim, deve existir algum mecanismo para compensar a fuga contínua e lenta de íons Na⁺ e K⁺ através da membrana. O potencial de repouso da membrana de -65 mV é mantido pela **bomba de sódio-potássio**, uma grande proteína transmembrana com sítios de ligação para Na⁺, K⁺ e trifosfato de adenosina (ATP, de *adenosine triphosphate*) (Figura 3-1). A porção intracelular da bomba tem locais para três íons Na⁺. A porção extracelular contém dois sítios de ligação para íons K⁺, em conjunto com um sítio para a atividade da ATPase. À medida que uma molécula de ATP é hidrolisada em difosfato de adenosina (ADP, de *adenosine diphosphate*) e fosfato inorgânico, a energia resultante é utilizada para mover os íons Na⁺ e K⁺ contra seus gradientes eletroquímicos líquidos. É este movimento desigual de íons que mantém o potencial de repouso da membrana negativo do neurônio. No repouso, as concentrações dos íons Na⁺, K⁺ e Cl⁻ dentro e fora da célula são equilibradas e constantes devido às forças mencionadas anteriormente.

A sinalização através do sistema nervoso exige grandes alterações no potencial elétrico para propagar sinais através dos neurônios e entre eles. Esses potenciais elétricos são criados por alterações substanciais na permeabilidade de Na⁺, K⁺ e Cl⁻.

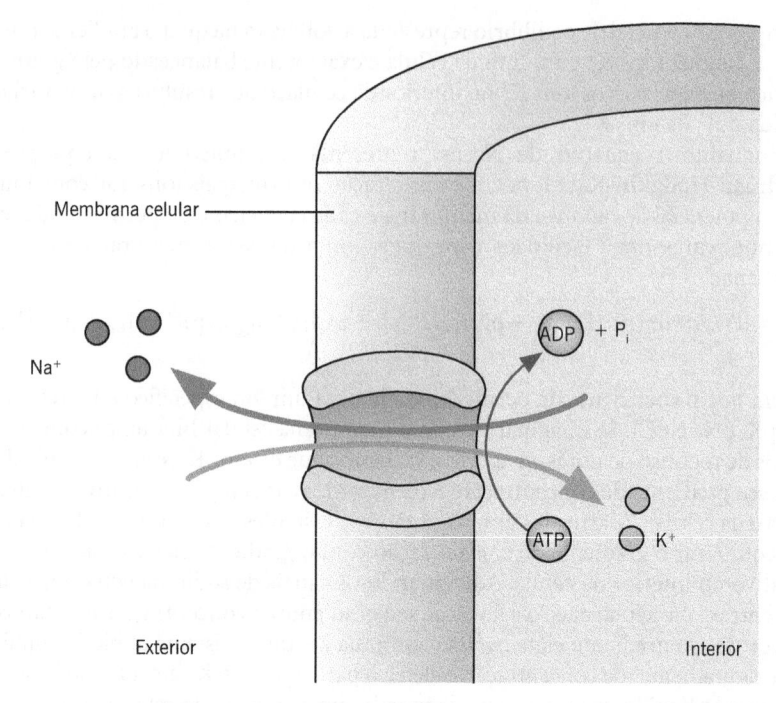

Figura 3.1 Bomba de sódio-potássio. Fluxo de Na⁺ e K⁺ através da membrana plasmática do neurônio durante o potencial de repouso.

As grandes alterações no potencial elétrico, no entanto, ocorrem apenas por uma pequena variação líquida de íons. Durante um potencial de ação, a mudança nos gradientes de concentração dos íons é muito pequena.

CORRELAÇÃO COM O CASO CLÍNICO

- Ver Casos 1 a 10 (neurociência celular e molecular).

QUESTÕES DE COMPREENSÃO

3.1 Uma paciente de 25 anos apresenta-se ao pronto-socorro por causa de vômitos e diarreia prolongada sugestiva de uma intoxicação alimentar. Embora afebril, ela se apresenta pálida e, obviamente, desidratada. Ela também se queixa de fraqueza generalizada e fadiga. Os exames laboratoriais iniciais mostram alterações nos níveis de K⁺ de 2,8 mEq/L (valor normal 4,0 mEq/L). Como o médico espera que a hipocalemia evidente afete o potencial de repouso da membrana dos neurônios?

A. Hipopolarização do neurônio
B. Não afeta o potencial de repouso da membrana
C. Hiperpolarização do neurônio

3.2 Uma paciente de 47 anos chega a seu consultório com queixas de parestesias. Depois de uma investigação bastante extensa, você é incapaz de descobrir a origem do problema e decide verificar o potencial de repouso dos nervos sensoriais. É inserido o microeletrodo, e o potencial intracelular é medido como -65 mV (que é normal). Que concentrações relativas de íons são responsáveis por manter esse potencial de membrana?

A. $[Na^+]_{Ext} > [Na^+]_{Int}, [K^+]_{Ext} > [K^+]_{Int}$
B. $[Na^+]_{Ext} > [Na^+]_{Int}, [K^+]_{Ext} < [K^+]_{Int}$
C. $[Na^+]_{Ext} < [Na^+]_{Int}, [K^+]_{Ext} > [K^+]_{Int}$
D. $[Na^+]_{Ext} < [Na^+]_{Int}, [K^+]_{Ext} < [K^+]_{Int}$

3.3 Uma pesquisadora em um laboratório de neurociência está investigando o comportamento dos potenciais de membrana neuronais no período pós-morte imediato em ratos. Ela observa que, imediatamente após a morte, o potencial de repouso da membrana continua a ser o mesmo de quando o animal estava vivo, mas que diminui lentamente em direção a zero nas horas seguintes. Qual o principal mecanismo celular responsável pela manutenção do potencial de repouso?

A. Na^+/K^+-ATPase
B. Cotransportador de Na^+, K^+, Cl^- (NKCC)
C. Ca^{2+}-ATPase
D. Simporter Na^+/glicose

RESPOSTAS

3.1 **C.** A diminuição da concentração de K^+ extracelular resultará em **hiperpolarização** do neurônio. Como o potássio é o principal cátion intracelular nos neurônios, grandes alterações nos estoques de potássio no organismo podem ter um efeito significativo sobre o potencial de repouso da membrana do neurônio e, assim, sobre sua capacidade de propagar sinais elétricos. A partir da equação de Nernst, podemos facilmente ver que a diminuição da concentração de K^+ extracelular resultará em um valor de potencial de repouso da membrana para o potássio muito mais negativo. O neurônio é considerado hiperpolarizado ou mais negativo, tornando mais difícil para ele despolarizar para propagar um sinal elétrico. Do mesmo modo, os níveis de potássio elevados ou hipercalemia afetam o potencial de repouso da membrana do neurônio da maneira oposta, resultando em uma despolarização do potencial de membrana.

3.2 **B.** O potencial de repouso negativo da membrana de neurônios sensoriais é mantido pelas concentrações relativas dos íons através da membrana, bem como pela permeabilidade da membrana para esses íons. A elevada concentração intracelular relativa de K^+ em conjunto com a alta permeabilidade da membrana de repouso ao K^+ resulta em um potencial de membrana (V_m) negativo. A elevada concentração extracelular relativa de Na^+ e a permeabilidade da membrana ao Na^+ resultam em um V_m positivo. No entanto, uma vez que a permeabilidade da membrana ao Na^+ é consideravelmente menor do que a do K^+ (cerca de 100 vezes menor), a principal força motriz do potencial de membrana é o gradiente eletroquímico de K^+.

3.3 **A.** A bomba de **Na^+/K^+-ATPase** mantém o potencial de repouso da membrana. Como a membrana neuronal é permeável tanto ao Na^+ quanto ao K^+, esses íons se difundem lentamente a favor de seus gradientes eletroquímicos no repouso, sem mecanismo de compensação. Com isso, o potencial de membrana eventualmente pode chegar a zero. No entanto, existe um mecanismo que contraria essa difusão: a bomba de Na^+/K^+-ATPase, que transporta Na^+ para fora e K^+ para dentro das células, contra os gradientes de concentração. Essa bomba é acionada por ATP e, portanto, não funciona após a parada do metabolismo celular, como ocorre após a morte. O cotransportador de Na^+, K^+, Cl^- (NKCC) é um transportador iônico envolvido na função renal, a Ca^{2+}-ATPase é uma enzima importante na membrana de células musculares, e o simporter $Na^+/$glicose permite a absorção de glicose nos intestinos. Esses transportadores não estão envolvidos no mecanismo eletroquímico da membrana neuronal.

DICAS DE NEUROCIÊNCIAS

▶ As concentrações de Na^+ e Cl^- são maiores do lado de fora da célula, enquanto as concentrações de K^+ e ânions orgânicos (isto é, ácidos, proteínas e aminoácidos carregados) são maiores no interior da célula.
▶ A membrana neuronal contém dois tipos de canais: canais de repouso e canais fechados.
▶ Canais de repouso normalmente estão abertos no estado de repouso do neurônio e são importantes para o estabelecimento do **potencial de repouso da membrana**.
▶ Canais fechados abrem-se em resposta a um sinal externo e permitem rápidas mudanças nos potenciais elétricos necessários para a **sinalização celular**.
▶ O potencial de equilíbrio é gerado pelo gradiente de concentração de um único íon através da membrana celular e é calculado pela **equação de Nernst**: $V_m = RT/FZ \times \ln [íon]_{Ext}/[íon]_{Int}$
▶ O potencial de repouso da membrana ocorre quando há um equilíbrio nos gradientes de concentração e elétricos para os íons Na^+ e K^+.
▶ O potencial de repouso da membrana dos neurônios é **-65 mV** e é mantido pela **bomba de sódio-potássio**.

REFERÊNCIAS

Bear MF, Connors B, Paradiso M, eds. *Neuroscience: Exploring the Brain*. 3rd ed. Baltimore, MD: Lippincott Williams & Wilkins; 2006.

Kandel E, Schwartz J, Jessell T. *Principles of Neural Science*. 5th ed. New York, NY: McGraw--Hill; 2012.

Squire LR, Berg D, Bloom FE, du Lac, S, eds. *Fundamental Neuroscience*. 4th ed. San Diego, CA: Academic Press; 2012.

CASO 4

Um paciente de 37 anos teve vários surtos de déficits neurológicos, cada surto melhorando com o tempo. Sua queixa inicial era de vários episódios de visão turva com melhora espontânea. Na sequência dessas queixas, ele desenvolveu fraqueza temporária do membro inferior direito e dificuldade em andar. Novamente, esses sintomas desapareceram com o tempo. Desta vez, ele se apresenta em seu consultório em Minneapolis, com queixa de visão dupla quando tenta olhar para o lado esquerdo ou direito. Após vários testes, com base nos múltiplos ataques e remissões de fraqueza e problemas oculares, você tem a suspeita diagnóstica de esclerose múltipla (EM), uma doença da substância branca do sistema nervoso central (SNC).

▶ Descreva as características da substância branca do encéfalo.
▶ Qual é o mecanismo da fraqueza causada pela degeneração da substância branca?
▶ Quais são as opções de tratamento disponíveis para o paciente?

RESPOSTAS PARA O CASO 4
Bainha de mielina e potencial de ação

Resumo: Um paciente de 37 anos com vários surtos de déficits neurológicos com remissão espontânea é diagnosticado com EM.

- **Características da substância branca:** A substância branca no encéfalo consiste em axônios mielinizados dos neurônios cujos corpos celulares estão localizados na substância cinzenta. Esses axônios propagam impulsos nervosos que são transmitidos entre os neurônios.
- **Mecanismo da fraqueza:** A EM provoca a deterioração gradual das bainhas de mielina de proteção em torno dos axônios (desmielinização) que facilitam a propagação do sinal. Sem mielina, os neurônios deixam de realizar de maneira eficaz seus sinais elétricos, o que resulta em uma miríade de sintomas clínicos (alguns apresentados anteriormente). A EM é classificada como uma doença autoimune na qual os linfócitos atacam a mielina que envolve os axônios como se fosse um agente estranho.
- **Opções de tratamento:** O interferon beta pode ajudar a reduzir o número de exacerbações. Altas doses de corticosteroides ou imunoglobulina por via intravenosa podem ser administradas para reduzir a gravidade e a duração dos episódios. Vários outros medicamentos têm sido aprovados pela Food and Drug Administration para tratar os sintomas de EM.

ABORDAGEM CLÍNICA

A **EM** é uma doença desmielinizante que afeta apenas a substância branca do cérebro, do tronco encefálico e da medula espinal. Por uma razão desconhecida, a EM é mais comum em latitudes do norte, com uma incidência de 30 a 80 por 100.000 no norte dos Estados Unidos e no Canadá, em comparação com 1 por 100.000 perto do Equador. Acredita-se que a EM seja uma doença autoimune contra as bainhas de mielina no SNC. As **placas** começam como uma resposta inflamatória com monócitos e **infiltrado de linfócitos perivasculares**, seguida pela formação de cicatrizes gliais. Estudos de imagem e patológicos demonstram placas de substância branca de diferentes épocas distribuídas por todo o SNC. O curso da EM é típico com exacerbações e remissões ao longo do tempo. Os sintomas mais comuns incluem distúrbios visuais, paraparesia espástica e disfunção da bexiga urinária. **Oftalmoplegia internuclear (OIN)** é um distúrbio visual que costuma estar associado à EM e que resulta de uma lesão no mesencéfalo afetando o fascículo longitudinal medial (FLM). Essa lesão impede que os núcleos oculomotores e os núcleos abducentes coordenem os movimentos oculares por meio do FLM. Com o olhar lateral, o músculo reto medial contralateral torna-se incapaz de aduzir o olho, enquanto o reto lateral ipsilateral abduz o olho. Os movimentos descoordenados do olho resultam em diplopia. **A imagem por ressonância magnética (RM) é a** modalidade de neuroimagem preferida para o diagnóstico da doença. Cerca de 80% dos indivíduos com diagnóstico clínico de EM apresentam alterações na substância branca em exames de RM. A análise do líquido cerebrospinal (LCS) por uma punção lombar em geral demonstra pressões normais de abertura e aumento dos níveis de proteína. A imunoglobulina G (IgG) no LCS está aumentada em relação às outras proteínas em cerca de 90% dos pacientes com diagnóstico confirmado de EM. Eletroforese em gel do LCS revela bandas oligoclonais. O diagnóstico depende de uma combinação da história, do exame físico e dos resultados de imagem e do LCS. Embora não haja cura para a EM, existem várias estratégias de tratamento disponíveis para retardar a progressão da doença, assim como reduzir a frequência e encurtar a duração dos surtos.

ABORDAGEM À
Bainha de mielina e ao potencial de ação

OBJETIVOS

1. Descrever a constituição da bainha de mielina e entender seu papel.
2. Descrever como o potencial de ação é propagado através do axônio.
3. Descrever as variáveis que afetam a velocidade de condução do axônio.

DEFINIÇÕES

NÓDULOS DE RANVIER: Região do axônio entre bainhas de mielina consecutivas, em que altas concentrações de canais iônicos permitem o fluxo de corrente.
CONDUÇÃO SALTATÓRIA: Um tipo de condução rápida de um potencial elétrico que faz o potencial de ação se propagar pelos nódulos de Ranvier e não nos segmentos mielinizados ao longo do axônio. Como o citoplasma do axônio é eletricamente condutor e a mielina inibe a fuga de cargas através da membrana, a despolarização em um nódulo de Ranvier é suficiente para elevar a voltagem (despolarizar) no nódulo vizinho ao nível do limiar de geração do potencial de ação, o que permite que os potenciais de ação se propaguem mais rapidamente.
LIMIAR: Um ponto irreversível no qual a despolarização inicial da membrana resulta na abertura rápida de todos os canais iônicos dependentes de voltagem; em geral o limiar para o potencial de ação é em torno de -45 mV.
CONE DO AXÔNIO: Região do neurônio entre o corpo celular e o axônio onde os potenciais de ação são gerados.
PERÍODOS REFRATÁRIOS: Período em que é impossível ou difícil para estímulos adicionais gerarem outro potencial de ação.

DISCUSSÃO

As bainhas de mielina são formadas por oligodendrócitos no SNC e pelas células de Schwann no sistema nervoso periférico. É importante notar, entretanto, que nem todos os axônios são envoltos por bainhas de mielina. A mielina é composta por lipídeos e proteínas de membrana, que são envolvidos em camadas circulares ao redor de segmentos de axônios. Os intervalos entre as bainhas de mielina adjacentes são chamados de **nódulos de Ranvier** e são importantes para a propagação do potencial de ação.

Durante o desenvolvimento do sistema nervoso periférico, as células de Schwann tornam-se intimamente associadas com o desenvolvimento de feixes de axônios dentro do nervo. Uma única célula de Schwann fornece um único segmento da bainha de mielina para o axônio em desenvolvimento. À medida que os axônios crescem e se alongam, as células de Schwann dividem-se por mitose para assegurar a cobertura completa do axônio selecionado. Isso contrasta com o SNC, em que os oligodendrócitos estendem vários processos para proporcionar bainhas de mielina a múltiplos axônios. Um oligodendrócito pode formar um segmento de mielina para até 60 axônios diferentes. As bainhas de mielina são laminadas quando examinadas por microscopia eletrônica; isto é causado pelo envelopamento sequencial da mielina em torno do axônio. Durante esse processo, o citoplasma das células de Schwann e de oligodendrócitos é pressionado para fora da bainha de mielina em desenvolvimento. No final, as camadas de membrana celular ficam opostas e mantidas no lugar por proteínas, como a **proteína básica de mielina**, a **proteína proteolipídica** e a **proteína zero**, que estão incorporadas na membrana lipídica.

Nos nódulos de Ranvier, as bainhas de mielina não se juntam. Nessa região, o axônio é exposto ao ambiente extracelular. Os canais iônicos dependentes de voltagem necessários para a **condução saltatória** do potencial de ação são concentrados nessa região do axônio.

Um potencial de ação típico dura menos de 1 ms e é gerado de forma tudo-ou-nada. Os neurônios codificam a intensidade de um estímulo pela frequência e não pela amplitude do potencial de ação, o qual é fundamental para enviar a informação a longas distâncias via impulsos elétricos e é gerado por canais iônicos dependentes de voltagem. Mudanças no potencial de membrana alteram a permeabilidade seletiva desses canais a um íon específico. Os canais iônicos dependentes de voltagem incluem os canais de Na^+, K^+ e Ca^{2+}. O potencial de ação é um sinal autorregenerativo que não diminui de amplitude à medida que percorre o axônio e depende dos canais de Na^+ e K^+ dependentes de voltagem.

A estrutura terciária do canal iônico dependente de voltagem é determinada pelo potencial de membrana no ambiente local. Com alterações no potencial de membrana, o canal se abre ou se fecha para modular o fluxo de íons. Esses canais costumam ser abertos por um período muito curto, 10 μs ou menos, e apresentam uma resposta do tipo "tudo-ou-nada". No potencial de repouso da membrana dos neurônios, os canais dependentes de voltagem de Na^+ e K^+ em geral estão em sua configuração fechada.

O potencial de ação é gerado no **cone do axônio**, região entre o soma do neurônio e o axônio que contém um número maior de canais de Na^+ dependentes de voltagem do que qualquer outro lugar do neurônio. Como o neurônio recebe sinais dos dendritos e do soma, eles convergem no cone do axônio. À medida que o estímulo é recebido, alguns dos canais de Na$^+$ dependentes de voltagem se abrem, resultando no influxo de íons positivos de Na$^+$ na célula levando a uma pequena despolarização do cone do axônio. Se o estímulo for forte o suficiente, mais canais de Na$^+$ dependentes de voltagem se abrirão através de *feedback* positivo dos íons Na$^+$ até atingir um ponto em que a despolarização se torna irreversível. Esse ponto é chamado de **limiar** (Figura 4-1). Os canais de Na$^+$ permanecem abertos por um breve período, antes de serem inativados por uma alteração conformacional que resulta na inativação e no fechamento do canal.

A despolarização também afeta os canais de K$^+$ dependentes de voltagem. No entanto, esses canais se abrem mais lentamente e permanecem abertos por mais tempo em resposta à despolarização inicial e permitem que os íons K$^+$ fluam para

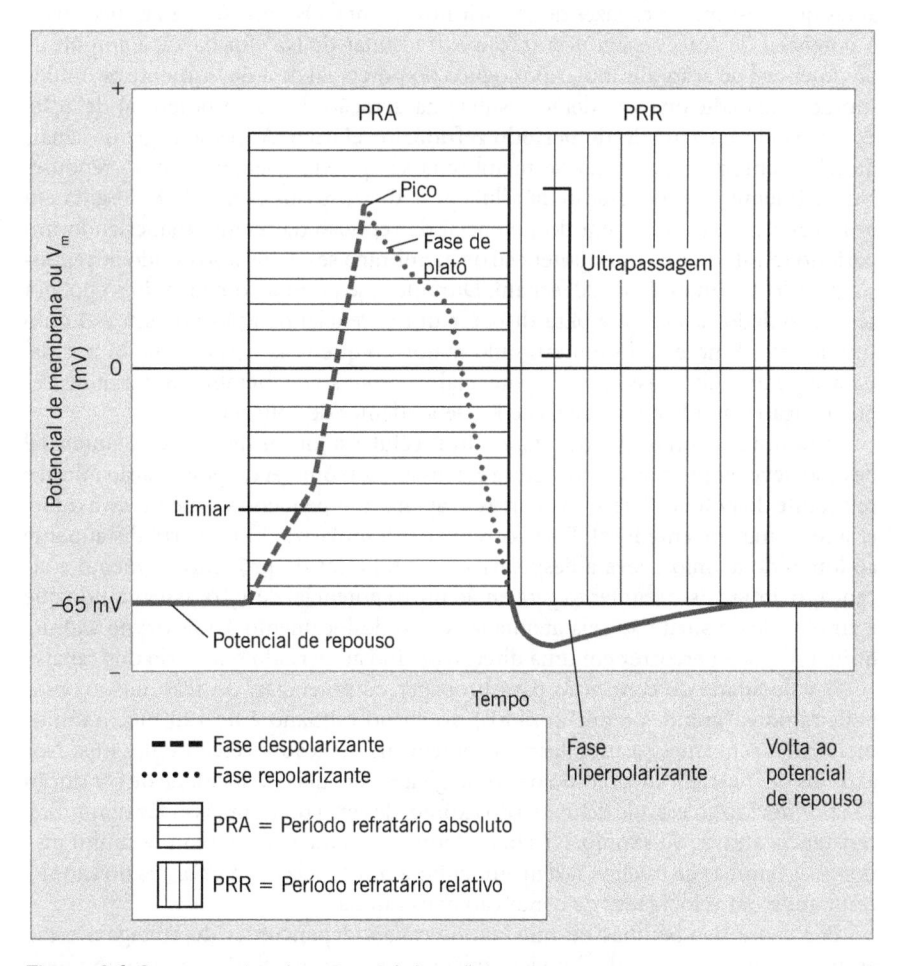

Figura 4.1 Componentes do potencial de ação.

fora da célula. O pico de efluxo de íons K^+ ocorre quando a corrente de Na^+ está diminuindo. Isso resulta na repolarização da célula. Nos estágios mais avançados do potencial de ação, o efluxo de K^+ impulsiona o potencial de membrana para perto do potencial de equilíbrio do K^+, tornando o potencial de membrana mais negativo que o potencial de repouso. À medida que os canais de K^+ dependentes de voltagem se fecham, os canais de repouso permitem o restabelecimento do potencial de repouso da membrana.

Logo após o limite ter sido atingido, há um período no qual estímulos adicionais não serão capazes de gerar qualquer potencial de ação. Ele é denominado **período refratário absoluto** e é devido à abertura máxima dos canais de Na^+. Os canais de Na^+ começam a fechar, mesmo na presença continuada da despolarização; eles são inativados, levando um tempo para se recuperarem da inativação e do fechamento antes que possam ser capazes de se abrir novamente. Os íons Na^+ são críticos para o potencial de ação: se a concentração extracelular de Na^+ for baixa, a amplitude do potencial de ação diminui. Após o pico do potencial de ação, somente estímulos supraótimos adicionais poderão resultar na geração de outro potencial de ação. Esse período é chamado de **período refratário relativo**. À medida que os canais de K^+ se abrem, o potencial de membrana se aproxima lentamente do repouso. Normalmente, a repolarização da célula pela abertura dos canais de K^+ resulta em uma volta da ultrapassagem do potencial de repouso da membrana, criando um período refratário no qual o potencial de membrana se equaliza ao estado de repouso quando os canais de K^+ se fecham. Durante esse período, o neurônio só poderá ser estimulado novamente para disparar um potencial de ação por um estímulo supraótimo. É necessário um estímulo maior do que uma despolarização normal para superar a ultrapassagem de potencial de repouso da membrana durante a repolarização causada pelos canais de K^+ dependentes de voltagem.

Para um neurônio sinalizar para outras células a longas distâncias, o potencial de ação deve ser propagado por toda a extensão do axônio. A despolarização inicial e resultante do potencial de ação ocorre em apenas um pequeno segmento do axônio, criando uma corrente local. Essa corrente de despolarização percorre distalmente ao longo do axônio e leva a despolarização subliminar do próximo segmento a alcançar o limiar. Esse segmento gera então outro potencial de ação, assegurando que a amplitude do sinal não seja atenuada com o deslocamento. Uma vez no axônio, o sinal só pode percorrer em uma direção devido ao período refratário dos canais.

A **velocidade de condução** para propagar os potenciais de ação nos axônios mais rápidos (grandes e mielinizados) do corpo humano é de 120 m/s. Axônios menores e sem mielina propagam os potenciais de ação a cerca de 0,5 m/s. Nos axônios de invertebrados, como o axônio gigante de lula, a velocidade de condução é maior devido ao grande diâmetro do axônio, de cerca de 1 mm. Isso faz diminuir a resistência através do axônio. Nos mamíferos, que tendem a ter axônios muito menores, as bainhas de mielina fazem aumentar a resistência da membrana do axônio, resultando em velocidades de condução mais rápidas.

Por causa das bainhas de mielina, os canais dependentes de voltagem estão agrupados nos nódulos de Ranvier, únicos pontos ao longo de um axônio mielinizado em que as correntes podem ser geradas. Além disso, as bainhas de mielina evitam qualquer queda significativa da amplitude do potencial de ação ao nível dos **segmentos internodais**, região do axônio coberta por mielina. Isso permite que o sinal salte rapidamente a partir de um nódulo de Ranvier para outro, um processo chamado de condução saltatória (Figura 4-2). Em axônios sem mielina, a corrente é conduzida mais lentamente por causa da diminuição da resistência da membrana e da falta da condução saltatória.

Embora esse sistema de dois canais examinado no axônio gigante de lula nos trabalhos de Alan Hodgkin e Andrew Huxley, vencedores do Prêmio Nobel, seja encontrado em quase todo tipo de neurônio, existem vários outros tipos de canais

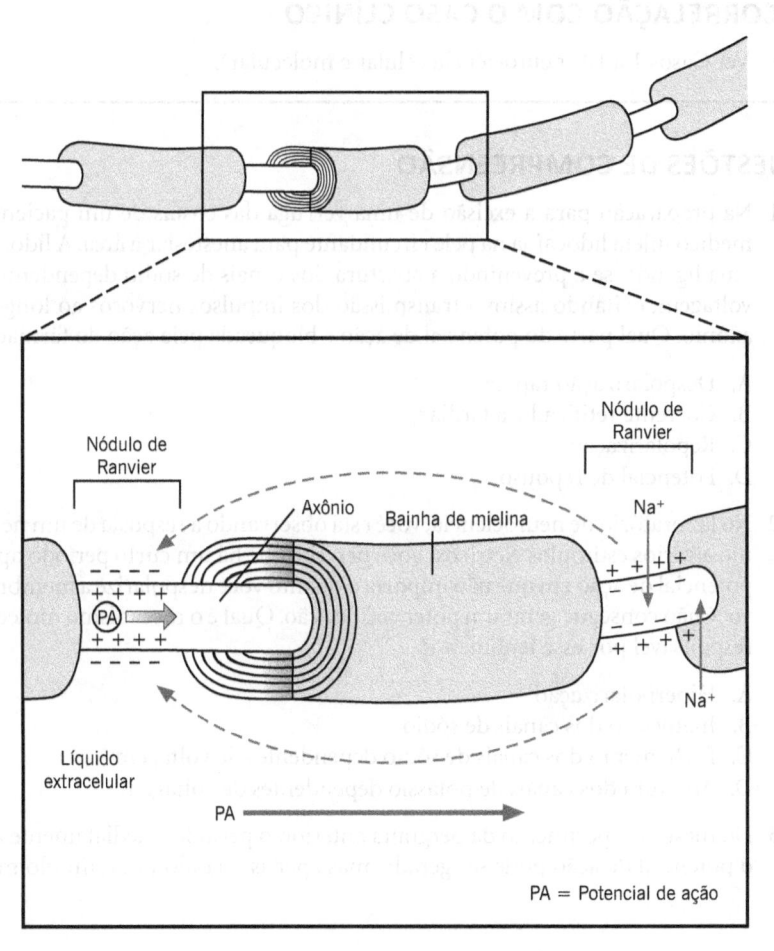

Figura 4.2 Diagrama esquemático da condução saltatória do potencial de ação em um axônio.

iônicos dependentes de voltagem. Essa diversidade permite um sistema muito mais complexo de processamento de informação.

Uma observação clínica interessante é que, se a hiponatremia crônica for corrigida muito rapidamente, os pacientes podem desenvolver desmielinização osmótica dos axônios da parte central da ponte. A mielinólise central pontina apresenta-se com quadriplegia, devido à desmielinização dos tratos corticospinais e pseudobulbar, e paralisia, devido à desmielinização dos tratos corticobulbares (nervos cranianos X, XI e XII), resultando em disfagia, disartria e fraqueza dos músculos do pescoço.

CORRELAÇÃO COM O CASO CLÍNICO
- Ver Casos 1 a 10 (neurociência celular e molecular).

QUESTÕES DE COMPREENSÃO

4.1 Na preparação para a excisão de uma verruga das costas de um paciente, o médico injeta lidocaína na pele circundante para anestesiar a área. A lidocaína atua ligando-se e prevenindo a abertura dos canais de sódio dependentes de voltagem, evitando assim a transmissão dos impulsos nervosos ao longo do axônio. Qual parte do potencial de ação é bloqueada pela ação do fármaco?

   A. Despolarização rápida
   B. Corrente retificadora tardia
   C. Repolarização
   D. Potencial de repouso

4.2 No laboratório de neurociência, você está observando a resposta de um neurônio a vários estímulos elétricos. Você percebe que há um curto período após o potencial de ação em que não importa o quanto você despolarize a membrana, você não consegue gerar um potencial de ação. Qual é o mecanismo molecular responsável por esse fenômeno?

   A. Hiperpolarização
   B. Inativação dos canais de sódio
   C. Fechamento dos canais de sódio dependentes de voltagem
   D. Abertura dos canais de potássio dependentes de voltagem

4.3 No mesmo experimento da pergunta anterior, o período imediatamente após o potencial de ação pode ser gerado, mas apenas quando um estímulo maior do que o normal é aplicado. Qual é o mecanismo molecular responsável por esse fenômeno?

A. Abertura dos canais de sódio dependentes de voltagem
B. Abertura dos canais de potássio dependentes de voltagem
C. Abertura e fechamento lento dos canais de potássio dependentes de voltagem
D. Fechamento lento dos canais de sódio dependentes de voltagem

RESPOSTAS

4.1 **A.** A lidocaína liga-se aos canais de sódio inativados, impedindo a **despolarização rápida** necessária para o início do potencial de ação. A abertura dos canais de sódio dependentes de voltagem é responsável pelo rápido movimento ascendente do potencial de ação. Os canais de potássio dependentes de voltagem de atuação mais lenta são responsáveis pela corrente retificadora tardia, o que, em combinação com o fechamento dos canais de sódio dependentes de voltagem, é responsável pela repolarização da membrana.

4.2 **B.** O período referido na pergunta é causado pela **inativação dos canais de sódio dependentes de voltagem** e é conhecido como período refratário absoluto. Durante esse período, imediatamente após a repolarização, os canais de sódio dependentes de voltagem assumem uma configuração em que não se abrem independentemente do potencial de membrana. A hiperpolarização, período após o potencial de ação quando a membrana é mais negativa do que o potencial de repouso, é responsável pelo período refratário relativo. Durante esse tempo, um potencial de ação pode ser gerado, porém somente com um estímulo maior, porque a membrana deve despolarizar mais para alcançar o limiar. Tanto o fechamento dos canais de sódio dependentes de voltagem como a abertura dos canais de potássio dependentes de voltagem contribuem para repolarização da membrana neuronal.

4.3 **C.** A questão refere-se ao período refratário relativo, que é causado por abertura e **fechamento lento dos canais de potássio dependentes de voltagem**. Durante esse período, um potencial de ação pode ser gerado, mas como a membrana está hiperpolarizada, um estímulo maior é necessário para alcançar o limiar. A razão pela qual a membrana se torna hiperpolarizada após um potencial de ação é a resposta lenta dos canais de potássio dependentes de voltagem. Essa resposta lenta dos canais de potássio faz eles ficarem abertos por mais tempo do que o necessário para repolarizar a membrana, resultando em uma hiperpolarização transitória. À medida que os canais de potássio se fecham, a hiperpolarização termina e a membrana retorna a seu potencial de repouso.

> ### DICAS DE NEUROCIÊNCIAS
>
> ▶ A EM é uma doença desmielinizante da substância branca do SNC, caracterizada clinicamente por distúrbios visuais, paraparesia espástica e disfunção da bexiga urinária.
> ▶ Os nódulos de Ranvier, intervalos entre bainhas de mielina adjacentes no axônio, são importantes para a condução saltatória característica do potencial de ação no axônio.
> ▶ Cada **célula de Schwann** mieliniza somente **um axônio**; já os **oligodendrócitos** estendem processos para mielinizar **vários axônios**.
> ▶ Potenciais de ação são gerados de uma forma tudo-ou-nada. A intensidade do estímulo é dada pela **frequência**, *não* pela **amplitude** do potencial de ação.
> ▶ Sinais dos dendritos e do soma dos neurônios convergem no cone do axônio, resultando em uma pequena despolarização. Um estímulo forte o suficiente fará mais canais de sódio dependentes de voltagem se abrirem por meio de retroalimentação positiva dos íons Na^+ até a despolarização se tornar irreversível (limiar).
> ▶ O período refratário absoluto ocorre quando os canais de sódio, depois de abertos ao máximo, assumem uma configuração inativa que impossibilita que eles se abram, independentemente do potencial de membrana.
> ▶ O período refratário relativo ocorre após o período refratário absoluto e é devido à abertura e ao fechamento lento dos canais de potássio.
> ▶ Hiponatremia crônica corrigida muito rapidamente pode resultar em mielinólise central pontina (tetraplegia e paralisia pseudobulbar).

REFERÊNCIAS

Bear MF, Connors B, Paradiso M, eds. *Neuroscience: Exploring the Brain*. 3rd ed. Baltimore, MD: Lippincott Williams & Wilkins; 2006.

Purves D, Augustine GJ, Fitzpatrick D, Hall WC, eds. *Neuroscience*. 5th ed. Sunderland, MA: Sinauer Associates Inc; 2011.

Squire LR, Berg D, Bloom FE, du Lac, S, eds. *Fundamental Neuroscience*. 4th ed. San Diego, CA: Academic Press; 2012.

CASO 5

Uma mulher traz seu pai de 68 anos a seu consultório para um exame. Ela afirma que, ao longo dos últimos anos, "ele se tornou cada vez mais esquecido". Inicialmente, ele não conseguia se lembrar onde havia deixado a carteira e as chaves no início do dia. Agora ela tem que lembrá-lo constantemente do que acaba de discutir. Ele costumava ser um ávido contador de histórias e ultimamente se tornou menos sociável. Mais recentemente, ela afirma que os vizinhos encontraram seu pai vagando ao redor da quadra, sem qualquer explicação de para onde estava indo ou de onde tinha vindo. Você diagnostica o pai desta senhora como tendo doença de Alzheimer (DA).

▶ Qual é o achado mais provável em uma biópsia pós-morte do encéfalo?
▶ Qual neurotransmissor mais provavelmente estaria deficiente?
▶ Quais os tratamentos disponíveis para essa condição?

RESPOSTAS PARA O CASO 5
Sinapses

Resumo: Um paciente de 68 anos com história de declínio cognitivo progressivo de vários anos é diagnosticado com DA.

- **Resultados da biópsia:** Placas amiloides e emaranhados neurofibrilares são claramente visíveis ao microscópio. Placas amiloides são placas enrijecidas e insolúveis de fragmentos de proteínas que se formam entre os neurônios. Emaranhados neurofibrilares consistem em microtúbulos insolúveis que se acumulam devido a anormalidades nas proteínas tau.
- **Neurotransmissores:** A mais antiga das três principais teorias sobre a causa da doença é a "hipótese colinérgica", que postula que a DA é causada pela deficiência na biossíntese de **acetilcolina**. Assim, o neurotransmissor mais deficiente na DA seria a acetilcolina.
- **Tratamentos:** Não há tratamento definitivo para a DA. As medicações antipsicóticas ou os benzodiazepínicos podem ser administrados para ajudar a tratar alguns distúrbios comportamentais comuns da DA.

ABORDAGEM CLÍNICA

A **DA** é o distúrbio neurodegenerativo mais comum, representando 50% de todas as demências diagnosticadas. Ela resulta em um declínio cognitivo progressivo. Inicialmente, o indivíduo apresenta esquecimento dos acontecimentos do dia a dia. Objetos podem ser trocados de lugar com frequência, e os compromissos esquecidos. Após o estabelecimento da perda de memória, um declínio cognitivo maior torna-se mais evidente. O paciente pode desenvolver uma forma de parada em seu discurso por causa do esquecimento de certas palavras. Com o aumento dos problemas na fala, características de afasias de expressão e/ou de compreensão tornam-se mais pronunciadas. Outras dificuldades cognitivas incluem discalculia, desorientação visual-espacial, além de apraxias ideacional e ideomotora. O paciente pode, eventualmente, apresentar dificuldade de locomoção e tornar-se confinado à cama. A incidência e a prevalência da DA aumenta com a idade. A maioria dos pacientes tem mais de 60 anos, porém pode acometer pacientes mais jovens. Certas formas de DA têm uma ocorrência familiar, mas representam menos de 1% de todos os casos. As formas familiares mais estudadas seguem uma herança autossômica dominante. A DA com início precoce também tem sido associada com a síndrome de Down. O aspecto mais importante do diagnóstico da DA é a exclusão de formas de demência tratáveis. Embora exames de neuroimagem mostrem atrofia difusa dos giros cerebrais e alargamento dos sulcos e dos ventrículos nos estágios mais avançados, é muito importante ficar atento para lesões de massa, como hematoma subdural crônico, que pode evoluir com os mesmos sintomas. Em espécimes histológicos, a DA está associada com a perda difusa de neurônios no córtex cerebral. Em particular, a perda neuronal no **núcleo basal de Meynert** está associada à diminuição dos níveis do neurotransmissor **acetilcolina**. Há deposição intracitoplasmática de **emaranhados neurofibrilares** em neurônios compostos por filamentos helicoidais emparelhados, imunorreativos para a proteína tau, e **placas neuríticas** compostas de filamentos helicoidais emparelhados, de proteína fibrilar beta amiloide. Na **hipótese amiloide** da DA, acreditava-se que a deposição de proteína fibrilar beta amiloide sob a forma de placas neuríticas seria a principal causa da disfunção cognitiva progressiva. No entanto, os padrões espaciais e temporais da formação de placa não se correlacionam muito bem com o nível de declínio cognitivo. Pesquisas mais recentes sobre a fisiopatologia da DA apontam para o papel do peptídeo beta amiloide não fibrilar (A-β), o precursor das placas neuríticas, acumulando-se em sinapses. Isso foi denominado **hipótese beta amiloide sináptica**. A proteína precursora amiloide (APP, de *amyloid precursor protein*) é incorporada na membrana do terminal pré-sináptico do neurônio. A clivagem de APP resulta na liberação de A-β na sinapse, a qual atua como uma sinaptotoxina facilitando a transmissão glutamatérgica e comprometendo a função sináptica. A elucidação desse novo modelo de DA pode ajudar no desenvolvimento de novos tratamentos futuros.

ABORDAGEM ÀS
Sinapses

OBJETIVOS

1. Identificar os componentes da sinapse.
2. Descrever os dois tipos de sinapses.
3. Saber como as sinapses funcionam.

DEFINIÇÕES

BOTÃO SINÁPTICO: Botão terminal de um axônio.
FENDA SINÁPTICA: Espaço entre o botão sináptico e a célula pós-sináptica.
SINAPSES ELÉTRICAS: Um tipo de sinapse conectado por junções comunicantes que permitem a transmissão direta de um sinal elétrico.
SINAPSES QUÍMICAS: Um tipo de sinapse em que o neurotransmissor é liberado pelo botão sináptico, difunde-se através da fenda sináptica e se liga em receptores na célula pós-sináptica.

DISCUSSÃO

As **sinapses** são o meio pelo qual os neurônios se comunicam uns com os outros. Em média, um único neurônio receberá cerca de 1.000 sinapses diferentes. Em sua forma mais simples, uma sinapse consiste em **botão sináptico** ou **terminal**, a extremidade terminal do axônio; **fenda sináptica**, o espaço entre a célula pré-sináptica e pós-sináptica, e **terminal pós-sináptico**. O terminal pós-sináptico pode ser o dendrito ou o soma de outro neurônio ou mesmo uma fibra muscular. A fenda sináptica não é simplesmente um espaço; em vez disso, é formada por proteínas de membrana de ambos os terminais, que formam ligações para manter a distância entre as duas células (Figura 5-1).

Existem dois tipos de sinapses no sistema nervoso, **sinapses elétricas** e **químicas**. Uma sinapse elétrica tem apenas 3 a 4 nm de largura, e o sinal pode ser transmitido bidirecionalmente, enquanto a fenda sináptica na sinapse química é muito maior, medindo cerca de 20 a 40 nm, com o sinal se deslocando mais lentamente e em uma direção, para outro neurônio ou para uma célula muscular. A maioria das sinapses no encéfalo é química.

Em uma **sinapse elétrica**, as células pré- e pós-sinápticas estão ligadas por **junções comunicantes** que permitem a comunicação entre o citoplasma de ambas as células, apresentando uma pequena distância entre as duas células. Isso proporciona um caminho de baixa resistência para o fluxo direto do potencial elétrico a partir de uma célula para a outra. Os potenciais de ação que chegam ao terminal pré-sináptico despolarizam diretamente a membrana pós-sináptica. Se a despolarização atingir o limiar na membrana pós-sináptica, um potencial de ação pode ser gerado e propagado através dessa célula.

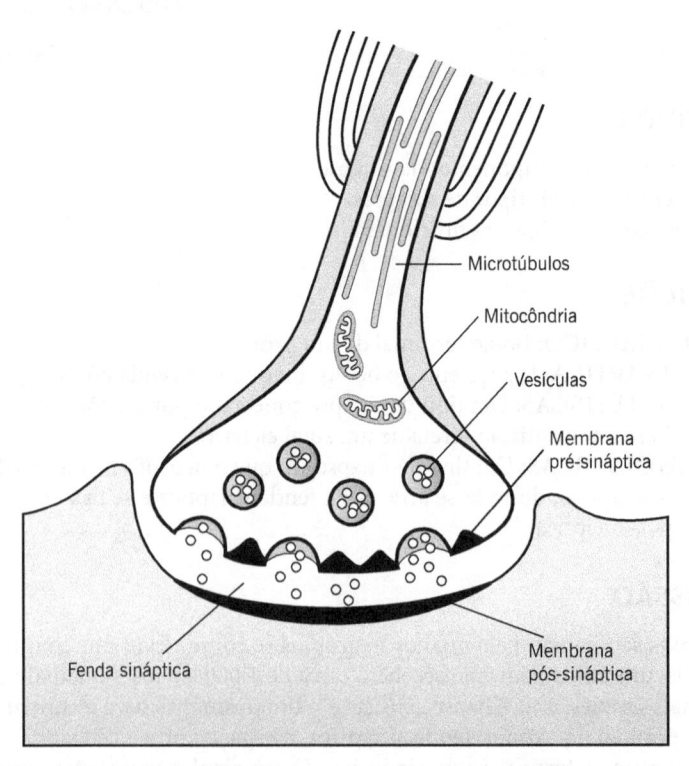

Figura 5.1 Desenho esquemático de um terminal sináptico.

A transmissão do sinal elétrico ocorre pelas proteínas especializadas, que ligam fisicamente as duas células. As junções comunicantes são constituídas por dois conjuntos de hemicanais ou **conexons**, cada um nas membranas celulares pré- e pós-sinápticas. Cada conexon é, por sua vez, composto por seis subunidades idênticas de proteínas chamadas de **conexinas**, que atravessam a membrana. As conexinas organizam-se em uma matriz radial formando um canal aberto central. As proteínas no lado extracelular das conexinas identificam e se ligam com as proteínas nas conexinas pós-sinápticas para formar um canal de condução completo. Assim como canais iônicos dependentes de voltagem, as junções comunicantes podem sofrer mudanças de conformação para abrir ou fechar o canal, dependendo do ambiente local. Essas junções permitem a transmissão quase instantânea do sinal elétrico. Devido à natureza da sinapse, as membranas pré- e pós-sináptica encontram-se em estreita justaposição uma com a outra.

As **sinapses químicas** devem converter um sinal elétrico, o potencial de ação, em um sinal químico, a liberação de **neurotransmissores**, o qual se difunde através da fenda sináptica e afeta a célula pós-sináptica. O terminal pré-sináptico contém um grande número de vesículas ligadas à membrana. Essas **vesículas sinápticas** são revestidas por proteínas de membrana especializadas e são formadas a partir da invaginação da membrana do terminal sináptico. As vesículas contêm proteínas e aminoácidos (neurotransmissores) sintetizados no retículo endoplasmático e no aparelho de Golgi no soma e transportados do axônio para o terminal via transporte axonal anterógrado rápido, por meio da associação da cinesina com os microtúbulos. Esses neurotransmissores são mensageiros químicos do sistema nervoso e são armazenados em vesículas sinápticas, muitas delas agrupadas em torno de uma região da membrana do terminal pré-sináptico chamada de **zona ativa**. Essas vesículas permanecem armazenadas até que a liberação de neurotransmissores seja necessária.

Quando um potencial de ação atinge o terminal, ele simplesmente despolariza a célula pré-sináptica. No entanto, isso faz uma série de reações resultar na fusão das vesículas sinápticas com a membrana da célula pré-sináptica. A despolarização abre os canais de Ca^{2+}, permitindo que os íons Ca^{2+} entrem no terminal axonal, levando à fosforilação da proteína de ligação vesicular chamada de sinapsina. Isso faz as vesículas serem soltas dos filamentos de actina e se ligarem à zona ativa. Vesículas e proteínas de membrana plasmática sofrem alterações dependentes de Ca^{2+}, levando à fusão das vesículas na membrana plasmática com consequente liberação de neurotransmissores por **exocitose** para a fenda sináptica. A membrana da vesícula é reciclada a partir da membrana plasmática do terminal sináptico para impedir o alargamento da terminação nervosa e fornecer um suprimento constante de vesículas. Os neurotransmissores, em seguida, difundem-se através da fenda sináptica e ligam-se nos receptores na membrana pós-sináptica.

Com base no tipo de neurotransmissor e receptor, a sinapse química pode resultar em um potencial pós-sináptico excitatório ou inibitório. Neurotransmissores excitatórios induzem uma despolarização da célula pós-sináptica. Neurotransmissores inibitórios hiperpolarizam a célula pós-sináptica. Proteínas como a dineína (que associa vesícula com microtúbulos) utilizadas para a transmissão sináptica são o alvo e voltam para o corpo celular, onde são recicladas por meio de um processo chamado de transporte axonal retrógrado lento.

Com base nas características estruturais e funcionais dos receptores de neurotransmissores no sistema nervoso, esses receptores podem ser classificados em duas grandes categorias: **metabotrópicos** e **inotrópicos**. Receptores inotrópicos são canais iônicos transmembrana que se abrem e permitem o fluxo intracelular de íons quando há ligação de um mensageiro químico (ligando), diferentemente dos canais iônicos dependentes de voltagem que abrem ou fecham por alterações de sinais elétricos eventuais, ou dos canais iônicos ativados por estiramento que se modificam por alterações mecânicas. Os receptores metabotrópicos, por outro lado, estão indiretamente relacionados com canais iônicos. Após a ligação de um ligando, o receptor metabotrópico conduz a uma cascata de sinais intracelulares, o que resulta na abertura ou na inibição[*] do canal iônico de membrana. Como a transmissão do sinal da célula pré-sináptica para a célula pós-sináptica se baseia na difusão de neurotransmissores, a sinapse química é significativamente mais lenta do que uma sinapse elétrica. No entanto, ao contrário de uma sinapse elétrica, a sinapse química é capaz de amplificar o sinal inicial. Muitas vesículas, cada uma contendo milhares de neurotransmissores, liberam seu conteúdo na fenda sináptica. Esse processo pode conduzir à ativação de milhares de receptores pós-sinápticos após a ligação do neurotransmissor. A transmissão é terminada na sinapse por degradação química do neurotransmissor por enzimas na fenda sináptica (p. ex., acetilcolinesterase) ou por recaptação do neurotransmissor nos neurônios pré- e pós-sinápticos.[**]

O desenvolvimento da sinapse depende parcialmente de várias **lamininas, glicoproteínas sinápticas** especializadas. A laminina-11, concentrada na fenda sináptica, atua como um inibidor das células de Schwann na junção neuromuscular para evitar que entrem na fenda. Isso permite que as células pré- e pós-sinápticas mantenham a estabilidade a longo prazo das sinapses, permitindo a rápida transmissão de informação através da fenda sináptica. A laminina-β2 liga-se diretamente a canais de cálcio, que são importantes para a liberação de neurotransmissores na membrana pré-sináptica na sinapse neuromuscular. Isso leva à aglomeração de canais de cálcio e ao recrutamento de outros componentes pré-sinápticos para formar a zona ativa da membrana pré-sináptica. Perturbações de qualquer uma dessas glicoproteínas sinápticas podem levar a doenças que envolvem alterações sinápticas.

CORRELAÇÃO COM O CASO CLÍNICO

- Ver Casos 1 a 10 (neurociência celular e molecular).

---

[*] N. de R.T. Os receptores metabotrópicos desencadeiam uma cascata de sinais intracelulares, podendo resultar não somente na abertura de canais iônicos, mas também podendo induzir a inibição do canal iônico de membrana dependendo do receptor.

[**] N. de R. T. Os neurotransmissores podem também ser recaptados pelos astrócitos.

QUESTÕES DE COMPREENSÃO

5.1 Uma paciente apresenta-se em seu consultório reclamando de fraqueza e diplopia. Depois de um exame completo, ela é diagnosticada com miastenia grave, uma doença causada pela destruição autoimune de receptores de acetilcolina. Em que parte da sinapse esses receptores se localizam?

A. Membrana pré-sináptica
B. Membrana pós-sináptica
C. Fenda sináptica
D. Vesícula sináptica

5.2 Ao observar um exame de microscopia eletrônica da junção neuromuscular da paciente da pergunta anterior, você nota que, em um lado da fenda sináptica, existem inúmeras estruturas arredondadas agrupadas. Em uma amostra de uma dessas estruturas você observa a presença de acetilcolina. Qual é o nome específico da área em questão?

A. Terminal pré-sináptico
B. Zona ativa
C. Membrana pós-sináptica
D. Botão terminal

5.3 Quando estimuladas por um potencial de ação, as vesículas vistas ao microscópio eletrônico na pergunta anterior fundem-se com a membrana pré-sináptica. Onde o conteúdo das vesículas será liberado?

A. Citoplasma pré-sináptico
B. Citoplasma pós-sináptico
C. Fenda sináptica
D. Aparelho de Golgi

RESPOSTAS

5.1 **B.** Receptores de acetilcolina estão localizados na **membrana pós-sináptica**. Há uma variedade de diferentes tipos de receptores de acetilcolina, mas os receptores afetados em pessoas com miastenia grave são os inotrópicos localizados na membrana pós-sináptica da junção neuromuscular. Em pacientes com miastenia grave, a acetilcolina é liberada de forma adequada na fenda sináptica sob estímulo, mas o alvo para o neurotransmissor é reduzido, por isso as células musculares não são suficientemente estimuladas, resultando em fraqueza.

5.2 **B.** A porção do neurônio pré-sináptico contendo vesículas sinápticas é chamada de **zona ativa**. As estruturas arredondadas em questão são as vesículas sinápticas, pelo fato de conterem o neurotransmissor acetilcolina. Terminal pré-sináptico e botão terminal são sinônimos e, em geral, referem-se ao fim do axônio a partir do qual ocorre a neurotransmissão, mas nenhum deles é tão específico para o local das vesículas sinápticas como a zona ativa. A membrana pós-sináptica contém receptores de neurotransmissores, e não vesículas sinápticas.

5.3 **C.** Sob estimulação, as vesículas sinápticas fundem-se com a membrana pré-sináptica e liberam seus conteúdos (neurotransmissores) na **fenda sináptica**, onde eles se difundem e interagem com receptores na membrana pós-sináptica. Neurotransmissores na verdade não entram nas células pós-sinápticas; eles interagem com proteínas de membrana e causam seus efeitos por meio dos receptores. Da mesma forma, os neurotransmissores em geral não são encontrados em grandes quantidades no citoplasma de neurônios pré-sinápticos; eles estão contidos nas vesículas sinápticas. As vesículas sinápticas não se fundem nem liberam seu conteúdo no aparelho de Golgi. No entanto, alguns neurotransmissores podem ser sintetizados no aparelho de Golgi.

DICAS DE NEUROCIÊNCIAS

▶ Em sua maioria, os casos de DA são esporádicos e não genéticos.
▶ A DA genética costuma ser autossômica dominante e relacionada a mutações de um dos três genes que codificam a proteína precursora de amiloide, presenilina 1 ou presenilina 2.
▶ O fator genético mais comum na DA esporádica é o alelo e4 de apolipoproteína E.
▶ Há dois tipos de sinapses no sistema nervoso: elétricas e químicas.
▶ As sinapses elétricas contêm junções comunicantes, que conectam fisicamente neurônios adjacentes e permitem a condução mais rápida do sinal.
▶ As sinapses químicas compreendem a maioria das sinapses e convertem o sinal elétrico (o potencial de ação) em um sinal químico (a liberação de um neurotransmissor).
▶ Terminais pré-sinápticos contêm um número maior de vesículas pré-formadas ligadas à membrana cheias de neurotransmissores, que são liberados via exocitose **dependente de cálcio**, quando o potencial de ação alcança o terminal.
▶ **Receptores inotrópicos** são canais iônicos que permitem o movimento de íons uma vez que o receptor é ativado.
▶ A ativação dos **receptores metabotrópicos** (por meio da ligação de um neurotransmissor) conduz a uma cascata de sinais intracelulares, resultando na abertura ou na inibição de um canal iônico adjacente.

REFERÊNCIAS

Bear MF, Connors B, Paradiso M, eds. *Neuroscience: Exploring the Brain*. 3rd ed. Baltimore, MD: Lippincott Williams & Wilkins; 2006.

Squire LR, Berg D, Bloom FE, du Lac, S, eds. *Fundamental Neuroscience*. 4th ed. San Diego, CA: Academic Press; 2012.

Purves D, Augustine GJ, Fitzpatrick D, Hall WC, eds. *Neuroscience*. 5th ed. Sunderland, MA: Sinauer Associates Inc; 2011.

CASO 6

Um paciente de 18 anos envolveu-se em um acidente automobilístico há dois anos. Naquela época, ele sofreu uma fratura de Chance (uma lesão óssea completa de anterior para posterior da coluna vertebral) ao nível de T11 e uma lesão medular completa a esse nível. A fratura foi reparada cirurgicamente, e o paciente recebeu alta do hospital.

Ele se apresenta à clínica de medicina e reabilitação física para avaliação de rotina. O paciente está sentado em sua cadeira de rodas com postura de tesoura óbvia dos membros inferiores. A massa muscular é normal, mas há perda completa dos movimentos voluntários. Há um aumento acentuado no tônus dos membros inferiores ao movimento passivo, além de aumento dos reflexos patelar e plantar bilateralmente. Ele não tem qualquer sensação ao nível abaixo do umbigo. Existe também evidência de desenvolvimento de contraturas nas extremidades inferiores distais.

- Quais tratos descendentes são responsáveis pela perda de movimento motor voluntário?
- Quais tratos são responsáveis pela perda de sensibilidade ao nível do umbigo?
- A perda de qual tipo de potencial pós-sináptico nos neurônios motores inferiores pode explicar o tônus aumentado nas extremidades inferiores?

RESPOSTAS PARA O CASO 6:
Integração sináptica

Resumo: Um paciente paraplégico de 18 anos apresenta-se para uma avaliação de rotina após uma lesão medular grave ao nível de T11.

- **Tratos descendentes:** Tratos corticospinal, rubrospinal e reticulospinais.
- **Tratos ascendentes sensoriais:** Trato espinotalâmico e coluna dorsal.
- **Perda do potencial pós-sináptico:** A perda do **potencial inibitório pós-sináptico (PIPS)** nos neurônios motores inferiores poderia explicar o aumento do tônus nas extremidades inferiores. Na ausência de PIPS, os neurônios motores inferiores apenas serão inervados pelo potencial excitatório pós-sináptico (PEPS), facilitando a contração muscular.

ABORDAGEM CLÍNICA

Com base em relatórios dos Centers for Disease Control (CDC) de 2010, existem cerca de 16 mil novas lesões da medula espinal por ano nos Estados Unidos. A coluna cervical é o local mais comum, seguida pela coluna toracolombar. A coluna vertebral toracolombar é particularmente suscetível a lesões devido à sua localização na zona de transição entre a cifose rígida da coluna torácica e a lordose móvel da coluna lombar. Essa região serve como um ponto de apoio entre a coluna torácica e lombar e fica em uma posição relativamente neutra; como resultado, durante um evento traumático, essa região recebe a aplicação de esforço máximo. Cerca de metade de todas as fraturas da coluna torácica e lombar resulta em algum tipo de lesão neurológica. Essas lesões podem ser divididas em **lesões da medula espinal** (LMEs) **completa** e **incompleta.** Em uma LME completa, há uma perda completa de todas as funções motora, sensorial e visceral abaixo do nível da lesão. A LME incompleta tem preservação de alguma função neurológica, menor que seja. Inicialmente, uma LME toracolombar completa apresenta-se como uma paralisia flácida e com a perda de todas as sensações. À medida que o tempo passa, a paralisia flácida é substituída pelos achados característicos de comprometimento de **neurônio motor superior** nas extremidades inferiores devido à perda das vias motoras descendentes. Achados de comprometimento de **neurônio motor inferior** em geral são devidos à lesão dos nervos periféricos (Tabela 6-1). A fraqueza espástica e o aumento dos reflexos de estiramento muscular associados a lesões do neurônio motor superior resultam da perda das **vias motoras descendentes** aos neurônios motores alfa no corno anterior da medula espinal.

Isso leva a uma condição conhecida como **hiper-reflexia.** Os axônios 1a, encontrados no fuso de uma fibra muscular, mantêm o controle da rapidez das alterações do estiramento muscular. Além disso, eles enervam interneurônios da medula espinal, que, por sua vez, modulam a atividade dos neurônios motores alfa. Alguns desses interneurônios fazem sinapses inibitórias nos neurônios motores alfa de

TABELA 6.1 • ACHADOS ASSOCIADOS A LESÕES DE NEURÔNIO MOTOR INFERIOR E DE NEURÔNIO MOTOR SUPERIOR

Neurônio motor inferior	Neurônio motor superior
Diminuição do tônus ou flacidez	Aumento do tônus ou espasticidade
Diminuição da massa muscular	Massa muscular normal
Diminuição dos reflexos de estiramento muscular	Aumento dos reflexos de estiramento muscular
Fasciculações, fibrilações ou sinais de atrofia na eletromiografia	Sem sinais de desenervação na eletromiografia

músculos antagonistas. Tratos supraspinais também se conectam com interneurônios para ajudar a modular a atividade dos neurônios motores alfa. Com a perda das influências supraspinais, o sistema torna-se sem controle superior e a resposta ao reflexo de estiramento muscular é desproporcional ao estímulo. Os neurônios motores alfa estão em um estado mais hiperpolarizado, resultando em respostas exageradas observadas durante o teste de resposta reflexa monossináptica (RRM).

ABORDAGEM À
Integração sináptica

OBJETIVOS

1. Descrever a via sináptica excitatória.
2. Descrever a via sináptica inibitória.
3. Saber como a constante de comprimento e a constante de tempo afetam os potenciais pós-sinápticos (PPSs).
4. Descrever como um neurônio integra sinapses excitatórias e inibitórias para formar uma única resposta.

DEFINIÇÕES

POTENCIAL PÓS-SINÁPTICO (PPS): Potencial local desenvolvido na membrana pós-sináptica após a ligação de um neurotransmissor a seu receptor específico.
POTENCIAL EXCITATÓRIO PÓS-SINÁPTICO (PEPS): Potencial que leva à despolarização da membrana pós-sináptica.
POTENCIAL INIBITÓRIO PÓS-SINÁPTICO (PIPS): Potencial que leva à hiperpolarização da membrana pós-sináptica.
SOMAÇÃO ESPACIAL: Potencial resultante de múltiplos PPSs simultâneos.
SOMAÇÃO TEMPORAL: Potencial resultante de PPSs consecutivos em um sítio.

DISCUSSÃO

Os neurônios no sistema nervoso central (SNC) recebem sinapses de vários outros neurônios em seus dendritos e soma, gerando correntes locais que percorrem todo o neurônio. Esses **PPSs** podem ser excitatório ou inibitório, dependendo do tipo de receptor e neurotransmissor. Uma sinapse é excitatória ou inibitória dependendo menos do tipo de neurotransmissor liberado pelo terminal pré-sináptico e mais do tipo de canal iônico que se abre como resultado da ligação do neurotransmissor. O PPS de cada uma das várias sinapses é conduzido para o cone do axônio. Se a soma de todos os PEPSs e PIPSs for suficiente para abrir os canais iônicos dependentes de voltagem e atingir o limiar de despolarização no cone do axônio, um potencial de ação será gerado e propagado ao longo do axônio.

O **glutamato** é o neurotransmissor excitatório predominante no encéfalo e na medula espinal. Existem dois tipos de receptores de glutamato: os inotrópicos e os metabotrópicos. Depois de abertos, os receptores inotrópicos de glutamato são permeáveis aos íons Na^+ e K^+. Uma vez que o gradiente eletroquímico de K^+ está próximo do potencial de repouso da membrana (PRM), há menos efluxo de íons K^+ através do canal. Há uma diferença significativa entre o gradiente eletroquímico de Na^+ e o PRM; entretanto, existe maior condutância e influxo de Na^+. À medida que as correntes iônicas atingem o equilíbrio, o potencial de membrana aproxima-se de 0 mV, o que resulta em um **PEPS**. Quando o glutamato se liga aos receptores metabotrópicos, um sistema de segundo mensageiro é ativado no neurônio, que indiretamente modula os canais iônicos.

Os neurotransmissores inibitórios predominantes no SNC são os aminoácidos glicina e ácido gama-aminobutírico (GABA, de *gamma aminobutiric acid*). Os receptores de GABA são mais prevalentes do que os receptores de glicina. A ligação dos neurotransmissores inibitórios em seus respectivos receptores conduz à geração de um **PIPS** no neurônio.

Um único neurônio pode receber mais de 10.000 sinapses diferentes. Dependendo do tamanho e da localização dessas sinapses, elas podem ter uma influência forte ou fraca sobre o neurônio. A amplitude e a forma do PPS diminuem à medida que aumenta a distância ao cone do axônio. A diminuição da quantidade do PPS à medida que é conduzido de forma passiva é determinada pela **constante de comprimento** do neurônio e pode ser determinada matematicamente pela seguinte fórmula:

$$\lambda = \sqrt{[(d \times R_m)/(4R_i)]}$$

em que λ é a constante de comprimento, d é o diâmetro do neurônio, R_m é a resistência da membrana, e R_i é a resistência interna do axônio. Quanto maior for a constante de comprimento, mais o sinal é mantido à medida que percorre o neurônio (menos degradação do sinal). Em um processo chamado de **somação espacial**, vários PPSs provenientes de diferentes neurônios pré-sinápticos são somados, gerando um efeito cumulativo no neurônio pós-sináptico.

Assim como a constante de comprimento, a **constante de tempo** também é uma propriedade intrínseca de um neurônio. Ela é determinada pela relação entre a capacitância e a resistência da membrana e é determinada pela seguinte fórmula:

CASOS CLÍNICOS EM NEUROCIÊNCIAS 53

$$t = R_m \times C_m$$

em que t é a constante de tempo, R_m é a resistência da membrana, e C_m é a capacitância da membrana. A constante de tempo ajuda a determinar os efeitos cumulativos de PPSs consecutivos a partir do mesmo local no neurônio pós-sináptico em um processo chamado de **somação temporal**. A velocidade de condução é proporcional a $[1/C_m] \times \sqrt{[d/(4R_mR_i)]}$, de modo que o aumento do diâmetro ou a redução da capacitância aumenta a velocidade de condução. A mielina diminui a capacitância de membrana, aumentando assim a velocidade de condução.

As sinapses excitatória ou inibitória estão relacionadas com sua localização. Sinapses em sítios pós-sinápticos nos dendritos com frequência são excitatórias, enquanto sinapses em sítios no corpo celular tendem a ser inibitórias. Essa localização é devida ao maior efeito de inibição que os canais de Cl⁻ exercem na base do dendrito e no corpo da célula do que no dendrito distal. Os canais de Cl⁻ abertos agem como um sumidouro para a corrente positiva que flui a partir dos dendritos para o cone do axônio através do corpo celular. Sítios pré-sinápticos no terminal do axônio frequentemente modulam a quantidade de neurotransmissor liberado pelo neurônio pré-sináptico.

Como um neurônio recebe inervação de vários sítios pré-sinápticos, os PEPSs e os PIPSs dessas sinapses são conduzidos através do neurônio até o cone do axônio, onde são somados em um processo denominado **integração neuronal**. Como vimos previamente, essa região do neurônio tem a maior concentração de canais de Na^+ dependentes de voltagem. Se o efeito cumulativo de todos os sinais despolariza o neurônio até o limiar, um potencial de ação é gerado. Isso representa o processo de tomada de decisão mais fundamental do SNC.

CORRELAÇÃO COM O CASO CLÍNICO

- Ver Casos 1 a 10 (neurociência celular e molecular).

QUESTÕES DE COMPREENSÃO

6.1 Um paciente chega a seu consultório com o diagnóstico de esclerose múltipla (EM), uma doença que resulta da desmielinização nos neurônios do SNC. Uma vez que a função da bainha de mielina é diminuir a capacitância da membrana neuronal (C_m), como essa desmielinização pode alterar a constante de tempo do neurônio?

A. Aumenta a constante de tempo
B. Diminui a constante de tempo
C. Não causa mudanças na constante de tempo

6.2 Ao estudar a resposta de um neurônio do SNC a vários neurotransmissores, você nota que a aplicação do neurotransmissor X na área em torno da soma praticamente elimina todos os potenciais de ação gerados pelo neurônio, não importa quanto estímulo excitatório é fornecido ao neurônio. Qual seria o neurotransmissor mais provável?

A. Acetilcolina (ACh)
B. GABA
C. Glutamato
D. Glicina

6.3 Ainda estudando a resposta de um neurônio do SNC a vários estímulos, você nota que, quando um único estímulo excitatório é aplicado, não há geração de potencial de ação. Entretanto, quando três estímulos excitatórios sucessivos são rapidamente aplicados no mesmo local, um potencial de ação é gerado. Este é um exemplo de que princípio?

A. Somação espacial
B. Somação temporal
C. Neurotransmissão excitatória
D. Neurotransmissão inibitória

RESPOSTAS

6.1 **A.** O aumento da capacitância da membrana aumenta sua capacidade de armazenar cargas, o que **aumenta sua constante de tempo** e, por conseguinte, aumenta a somação temporal. *In vivo*, no entanto, a remoção da mielina afeta muito pouco a somação temporal, porque, para a maioria, os dendritos não são mielinizados. A desmielinização afeta principalmente a propagação axonal no SNC, onde um aumento na constante de tempo resulta em uma lenta propagação do potencial de ação, em que ocorre na EM.

6.2 **B.** O neurotransmissor mais provável é o **GABA**. Como a aplicação de X em torno da soma elimina a maioria dos potenciais de ação, podemos concluir que X induz PIPS no neurônio. Como este é um neurônio do SNC, os dois neurotransmissores inibitórios mais comuns são GABA e glicina. O GABA é um neurotransmissor inibitório mais comum do que a glicina, de modo que é mais provável que o neurônio em questão tenha receptores de GABA do que receptores de glicina. O glutamato é um neurotransmissor excitatório, por isso não pode explicar as mudanças observadas. A ACh pode ter várias respostas pós-sinápticas, dependendo do receptor específico, mas, no SNC, atua principalmente como um neurotransmissor excitatório.

6.3 **B.** A situação descrita é um exemplo de uma **somação temporal** do PPS. Um estímulo excitatório não é forte o suficiente para fazer o neurônio pós-sináptico alcançar o limiar de despolarização; contudo, se estímulos posteriores chegarem ao cone do axônio antes que a despolarização subliminar tenha diminuído até o nível do potencial de repouso, haverá uma somação da despolarização com despolarizações prévias até o limiar ser atingido. Somação espacial é a combinação de diferentes estímulos recebidos simultaneamente em diferentes locais no neurônio pós-sináptico. Neurotransmissões excitatória e inibitória são combinadas por somação espacial e temporal para resultar no efeito líquido sobre o neurônio.

DICAS DE NEUROCIÊNCIAS

▶ O somatório de todos os potenciais excitatórios e inibitórios convergentes no cone do axônio deve exceder o limiar, a fim de gerar um potencial de ação.
▶ O glutamato é o principal neurotransmissor excitatório, enquanto a glicina e o GABA são os principais neurotransmissores inibitórios no SNC.
▶ Sítios pós-sinápticos nos dendritos frequentemente são excitatórios, enquanto sítios no corpo dos neurônios tendem a ser inibitórios.

REFERÊNCIAS

Bear MF, Connors B, Paradiso M, eds. *Neuroscience: Exploring the Brain*. 3rd ed. Baltimore, MD: Lippincott Williams & Wilkins; 2006.

Squire LR, Berg D, Bloom FE, du Lac, S, eds. *Fundamental Neuroscience*. 4th ed. San Diego, CA: Academic Press; 2012.

Purves D, Augustine GJ, Fitzpatrick D, Hall WC, eds. *Neuroscience*. 5th ed. Sunderland, MA: Sinauer Associates Inc; 2011.

CASO 7

Um paciente de 53 anos apresenta-se a seu médico de família reclamando de tremores nas mãos com início há cerca de um ano. Desde então, os tremores envolveram também os membros inferiores. Ele se queixa de sentir rigidez em todo o corpo. Enquanto fala, sua expressão não muda muito e ele não pisca muito frequentemente. Ele não tem qualquer história significativa de traumatismo craniano e nega uso de drogas ou exposições a metais. Seus únicos medicamentos são um comprimido de ácido acetilsalicílico por dia, um medicamento anti-hipertensivo e um medicamento para baixar o colesterol.

Ao exame físico, ele se apresenta alerta e atento. Há um óbvio tremor de repouso de 3 a 4 Hz nas mãos, que desaparece com o movimento. Ele tem uma marcha lenta e vacilante e com um mínimo balanço dos membros superiores. Apresenta rigidez em roda dentada ao movimento passivo das extremidades. Os reflexos de estiramento muscular estão dentro dos limites normais e não há clonias. Após cuidadosa consideração, o diagnóstico é de parkinsonismo, uma doença da transmissão dopaminérgica.

- A que classe de neurotransmissores pertence a dopamina?
- Qual o precursor da síntese de dopamina?
- Quais enzimas degradam a dopamina?

RESPOSTAS PARA O CASO 7
Tipos de neurotransmissores

Resumo: Um paciente de 53 anos com tremor de repouso, andar arrastado e rigidez em roda dentada ao movimento passivo das extremidades é diagnosticado com parkinsonismo.

- **Classe de neurotransmissor:** A dopamina pertence à classe das **catecolaminas**.
- **Precursor de dopamina:** A dopamina é sintetizada a partir do precursor L-**dopa**.
- **Enzimas de degradação:** A dopamina é degradada pelas enzimas catecol-O-metil-transferase (**COMT**) e monoaminoxidase (**MAO**).

ABORDAGEM CLÍNICA

O **parkinsonismo** é relativamente comum, atingindo cerca de 1% da população com mais de 65 anos na América do Norte. Pode ser idiopático, ou secundário a outras condições conhecidas: infecções virais, como encefalite letárgica (encefalite de von Economo); traumatismos cranianos repetitivos; utilização de fármacos, como antipsicóticos, fenotiazinas, ou MPTP (1-metil-4-fenil-1,2,3,6-tetra-hidropiridina); ou intoxicações, como por monóxido de carbono ou manganês. A forma idiopática é conhecida como **doença de Parkinson** (**DP**), enquanto as outras formas são conhecidas como **parkinsonismo secundário**.

A tríade clássica de sintomas consiste no tremor de enrolar pílula de 3 a 5 Hz, na rigidez em roda dentada e na bradicinesia. Outros sintomas incluem fácies inexpressiva, instabilidade postural e marcha festinante. O diagnóstico tem como base a história e as características clínicas. Se, nos primeiros estágios da doença, ele for suspeito, repetidas avaliações em uma fase posterior garantem o diagnóstico. O aspecto mais difícil do diagnóstico é distinguir a forma idiopática da forma secundária. Uma resposta positiva à administração de levodopa ajuda a confirmá-lo. O achado mais consistente no exame *post mortem*, tanto na DP como no parkinsonismo secundário, é a perda de células pigmentadas na substância negra e em outros núcleos pigmentados. Essas alterações correspondem à perda das células produtoras de **dopamina** na **parte compacta da substância negra** (SNpc, de *substantia nigra pars compacta*) com gliose subsequente. Inclusões hialinas intraneuronais eosinofílicas chamadas de **corpos de Lewy** encontram-se nas células restantes da SNpc. A constelação de resultados clínicos é causada pela perda de dopamina no **estriado**, que inclui o núcleo caudado, o putame e o globo pálido. O resultado na via do estriado é o aumento da inibição do tálamo pelo globo pálido interno (GPi), impedindo, assim, a excitação de regiões do córtex motor suplementar pelo tálamo.

Atualmente, não há qualquer tratamento conhecido para interromper a progressão dessa doença. O tratamento médico é destinado a aumentar ou repor os efeitos da dopamina na via estriatal. As medicações incluem levodopa-carbidopa, que repõe a perda de dopamina no sistema nervoso central, e selegilina, um inibidor da MAO que impede a degradação metabólica de dopamina.

ABORDAGEM AOS
Tipos de neurotransmissores

OBJETIVOS

1. Conhecer as características de um neurotransmissor.
2. Identificar os neurotransmissores do tipo molécula pequena e neuropeptídeos.
3. Saber como e onde os neurotransmissores são produzidos.
4. Saber como os neurotransmissores são inativados e retirados da sinapse.

DEFINIÇÕES

ACETILCOLINA (ACH): Um neurotransmissor do tipo molécula pequena sintetizado a partir de colina e acetil-coenzima A (acetil-CoA).
GLUTAMATO: O neurotransmissor excitatório mais comum no sistema nervoso central.
ÁCIDO GAMA-AMINOBUTÍRICO (GABA, de *gamma aminobutiric acid*): Um neurotransmissor inibitório do tipo molécula pequena sintetizado a partir do glutamato.
GLICINA: O principal neurotransmissor inibitório na medula espinal.
CATECOLAMINAS: Um grupo de neurotransmissores do tipo molécula pequena composto por dopamina, norepinefrina (NE) e epinefrina (Epi) sintetizados a partir do metabolismo da tirosina.

DISCUSSÃO

Os neurotransmissores são substâncias responsáveis pela transmissão de sinais entre os neurônios e de um neurônio para outras células. Alguns são produzidos no soma do neurônio pelos ribossomos livres e no retículo endoplasmático rugoso, sendo armazenados em vesículas, modificadas pelo aparelho de Golgi e transportadas através do axônio até o terminal pré-sináptico. Outros neurotransmissores são produzidos por enzimas no citoplasma e armazenados em vesículas sinápticas. As vesículas são estocadas no terminal sináptico e aguardam o sinal para a liberação dos neurotransmissores para a fenda sináptica, onde eles podem se difundir até a membrana pós-sináptica, se ligar a receptores e acarretar uma mudança na célula. Existem mecanismos específicos locais para remover os neurotransmissores da fenda sináptica.

No sistema nervoso, existem dois tipos principais de neurotransmissores, os do tipo **molécula pequena**, tais como a ACh, o glutamato e o GABA, e os **neuropeptídeos**, como a encefalina e a substância P.

Neurotransmissores do tipo **molécula pequena** possuem cargas e são derivados a partir do metabolismo dos carboidratos. Em sua maioria esses neurotransmissores são aminoácidos ou seus derivados. Os precursores dos neurotransmissores são alterados enzimaticamente no citosol e empacotados em vesículas sinápticas para armazenamento. Como em todas as vias biossintéticas, em geral há uma enzima que regula a produção do neurotransmissor e funciona como o passo limitante da velocidade para sua produção.

A **ACh** é o neurotransmissor do tipo molécula pequena que não é um derivado de um aminoácido. Ela é sintetizada a partir da colina da dieta e da acetil-CoA endógena pela enzima colina acetiltransferase. A ACh é empacotada em vesículas por meio de uma proteína transportadora, que troca íons H^+ por ACh. Uma vez liberada na fenda sináptica, a ACh é hidrolisada pela acetilcolinesterase em acetato e colina. A ACh é encontrada em neurônios motores da medula espinal, onde é liberada na junção neuromuscular, e em todos os terminais pré-ganglionares do sistema nervoso visceral e nos terminais pós-ganglionares do sistema nervoso parassimpático. Também é encontrada amplamente em muitas sinapses do encéfalo (ver Figura 7-1).

O **glutamato** é o principal neurotransmissor excitatório no sistema nervoso central e é sintetizado a partir do α-cetoglutarato, um intermediário do ciclo do ácido tricarboxílico. Ele se liga a vários tipos de receptores diferentes e atua sobre ambos os receptores metabotrópicos e inotrópicos. O glutamato é eliminado da fenda sináptica pelas células gliais, que, em seguida, convertem-no em glutamina pela glutamina-sintetase. A glutamina difunde-se através da membrana plasmática

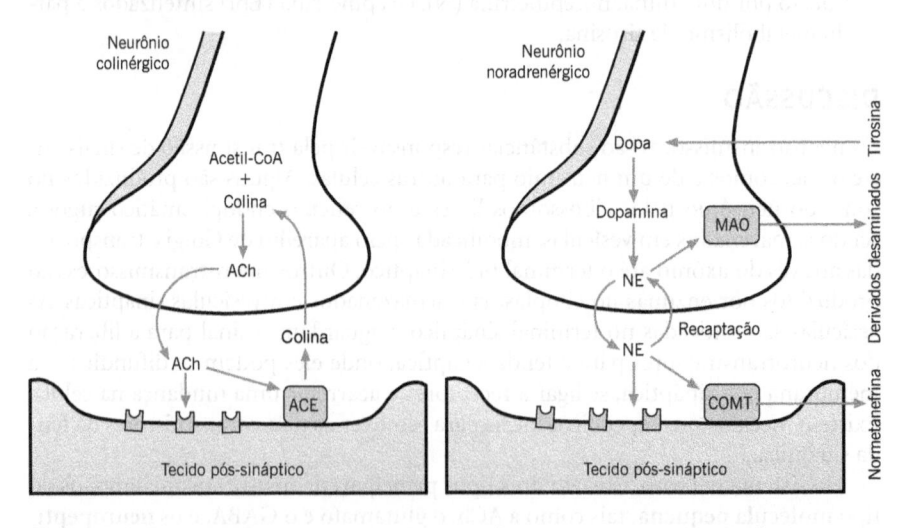

Figura 7-1 Comparação entre os eventos bioquímicos nos terminais colinérgicos e nos terminais noradrenérgicos.

de volta para o terminal pré-sináptico, onde é novamente convertida em glutamato, que é armazenado em vesículas.

O **GABA** e a **glicina** são neurotransmissores inibitórios importantes no sistema nervoso central. O GABA é sintetizado a partir de glutamato pela ácido glutâmico-descarboxilase com a ajuda do piridoxal fosfato como cofator. A glicina provavelmente é sintetizada a partir de serina e é o principal neurotransmissor inibitório na medula espinal. Ambos os neurotransmissores ligam-se a receptores que levam à abertura de canais de Cl⁻ no neurônio pós-sináptico.* A atividade do GABA na sinapse é terminada por recaptação nas terminações nervosas pré-sinápticas e pelas células gliais. A energia necessária para conduzir a recaptação de GABA é proporcionada pelo movimento de Na^+ a favor de seu gradiente de concentração. Enquanto o GABA recaptado pelos terminais nervosos fica disponível para reutilização, o GABA recaptado pelas células gliais é convertido em glutamina, que é, em seguida, usada para recuperar o GABA por meio de uma série de passos metabólicos. A atividade da glicina na fenda sináptica é terminada por recaptação na fenda pré-sináptica via transporte ativo.

Outro grupo de neurotransmissores do tipo molécula pequena são as **catecolaminas**, que consistem em **dopamina**, **NE** e **Epi**. Eles são todos sintetizados a partir do aminoácido tirosina por uma via em comum. A tirosina é primeiro convertida em L-di-hidroxifenilalanina (L-**dopa**) pela tirosina-hidroxilase. Este é o passo limitante da velocidade da síntese tanto de dopamina como de NE. A L-**dopa** é então descarboxilada para formar dopamina, que é muito importante na via nigrostriatal no encéfalo. A dopamina pode ser convertida em NE na vesícula sináptica pela dopamina-hidroxilase. A NE atua como um importante neurotransmissor no sistema nervoso visceral e também é encontrada em concentrações elevadas no encéfalo e no *locus ceruleus*. A NE pode ser metilada pela feniletanolamina-*N*-transferase para formar Epi na medula da suprarrenal.

Os **neuropeptídeos** são produzidos pelos ribossomos no retículo endoplasmático do corpo celular e, após modificações, são transportados pelo axônio para o terminal. Vários peptídeos diferentes podem ser codificados por uma única molécula de RNA mensageiro (mRNA). Eles são produzidos como uma grande proteína precursora chamada de polipoproteína nas organelas do neurônio. Essas proteínas maiores são clivadas para formar os neuropeptídeos, que são removidos por difusão e por degradação por proteases extracelulares. Como as polipoproteínas podem originar diferentes neurotransmissores, esse processamento das polipoproteínas é crucial para determinar quais dos neuropeptídeos serão finalmente liberados pelo neurônio. Os neuropeptídeos têm efeitos de longa duração, porque todos agem por meio de receptores acoplados à proteína G.

Os **neuropeptídeos** diferem dos **neurotransmissores do tipo molécula pequena** de várias maneiras. Em primeiro lugar, são originados da síntese e de modificações de proteínas e, portanto, podem ser produzidos apenas no corpo celular.

---

* N. de R. T. O GABA também age nos receptores metabotrópicos pré-sinápticos hiperpolarizando o terminal sináptico por promover a saída de K+.

Neurotransmissores do tipo molécula pequena dependem de enzimas encontradas em todo o citoplasma e são principalmente produzidos no terminal pré-sináptico. Eles também são absorvidos e concentrados dentro das vesículas sinápticas, ao contrário dos neuropeptídeos, que são empacotados em vesículas pelo aparato de Golgi. Devido aos diferentes passos de processamento, os tipos de vesículas sinápticas também se dividem em duas classes. As vesículas de neurotransmissores do tipo molécula pequena podem ser rapidamente recicladas no terminal nervoso após a exocitose para produzir mais vesículas sinápticas. A membrana que constitui as vesículas dos neuropeptídeos provém do aparato de Golgi e é transportada a partir do corpo celular de uma forma mais lenta.

Apesar dessas diferenças, os neuropeptídeos e os neurotransmissores do tipo molécula pequena muitas vezes coexistem no mesmo neurônio. Eles podem ser liberados em conjunto para funcionar sinergicamente na célula pós-sináptica. Além disso, vários neuropeptídeos diferentes provenientes de uma única poliproteína podem ser liberados na fenda sináptica.

Após a liberação, os neurotransmissores devem ser removidos da fenda sináptica para impedir a dessensibilização dos receptores pós-sinápticos e para permitir que transmissões futuras possam ocorrer. Como vimos anteriormente, as enzimas na fenda sináptica degradam e inativam certos neurotransmissores, como a ACh. Os neuropeptídeos são removidos de forma mais lenta a partir da sinapse por difusão simples. A maioria dos neurotransmissores, no entanto, é absorvida pelo neurônio e pela glia* para terminar sua ação. Proteínas de transporte no neurônio muitas vezes dependem do gradiente eletroquímico para a reabsorção ativa do neurotransmissor.

CORRELAÇÃO COM O CASO CLÍNICO

- Ver Casos 1 a 10 (neurociência celular e molecular).

QUESTÕES DE COMPREENSÃO

7.1 Um paciente de 62 anos apresenta-se ao seu consultório com queixa de tremor e dificuldade de movimentos. Ele tem fácies inexpressiva e uma marcha vacilante. Com base na apresentação clínica e em investigações adicionais, você dá o diagnóstico de DP. Qual é o precursor da via de síntese do neurotransmissor envolvido nessa patologia?

   A. L-dopa
   B. NE
   C. Triptofano
   D. Tirosina

---

* N. de R. T. Os neurotransmissores podem também ser recaptados pelos astrócitos.

7.2 Uma paciente de 41 anos apresenta-se ao seu consultório com queixa de dor crônica generalizada, particularmente em "pontos-gatilho" em todo o corpo. Ela foi diagnosticada como tendo fibromialgia, uma doença associada a níveis elevados do neurotransmissor "substância P". Onde a substância P é sintetizada?

   A. Corpo celular
   B. Terminal pré-sináptico
   C. Vesículas sinápticas
   D. Fenda sináptica

7.3 Você está acompanhando um paciente com diagnóstico prévio de doença de Alzheimer que está em tratamento farmacológico. Um dos mecanismos patológicos propostos dessa doença é a falta de neurotransmissão colinérgica em certas áreas do encéfalo. Alguns tratamentos, portanto, são destinados a aumentar a neurotransmissão colinérgica. Por qual dos seguintes mecanismos provavelmente atua um fármaco que aumenta a ACh na fenda sináptica?

   A. Inibição da difusão a partir da fenda sináptica
   B. Inibição da recaptação da ACh no neurônio e na glia circundante
   C. Inibição da degradação de ACh mediada por acetilcolinesterase
   D. Aumento da síntese e da liberação de ACh

RESPOSTAS

7.1 **A.** O neurotransmissor implicado na patogênese da DP é a dopamina, cujo precursor imediato é a L-**dopa**. Na via de síntese que conduz a dopamina, a tirosina é convertida em L-dopa pela tirosina-hidroxilase; a L-dopa é então convertida pela dopa-descarboxilase em dopamina. A dopamina pode ser processada pela dopamina-β-hidroxilase para produzir NE. O triptofano é a primeira etapa na via de síntese da serotonina.

7.2 **A.** A substância P é um neurotransmissor que pertence à classe dos neuropeptídeos e, como todos os peptídeos, é sintetizado no **corpo celular** no retículo endoplasmático rugoso. Após a síntese, esses peptídeos são adicionalmente processados pelo aparato de Golgi, onde são empacotados em vesículas. Essas vesículas são transportadas pelo axônio por meio do rápido transporte axonal anterógrado para o terminal pré-sináptico, onde são liberadas para a fenda sináptica mediante um estímulo adequado. Muitos dos neurotransmissores do tipo molécula pequena (ACh, dopamina, GABA, etc.) são sintetizados no citoplasma do terminal pré-sináptico e subsequentemente empacotados em vesículas sinápticas. A dopamina é convertida em NE no interior das vesículas sinápticas. Os neurotransmissores são degradados, e não sintetizados, na fenda sináptica.

7.3 **C.** Enquanto todos os mencionados anteriormente são mecanismos pelos quais os níveis de ACh na fenda sináptica poderiam potencialmente ser aumentados, o mecanismo mais provável é a **inibição da degradação mediada**

por acetilcolinesterase. A principal forma de remoção de ACh da fenda é a degradação enzimática pela acetilcolinesterase. A inibição dessa enzima, por conseguinte, aumenta os níveis de ACh na fenda. Existem numerosos medicamentos que fazem isso, e são, de fato, utilizados para o tratamento da doença de Alzheimer, bem como de outras patologias. A difusão da fenda é o principal meio de remoção de neuropeptídeos, e a recaptação é o principal meio de remoção de neurotransmissores aminoácidos como GABA e glicina. Embora o aumento da síntese e da liberação de ACh também pudesse aumentar sua concentração na fenda sináptica, este é um processo consideravelmente mais complicado do que a inibição de acetilcolinesterase e é, portanto, um mecanismo de fármacos menos relevante.

DICAS DE NEUROCIÊNCIAS

▶ A apresentação típica da DP inclui alteração da marcha (vacilante) e tremor, seguidos de problemas de memória e linguagem.
▶ A DP está associada à depleção de dopamina das vias nigrostriatais.
▶ A ACh é sintetizada a partir de colina e acetil-CoA pela enzima colina acetiltransferase.
▶ Na fenda sináptica, a ACh é hidrolisada pela acetilcolinesterase em acetato e colina.
▶ Na fenda sináptica, as células gliais facilitam a remoção de glutamato, convertendo-o em glutamina, que então se difunde através da membrana plasmática para ser convertida de volta em glutamato no neurônio, que é, em seguida, armazenado novamente em vesículas para liberação futura.
▶ A glicina é o principal neurotransmissor inibitório da medula espinal.
▶ A conversão de tirosina em L-dopa pela tirosina-hidroxilase é a etapa limitante da velocidade da síntese de dopamina e NE.

REFERÊNCIAS

Bear MF, Connors B, Paradiso M, eds. *Neuroscience: Exploring the Brain*. 3rd ed. Baltimore, MD: Lippincott Williams & Wilkins; 2006.

Purves D, Augustine GJ, Fitzpatrick D, Hall WC, eds. *Neuroscience*. 5th ed. Sunderland, MA: Sinauer Associates Inc; 2011.

Squire LR, Berg D, Bloom FE, du Lac, S, eds. *Fundamental Neuroscience*. 4th ed. San Diego, CA: Academic Press; 2012.

CASO 8

Uma mãe de 22 anos muito preocupada traz seu filho de nove meses para a emergência no início da noite. Ela afirma que ele começou a ter dificuldade para comer nesta tarde e que vem "babando" mais. Ele também tem estado bem menos ativo, e hoje seu choro está mais fraco. Ela não precisou trocar as fraldas dele desde a manhã. Ele teve uma dieta normal desde a noite passada, mas foi lhe dado um doce por seu bom comportamento. Todos os marcos de seu desenvolvimento até então foram normais. Ao exame físico, o bebê apresenta-se difusamente fraco com pouco controle de sustentação da cabeça e com muita salivação. Ele parece letárgico e com ptose bilateral. Durante o exame, ele se move muito pouco e chora baixinho. Com base na apresentação clínica, o bebê é diagnosticado como tendo botulismo, uma doença que interfere com a neurotransmissão da junção neuromuscular.

▶ Qual íon está envolvido na liberação normal de neurotransmissores?
▶ Qual o neurotransmissor envolvido na junção neuromuscular?
▶ Como a criança pode ter adquirido botulismo?

RESPOSTAS PARA O CASO 8
Liberação de neurotransmissores

Resumo: Um bebê de nove meses é levado ao pronto-socorro com falta de apetite, salivação, fraqueza e constipação.

- **Íon envolvido na liberação de neurotransmissores:** Íons Ca^{2+} normalmente são necessários para a liberação de neurotransmissores.
- **Neurotransmissor na junção neuromuscular:** Acetilcolina.
- **Fonte da toxina botulínica:** Ingestão de **mel**.

ABORDAGEM CLÍNICA

O botulismo infantil é uma doença rara resultante da ingestão de esporos da bactéria *Clostridium botulinum* em solo contaminado, produtos em conservas caseiras e mel. Com base no relatório dos Centers for Disease Control (CDC) de 2014, existem cerca de 150 casos por ano nos Estados Unidos, com mais da metade de todas as ocorrências na Califórnia. A maioria dos casos envolve crianças entre 6 semanas e 9 meses de idade. Os sintomas incluem constipação, alterações de nervos cranianos, hipotonia e dificuldades respiratórias, que classicamente aparecem 12 a 36 horas após a ingestão do alimento contaminado. Os pais queixam-se de que os bebês que amamentam têm pouca sucção e choro fraco. A paralisia flácida em geral progride com a doença. Em casos graves, os músculos respiratórios podem ser afetados. Após a ingestão de alimentos de solo contaminado, os esporos germinam e colonizam no trato gastrintestinal do bebê. Uma vez colonizadas, as bactérias começam a produzir a **exotoxina botulínica**, que é absorvida pelo trato intestinal. A exotoxina age nos neurônios pré-sinápticos da junção neuromuscular, onde ela se liga de forma irreversível a **receptores colinérgicos pré-sinápticos** e entra na célula por endocitose. Uma vez dentro da célula, a toxina age como uma protease, clivando proteínas integrais da membrana de vesículas sinápticas contendo acetilcolina. Isso impede a fusão das vesículas com a membrana pré-sináptica e, em última análise, impede a exocitose do neurotransmissor. A diminuição dos níveis de acetilcolina na junção neuromuscular produz a fraqueza que é a marca característica da intoxicação por botulismo.

ABORDAGEM À
Liberação de neurotransmissores

OBJETIVOS

1. Descrever o papel dos íons Ca^{2+} na liberação de neurotransmissores.
2. Saber o que constitui um quantum de neurotransmissor.

3. Identificar as proteínas envolvidas na fusão de vesículas sinápticas da membrana pré-sináptica.
4. Descrever como as vesículas são recuperadas após a exocitose.

DEFINIÇÕES

RECEPTORES COLINÉRGICOS PRÉ-SINÁPTICOS: Receptores para o neurotransmissor acetilcolina encontrado no terminal pré-sináptico do nervo.
ZONA ATIVA: Região do axônio terminal com altas concentrações de vesículas sinápticas.
QUANTUM: Termo dado para a quantidade de neurotransmissores contida em uma vesícula sináptica.
POTENCIAL SINÁPTICO QUÂNTICO: Potencial pós-sináptico gerado pela liberação de neurotransmissores de uma vesícula sináptica.

DISCUSSÃO

De forma simples, a liberação de neurotransmissor na sinapse requer a despolarização do terminal pré-sináptico pelo potencial de ação. Isso, por sua vez, leva à fusão de vesículas na membrana na **zona ativa** e à liberação de neurotransmissor na fenda sináptica.

Os canais de Na^+ e K^+ dependentes de voltagem do terminal pré-sináptico despolarizam a membrana circundante em resposta ao potencial de ação. Além dos canais de Na^+ e K^+, o terminal pré-sináptico apresenta uma grande concentração de **canais de Ca^{2+} dependentes de voltagem** aglomerados em torno da zona ativa desse terminal. Embora sejam mais lentos do que os canais de Na^+ e K^+ dependentes de voltagem para abrir, sua proximidade em relação ao local da liberação de neurotransmissores permite sua rápida abertura. É o influxo de Ca^{2+} (e não de Na^+ ou K^+) pelos canais que se abrem pela despolarização da membrana que é responsável pela liberação de vesículas de neurotransmissor na fenda sináptica. A quantidade de neurotransmissor liberado é diretamente proporcional ao fluxo de íons Ca^{2+}.

Estudos experimentais demonstraram que os neurotransmissores são liberados em pequenos pacotes, chamados individualmente de **quantum**. Cada vesícula sináptica carrega um quantum de neurotransmissor. Um único quantum resulta em um **potencial sináptico quântico** fixo na célula pós-sináptica. O potencial pós-sináptico total é composto de vários potenciais sinápticos quânticos. No sistema nervoso central, um potencial de ação pode resultar na liberação de 1 a 10 vesículas sinápticas. Na junção neuromuscular, um potencial de ação único pode resultar na liberação de até 150 vesículas. Além disso, a liberação de neurotransmissores a partir das vesículas é um fenômeno tudo-ou-nada. Se a vesícula se funde à membrana pré-sináptica, todo o quantum de neurotransmissor é liberado.

As vesículas sinápticas próximas à membrana plasmática são encontradas agrupadas na zona ativa do terminal pré-sináptico. Vesículas sinápticas no citoplasma são ancoradas aos filamentos do citoesqueleto por proteínas chamadas de

sinapsinas. Essas vesículas não podem liberar seu conteúdo no citoplasma e só o fazem após se moverem para a zona ativa adjacente à membrana pré-sináptica. Com influxo de íons Ca^{2+}, as sinapsinas são fosforiladas, e as vesículas são liberadas de suas âncoras e avançam em direção à zona ativa. Proteínas ligadas a membranas, **Rab3A** e **Rab3B**, são importantes para o direcionamento das vesículas para a zona ativa. Essas proteínas ligam-se e hidrolisam trifosfato de guanosina (GTP) em difosfato de guanosina (GDP) e fosfato inorgânico.

Uma hipótese para a ancoragem de vesículas tem como base a interação de um grupo de proteínas integrais chamado de complexo **SNARE**. As proteínas integrais SNARE na vesícula ligam-se a seu homólogo na membrana pré-sináptica e ancoram a vesícula diretamente à membrana adjacente. A liberação do neurotransmissor depende de proteínas transmembrana especializadas que servem como **poros de fusão**. Esses poros provavelmente são hemicanais semelhantes a junções comunicantes. À medida que os íons Ca^{2+} entram no terminal, o poro de fusão se abre e permite a exocitose do neurotransmissor na fenda sináptica em um mecanismo que não é completamente entendido até o momento. A membrana da vesícula é incorporada na membrana pré-sináptica após a liberação do neurotransmissor.

Os íons cálcio devem ser removidos do terminal para evitar o esgotamento da oferta das vesículas sinápticas. Proteínas citosólicas ligam-se rapidamente e sequestram os íons Ca^{2+}, evitando a liberação adicional de vesículas. Os íons Ca^{2+} também são transportados ativamente em cisternas de armazenamento no terminal. Finalmente, os trocadores de Na$^+$/Ca^{2+} utilizam o gradiente de concentração de íons Na$^+$ e Ca^{2+} para bombear Ca^{2+} do terminal para o espaço extracelular.

A fim de reabastecer o suprimento de vesículas, a membrana vesicular deve ser recuperada partir da membrana pré-sináptica. As vesículas recuperadas são então transportadas para as organelas ligadas à membrana no terminal pré-sináptico, sendo utilizadas para a formação de novas vesículas sinápticas. Existem diversos métodos descritos para a recuperação da vesícula sináptica. Na **via clássica** ocorre a endocitose da membrana sináptica por meio de **depressões revestidas por clatrina**. A clatrina é uma proteína citosólica que reveste a porção de membrana que sofrerá invaginação e ajuda a formar a nova vesícula sináptica. Na via de poro de fusão reversível (**via beija-e-corre**), a vesícula não se funde completamente com a membrana pré-sináptica. Uma vez que o poro de fusão se abre, o neurotransmissor é liberado a partir da vesícula. Depois de todo o neurotransmissor ser liberado, o poro fecha-se, e a vesícula pode ser reciclada. Finalmente, na **via de endocitose em massa**, a recuperação do excesso de membrana ocorre sem o uso de clatrina.

CORRELAÇÃO COM O CASO CLÍNICO

- Ver Casos 1 a 10 (neurociência celular e molecular).

QUESTÕES DE COMPREENSÃO

8.1 Um paciente de 63 anos com uma história de câncer de pulmão se queixa de fraqueza progressiva. Você faz uma anamnese e um exame físico completos do paciente e solicita exames complementares adicionais. Com base nos achados, você faz o diagnóstico de síndrome de Eaton-Lambert, uma doença autoimune que provoca a destruição dos canais de Ca^{2+} dependentes de voltagem pré-sinápticos. Qual dos seguintes eventos envolvidos na neurotransmissão normal provavelmente seria interrompido pela destruição desses canais?

   A. Propagação de um potencial de ação no terminal pré-sináptico
   B. Liberação do neurotransmissor em resposta à despolarização do terminal nervoso
   C. Resposta da célula pós-sináptica aos neurotransmissores
   D. Remoção do neurotransmissor da fenda sináptica

8.2 Um paciente de 27 anos é trazido à sala de emergência com queixas de náuseas, vômitos, diplopia e fraqueza. Seu amigo relata que ele armazena os próprios vegetais em latas e teria comido alguma porção deles na noite anterior. Sua suspeita inicial é de que esse paciente tenha botulismo, administrando imediatamente a antitoxina botulínica. Qual dos seguintes processos envolvidos na neurotransmissão está inibido pela toxina botulínica?

   A. Transporte axonal anterógrado dos precursores de neurotransmissores para o terminal sináptico
   B. Síntese de neurotransmissor no terminal pré-sináptico
   C. Empacotamento de neurotransmissor em vesículas sinápticas
   D. Fusão das vesículas sinápticas com a membrana neuronal, resultando na liberação de neurotransmissor

8.3 Qual das seguintes alternativas tem a melhor descrição do modelo beija-e-corre de recuperação das vesículas sinápticas?

   A. As vesículas sinápticas fundem-se completamente com a membrana pré-sináptica, liberando seu conteúdo na fenda sináptica. Os componentes das vesículas são então recuperados por endocitose mediada por clatrina.
   B. As vesículas sinápticas fundem-se completamente com a membrana pré-sináptica, liberando seu conteúdo na fenda sináptica. Os componentes das vesículas são então recuperados por endocitose independente de clatrina.
   C. As vesículas sinápticas aproximam-se da membrana pré-sináptica, mas não se fundem completamente a ela. Elas abrem poros com a membrana, liberando seu conteúdo para a fenda sináptica e, em seguida, separam-se da membrana intacta.

D. As vesículas sinápticas fundem-se com a membrana pré-sináptica, liberando seu conteúdo na fenda sináptica. Os componentes das vesículas não são recuperados, mas sim novos componentes são sintetizados no soma e transportados para o terminal pré-sináptico.

RESPOSTAS

8.1 **B.** Como a síndrome de Eaton-Lambert é uma doença que resulta da destruição dos canais de cálcio pré-sinápticos, os passos na neurotransmissão que envolvem diretamente os canais de cálcio, especificamente a **liberação de neurotransmissor em resposta à despolarização do terminal nervoso**, seriam interrompidos. Recorde-se de que a abertura dos canais de cálcio dependentes de voltagem resulta no influxo de cálcio, o que leva à fusão de vesículas sinápticas com a membrana pré-sináptica e consequente liberação do neurotransmissor na fenda. Os potenciais de ação dependem de canais de sódio e de potássio; assim, a destruição dos canais de cálcio não irá impedir sua geração. Na síndrome de Eaton-Lambert, há uma resposta deficiente da célula pós-sináptica, mas esta não é causada por uma ruptura em resposta ao neurotransmissor. Pelo contrário, isso ocorre sem a liberação suficiente de neurotransmissor. A capacidade da célula pós-sináptica de responder permanece intacta; não há simplesmente nada para responder. A remoção do neurotransmissor a partir da fenda sináptica não é afetada pela perda de canais de cálcio.

8.2 **D.** A toxina botulínica liga-se e inativa o complexo de ancoragem de vesículas sinápticas de acetilcolina, que normalmente facilita a **fusão das vesículas sinápticas com a membrana neuronal, permitindo a liberação do neurotransmissor**. Isso evita a fusão da vesícula com a membrana pré-sináptica e a liberação na fenda sináptica. As outras etapas listadas na questão não são inibidas pela toxina botulínica. O empacotamento da norepinefrina em vesículas é inibido pelo fármaco reserpina.

8.3 **C.** A resposta C descreve com precisão a via beija-e-corre. As respostas A e B descrevem a via clássica de reciclagem da vesícula e a via de endocitose em massa, respectivamente. A resposta D não é um método descrito para a reciclagem das vesículas.

> ### DICAS DE NEUROCIÊNCIAS
>
> ▶ A toxina botulínica é uma exotoxina secretada pelo *Clostridium botulinum* e atua como uma protease, clivando proteínas integrais da membrana das vesículas pré-sinápticas contendo acetilcolina.
> ▶ A diminuição dos níveis de acetilcolina na junção neuromuscular produz fraqueza, que é a marca característica de intoxicação por botulismo.
> ▶ O Ca^{2+} (cujo influxo ocorre pela despolarização da membrana) é necessário para a fusão das vesículas sinápticas com a membrana neuronal e a liberação de neurotransmissores na fenda sináptica.
> ▶ A quantidade de neurotransmissor liberado é diretamente proporcional ao fluxo de íons Ca^{2+}.
> ▶ As vesículas sinápticas no citoplasma são ancoradas aos filamentos do citoesqueleto por meio das proteínas chamadas **sinapsinas**.
> ▶ As três vias conhecidas de reciclagem das vesículas sinápticas são a via clássica, a via beija-e-corre e a via de endocitose em massa.
> ▶ A via clássica descreve a recuperação por endocitose da membrana sináptica por meio de depressões revestidas por clatrina.
> ▶ Na via beija-e-corre, as vesículas, em vez de se fundirem completamente com a membrana pré-sináptica, abrem um poro com a membrana para liberar o neurotransmissor, que, em seguida, fecha-se e assim as vesículas podem ser recicladas.
> ▶ A via de endocitose em massa descreve a recuperação de excesso de membrana independente de clatrina.

REFERÊNCIAS

Bear MF, Connors B, Paradiso M. *Neuroscience: Exploring the Brain*. 3rd ed. Baltimore, MD: Lippincott Williams & Wilkins; 2006. P

Purves D, Augustine GJ, Fitzpatrick D, Hall WC, eds. *Neuroscience*. 5th ed. Sunderland, MA: Sinauer Associates Inc; 2011.

Squire LR, Berg D, Bloom FE, du Lac, S, eds. *Fundamental Neuroscience*. 4th ed. San Diego, CA: Academic Press; 2012.

CASO 9

Um paciente de 65 anos apresenta-se ao seu consultório pela manhã com queixa de visão dupla e fraqueza ao esforço. Isso começou há vários meses. Ele afirma que se sente melhor na parte da manhã. À medida que o dia avança, no entanto, torna-se mais cansado e, ocasionalmente, apresenta diplopia (visão dupla). Ele até se sente cansado demais para o jantar. No exame físico, os movimentos extraoculares estão intactos, e há ausência de visão dupla, mas o paciente apresenta uma leve ptose. O teste de força muscular e os reflexos de estiramento muscular estão dentro dos limites normais. Ele tem marcha normal com adequado balanço dos membros superiores. Você percebe que ele fala de modo cada vez mais suave e menos claro durante o exame. Depois de pensar um pouco, você conclui que ele tem miastenia grave, uma doença do receptor de acetilcolina (RACh) pós-sináptico.

▶ Quais são os dois principais tipos de receptores de neurotransmissores?
▶ Qual o tipo de receptor que está envolvido na junção neuromuscular neste caso?
▶ Quais são os possíveis tratamentos para esta condição?

RESPOSTAS PARA O CASO 9
Receptores de neurotransmissores

Resumo: Um paciente de 65 anos apresenta-se com visão dupla e fadiga progressiva ao longo do dia.

- **Receptores:** Os dois tipos de receptores de neurotransmissores são **inotrópico** e **metabotrópico**.
- **Receptores envolvidos neste caso:** Receptores inotrópicos na junção neuromuscular.
- **Tratamentos:** Medicamentos anticolinesterásicos, timectomia, corticosteroides, agentes imunossupressores, plasmaférese e imunoglobulina intravenosa.

ABORDAGEM CLÍNICA

A miastenia grave (MG) é uma doença predominantemente autoimune que afeta os **RAChs nicotínicos** na junção neuromuscular (JNM), apesar de que uma forma mais rara, hereditária também tem sido descrita. A MG é caracterizada por uma fraqueza oscilante que pode variar ao longo de vários minutos ou dias. Os grupos musculares mais comumente afetados incluem o elevador da pálpebra e os músculos extraoculares, resultando em ptose e diplopia. Os músculos da mastigação, da expressão facial e da fala também podem ser afetados, resultando em disfagia, rosto inexpressivo e disartria. A integridade física e abdominal, assim como os músculos respiratórios, também pode ser afetada em graus variados. A MG tem uma prevalência estimada em cerca de 40 a 80 por milhão da população e uma incidência anual de cerca de 1 em 300 mil indivíduos. Os tumores do timo são encontrados em cerca de 10 a 15% dos pacientes miastênicos, enquanto 65% têm evidências de hiperplasia linfoide na medula do timo. Outras doenças autoimunes, como lúpus eritematoso sistêmico, artrite reumatoide, síndrome de Sjögren e polimiosite, também têm sido associadas à MG. Na forma autoimune, os anticorpos para os RAChs são produzidos e interferem na transmissão sináptica na JNM por vários mecanismos. Em primeiro lugar, os anticorpos atuam como um antagonista competitivo da acetilcolina (ACh) na JNM. Em segundo lugar, há menos RAChs na JNM em pacientes miastênicos. Os anticorpos anti-RACh também formam ligações cruzadas com múltiplos RAChs, o que resulta na aglomeração de RAChs, na internalização por endocitose e, por fim, na degradação dos RAChs. Devido ao número reduzido de RAChs e o antagonismo competitivo da ACh, os potenciais de placa motora não são suficientes para gerar potenciais de ação no músculo. Isso leva ao recrutamento de menos fibras musculares e à perda de potência global contrátil do músculo.

O diagnóstico de MG é facilitado por vários estudos auxiliares, incluindo eletromiografia, pesquisa de anticorpos anti-RACh no soro, imagem do tórax para descartar a presença de um timoma, e testes com edrofônio e neostigmina, que consistem no teste de força motora antes e após a injeção de qualquer um desses medicamentos anticolinesterásicos. Esses dois fármacos diminuem a depuração da ACh na JNM e, em pacientes miastênicos, resultam em uma melhoria acentuada da força muscular após a administração.

Existem vários tratamentos possíveis para MG. Os anticolinesterásicos de longa duração muitas vezes são benéficos para pacientes que sofrem de miastenia puramente ocular. Se o timo estiver aumentado, uma timectomia deve ser realizada. Até 80% dos indivíduos com menos de 55 anos sem timoma e que tiveram resposta insignificante aos medicamentos anticolinesterásicos tiveram melhora após a timectomia. Os corticosteroides e os imunossupressores também podem melhorar os sintomas da MG.

ABORDAGEM AOS
Receptores de neurotransmissores

OBJETIVOS

1. Saber que os dois tipos de receptores de neurotransmissores são os inotrópicos e os metabotrópicos.
2. Descrever o funcionamento dos receptores inotrópicos e metabotrópicos.
3. Descrever as diferenças entre os receptores acoplados à proteína G e os receptores de tirosina-cinase.
4. Descrever as diferenças entre os receptores inotrópicos e metabotrópicos.

DEFINIÇÕES

RECEPTORES INOTRÓPICOS: Receptores que são canais iônicos quando o transmissor se liga a eles.
RECEPTORES METABOTRÓPICOS: Receptores que dependem de uma variedade de sistemas de segundo mensageiro que agem indiretamente sobre os canais iônicos.
RECEPTORES ACOPLADOS À PROTEÍNA G: Um tipo de receptor metabotrópico que utiliza proteínas G para ativar várias cascatas de segundos mensageiros.
RECEPTORES DE TIROSINA-CINASE: Um tipo de receptor metabotrópico que utiliza tirosina-cinases para fosforilar proteínas e iniciar a via do segundo mensageiro.

DISCUSSÃO

Os receptores de neurotransmissores em geral estão localizados na membrana pós-sináptica e têm duas funções importantes: reconhecem e se ligam a neurotransmissores específicos para alterar o potencial da membrana da célula pós-sináptica. Um único neurotransmissor pode ligar-se a vários tipos de receptores, resultando em diferentes efeitos em diferentes sinapses. Existem duas classes gerais de receptores: receptores inotrópicos e metabotrópicos. Os **receptores inotrópicos** têm um ou mais locais de ligação para os neurotransmissores, que são diretamente acoplados a canais iônicos fechados da membrana. Com a ligação de um neurotransmissor específico, o canal abre-se para permitir a passagem de íons específicos e alterar o potencial de membrana. Os **receptores metabotrópicos** são acoplados a sistemas de segundo mensageiro no interior de células pós-sinápticas e agem em canais iônicos indiretamente.

Os receptores inotrópicos se abrem com a ligação do neurotransmissor e se fecham com a dissociação. O canal aberto permite a passagem de íons através da membrana pós-sináptica, o que resulta em um breve **potencial pós-sináptico** (PPS) local. Ao contrário do potencial de ação, a amplitude do PPS varia dependendo da quantidade de canais abertos por meio da libertação de neurotransmissor.

Um dos receptores de neurotransmissores mais prevalentes é o RACh, podendo ser encontrado em todo o sistema nervoso visceral e na JNM. Dois tipos de RACh, **nicotínicos** e **muscarínicos**, foram identificados. Os receptores nicotínicos são encontrados na JNM e nas terminações pré-ganglionares de ambos os sistemas nervosos simpático e parassimpático. Os receptores muscarínicos são encontrados em todas as terminações pós-ganglionares parassimpáticas e em certas terminações simpáticas.

O receptor nicotínico é constituído por cinco subunidades: duas subunidades alfa, uma beta, uma gama e uma delta. As subunidades alfa funcionam como o sítio de ligação extracelular para as moléculas de ACh. As subunidades formam um canal que permanece fechado sem o ligante. O poro do canal contém um anel de moléculas carregadas negativamente, que selecionam os íons carregados positivamente. Quando duas moléculas de ACh se ligam às subunidades alfa, o canal sofre uma alteração conformacional e se abre, permitindo a passagem de íons K^+ e Na^+. Os íons sódio fluem para dentro da célula e os íons potássio fluem para fora quando a célula pós-sináptica está em seu potencial de membrana em repouso. Isso resulta na despolarização da célula pós-sináptica. Certos receptores de ácido gama-aminobutírico (GABA, de *gamma aminobutiric acid*) e glicina também são canais iônicos, mas são seletivos para ânions.

O glutamato tem dois receptores inotrópicos diferentes: os receptores não NMDA, que são permeáveis a Na^+ e K^+, e os receptores de NMDA, que são permeáveis a Na^+, K^+ e Ca^{2+}. Os receptores de NMDA normalmente são bloqueados por um Mg^{2+} e requerem a ligação do glutamato e a despolarização para abrir. Os receptores de glutamato NMDA são muito importantes na potenciação de longa duração.

Os receptores metabotrópicos atuam sobre os canais iônicos por um mecanismo diferente. O receptor está acoplado a um dos dois sistemas de segundo mensageiro: **receptores acoplados à proteína G** e **receptores de tirosina-cinase**. O receptor acoplado à proteína G consiste em uma subunidade única com sete regiões transmembrana. A ligação do neurotransmissor ativa uma proteína de ligação de trifosfato de guanosina (GTP, de *guanosine triphosphate*), que por sua vez ativa uma das várias enzimas: adenilil-ciclase na via do monofosfato de adenosina (AMP, de *adenosine monophosphate*) cíclico, fosfolipase na via de IP3-DAG (trifosfato de inositol-diacilglicerol), ou fosfolipase A2 na via do ácido araquidônico. Essas enzimas desencadeiam a cascata de segundo mensageiro, resultando na abertura ou no fechamento de um canal iônico. Os RAChs muscarínicos, encontrados no sistema nervoso central e no sistema parassimpático, e os receptores adrenérgicos, encontrados no sistema nervoso central e no sistema periférico simpático, são receptores acoplados à proteína G.

Os receptores de tirosina-cinase consistem em uma única proteína transmembrana, um domínio extracelular para a ligação ao receptor e um domínio de proteína-cinase intracelular. A ligação do neurotransmissor no sítio extracelular resulta na dimerização de dois receptores que ativam as cinases intracelulares. A cinase se autofosforila e fosforila outras proteínas nos resíduos de tirosina. Isso conduz à ativação de uma cascata de segundo mensageiro, que pode alterar a transcrição gênica dentro da célula e modular a atividade dos canais iônicos. Esses tipos de receptores em geral são ativados por neuropeptídeos e hormônios.

Existem várias diferenças funcionais fundamentais entre receptores inotrópicos e metabotrópicos. A ação e a duração dos receptores inotrópicos são imediatas; a ligação de um neurotransmissor resulta na rápida abertura de canais iônicos. A dissociação do neurotransmissor fecha o canal iônico em questão de milissegundos. Os receptores metabotrópicos agem de uma forma mais lenta devido à sua dependência de uma série de reações. A abertura do canal iônico pode levar dezenas de milissegundos e pode durar alguns segundos a minutos.

Os canais inotrópicos geram PPSs excitatórios ou inibitórios em uma área bem localizada, a membrana pós-sináptica. Esses potenciais, quando somados, podem gerar ou inibir um potencial de ação por meio de seu efeito sobre os canais iônicos dependentes de voltagem nas proximidades. Os receptores metabotrópicos também são excitatórios ou inibitórios, mas eles funcionam por meio de sistemas de segundos mensageiros livremente difusíveis, os quais podem interagir com os canais em qualquer lugar na célula pós-sináptica. A cascata de segundos mensageiros pode influenciar a atividade dos canais de repouso da membrana, dos canais iônicos dependentes de voltagem, ou dos canais dependentes de ligantes (receptores). Os receptores metabotrópicos, ao contrário dos receptores inotrópicos, podem não apenas abrir canais iônicos, mas também fechá-los.

CORRELAÇÃO COM O CASO CLÍNICO

- Ver Casos 1 a 10 (neurociência celular e molecular).

QUESTÕES DE COMPREENSÃO

9.1 Um paciente de 67 anos apresenta-se em sua clínica para o manejo de sua hipertensão crônica. Atualmente, ele está tomando atenolol (um bloqueador de receptor β-adrenérgico) para o manejo de sua pressão arterial. Qual dos seguintes processos é inibido pela utilização desse fármaco?

   A. Abertura dos canais de sódio e de potássio dependentes de voltagem
   B. Abertura dos canais de cloreto dependentes de voltagem
   C. Estimulação da adenilato-ciclase
   D. Ativação da fosfolipase A2

9.2 Você está estudando o comportamento de um neurônio durante a aplicação de neurotransmissor. Imediatamente após a aplicação do neurotransmissor na membrana pós-sináptica, você nota uma alteração local do potencial de membrana. Alguns segundos depois, no entanto, a membrana pós-sináptica comporta-se exatamente como antes da aplicação do neurotransmissor. Por meio de que mecanismo esse neurotransmissor *provavelmente* está agindo?

   A. Ativação da adenilato-ciclase
   B. Ativação da fosfolipase C
   C. Ativação da fosfolipase A2
   D. Abertura de um canal iônico dependente de ligante

9.3 No exame de rotina de uma paciente de 27 anos, você verifica o reflexo patelar. Você bate no tendão patelar com seu martelo de reflexos, e o músculo quadríceps contrai de forma apropriada. Você lembra que o nervo motor que inerva o músculo libera ACh na JNM. Qual o efeito que a ACh exerce na membrana muscular pós-sináptica?

   A. Abertura dos canais de sódio e de cloreto dependentes de ligante
   B. Abertura dos canais de sódio e de potássio dependentes de ligante
   C. Abertura dos canais de potássio e de cloreto dependentes de ligante
   D. Abertura dos canais de sódio, de potássio e de cloreto dependentes de ligante

RESPOSTAS

9.1 **C.** Receptores β-adrenérgicos **ativam a adenilato-ciclase** via proteínas G. A norepinefrina age nos sistemas nervosos central e periférico por meio da ativação de receptores acoplados à proteína G. Existem diferentes receptores para esse neurotransmissor, sendo divididos em duas grandes categorias, alfa e beta. Os receptores alfa em geral são excitatórios e são acoplados à proteína Gq, cujo segundo mensageiro é a fosfolipase C. Os receptores beta tendem a

CASOS CLÍNICOS EM NEUROCIÊNCIAS **79**

ser inibitórios (embora nem sempre) e são acoplados à proteína Gs ou Gi, cujo segundo mensageiro é a adenilato-ciclase. Ambas as respostas A e B referem-se a receptores inotrópicos, que estão envolvidos na neurotransmissão de ACh e aminoácidos, como glutamato e glicina. A fosfolipase A2 é o segundo mensageiro na via de alguns neuropeptídeos.

9.2 **D.** O neurônio descrito nesta questão parece responder à aplicação do neurotransmissor por meio de um **canal iônico dependente de ligante.** O efeito do neurotransmissor é imediato e local, e não parece haver qualquer efeito duradouro sobre o neurônio após a aplicação. Os outros mecanismos listados estão relacionados com receptores acoplados à proteína G, o que ocasionaria um retardo na resposta, poderia alterar a fisiologia celular ao longo do neurônio, e poderia exercer um efeito duradouro.

9.3 **B.** A aplicação de ACh na JNM resulta na **abertura dos canais de sódio e de potássio dependentes de ligante.** A abertura desses canais altera a permeabilidade da membrana aos íons de forma que o potencial de membrana se aproxima de zero, isto é, a membrana fica despolarizada o suficiente para resultar na abertura dos canais de sódio dependentes de voltagem. A abertura dos canais de sódio dependentes de voltagem desencadeia um potencial de ação, resultando na contração muscular.

DICAS DE NEUROCIÊNCIAS

▶ A MG é uma doença autoimune rara, na qual os anticorpos são formados contra os receptores nicotínicos pós-sinápticos de ACh na JNM do músculo esquelético.
▶ Os neurotransmissores podem se ligar a duas classes gerais de receptores: receptores inotrópicos e metabotrópicos.
▶ Os receptores inotrópicos, quando ativados por um ligante, abrem diretamente um canal iônico transmembrana.
▶ Os receptores metabotrópicos, quando ativados por um ligante, desencadeiam uma cascata de sinais moleculares intracelulares, afetando de forma indireta um canal iônico transmembrana.
▶ Os receptores metabotrópicos são acoplados à proteína G ou são receptores de tirosina-cinase.
▶ A ACh pode se ligar a dois tipos de RACh: receptores nicotínicos e receptores muscarínicos.
▶ Os receptores nicotínicos são encontrados na JNM e nas terminações pré-ganglionares de ambos os sistemas: simpático e parassimpático.
▶ Os receptores muscarínicos são encontrados nas terminações pós-ganglionares do sistema nervoso parassimpático e em certas terminações simpáticas.
▶ Os receptores de NMDA requerem tanto a ligação do glutamato quanto a despolarização da membrana para abrir, e eles são muito importantes na potenciação de longa duração.

REFERÊNCIAS

Bear MF, Connors B, Paradiso M, eds. *Neuroscience: Exploring the Brain*. 3rd ed. Baltimore, MD: Lippincott Williams & Wilkins; 2006.

Purves D, Augustine GJ, Fitzpatrick D, Hall WC, eds. *Neuroscience*. 5th ed. Sunderland, MA: Sinauer Associates Inc; 2011.

Squire LR, Berg D, Bloom FE, du Lac, S, eds. *Fundamental Neuroscience*. 4th ed. San Diego, CA: Academic Press; 2012.

CASO 10

Um paciente de 51 anos apresenta-se à clínica de neurocirurgia com uma história de quatro meses com dor aguda em fincada desde a região lombar até a frente da coxa. Ele tem dificuldade para andar por causa da dor, que é agravada pela atividade física. No entanto, a dor alivia quando ele se inclina para frente ou quanto está sentado, e melhora pouco com o repouso. Ele se queixa de fraqueza leve quando chuta com o membro inferior esquerdo, mas nega qualquer dificuldade de controle intestinal ou da bexiga. Não há história de trauma recente. No exame físico, há uma fraqueza leve no quadríceps esquerdo. O reflexo patelar esquerdo está diminuído, e há ausência de clonia. A resposta de Babinski é negativa bilateralmente. Ele tem uma marcha habitual com balanço adequado dos membros superiores. O diagnóstico é que o paciente tem uma hérnia de disco lombar em L3-L4.

▶ Que exame de imagem o médico deveria solicitar para confirmar o diagnóstico?
▶ Quais os tratamentos disponíveis?

RESPOSTAS PARA O CASO 10
Junção neuromuscular

Resumo: Um paciente de 51 anos apresenta-se com dor na parte inferior das costas e da frente da coxa esquerda, com leve fraqueza no músculo quadríceps esquerdo e diminuição do reflexo patelar à esquerda.

- **Exames de imagem:** Ressonância magnética de coluna lombar.
- **Tratamentos disponíveis:** Tratamento conservador *versus* excisão cirúrgica da hérnia de disco.

ABORDAGEM CLÍNICA

Apenas 1 a 3% da dor lombar, uma das doenças mais comuns que levam os pacientes a procurar tratamento médico, são causados por **hérnia de disco lombar**. O disco intervertebral é composto por um **núcleo pulposo** central rodeado por um **anel** fibroso que atua de modo a proporcionar suporte para a coluna e permitir movimento estável. Com o envelhecimento, os proteoglicanos no interior do **núcleo pulposo** dessecam, o que resulta em uma perda de altura do espaço do disco e uma maior suscetibilidade à lesão. Rupturas no anel permitem que o núcleo pulposo se projete ou hernie para fora do espaço do disco e colida com a raiz nervosa adjacente. O impacto com a raiz nervosa pode resultar em dor com irradiação para uma extremidade, fraqueza motora na distribuição de uma raiz nervosa, alterações sensoriais nos dermátomos e/ou diminuição dos reflexos de estiramento muscular.

O local mais comum para hérnia de disco lombar é L5-S1, seguido por L4-L5. O nível L3-L4 é um nível menos comum de patologia. A hérnia de disco provavelmente irá colidir com a raiz nervosa do nível lombar inferior; isto é, uma hérnia de disco L5-S1 irá afetar a raiz do nervo S1.

O médico pode usar o teste de elevação da perna ou **sinal de Lasègue** para distinguir uma possível dor radicular da dor secundária à patologia do quadril. Nessa manobra, o paciente é colocado em decúbito dorsal e o médico levanta um membro inferior de cada vez, mantendo o joelho estendido. A dor de uma hérnia de disco em geral é reproduzida antes que o membro inferior seja elevado mais de 60 graus. O teste de **FABER** pressiona a articulação do quadril e não provoca dor radicular.

O tratamento inicial de uma hérnia de disco aguda e radiculopatia é conservador, uma vez que mais de 85% dos pacientes melhoram por conta própria no período de 5 a 8 semanas.

Se o paciente desenvolve **síndrome da cauda equina** ou déficit motor progressivo, então uma cirurgia de emergência deve ser considerada. A síndrome da cauda equina pode se desenvolver a partir de uma grande hérnia de disco na linha média, mais comumente nos níveis L4-L5. O paciente pode sentir dor lombar ou dor radicular. Pode haver fraqueza motora significativa, que pode progredir para a paraplegia se não for tratada. O déficit sensorial mais comum é uma **anestesia em sela** envolvendo o ânus, os órgãos genitais inferiores, o períneo, as coxas e as nádegas. Além disso, o paciente pode ter dificuldade no controle da bexiga e do intestino em graus variados. O tratamento cirúrgico da hérnia de disco lombar consiste na remoção do material do disco comprometido e na descompressão da raiz nervosa por meio de uma abordagem posterior chamada de **dissectomia lombar**.

ABORDAGEM À
Junção neuromuscular

OBJETIVOS

1. Identificar os componentes da junção neuromuscular.
2. Descrever a morfologia da onda de potencial de placa motora.
3. Descrever como o potencial de placa motora é convertido em um potencial de ação (PA).
4. Descrever as mudanças que ocorrem com a desenervação de um músculo.

DEFINIÇÕES

PLACA MOTORA: Região da fibra muscular inervada por um nervo motor.
POTENCIAL DE PLACA MOTORA: Potencial pós-sináptico na fibra muscular que ocorre após a liberação de acetilcolina (ACh) a partir do terminal nervoso.

DISCUSSÃO

A **junção neuromuscular** (JNM) é a interface entre um neurônio motor e uma fibra muscular esquelética em uma região chamada de **placa motora** (Figura 10.1). O axônio do neurônio motor perde sua bainha de mielina, uma vez que se aproxima da fibra muscular e se divide em múltiplos **botões sinápticos** finos. A **fenda sináptica** é de cerca de 100 nm de largura desde o botão até a superfície da fibra muscular, a qual contém várias invaginações profundas chamadas de **pregas juncionais**. A fenda contém uma membrana basal composta de colágeno e proteínas da matriz extracelular que ancora a **acetilcolinesterase** para hidrolisar e inativar o neurotransmissor ACh. A superfície da membrana pós-sináptica contém **receptores de acetilcolina** (RAChs) **nicotínicos** na superfície da fibra muscular e canais de Na^+ dependentes de voltagem nas dobras profundas das pregas juncionais.

À medida que o PA chega ao botão sináptico, as vesículas sinápticas liberam ACh na fenda sináptica em um processo descrito nas seções anteriores. A ACh difunde-se rapidamente através da fenda sináptica e liga-se ao RACh. A ACh é removida da fenda sináptica por difusão para fora da fenda sináptica e por hidrólise pela acetilcolinesterase.

Como discutido anteriormente, o neurotransmissor liga-se aos receptores inotrópicos e rapidamente despolariza a membrana na placa motora, resultando em um potencial pós-sináptico chamado de **potencial de placa motora**. A amplitude

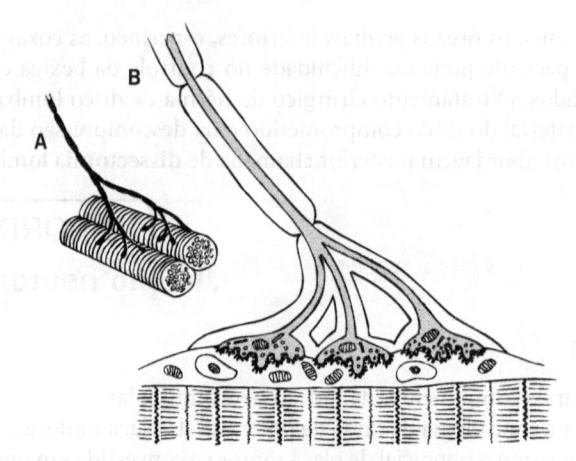

Figura 10.1 Ilustrações esquemáticas da junção neuromuscular. A. Neurônio motor inervando várias fibras musculares. B. Secção transversal como vista em eletromicrografia. *(Reproduzida, com permissão, de Waxman´s Clinical Neuroanatomy, 25th ed. New York, NY: McGraw-Hill; 2002:3, Fig. 3-11.)*

do potencial pós-sináptico é maior na placa motora e diminui à medida que ele é conduzido passivamente devido à fuga de corrente ao longo da fibra muscular. Isso o difere do PA, o qual é capaz de se regenerar ao longo de seu percurso.

Os registros de corrente de placa motora demonstram uma despolarização rápida seguida de uma repolarização mais gradual. Essa morfologia semelhante a uma onda se deve a vários fatores. A estimulação de um neurônio motor libera grandes quantidades de moléculas de ACh, que se ligam a RAChs e abrem rapidamente mais de 200.000 RAChs. Isso resulta de uma despolarização rápida e grande na membrana pós-sináptica. No entanto, a ACh é rapidamente removida da fenda sináptica e dos receptores, e os canais começam a se fechar de uma maneira aleatória, produzindo pequenos decréscimos no potencial de placa motora. No entanto, devido ao grande número de canais envolvidos, esses pequenos decréscimos na magnitude da corrente aparecem de forma mais suave e gradual.

A despolarização que resulta da estimulação de um único neurônio motor é de até 70 mV na JNM. Isso é diferente dos potenciais pós-sinápticos produzidos no sistema nervoso central, que atingem uma amplitude de cerca de 1 mV. O potencial de placa motora em geral é suficiente para ativar os canais de Na^+ dependentes de voltagem nas pregas juncionais. Ele é convertido em um PA e é propagado ao longo da fibra muscular, o que resulta em um aumento na concentração de íons Ca^{2+} intracelular e na contração da fibra muscular.

A lesão de um nervo que supre as fibras musculares leva à desenervação do músculo, que ocorre em várias etapas. O segmento distal do axônio produz potenciais de lesão espontâneos de hipopolarização da membrana nervosa. Esses potenciais de lesão percorrem e estimulam a fibra muscular, resultando em contrações coordenadas chamadas de **fasciculações**, que são visíveis e são uma das primeiras indicações de desenervação. À medida que o segmento distal do nervo lesionado continua a degenerar, os múltiplos terminais do axônio são separados. Eles continuam a produzir potenciais de lesão e contrações musculares isoladas, mas de uma forma descoordenada. Estas **fibrilações** não são visíveis, mas podem ser detectadas por eletromiografia. Finalmente, após a degeneração completa, o músculo não recebe qualquer tipo de potencial e fica eletricamente silencioso. Ocorre a **degeneração atrófica**, resultando em perda significativa de volume e do tônus muscular. Os músculos desenervados inicialmente aumentam a quantidade de seus RAChs para servir como alvos para o nervo em regeneração. No entanto, se a reinervação não ocorrer dentro de dois anos, os receptores são perdidos.

CORRELAÇÃO COM O CASO CLÍNICO

- Ver Caso 1 (tipos celulares), Caso 2 (neurônio), Caso 3 (propriedades elétricas dos neurônios e potencial de repouso da membrana), Caso 4 (bainha de mielina e potencial de ação), Caso 5 (sinapses), Caso 6 (integração sináptica), Caso 7 (tipos de neurotransmissores), Caso 8 (liberação de neurotransmissores) e Caso 9 (receptores de neurotransmissores).

QUESTÕES DE COMPREENSÃO

10.1 Um paciente de 27 anos é levado para a sala de emergência imediatamente após ter se injetado uma grande dose de atracúrio (um relaxante muscular não despolarizante). Ele tem paralisia flácida por todo o corpo e está sendo ventilado mecanicamente pelos paramédicos que o levaram. Qual dos seguintes eventos na JNM é inibido por essa substância?

   A. Influxo de íons cálcio no terminal pré-sináptico como resultado da despolarização
   B. Liberação de vesículas sinápticas como resultado de influxo de Ca^{2+}
   C. Despolarização da membrana pós-sináptica por ativação dos RAChs
   D. Remoção de ACh a partir da fenda sináptica pela acetilcolinesterase

10.2 Uma paciente de 35 anos apresenta-se ao seu consultório com queixas de fraqueza e diplopia, com piora no final do dia. Ela teme que possa ter miastenia grave, e você solicita o teste com Tensilon. Nesse teste, um inibidor da acetilcolinesterase de curta duração é administrado para ver se ele resulta em melhoria dos sintomas. Em que local na JNM age esse tipo de fármaco?

   A. Na membrana pré-sináptica
   B. Dentro das vesículas sinápticas
   C. Na fenda sináptica
   D. Na membrana pós-sináptica

10.3 De que maneira o potencial de placa motora é diferente do PA?
   A. Envolve a abertura dos canais de sódio e de potássio
   B. Resulta na despolarização da membrana
   C. Diminui à medida que se desloca ao longo da membrana celular
   D. Resulta da despolarização normal do nervo motor

10.4 Um paciente de 59 anos queixa-se de fraqueza generalizada, com incapacidade de levantar de uma posição sentada. Ele teve o diagnóstico de câncer de pulmão há um mês. O exame físico mostra fraqueza de ambos os membros inferiores e superiores. O exame de eletromiografia mostra fraca transmissão de sinal na JNM. Esse paciente provavelmente tem:
   A. Anticorpos contra o receptor de ACh
   B. Anticorpos contra os canais de cálcio pré-sinápticos
   C. Diabetes melito de longa data
   D. Polimiosite do adulto

RESPOSTAS

10.1 **C.** O atracúrio (e todos os relaxantes não despolarizantes da musculatura esquelética) age ligando-se aos RAChs na JNM, impedindo sua ativação pela ACh, inibindo assim a **despolarização da membrana pós-sináptica mediada por RACh**. Isso resulta em paralisia flácida total, podendo levar à morte secundária à paralisia dos músculos respiratórios, a menos que a ventilação mecânica seja continuada até o paciente se recuperar dos efeitos do fármaco. O influxo de cálcio para dentro do terminal pré-sináptico está prejudicado na síndrome de Eaton-Lambert, a liberação das vesículas sinápticas está prejudicada no botulismo, e a remoção de ACh pela acetilcolinesterase é bloqueada por vários fármacos terapêuticos e também por agentes como o gás sarin.

10.2 **C.** A acetilcolinesterase é a enzima responsável principalmente pela degradação da ACh e por sua remoção da fenda sináptica. A enzima está localizada na **fenda sináptica**. O defeito na miastenia grave é uma escassez de RACh na membrana pós-sináptica, resultando na neurotransmissão deficiente na JNM. Ao inibir a acetilcolinesterase na fenda sináptica, a concentração de ACh é aumentada, melhorando a neurotransmissão. Isso resulta na melhora dos sintomas em um grande número de casos.

10.3 **C.** O potencial de placa motora despolariza apenas na vizinhança dos RAChs; por isso, **diminui em amplitude à medida que é conduzido ao longo da membrana celular**. O potencial de placa motora desencadeado pela liberação de ACh a partir do neurônio motor pré-sináptico é muito semelhante a um PA, mas tem algumas diferenças importantes. Ambos os potenciais são o resultado da abertura dos canais de sódio e de potássio na membrana, e ambos despolarizam a membrana a partir de seu potencial de repouso negativo normal. Os canais iônicos envolvidos, no entanto, são diferentes. O potencial de placa motora surge da abertura de canais dependentes de ligante, enquanto o PA surge da abertura de canais dependentes de voltagem. Uma consequência importante disso é que o PA se autopropaga. A despolarização da membrana provoca a abertura de mais canais dependentes de voltagem e, por isso, o PA propaga-se rapidamente pelo axônio. O potencial de placa motora despolariza a membrana celular apenas na vizinhança dos RAChs; por isso, decresce ao longo do comprimento da membrana celular. Em uma célula normal, no entanto, a despolarização gerada pelo potencial de placa motora é suficiente para desencadear um PA, que em seguida se propaga ao longo da célula muscular, de modo que ambos os tipos de potencial normalmente ocorrem após a despolarização de um nervo motor.

10.4 **B.** Este paciente com câncer de pulmão e fraqueza devido a problemas na JNM tem síndrome miastênica de Eaton-Lambert. Isso ocorre devido a **anticorpos contra os canais de cálcio pré-sinápticos** e pode imitar os sintomas de miastenia grave. O teste com Tensilon não melhora a força muscular.

DICAS DE NEUROCIÊNCIAS

▶ A cauda equina é o feixe de raízes nervosas intradurais no final da medula espinal. A compressão da cauda equina leva à dor nas costas e disfunção intestinal e da bexiga, sendo uma emergência cirúrgica.
▶ A lesão de um nervo induz a geração de potenciais de lesão espontâneos nos segmentos distais do axônio, manifestando-se como fasciculações.
▶ À medida que o segmento distal do nervo lesionado continua a degenerar, os múltiplos terminais do axônio se separam e produzem contrações descoordenadas das fibras musculares. Essas contrações são chamadas de fibrilações e só podem ser detectadas por eletromiografia.
▶ Se a reinervação não ocorrer dentro de dois anos, os RAChs pós-sinápticos serão perdidos.

REFERÊNCIAS

Bear MF, Connors B, Paradiso M, eds. *Neuroscience: Exploring the Brain*. 3rd ed. Baltimore, MD: Lippincott Williams & Wilkins; 2006.

Purves D, Augustine GJ, Fitzpatrick D, Hall WC, eds. *Neuroscience*. 5th ed. Sunderland, MA: Sinauer Associates Inc; 2011.

Squire LR, Berg D, Bloom FE, du Lac, S, eds. *Fundamental Neuroscience*. 4th ed. San Diego, CA: Academic Press; 2012.

CASO 11

Uma estudante de graduação de 23 anos traz seu filho de 20 meses ao posto de saúde da universidade. Ela está preocupada porque ele ainda não fala, parece "pequeno" para a idade e sua cabeça parece "muito pequena". Ela notou que ele é muito menor do que seus colegas na creche e é pequeno desde o nascimento. Apesar de seu tamanho, ele tem tido problemas por seu comportamento hiperativo. No exame, a cabeça do menino mede 46 cm (percentil 5 para a idade). Embora tanto ela quanto seu namorado tenham ambos mais de 1,80 m de altura, o paciente está no percentil 10 em altura e peso. O exame da face mostra olhos pequenos e lábios finos e lisos. Os resultados dos exames pré-natais de sua clínica de saúde da faculdade eram normais. Ela informa que a gravidez não foi planejada e ocorreu durante seu último ano de faculdade. O conjunto de sintomas do paciente aponta para um insulto inicial de desenvolvimento, um fator genético ou congênito. O médico descobre uma história de consumo de álcool pela mãe durante a gravidez. Ela afirma ter parado com o uso de álcool.

▶ Qual é a causa mais provável dos sintomas da criança?
▶ Qual é o mecanismo subjacente a este distúrbio?
▶ Existem medidas preventivas disponíveis?

RESPOSTAS PARA O CASO 11
Desenvolvimento do sistema nervoso central

Resumo: Uma jovem mãe deu à luz a um menino com muitos problemas de desenvolvimento que afetam sua aparência (morfologia), seu tamanho (crescimento) e seu comportamento (desenvolvimento neurológico). Ela admitiu ter bebido muito durante seu último ano de faculdade, o que resultou em uma condenação por dirigir embriagada, mas, desde então, procurou ajuda e agora está sóbria. O exame da criança revelou dificuldades com a destreza e a coordenação motora para sua idade, bem como atraso na fala.

- **Causa dos sintomas do paciente:** A síndrome alcoólica fetal (SAF) é um diagnóstico provável. As manifestações do sistema nervoso central (SNC) de exposição ao álcool resultam em déficits estruturais, como a circunferência da cabeça pequena e as anomalias faciais. As sequelas neurológicas podem causar dificuldade com tarefas motoras e de coordenação. Os déficits funcionais podem ser os mais prejudiciais: atraso no desenvolvimento, deficiência intelectual, comportamento hiperativo, problemas com a vida diária, além de pobreza de raciocínio e de julgamento.
- **Mecanismo subjacente:** Dismorfia ocorre quando o desenvolvimento normal do organismo é alterado, o que resulta em alterações de características estruturais, seja na forma, no tamanho ou no posicionamento. O álcool é um agente teratogênico que afeta o desenvolvimento do SNC, por meio de alterações bioquímicas, na expressão genética, e no crescimento e na sobrevivência celular. Apesar de o insulto ocorrer no início do desenvolvimento, os déficits do SNC em geral persistem por toda a vida.
- **Medidas preventivas:** A SAF é completamente evitável – se uma mulher se abster de beber álcool durante a gravidez ou quando ela pode engravidar. Não existe um nível seguro de consumo de álcool na gravidez.

ABORDAGEM CLÍNICA

A SAF é uma das causas mais comuns de deficiência intelectual nos Estados Unidos e é a forma mais grave de transtorno do espectro do alcoolismo fetal (TEAF). Os dados dos Centros de Controle e Prevenção de Doenças (CDC) mostram que a SAF tem uma incidência de 0,2 a 1,5 casos por 1.000 nascidos vivos. O uso de álcool é generalizado; com base no relatório de 2012 dos CDC, mais da metade das mulheres em idade fértil relataram o consumo de álcool durante o mês anterior. A maioria bebia apenas ocasionalmente, mas 15% poderiam ser classificadas como bebedoras moderadas ou pesadas. Cerca de 13% das mulheres tinham consumido cinco ou mais doses em uma ocasião (episódio alcoólico) no último mês. Quase metade de todas as gestações nos Estados Unidos não é planejada, de modo que o risco de exposição ao álcool durante a gravidez é significativo.

O diagnóstico da SAF exige a presença de três características: anormalidades faciais, déficit de crescimento e anormalidades do SNC. As anormalidades do

SNC podem ser subdivididas em domínios estruturais, neurológicos e funcionais. O TEAF representa um continuum de sintomas que vão desde as mais leves perturbações funcionais até a SAF completa, todos eles relacionados ao consumo precoce de álcool materno.

ABORDAGEM AO
Desenvolvimento do sistema nervoso central

OBJETIVOS
1. Relacionar as várias estruturas de desenvolvimento do SNC.
2. Compreender a sequência de passos envolvidos na formação do SNC.
3. Compreender os sinais específicos dos tecidos envolvidos no desenvolvimento do SNC.

DEFINIÇÕES

ECTODERME: É a mais externa das três principais camadas celulares embrionárias, que dá origem aos tecidos do sistema nervoso central e periférico, bem como à pele. A endoderme, ou camada mais interna, gera o intestino, os pulmões e o fígado. A mesoderme, ou camada intermediária, origina os músculos, o sistema vascular e o tecido conectivo.
PLACA NEURAL: Primeira estrutura formada no SNC, que aparece como um alargamento da ectoderme começando em torno da terceira semana de desenvolvimento.
SULCO NEURAL: Invaginação longitudinal da placa neural que ocorre logo após a placa ser formada.
TUBO NEURAL: Os bordos laterais da ranhura formam uma dobra neural que se torna elevada, aproximam-se da linha média, e se fundem para formar uma estrutura tubular. Essa fusão ocorre primeiro na região cervical e prossegue nos sentidos cranial e caudal, terminando em torno do 27° dia de gestação.
PROSENCÉFALO: A extremidade craniana do tubo neural forma três dilatações distintas, sendo o prosencéfalo a mais cranial. O prosencéfalo depois forma o telencéfalo, que em última análise origina os hemisférios cerebrais (mais rostral) e o diencéfalo, que forma o tálamo, o hipotálamo, o epitálamo e a neuro-hipófise.
MESENCÉFALO: Segunda dilatação do tubo neural.
ROMBENCÉFALO: Terceira e mais caudal das dilatações iniciais, sendo composta por duas partes, o metencéfalo, que mais tarde origina a ponte e o cerebelo, e o mielencéfalo mais caudal, que origina o bulbo. A medula espinal desenvolve-se mais tarde a partir da porção mais caudal do tubo neural.
NOTOCORDA: Uma estrutura da mesoderme ventral que se encontra no tubo neural e induz a formação de estruturas neurais ventrais.
DIFERENCIAÇÃO: Processo de mudanças progressivas que uma célula sofre ao amadurecer a partir de uma célula que tem a capacidade de transformar vários tipos celulares em uma célula com um destino mais restrito.

FATORES INDUTORES: São moléculas de sinalização fornecidas por outras células que podem influenciar a diferenciação de uma célula em particular.
COMPETÊNCIA: Capacidade de uma célula de responder aos sinais de desenvolvimento como fatores indutores.

DISCUSSÃO

O SNC forma-se por meio de diferenciações progressivas, que são orquestradas por uma série de exposições a sinais mediados por fatores indutores.

Uma das primeiras fases é a **separação** de uma população de células ectodérmicas, que irá formar o tecido neural, enquanto as demais células ectodérmicas formarão a epiderme. Esta diferenciação da ectoderme é mediada pela exposição a sinais indutores da mesoderme subjacente que bloqueiam a atividade de uma família de fatores de crescimento chamada de proteínas morfogenéticas ósseas (BMPs, de *bone morphogenetic proteins*), fazendo a ectoderme formar o tecido neural. Exemplos dessas proteínas de sinalização são **cordina, nogina e folistatina**. As células que não recebem esses sinais se desenvolvem em epiderme e não podem formar estruturas neurais.

Uma vez que essas células começam a se tornar tecido neural, elas se juntam para formar a **placa neural** (Figura 11-1). Dentro da placa neural, sinalizações adicionais ocorrem para organizar o destino celular dessas células neurais com base em sua localização no interior da placa. Por meio do processo de **neurulação**, a placa neural invagina-se para formar o sulco neural, o qual subsequentemente se funde em um tubo neural completo. A elevação dos bordos laterais do sulco é o primeiro sinal de desenvolvimento do encéfalo. Dois eixos principais tornam-se importantes para a especificação da identidade neural. O eixo médio-lateral na placa neural plana desenvolve-se no eixo dorsoventral no tubo neural fechado. O eixo rostrocaudal em todo o comprimento do organismo determina as quatro principais subdivisões dentro do SNC (de rostral para caudal): prosencéfalo, mesencéfalo, rombencéfalo e medula espinal. Os dois terços rostrais do tubo neural desenvolvem-se no encéfalo, enquanto o terço caudal se desenvolve na medula espinal. Uma falha no fechamento da porção cranial resulta em uma condição chamada de anencefalia.

O eixo dorsoventral no SNC em desenvolvimento depende de outros fatores indutivos produzidos por células mesodérmicas não neurais. A **notocorda**, uma estrutura da linha média ventral composta por mesoderme, produz o fator indutor sonic hedgehog, que, em seguida, sinaliza para os neurônios no tubo neural ventral formarem os neurônios motores e os interneurônios ventrais. De forma complementar, as células da ectoderme epidérmica dorsal produzem várias BMPs que induzem o tubo neural dorsal a formar interneurônios sensoriais dorsais. Em uma peça de alquimia do desenvolvimento, a quantidade ou a concentração desses sinais indutores cria gradientes ao longo do eixo dorsoventral, que são críticos na transformação dos diferentes tipos de células ao longo do eixo.

O eixo rostrocaudal depende de várias ondas de padronização e sinalização. Os sinais indutores originais que produzem a placa neural, mediados por BMPs e seus

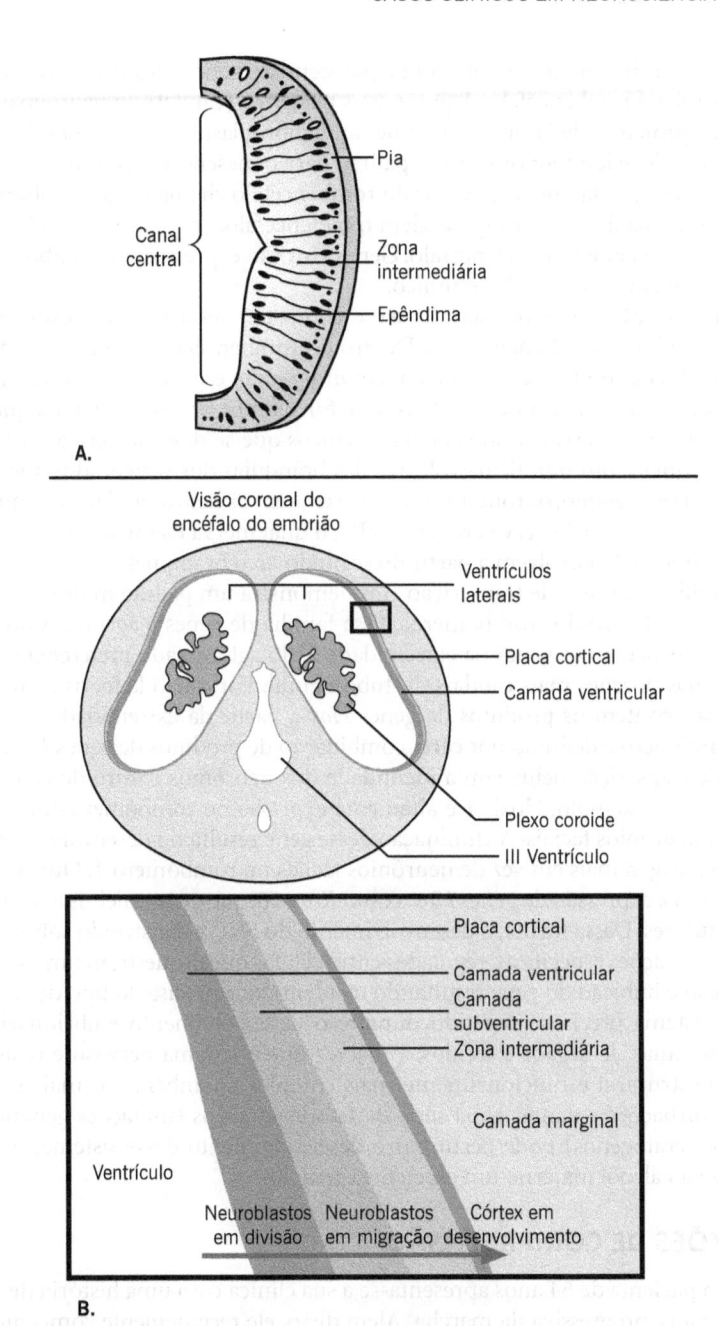

Figura 11.1 Duas fases do desenvolvimento do tubo neural (apenas metade de cada secção transversal é mostrada). **A**. Precoce. **B**. Tardia.

inibidores cordina, nogina e folistatina, parecem ser suficientes para especificar o SNC rostral e o rombencéfalo. A parte mais posterior (caudal) do neuroeixo usa a família de proteínas de fator de crescimento de fibroblastos (FGF, de *fibroblast growth factor*) e do ácido retinoico como padrão para o mesencéfalo, o rombencéfalo e a medula espinal. Há oito segmentos do rombencéfalo chamados de rombômeros. Os rombômeros de 1 a 5 compreendem o metencéfalo, enquanto os rombômeros de 6 a 8 compreendem o mielencéfalo. Genes Hox são expressos nos rombômeros 3 a 8 e são regulados pelo ácido retinoico.

A organização do rombencéfalo serve como um modelo para compreender melhor o padrão fino do neuroeixo. Dentro do rombencéfalo, evaginações discretas chamadas de rombômeros ocorrem em um padrão específico. Os rombômeros contêm neurônios motores e sensitivos que formam os nervos cranianos que deixam o SNC para inervar tecidos-alvo específicos que se desenvolvem a partir dos arcos branquiais, um resquício evolutivo das brânquias dos vertebrados ancestrais aquáticos. Por exemplo, os rombômeros 4 e 5 contêm os neurônios/núcleos que dão origem ao nervo facial (nervo craniano VII), o qual inerva os músculos da expressão facial que se desenvolvem a partir do segundo arco branquial.

A família de fatores de transcrição *Hox* demonstra um padrão muito específico de expressão dentro dos rombômeros. Essa família de genes é agrupada no DNA cromossômico, com os genes na extremidade 5' do aglomerado preferencialmente expresso nas porções mais caudais do tubo neural. Por outro lado, os rombômeros rostrais contêm os produtos de genes *Hox* a partir da extremidade 3'. Assim, cada rombômero é definido por certa combinação de produtos de genes *Hox*. Esses fatores de transcrição delineiam a identidade dos neurônios dentro de cada rombômero – por exemplo, Hoxb-1 é altamente expresso no rombômero 4, o que dá origem a neurônios faciais. A eliminação desse gene resulta no desenvolvimento de neurônios trigeminais em vez de neurônios faciais no rombômero 4. Outros genes influenciam a expressão de genes *Hox*, como *Krox-20*, que estão sujeitos a outros fatores indutores. Dessa forma, o desenvolvimento do SNC é construído sobre camadas de sinalizações específicas, reguladas entre células que orquestram uma sinfonia de ativação e inibição do gene resultando na identidade precisa do tipo de célula.

Este sistema preciso é repetido durante o desenvolvimento embrionário em muitos sistemas de órgãos e tecidos. Uma vez que o sistema nervoso é o sistema orgânico estrutural e funcionalmente mais complexo, também é o mais suscetível a perturbações e danos. Uma série de fatores internos (mutações genéticas) e externos (teratógenos) pode perturbar o desenvolvimento desse sistema, sendo a exposição ao álcool materno um excelente exemplo.

QUESTÕES DE COMPREENSÃO

11.1 Um paciente de 54 anos apresenta-se a sua clínica com uma história de 1 ano de piora progressiva da marcha. Além disso, ele recentemente começou a ter a fala um pouco arrastada. Após uma extensa propedêutica e testes, você o diagnostica com uma forma esporádica de ataxia cerebelar. De qual estrutura embriológica surge o cerebelo?

A. Telencéfalo
B. Mesencéfalo
C. Metencéfalo
D. Mielencéfalo

11.2 Você está acompanhando um paciente de 44 anos que foi recentemente diagnosticado com esclerose lateral amiotrófica (ELA) depois de se apresentar com dificuldade para escrever devido à fraqueza da mão e dos dedos. A ELA é uma doença das células do corno anterior (neurônios motores da medula espinal). De que parte do tubo neural surgem as células que afetam a escrita desse paciente?

A. Parte ventral dos dois terços craniais do tubo neural
B. Parte dorsal dos dois terços craniais do tubo neural
C. Parte ventral do terço caudal do tubo neural
D. Parte dorsal do terço caudal do tubo neural

11.3 Uma paciente de 24 anos com acne grave nodulocística se apresenta a sua clínica e está interessada em iniciar o tratamento com isotretinoína (Accutane), que é um derivado do ácido retinoico. Você concorda em prescrever a medicação após a administração de um teste de gravidez, que é negativo. Para conseguir o medicamento, no entanto, é necessário que ela também faça controle de natalidade e use pelo menos outra forma de contracepção, pois o Accutane é um agente teratogênico que interfere com a ação do ácido retinoico endógeno. Esse ácido é importante para qual estágio de diferenciação do SNC em desenvolvimento?

A. Formação da placa neural
B. Fusão do sulco neural para formar o tubo neural
C. Diferenciação do eixo craniocaudal do tubo neural
D. Diferenciação do eixo dorsoventral do tubo neural

RESPOSTAS

11.1 **C.** O cerebelo surge do **metencéfalo**. Os dois terços craniais do tubo neural (que se desenvolve no encéfalo) são divididos em cinco dilatações ao longo de seu eixo craniocaudal. De cranial para caudal, eles são o telencéfalo, que se torna os hemisférios cerebrais; o diencéfalo, que se torna o tálamo, o hipotálamo, os epitálamos e o subtálamo; o mesencéfalo, que permanece como mesencéfalo; o metencéfalo, que se torna a ponte e o cerebelo, e o mielencéfalo, que se torna o bulbo. Um terço do tubo neural caudal a essas dilatações forma a medula espinal.

11.2 **C.** A ELA é uma doença que afeta os neurônios motores na medula espinal, que surgem a partir da **parte ventral do um terço caudal do tubo neural**. Recorde-se que os dois terços craniais do tubo neural se diferenciam no cérebro e no tronco encefálico, e o um terço caudal forma a medula espinal. Lembre-se também que a parte dorsal do tubo neural forma os neurônios sensoriais, enquanto a parte ventral se torna os neurônios motores. Portanto, os neurônios motores na medula espinal (aqueles que controlam as mãos e os dedos) se originariam a partir da parte ventral do um terço caudal do tubo neural.

11.3 **C.** O ácido retinoico é uma molécula importante envolvida na **diferenciação craniocaudal do tubo neural**. Um gradiente de ácido retinoico é estabelecido, com concentrações mais elevadas na extremidade craniana do tubo neural. A ingestão materna de Accutane resulta em concentrações superiores ao normal de ácido retinoico e interrompe esse gradiente, resultando em defeitos congênitos e abortos espontâneos. O Accutane é classificado pela Food and Drug Administration como categoria X para a gravidez (a de maior risco teratogênico).

DICAS DE NEUROCIÊNCIAS

- A SAF é causada pelo consumo de etanol durante a gravidez, levando a problemas de crescimento, deficiência intelectual e anomalias craniofaciais.
- O SNC desenvolve-se por meio de uma série de sinais espaciais e temporais e que diferenciam a ectoderme primitiva em SNC.
- Estruturalmente, o SNC começa como uma chapa plana que se dobra progressivamente em um tubo e se alonga, com as estruturas dilatadas correspondendo a estruturas especializadas (p. ex., o córtex cerebral).
- O desenvolvimento do SNC é muito sensível a perturbações e é suscetível a numerosas toxinas exógenas e teratógenos.

REFERÊNCIAS

Calhoun F, Warren K. Fetal alcohol syndrome: historical perspectives. *Neurosci Biobehav Rev.* 2007;31(2):168-171. Review.

Kandel ER, Schwarz JH, Jessell TM, Siegelbaum SA, Hudspeth AJ, eds. *Principles of Neural Science.* 5th ed. New York, NY: McGraw-Hill; 2012.

Sadler TW, ed. *Langman's Medical Embryology.* 7th ed. Baltimore, MD: Williams and Wilkins; 1995.

CASO 12

Uma mãe de 32 anos traz seu filho recém-nascido há 5 dias para sua primeira consulta de revisão pós-natal. A gravidez transcorreu sem problemas – todos os exames laboratoriais de rastreamento foram normais; ele nasceu após uma gestação a termo por parto vaginal sem complicações; a altura, o peso e a circunferência da cabeça estão dentro da normalidade. A mãe comentou que o comportamento de seu filho tem estado difícil nos últimos dois dias. Ele mamava bem, mas começou a cuspir depois da mamada. Ela está preocupada com sua falta de evacuações. Ele usava uma média de 10 fraldas por dia, mas teve apenas uma fralda suja e úmida desde que deixou o hospital. O exame físico inicial revelou uma criança chorosa, mas aparentemente normal, com um abdome moderadamente distendido. O toque retal revelou uma ampola retal vazia e tônus muscular anormal. Um raio X abdominal mostrou um colo dilatado até o colo transverso com gás e fezes presentes. O diagnóstico feito é doença de Hirschsprung, o que resulta da ausência de neurônios do gânglio parassimpático no plexo mioentérico e submucoso do reto e/ou do colo distal. Sem esses neurônios, a musculatura visceral permanece tonicamente contraída, incapaz de distender.

▶ Qual é a causa dos sintomas do paciente?
▶ Qual é o mecanismo subjacente dos sintomas?

RESPOSTAS PARA O CASO 12
Desenvolvimento do sistema nervoso periférico

Resumo: Um menino recém-nascido há cinco dias apresenta-se com história de constipação progressiva, vômitos e distensão abdominal. Uma radiografia simples inicial confirma a obstrução do intestino grosso com dilatação proximal, com gás e fezes. As imagens radiográficas subsequentes, com enema opaco, confirmam uma obstrução no colo transverso. É feito um diagnóstico de megacolo aganglônico congênito ou doença de Hirschsprung. A biópsia retal é realizada, demonstrando falta de neurônios do gânglio do plexo mioentérico e aumento da coloração para acetilcolinesterase – patognomônico para a doença de Hirschsprung.

- **Causa dos sintomas do paciente:** A obstrução abdominal é causada pela falta de controle do sistema nervoso da musculatura intestinal. O funcionamento normal do intestino requer motilidade, que é mediada pelo sistema nervoso periférico (SNP).
- **Mecanismo subjacente:** Os neurônios que estão destinados a inervar a porção distal do intestino percorrem o nervo vago (nervo craniano X) até o plexo entérico. É a falha da migração dos neurônios que resulta na doença de Hirschsprung.

ABORDAGEM CLÍNICA

O megacolo aganglônico congênito, ou doença de Hirschsprung, foi reconhecido pela primeira vez em 1886 como uma das causas da constipação na primeira infância. As células ganglionares que inervam o sistema nervoso entérico são derivadas de células da crista neural. Essas células são de origem ectodérmica e se formam ao longo da "crista" lateral à medida que a placa neural sofre neurulação. Elas têm vários destinos, com algumas formando gânglios viscerais no SNP. Um subconjunto dessas células percorre com o nervo vago ao longo do trato intestinal para preencher o plexo entérico. Essas células ganglionares chegam ao colo proximal com 8 semanas e no reto com 12 semanas de idade gestacional. Um bloqueio dessa migração resulta em um segmento aganglônico e em doença de Hirschsprung. Essa doença ocorre em cerca de 1 a cada 5.000 nascidos vivos nos Estados Unidos. Ela está associada com enterocolite em cerca de um terço dos casos, a principal causa de mortalidade. Os casos mais graves são diagnosticados em recém-nascidos com sinais e sintomas de obstrução intestinal e incapacidade de evacuar mecônio ou fezes. Casos mais leves são diagnosticados em idades posteriores com constipação crônica, inchaço abdominal e desnutrição (diminuição do crescimento). A maioria das ocorrências é esporádica, embora uma história familiar de uma condição semelhante esteja presente em até 30% das vezes. Os casos do sexo masculino superam os casos do sexo feminino na proporção de 4 para 1. Existe uma forte associação com a síndrome de Down; 5 a 15% dos pacientes com doença de Hirschsprung também têm trissomia do 21. As mutações em vários genes foram associadas com a doença de Hirschsprung: o proto-oncogene RET, o fator neurotrófico derivado da glia (GDNF, de *glial cell-derived neurotropic factor*), o sistema de sinalização da endotelina e a SOX10 (região determinante do sexo Y-box, de *sex-determining region Y-box*).

ABORDAGEM AO
Desenvolvimento do sistema nervoso periférico

OBJETIVOS

1. Relacionar as várias estruturas de desenvolvimento do SNP.
2. Compreender a sequência de passos envolvidos na formação do SNP.
3. Compreender os sinais específicos dos tecidos envolvidos no desenvolvimento do SNP.

DEFINIÇÕES

SNP: Parte do sistema nervoso que não faz parte do sistema nervoso central (SNC), isto é, tudo exceto o encéfalo e a medula espinal. Ele pode ser subdividido em componentes somáticos e viscerais.
SISTEMA NERVOSO SOMÁTICO: Composto por nervos eferentes que controlam o músculo esquelético e receptores sensoriais externos, bem como nervos aferentes que transmitem informação sensorial de receptores cutâneos e musculares.
SISTEMA NERVOSO VISCERAL (SNV): Composto por nervos eferentes e aferentes que controlam/regulam os processos homeostáticos e a fisiologia dos órgãos internos. O SNV pode ser subdividido em simpático e parassimpático.
CÉLULA DA CRISTA NEURAL (CCN): Derivada de células de origem ectodérmica na borda lateral da placa neural. À medida que as dobras neurais sobem e se fundem para formar o tubo neural, as CCNs são reunidas ao longo da "crista" dorsal do tubo. Essas células, em seguida, dissociam-se do neuroepitélio, podendo migrar ao longo do organismo para formar o SNP.
PLACOIDE ECTODÉRMICO: Esses placoides são áreas discretas de ectoderme alargado que aparecem sobre as cabeças de todos os embriões e se desenvolvem no sistema nervoso sensorial periférico. Em conjunto com CCN, essas células placoides formam o SNP.
TRANSFORMAÇÃO EPITÉLIO-MESENQUIMAL: Um passo fundamental para a diferenciação das CCNs à medida que se separam do neuroepitélio. Esse processo de deslaminação é mediado por alterações nas interações célula-célula e célula-matriz intracelular.

DISCUSSÃO

Todo o SNP dos vertebrados descende de duas populações de células embrionárias: a crista neural e os placoides ectodérmicos cranianos. Ambas as populações de células formam a borda lateral da placa neural, com os placoides ocupando a extremidade mais rostral do neuroeixo, e a crista neural começando no diencéfalo e descendo caudalmente. Ambas dão origem a uma grande variedade de tipos celulares. As CCNs formam vários tipos de células diferentes: osso e cartilagem na cabeça, os dentes, as células endócrinas (medula suprarrenal), os neurônios sensoriais periféricos (incluindo os neurônios dos gânglios da raiz dorsal), todos os neurônios viscerais periféricos (entéricos, simpáticos pós-ganglionares e parassimpáticos), todas as células gliais periféricas, e todos os melanócitos. Os placoides ectodérmicos cranianos são os principais responsáveis pelas inúmeras funções sensoriais periféricas na cabeça, incluindo o olfato, as células ciliadas mecanossensoriais, a sensação trigeminal para a cabeça, o paladar, bem como todas as células endócrinas na adeno-hipófise.

O desenvolvimento da crista neural no SNP é caracterizado por uma sequência complexa de eventos que pode ser resumida em três fases: indução, migração e diferenciação. A placa neural é definida por uma sinalização inicial de proteínas morfogenéticas ósseas (BMPs, de *bone morphogenetic proteins*) da mesoderme axial (ver Caso 11) e, da mesma maneira, a crista neural é induzida por sinais da mesoderme paraxial. Esses sinais parecem envolver níveis intermediários de inibidores da BMP, nogina e folistatina. Os fatores adicionais que envolvem o fator de crescimento de fibroblastos (FCF, de *fibroblast growth factor*) e a família de genes WNT continuam o processo de formação da crista neural. A transição epitélio-mesenquimal é o último passo na definição de uma CCN, sem o qual a célula não é realmente uma CCN. Múltiplos sinais e genes contribuem para essa transformação; no entanto, parece que novamente a sinalização de BMP está implicada. Esse processo de deslaminação prossegue em um sentido rostral para caudal.

As CCNs agora devem migrar para seus tecidos-alvo. Observa-se que células da crista neural craniana migram em córregos característicos associadas aos arcos branquiais como populações coerentes. A mesoderme paraxial novamente desempenha um papel vital no fornecimento de pistas (principalmente repulsivas) para orientar as células que migram. A matriz extracelular desempenha um papel importante ao proporcionar um caminho para a migração permissiva. No resto do corpo, a mesoderme paraxial desenvolve-se em unidades de repetição, chamadas de **somitos**. Os somitos são massas de mesoderme distribuídas ao longo dos dois lados do tubo neural que acabará por se tornar derme, músculo esquelético e vértebras. Esses somitos segmentados definem níveis ao longo do eixo rostrocaudal. Cerca de 44 somitos formam e dão origem aos ossos da face, à coluna vertebral, aos músculos associados e à derme sobreposta.

Para a última etapa do desenvolvimento, a crista neural deve adquirir sua identidade final por meio de diferenciação. Existem duas teorias principais para explicar a segregação das linhagens de CCNs: instrução e seleção. A primeira teoria (instrução) postula que a crista neural é um grupo homogêneo de células multipotentes, cuja diferenciação é *instruída* por sinais ambientais. A segunda teoria (seleção) sustenta que a crista neural é uma população heterogênea de células predeterminadas, que são *selecionadas* para sobreviver em ambientes favoráveis e ser eliminadas dos inapropriados. As evidências experimentais sugerem que existem tanto células multipotentes quanto CCNs com restrição de destino. A maioria dos sinais para os quais as células respondem, não surpreendentemente, origina-se de tecidos através dos quais elas migram e que circundam seu destino pós-migração.

O tratamento inicial para a doença de Hirschsprung consiste em descompressão para evitar perfuração gastrintestinal e enterocolite. Sucção nasogástrica combinada com a estimulação de toque retal frequente ou irrigação é suficiente. Os antibióticos intravenosos ou a hidratação às vezes são necessários para tratar a enterocolite ou a desidratação, respectivamente. O tratamento definitivo é a remoção cirúrgica do intestino disfuncional e a reanastomose. Outros tratamentos, muitas vezes reservados para casos recorrentes ou intratáveis, incluem dilatação retal ou miotomia (dilatação física), aplicação tópica de óxido nítrico (dilatação química) e injeção de toxina botulínica para bloquear a contração muscular (bloqueio neurotransmissor).

> **CORRELAÇÃO COM O CASO CLÍNICO**
> - Ver Casos 11 a 17 (desenvolvimento do sistema nervoso).

QUESTÕES DE COMPREENSÃO

12.1 Uma paciente de 32 anos apresenta-se com dores de cabeça episódicas e recorrentes, palpitações, sudorese e hipertensão. Após investigação apropriada, ela é diagnosticada com um feocromocitoma, um tumor secretor de catecolaminas na medula da suprarrenal. De qual estrutura embriológica se originaram as células que compõem esse tumor?

   A. Tubo neural
   B. Crista neural
   C. Placoides epidérmicos
   D. Mesoderme

12.2 Um paciente de 35 anos chega ao consultório com queixa de dor lombar que irradia para a parte de trás do membro inferior esquerdo, bem como fraqueza de flexão plantar do pé no mesmo lado. Você suspeita que ele tenha uma hérnia de disco vertebral, o que é confirmado por ressonância magnética, que mostra hérnia de disco L5-S1 e compressão da raiz nervosa S1. Como se chama a unidade de segmentos da mesoderme que dá origem aos músculos inervados por essa raiz nervosa?

   A. Arco branquial
   B. Somito
   C. Unidade motora
   D. Segmento espinal

12.3 Qual das alternativas seguintes melhor descreve o efeito da mesoderme na migração e na diferenciação das CCNs?

   A. A mesoderme orienta a migração e a diferenciação das CCNs.
   B. A mesoderme orienta a migração das CCNs, mas não afeta a diferenciação.
   C. A mesoderme orienta a diferenciação da crista neural, mas não afeta a migração.
   D. A mesoderme não tem efeito em qualquer migração ou na diferenciação das CCNs.

RESPOSTAS

12.1 **B.** As células cromafins (secretoras de catecolaminas) da medula suprarrenal surgem a partir da **crista neural**, que também dá origem a células ganglionares do SNP e melanócitos, entre outras estruturas. Células do tubo neural tornam-se células do SNC. Os placoides epidérmicos dão origem a estruturas do SNP na cabeça e no pescoço, e a mesoderme dá origem às células do córtex suprarrenal.

12.2 **B.** No sistema nervoso em desenvolvimento, cada segmento da coluna vertebral está pareado com um segmento da mesoderme conhecido como **somito**. Cada segmento da coluna vertebral dá origem a pares de raízes nervosas sensoriais dorsais e motoras ventrais. Essas raízes nervosas inervam os órgãos sensoriais e os músculos que derivam do somito correspondente. Dermátomos e miótomos são um resultado desse desenvolvimento segmentar e inervação. Os arcos branquiais são estruturas que ocorrem na cabeça e no pescoço relacionadas com o desenvolvimento. A unidade motora compreende um nervo motor e os músculos por ele inervados; existem múltiplas unidades motoras em cada par de segmentos/somito espinal.

12.3 **A.** A mesoderme desempenha um papel fundamental na geração de sinais que afetam tanto a **migração das CCNs como sua diferenciação em suas identidades finais**. A migração de células é guiada principalmente por sinais repulsivos gerados pela mesoderme não no local adequado para as CCNs específicas. A identidade final de uma CCN é determinada em grande parte pelas moléculas de sinalização secretadas pelas células do tecido circundante.

DICAS DE NEUROCIÊNCIAS

▶ A doença de Hirschsprung é um distúrbio do desenvolvimento no qual há ausência de células ganglionares no colo distal (que têm origem a partir da crista neural), levando a uma obstrução funcional do colo.
▶ Na doença de Hirschsprung, tanto o plexo mioentérico (de Auerbach) como o plexo submucoso (de Meissner) estão ausentes, levando ao peristaltismo diminuído.
▶ O SNP desenvolve-se a partir de duas populações de células formadas na borda lateral da placa neural: CCNs e placoides ectodérmicos.
▶ As CCNs sofrem um processo em três fases para formar o SNP: (1) indução, (2) migração e (3) diferenciação.
▶ A mesoderme paraxial é uma fonte essencial de sinalização no estabelecimento do SNP.

REFERÊNCIAS

Kandel ER, Schwarz JH, Jessell TM, Siegelbaum SA, Hudspeth AJ eds. *Principles of Neural Science*. 5th ed. New York: McGraw-Hill Publishers, 2012.

Kessmann J. Hirschsprung's disease: diagnosis and management. *Am Fam Physician*. 2006 Oct 15; 74(8):1319-1322.

Paran TS, Rolle U, Puri P. Enteric nervous system and developmental abnormalities in childhood. *Pediatr Surg Int*. 2006;22:945-959.

Rao MS, Jacobson M. *Developmental Neurobiology*. 4th ed. New York, NY: Kluwer Academic/Plenum Publishers; 2005.

Sadler TW, ed. *Langman's Medical Embryology*. 7th ed. Baltimore, MD: Williams and Wilkins; 1995.

CASO 13

Uma mulher grávida de 38 anos chega à sala de emergência depois de ter "rompido a bolsa". Na consulta, ela admite ter faltado à maioria de suas consultas de pré-natal, mas se lembra de um de seus exames de sangue estar "alto" e acredita estar com quatro semanas de gestação "prévias" ao termo. O exame inicial mostra dilatação cervical de 6 cm e aumento progressivo na força e na frequência das contrações. O monitoramento da frequência cardíaca fetal revela desacelerações indicativas de sofrimento fetal, o que leva ao parto via cesariana. O menino nasceu e apresenta Apgar adequado. Ele é capaz de mover a cabeça e os membros superiores, mas os membros inferiores estão imóveis e contorcidos. O exame subsequente mostra uma bolsa (protuberância) com líquido de 3 cm no meio da região lombar.

▶ Descreva a deformidade anatômica.
▶ Qual é a etiologia da bolsa (protuberância) com líquido?
▶ Qual vitamina pode diminuir a incidência desta condição?

RESPOSTAS PARA O CASO 13
Neurulação

Resumo: Um bebê nasceu com as extremidades inferiores distais flácidas. O exame físico demonstrou flacidez moderada do iliopsoas, dos adutores do quadril e do quadríceps, além de função tibial anterior com antagonistas flácidos, resultando em adução-flexão, hiperextensão do joelho e inversão do pé. Uma massa cística de paredes finas aparece na pele circundante da coluna lombar superior. Nota-se uma discreta hidrocefalia. A bolsa é diagnosticada como mielomeningocele, uma forma de defeito do tubo neural (DTN). O exame de imagem também revelou uma malformação de Chiari e hidrocefalia leve associadas.

- **Deformidade anatômica:** Abaixo do nível L4, **o placoide de tecido é composto de elementos neurais displásicos que foram incapazes de formar um tubo neural fechado.** Essa disfunção se estende para as raízes nervosas que provêm do placoide. Os elementos neurais expostos permanecem cobertos por meninges, mas não são cobertos por osso, músculo ou pele. O líquido cerebrospinal (LCS) enche a bolsa, como normalmente preencheria o canal espinal; contudo, por causa da falta de tecido sobreposto, o vazamento de fluido é comum.
- **Etiologia subjacente:** A etiologia do DTN é multifatorial e não determinada claramente. Os DTNs constituem uma variedade de malformações congênitas, podendo ser tão graves como anencefalia (ausência completa de estruturas telencefálicas) ou tão leves como uma medula presa, que tem em sua essência uma falha de *neurulação* adequada.
- **Vitamina que diminui a incidência de DTN:** Cerca de 400 a 800 µg de ácido fólico por dia reduzem o risco tanto para a primeira ocorrência de DTN quanto para DTNs recorrentes.

ABORDAGEM CLÍNICA

Malformações congênitas do encéfalo ocorrem em cerca de 0,5% dos nascidos vivos. As causas em geral são atribuídas a fontes exógenas e endógenas. Causas exógenas incluem fatores nutricionais, radiação, infecções, produtos químicos, isquemia e medicamentos. Causas endógenas são principalmente genéticas. Neurulações defeituosas, também chamadas de DTNs, **disrafismos espinais** ou **espinha bífida** (espinha partida), estão entre as mais comuns dessas malformações congênitas do sistema nervoso central. Embora o principal defeito seja uma falha da neurulação e da neuroectoderme, o desenvolvimento anormal subsequente ocorre na mesoderme adjacente, a qual, por sua vez, é responsável pela formação das estruturas ósseas e musculares adequadas que rodeiam o sistema nervoso. Portanto, os DTNs foram classicamente classificados pela gravidade da ruptura mesodérmica secundária: o mais grave como **espinha bífida aberta** (estruturas neurais comunicam-se com o ambiente) ou o menos grave como **espinha bífida oculta** (elementos neurais são cobertos pela pele).

A espinha bífida aberta (DTN aberto) é clinicamente evidente, como mielomeningocele; no entanto, na espinha bífida oculta (DTN fechado), a lesão é coberta por pele, tornando o comprometimento neurológico subjacente **oculto**. Pode haver mudanças sutis da pele: um tufo de cabelo, fístula dérmica, ligeira depressão na pele, hemangioma ou lipoma. Além de estigmas cutâneos, o DTN fechado pode se apresentar com defeitos na coluna vertebral (escoliose ou defeitos na lâmina), deformidades ortopédicas (pés tortos ou comprimento assimétrico das pernas), problemas urológicos (bexiga neurogênica ou incontinência) e/ou sintomas neurológicos (dor na perna, fraqueza ou dormência e, por vezes, atrofia ou hiper-reflexia).

Muitos teratógenos suspeitos foram identificados: radiação, infecções, hipertermia, ácido valproico e deficiência de folato. O **folato** é vital durante os períodos de rápido crescimento celular, como na infância e na gravidez, uma vez que é **necessário para a replicação do DNA**. A deficiência de folato dificulta a síntese de DNA e a divisão celular, afetando clinicamente mais a medula óssea, um lugar de replicação celular rápida. O **ácido valproico é um antagonista do folato** e sua associação com DTN pode ocorrer por meio dessa ação. O ácido fólico não é protetor a menos que ingerido durante o período ao redor da concepção. Os testes de avaliação têm um impacto significativo no diagnóstico – tanto marcadores séricos quanto estudos de imagem. Um aumento da alfa-fetoproteína (AFP) no soro materno entre 15 e 20 semanas de gestação pode ser indicativo de um DTN aberto. Além disso, a ultrassonografia pode diagnosticar um DTN com cerca de 98% de especificidade e 95% de sensibilidade. O prognóstico para muitas formas de DTN é variável: bebês anencefálicos raramente sobrevivem mais do que algumas horas ou dias, e os DTNs abertos como mielomeningocele têm muitas anomalias associadas. Malformações do rombencéfalo (Chiari II), hidrocefalia e siringomielia, bem como malformações do tronco encefálico e do nervo craniano, são comumente associadas à mielomeningocele. Essas anomalias diminuem a independência funcional de muitos bebês afetados que sobrevivem até a idade adulta. No entanto, muitos indivíduos com DTNs leves podem funcionar de forma independente.

ABORDAGEM À
Neurulação

OBJETIVOS

1. Entender a sequência de eventos durante a neurulação.
2. Ser capaz de relacionar o resultado clínico de problemas do desenvolvimento dos vários estágios da neurulação.
3. Conhecer o papel de teratógenos na etiologia dos DTNs.

DEFINIÇÕES

NEURULAÇÃO: Processo de desenvolvimento pelo qual a placa neural se funde em tubo neural. O processo começa na região cervical e progride em ambas as direções, fechando primeiro o *neuroporo rostral (cranial)*, seguido do *neuroporo caudal*.

NEURULAÇÃO PRIMÁRIA: Refere-se à transformação das estruturas neurais de uma placa em um tubo, formando assim o encéfalo e a medula espinal. Falha na neurulação primária resulta em DTNs abertos.

NEURULAÇÃO SECUNDÁRIA: Processo independente da neurulação primária que se refere à formação da medula espinal inferior a partir de células derivadas do brotamento embrionário caudal.

ESPINHA BÍFIDA: Derivado do latim para "espinha dividida", um termo usado para descrever certos DTNs.

ANENCEFALIA: Anencefalia ou *craniorraquisquise* é a forma mais grave de DTN e refere-se a uma deformidade grave na qual um grande defeito no osso craniovertebral leva o cérebro a ser exposto ao líquido amniótico. O defeito normalmente ocorre após o desenvolvimento neural no 16º dia de gestação, mas antes do encerramento do neuroporo cranial no 24º ao 25º dia de gestação.

ENCEFALOCELE: Encefalocele é a herniação do encéfalo por meio de um defeito do crânio. Nos Estados Unidos, isso ocorre mais comumente na região occipital, enquanto nos países asiáticos, o osso frontal é o mais envolvido.

MIELOMENINGOCELE: Uma condição na qual medula espinal e raízes nervosas herniam em uma bolsa formada pelas meninges. Essa bolsa se projeta através de defeitos ósseos e musculocutâneos. A estrutura neural aberta achatada é chamada de placoide neural.

MENINGOCELE: A meningocele é uma hérnia apenas de meninges através do defeito ósseo (espinha bífida). A medula espinal e as raízes nervosas não herniam para dentro da bolsa dural, como na mielomeningocele. É importante distinguir essas lesões da mielomeningocele, pois seu tratamento e prognóstico são diferentes de mielomeningocele. Recém-nascidos com uma meningocele, em geral, têm achados normais ao exame físico e não há associação com malformações neurológicas, como hidrocefalia ou malformações de Chiari II.

DIASTEMATOMIELIA: Uma malformação na qual a medula espinal é dividida ao meio por um esporão ósseo.

MEDULA PRESA: Aprisionamento da medula espinal causado por uma adesão anormal ou um engrossamento do filo terminal que pode causar tração na medula espinal com déficits neurológicos subsequentes à medida que a criança cresce.

HIDROCEFALIA: Derivado do latim para "a cabeça da água". É um acúmulo anormal de LCS dentro dos ventrículos cerebrais por causa de obstrução física (hidrocefalia obstrutiva) ou incapacidade de absorver o fluido circulante (hidrocefalia não obstrutiva).

MALFORMAÇÕES DE CHIARI: Antigamente chamadas de malformações de Arnold-Chiari, são uma série (tipos I a III) de defeitos do rombencéfalo. A do tipo I é caracterizada pela hérnia descendente das amígdalas cerebelares através do fo-

rame magno. A do tipo II é uma hérnia do verme do cerebelo e do tronco encefálico abaixo do forame magno. A malformação do tipo III é essencialmente uma encefalocele de fossa posterior com herniação do cerebelo através do osso da fossa posterior e é um DTN mais severo.
SIRINGOMIELIA: Siringomielia é uma cavitação da medula espinal deixando um espaço cístico dentro da medula, o que pode causar disfunção neurológica progressiva. Esse cisto, chamado de siringe, pode se expandir e alongar com o tempo e destruir a medula espinal.

DISCUSSÃO

Os DTNs incluem uma ampla gama de malformações clínicas: anencefalia, encefalocele, mielomeningocele, meningocele, diastematomielia e medula presa. As lesões em geral apresentam falha na fusão das estruturas ósseas sobrepostas, daí o termo comum espinha bífida, do latim para "espinha dividida". Os vários nomes descritivos destacam o fato de que essas malformações envolvem não apenas os derivados de origem ectodérmica (sistema nervoso central e periférico e pele), mas também as outras camadas embrionárias, mais notavelmente músculo e osso formados a partir da mesoderme axial.

O tempo é crítico durante o desenvolvimento; quanto mais cedo o insulto de desenvolvimento, mais agressivas sãs as consequências. Em relação ao DTN, o primeiro processo importante é a neurulação primária, que se refere à formação das estruturas neurais em um tubo, formando assim o encéfalo e a medula espinal. Neurulação secundária refere-se à formação da medula espinal inferior, o que dá origem aos elementos lombar e sacral. A placa neural é formada em 17 a 19 dias de gestação, a dobra neural ocorre em 19 a 21 dias, e a fusão das dobras neurais ocorre em 22 a 23 dias. Qualquer interrupção durante esses processos iniciais (a formação da placa neural até a fusão em um tubo neural) pode causar craniorraquisquise, a forma mais grave de DTN. Os acontecimentos posteriores incluem o fechamento do neuroporo rostral nos dias 24 a 26. A falha nesse ponto pode resultar em anencefalia e encefalocele. A mielomeningocele é um resultado do rompimento ocorrendo em torno de 26 a 28 dias, durante o fechamento do neuroporo caudal. Após o dia 28, as interrupções não são mais capazes de causar um DTN aberto, como mielomeningocele, mas podem causar defeitos mais sutis, como um DTN fechado ou medula presa.

Os mecanismos moleculares que controlam a neurulação não são bem compreendidos. Evidências experimentais sugerem que os mecanismos envolvidos na neurulação craniana e no fechamento do neuroporo craniano diferem do processo de fechamento em níveis axiais subsequentes. À medida que a placa neural plana fisicamente invagina e forma uma cavitação para formar um tubo, não é surpreendente que os aspectos da polaridade celular (para dirigir o movimento das células), o citoesqueleto celular (para alterar dinamicamente a forma das células) e a adesão intercelular (para fundir as dobras neurais) sejam todos críticos para neurulação adequada.

Vários estudos têm fornecido evidências do **metabolismo anormal do folato** em linhagens de células de fetos acometidos por DTN, explicando por que o folato pré-natal é tão crucial para a diminuição da incidência de DTN. No entanto, anormalidades específicas ainda precisam ser elucidadas. A dose diária recomendada de ácido fólico para mulheres em idade reprodutiva é de 400 μg, enquanto para as mulheres grávidas é de 600 a 800 μg. Os alimentos que contêm ácido fólico incluem vegetais folhosos, como espinafre e folhas de nabo, feijão e ervilha, produtos de cereais enriquecidos e sementes de girassol. O metabolismo normal do folato inicia com a redução do folato a di-hidrofolato e, em seguida, a tetra-hidrofolato pela enzima di-hidrofolato-redutase.

OPÇÕES DE TRATAMENTO

O manejo inicial de uma criança com mielomeningocele com vazamento de LCS consiste em evitar trauma ao placoide e às raízes neurais expostas. A exposição prolongada aumenta o risco de infecções do sistema nervoso central, que se manifestam como meningite ou encefalite, podendo levar à sepse sistêmica. É necessário o fechamento cirúrgico e a reparação da lesão por um neurocirurgião pediátrico. A colocação adicional de uma derivação ventrículo-peritoneal para tratar a hidrocefalia e evitar o vazamento de LCS do local do reparo pode ser feita simultaneamente. Várias outras anomalias de desenvolvimento estão associadas ao DTN, as quais precisam ser abordadas por uma equipe multidisciplinar que inclui geneticista, urologista, médico ortopedista, especialista em medicina física e um neurocirurgião pediátrico.

> ### CORRELAÇÃO COM O CASO CLÍNICO
> - Ver Casos 11 a 17 (desenvolvimento do sistema nervoso).

QUESTÕES DE COMPREENSÃO

13.1 Um bebê nasce de uma mãe de 17 anos, com assistência pré-natal inadequada, que admite não ter tomado os suplementos vitamínicos pré-natais. No exame imediatamente após o nascimento, notou-se que a criança tem um inchaço cístico sobre a parte inferior das costas, na linha média, mas parece ter funções motoras e sensoriais intactas em ambas as extremidades inferiores. A criança é diagnosticada com uma meningocele. Uma falha em qual evento do desenvolvimento neurológico resulta nesse defeito?

    A. Fechamento do neuroporo cranial
    B. Fechamento do neuroporo caudal
    C. Formação do tubo neural
    D. Separação do prosencéfalo em telencéfalo

13.2 Qual das seguintes medidas **diminui** o risco de desenvolvimento de DTN?
   A. Diminuição da AFP materna
   B. História anterior de DTN
   C. Deficiência de folato
   D. Exposição à radiação
   E. Exposição materna ao ácido valproico

13.3 Uma mielomeningocele é mais provável que seja um resultado de um defeito na neurulação que ocorre durante qual período gestacional?
   A. Dias 19 a 21
   B. Dias 22 a 23
   C. Dias 24 a 26
   D. Dias 26 a 28
   E. Dias 28 a 30

13.4 Uma mulher de 30 anos grávida de 20 semanas de gestação estava com nível elevado de AFP no soro. Ela foi submetida a uma amniocentese, que revela um nível elevado de acetilcolinesterase no líquido amniótico. Qual dos seguintes problemas embrionários fetais é mais provável?
   A. Maturação hemisférica incompleta
   B. Anormalidade na migração
   C. Anormalidade na proliferação
   D. Anormalidade na fusão
   E. Anormalidade na apoptose

RESPOSTAS

13.1 **B.** Uma falha no fechamento do tubo neural resulta em um DTN. Uma falha no fechamento do neuroporo cranial resulta em anencefalia, na qual o encéfalo não é formado, uma condição incompatível com a vida. Uma falha no fechamento do **neuroporo caudal** resulta em um espectro de DTN, que vai desde espinha bífida oculta a meningocele e mielomeningocele. Uma falha na formação de todo o tubo neural resultaria no aborto espontâneo do embrião em desenvolvimento, e uma falha de separação do prosencéfalo resulta em uma condição conhecida como holoprosencefalia.

13.2 **A.** O aumento da AFP e não sua diminuição tem sido associado com os DTNs abertos. História de uma criança com um DTN, deficiência de folato, exposição à radiação e uso materno de ácido valproico são fatores de risco adicionais.

13.3 **D.** O distúrbio do fechamento do neuroporo caudal em torno de **26 a 28 dias** é responsável pelo desenvolvimento de mielomeningocele.

13.4 **D.** Os DTNs levam a um aumento de vazamento de AFP e acetilcolinesterase no líquido amniótico, o que leva então a uma elevação da AFP do soro materno. Os DTNs são devidos a uma falha de fusão do tubo neural durante a quarta semana de desenvolvimento embrionário.

> **DICAS DE NEUROCIÊNCIAS**
>
> ▶ A suplementação de folato pode reduzir o risco de DTNs.
> ▶ O processo de neurulação envolve várias etapas sequenciais.
> ▶ Os DTNs resultam da falha da neurulação adequada.
> ▶ A neurulação do sistema nervoso central está associada ao desenvolvimento de osso vertebral, músculo esquelético e derivados da mesoderme axial.

REFERÊNCIAS

Czeizel AE, Dudas I. Prevention of the first occurrence of neural-tube defects by periconceptional vitamin supplementation. NEJM. 1992;327:1832-1835.

Kandel ER, Schwarz JH, Jessell TM, Siegelbaum SA, Hudspeth AJ, eds. *Principles of Neural Science*. 5th ed. New York, NY: McGraw-Hill; 2012.

MRC Vitamin Study Research Group. Prevention of neural tube defects: results of the Medical Research Council Vitamin Study. *Lancet*. 1991;338:131-137.

Rao MS, Jacobson M, eds. *Developmental Neurobiology*. 4th ed. New York, NY: Kluwer Academic/Plenum Publishers; 2005.

Sadler TW, ed. *Langman's Medical Embryology*. 7th ed. Baltimore, MD: Williams and Wilkins; 1995.

Wyszynski DF, ed. *Neural Tube Defects: From Origin to Treatment*. New York, NY: Oxford University Press; 2006.

CASO 14

Os policiais trazem uma mulher não identificada de 72 anos que encontraram andando sem rumo em torno do estacionamento do supermercado. No interrogatório, ela se lembra de seu nome e idade, mas não tem certeza de onde mora ou como entrar em contato com sua família. Ao exame superficial, observa-se que está vestindo roupas limpas e ligeiramente amassadas e com botões desalinhados. Ela nega qualquer dor ou lesão. Ela não se lembra de ter consultado alguma vez um médico, diz que está bem e que sempre foi saudável. Ao exame neurológico, ela é incapaz de recordar mês/dia/ano, equivocadamente recitando sua data de nascimento várias vezes, e também tem dificuldade em utilizar números, recordar palavras e nomear objetos. O restante dos resultados laboratoriais e do exame físico é normal para sua idade. Sua filha é encontrada e afirma que a mãe começou com um déficit de memória há mais de um ano, que progrediu lentamente ao longo do tempo. A paciente parou de fazer compras há seis meses, quando não conseguia se lembrar o que ia comprar ou manter seu talão de cheques em dia e organizado. Ao longo dos últimos meses, ela parou de cozinhar para si mesma. A filha teve de ajudar cada vez mais com as atividades diárias da mãe. Após cuidadosa consideração do caso, você conclui que a paciente sofre de demência, uma doença degenerativa do encéfalo que afeta seriamente a capacidade de uma pessoa para realizar atividades diárias.

▶ Qual é a causa mais comum de demência?
▶ Quais as duas estruturas intracelulares anormais características dessa causa mais comum de demência?
▶ Quais são os fatores de risco?

RESPOSTAS PARA O CASO 14
Neurogênese

Resumo: A forma mais comum de demência entre os idosos é a doença de Alzheimer (DA), que inicialmente envolve as partes do cérebro que controlam o pensamento, a memória e a linguagem.

- **Causa de demência mais comum:** A DA é o mais comum dos distúrbios neurodegenerativos, que também incluem doença de Parkinson (DP), doença de Huntington (DH) e esclerose lateral amiotrófica (ELA). A característica dessas doenças neurodegenerativas é a perda da função neuronal e a eventual morte dos neurônios. Muitas vezes, os sinais clínicos são anteriores à perda significativa de neurônios. Na DA, a perda de neurônios ocorre no hipocampo e no córtex cerebral.
- **Estruturas anormais associadas com a DA:** Extensa pesquisa está sendo focada nas duas anomalias conhecidas encontradas na DA, placas amiloides e emaranhados neurofibrilares. As placas amiloides contêm pequenos produtos de clivagem tóxicos de uma proteína precursora maior, a proteína precursora amiloide (APP, de *amyloid precursor protein*), enquanto os emaranhados neurofibrilares consistem em versões anormalmente fosforiladas da proteína associada ao microtúbulo, tau. Há controvérsias quanto ao acúmulo dessas proteínas ser um fator causal ou consistir apenas nos detritos moleculares deixados para trás após um insulto molecular prévio.
- **Fatores de risco:** Existem vários fatores de risco para DA que não podem ser alterados: idade (incidência de até 50% em indivíduos a partir de 85 anos), história familiar de DA, sexo (mulheres têm maior risco) e certas características genéticas (a presença de uma forma de apolipoproteína E4 [Apo E4] aumenta o risco). Evidências de fatores modificados pelo estilo de vida infelizmente são pouco claras e controversas. Traumas cranianos, mais notadamente em boxeadores e atletas de luta, também são tidos como um fator de risco para a demência.

ABORDAGEM CLÍNICA

Apesar dos estudos e das descobertas constantes pelos cientistas a cada dia, até agora não se sabe a causa da DA, e não há cura. Um miniexame do estado mental é realizado no paciente. Ele é utilizado para rastrear a presença de comprometimento cognitivo ao longo de um número de domínios. Cognição é definida como a atividade mental, como a memória, o pensamento, a atenção, o raciocínio, a tomada de decisão e a capacidade de lidar com conceitos. A paciente deste caso acertou 18 dos 30 pontos possíveis, compatível com o diagnóstico de DA moderada.

Neurodegeneração é um termo geral que abrange muitas doenças neurodegenerativas, incluindo DA, DP, DH e ELA. A neurodegeneração também pode resultar de acidente vascular encefálico, ataque cardíaco, trauma craniano e trauma medular, além de hemorragia encefálica. As doenças neurodegenerativas com frequência são caracterizadas por um déficit neurológico, perda de memória, mobilidade, independência ou bem-estar. Cada doença tem suas próprias características, mas todas progridem lentamente ao longo do tempo, e todas, invariavelmente, resultam em morte prematura. A DA é a doença neurodegenerativa mais comum em todo o mundo, com cerca de 4,5 milhões de indivíduos afetados somente nos Estados Unidos. É também a causa mais comum de declínio cognitivo ou demência nos idosos. A partir do momento do diagnóstico, a expectativa de vida média é de oito anos. O diagnóstico baseia-se em excluir outras condições que possam causar comprometimento cognitivo: pequenos acidentes vasculares encefálicos não detectados, depressão, efeitos colaterais de medicamentos, e até mesmo DP (outra doença neurodegenerativa), que tem um complexo de demência associada. Como o diagnóstico preciso de DA só pode ser feito pela necropsia, o diagnóstico clínico de DA depende de um quadro clínico composto por história clínica, exames de sangue (para descartar outras condições médicas), avaliação do estado mental, testes neuropsicológicos e, possivelmente, exames de imagem do encéfalo (Figura 14-1). O interesse atual no tratamento de doenças neurodegenerativas como a DA por meio de tecnologias com base em células renovou a importância de compreender a biologia do desenvolvimento envolvida em como os neurônios são formados. Para recapitular o processo de desenvolvimento, deve-se primeiro entender esse processo. A neurogênese, ou a geração regulada de neurônios, envolve (1) a discriminação precoce entre neurônio e outras células, (2) a aquisição de propriedades neuronais especializadas e (3) a determinação de quais células sobreviverão ou morrerão durante o desenvolvimento.

ABORDAGEM À
Neurogênese

OBJETIVOS

1. Compreender as interações célula-célula que restringem o destino de uma célula progressivamente.
2. Reconhecer o papel da modelação espacial e da regulação temporal na determinação da identidade celular.
3. Ser capaz de descrever os mecanismos moleculares que regulam o início dos processos de neurogênese.

DEFINIÇÕES

NEUROGÊNESE: Processo pelo qual os neurônios são gerados a partir de células neuroepiteliais.
CÉLULAS PROGENITORAS: Células neuroepiteliais ou células-tronco neurais que têm a capacidade de autorrenovação em longo prazo e podem gerar todos os tipos de células no sistema nervoso.

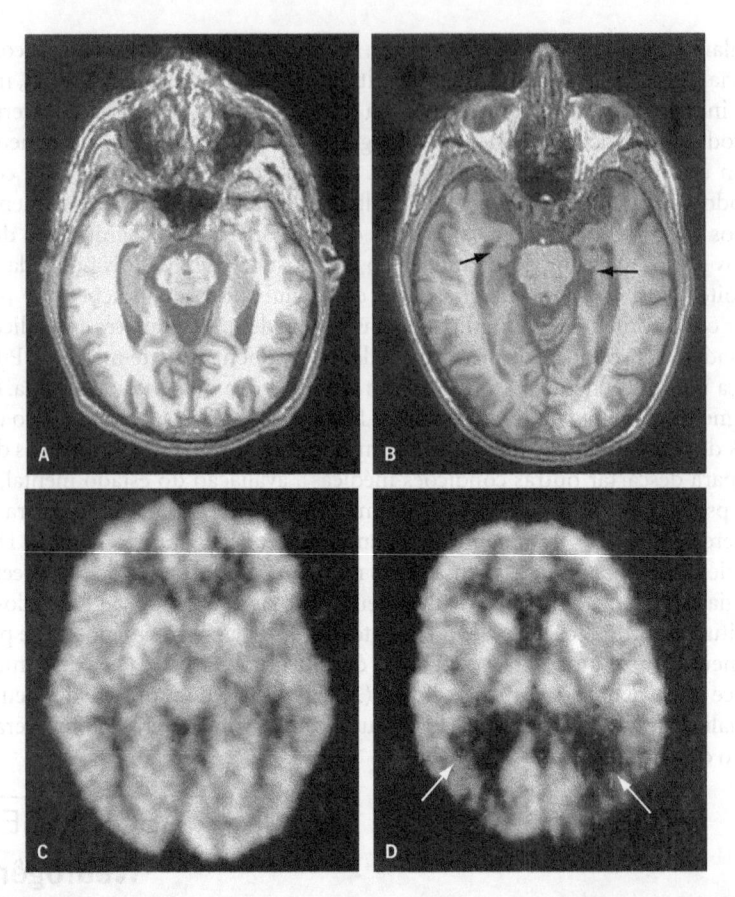

Figura 14.1 Doença de Alzheimer: Imagens de RM em T1 da região mesencefálica de um indivíduo de 86 anos de idade, normal e atlético (A) e de um homem de 77 anos (B) com DA. Imagens de PET com fluorodesoxiglicose de um controle normal (C) e de um paciente com DA (D). Note que o paciente com DA tem diminuição da atividade no lobo parietal bilateralmente (setas), um achado típico nesta condição. DA, Doença de Alzheimer; PET, tomografia por emissão de pósitron. *(Reproduzida, com permissão, de Harrison's Principles of Internal Medicine, 15 th 2001. Figura 362-1, página 2392).*

ZONA VENTRICULAR (ZV): Área marginal do espaço ventricular dentro do tubo neural. Este é o lugar onde as células neuroepiteliais se proliferam, diferenciam-se em neurônios e migram longas distâncias.

ZONA SUBVENTRICULAR (ZSV): Segunda zona de células que continua a proliferar e gerar neurônios e glia em fases posteriores do desenvolvimento, mesmo na idade adulta. Fornece neurônios para a região olfativa através da corrente migratória rostral.

GENES PRONEURAIS: Uma família de fatores de transcrição bHLH (de *basic helix-loop-helix*, hélice-alça-hélice básica) que é importante na determinação da identidade de linhagens neurais. Neurogenina 1 e 2 são dois exemplos em mamíferos.

INIBIÇÃO LATERAL: Processo de interação célula-célula em que uma célula, destinada a uma linhagem neural, impede seu "vizinho" de adquirir o mesmo destino neural.

DISCUSSÃO

O processo celular precoce da neurogênese em geral é visto como a progressão de células-tronco multipotentes a precursores neuronais mais específicos, por meio da redução gradual de destinos em potencial. Embora as células neuroepiteliais multipotentes tenham longos processos que abrangem a largura do tubo neural precoce, toda a divisão celular ocorre na superfície ventricular. Uma divisão celular simétrica é importante para a autorrenovação e crítica para a expansão inicial da população. Posteriormente, progenitores neurais são produzidos por divisão celular assimétrica, o que resulta na perda da capacidade de autorrenovação e, consequentemente, as células adquirem um destino mais restrito. Progenitores neurais, em seguida, começam a expressar genes que promovem a diferenciação. O último passo é deixar o ciclo celular (mitose) e tornar-se um neurônio.

À medida que o sistema nervoso passa pela indução neural, um padrão espacial é estabelecido ao longo dos eixos rostrocaudal e dorsoventral. Isso imprime a identidade posicional nas células neuroepiteliais, que influenciam os tipos de neurônios que podem surgir a partir dos precursores, uma restrição de destino. Por exemplo, células isoladas a partir da região da coluna vertebral dão origem a células que povoam a coluna vertebral, enquanto as células do prosencéfalo geram tipos de células adequadas para o córtex cerebral. Um processo semelhante ocorre ao longo do eixo dorsoventral, onde esses progenitores formam interneurônios sensoriais dorsais e neurônios motores ventrais. A regulação temporal da neurogênese também afeta a população de células neuroprogenitoras. No córtex em desenvolvimento, os neurônios recém-nascidos saem da ZV e migram ao longo das células gliais especializadas para preencher as camadas corticais. Os neurônios migram a partir da ZV para a ZSV até seu destino por migração com a glia radial. As células da glia possuem processos longos que se estendem perpendicularmente à ZSV formando uma espécie de "andaime" para a migração de neurônios. De modo interessante, o tempo em que os neurônios se tornam pós-mitóticos e deixam o ciclo celular, sua "data de nascimento", correlaciona-se precisamente com sua posição laminar. Os neurônios nascidos antes vão popular as camadas mais profundas, enquanto aqueles que nascem depois irão preencher as camadas mais superficiais. Estudos com transplantes demonstraram que células progenitoras corticais precoces são multipotentes e competentes para se diferenciarem em tipos celulares tanto precoces (camada profunda) como tardios (camada superficial), enquanto progenitores tardios têm competência restrita e só podem se diferenciar em tipos celulares tardios.

Os mecanismos moleculares que regulam a neurogênese, como muitos programas de desenvolvimento, constituem um equilíbrio de forças: as forças que promovem a identidade neural e aquelas que restringem o processo de diferenciação. Que eventos moleculares são responsáveis por diferenciar células ectodérmicas em neurônios? O primeiro evento é definir um subconjunto de células que possa ter o potencial ou a competência de se diferenciar em precursores neurais. Esse conjunto de células dentro da ectoderme embrionária, denominado *aglomerado proneural*, expressa baixos níveis de genes proneurais. Por meio do processo de inibição lateral, as células precursoras neurais inibem a expressão de genes proneurais em células vizinhas, impedindo assim que sigam o destino de diferenciação em neurônios. Ao nível molecular, essa interação célula-célula é mediada pelo sistema de sinalização Notch-Delta. A célula precursora neural expressa o ligante delta, que ativa o receptor de notch em células adjacentes. Essa atividade regula negativamente a expressão dos genes proneurais e de ligante delta na célula vizinha. Essa diminuição da expressão de delta na célula vizinha, por desinibição, resulta na regulação positiva da expressão do gene proneural na célula precursora, restringindo-a de se tornar uma célula precursora neural.

Não há cura para a DA. As duas classes de medicamentos aprovados pela Food and Drug Administration para ajudar a retardar a progressão dos sintomas de demência são inibidores da colinesterase e memantina. Os inibidores da colinesterase atuam bloqueando a degradação da acetilcolina (ACh), aumentando assim os níveis de ACh na fenda sináptica. A memantina bloqueia o receptor de *N*-metil-D-aspartato (NMDA), responsável pela possível excitotoxicidade mediada por glutamato.

CORRELAÇÃO COM O CASO CLÍNICO

- Ver Casos 11 a 17 (desenvolvimento do sistema nervoso) e Caso 5 (doença de Alzheimer).

QUESTÕES DE COMPREENSÃO

Um paciente de 27 anos é avaliado em seu consultório com dores de cabeça persistentes que não respondem aos medicamentos, e com instabilidade ao caminhar de início recente. Uma ressonância magnética do encéfalo mostra um cisto epidermoide (massa ectodérmica ectópica) no ângulo ponto-cerebelar. Ele é encaminhado para a neurocirurgia para excisão cirúrgica.

14.1 A expressão de quais genes em células ectodérmicas embrionárias determina que elas se desenvolvam em tecido neural em vez de ectoderme?

A. Genes *Hox*
B. Genes proneurais

C. Genes *BMP*
D. Genes *Wnt*

14.2 Em adição aos sinais de desenvolvimento discutidos anteriormente, qual processo auxilia na diferenciação de determinadas células ectodérmicas em neuroectoderme enquanto células adjacentes continuam a se diferenciar em ectoderme?
   A. Inibição lateral
   B. Neurulação
   C. Determinação do destino celular
   D. Apoptose

14.3 Que sinalização molécula/receptor é responsável pelo processo de inibição lateral?
   A. Slit-Robo
   B. Semaforina-plexina
   C. Notch-Delta
   D. Laminina-integrina

RESPOSTAS

14.1 **B.** Os **genes proneurais** são necessários para a diferenciação de células ectodérmicas em células precursoras neurais. A diferenciação das células ectodérmicas embrionárias em neuroectoderme é um processo muito complicado, que depende de uma complexa interação de numerosas moléculas sinalizadoras. Certas células ectodérmicas embrionárias expressam genes proneurais, necessários para a diferenciação celular em células precursoras neurais. Esses genes proneurais são inibidos por uma família de proteínas conhecidas como proteínas morfogenéticas ósseas (BMPs, de *bone morphogenetic proteins*). Sinais de mesoderme embrionário como cordina, nogina e folistatina antagonizam a ação das BMPs, permitindo a expressão dos genes proneurais e a diferenciação da ectoderme embrionária em neuroectoderme. Os genes *Hox* estão envolvidos em vários estádios de desenvolvimento embriológico, incluindo a diferenciação do rombencéfalo. Os genes *Wnt* estão envolvidos no fechamento do sulco neural na placa neural.

14.2 **A.** Por meio do processo de **inibição lateral**, células proneurais secretam moléculas sinalizadoras que regulam negativamente a expressão do gene proneural em células vizinhas, diminuindo assim a probabilidade de que essas células se tornem neuroectodérmicas. Embora esse processo restrinja de certa forma o destino das células que são impedidas de se tornar células neurais, a inibição lateral é uma resposta mais específica do que a determinação do destino da célula e é, portanto, a melhor resposta. Neurulação é o processo pelo qual a placa neural se torna tubo neural. A apoptose (morte celular programada) é um processo envolvido em muitos outros processos do desenvolvimento.

14.3 **C**. O sistema de sinalização **Notch-Delta** é o responsável pela inibição lateral. Células proneurais secretam o ligante delta, que se liga ao receptor notch em células vizinhas, resultando em diminuição da expressão de genes proneurais. Isso também provoca uma diminuição na expressão de delta nas células inibidas, atenuando, assim, a inibição da célula proneural inicial. As outras combinações de moléculas sinalizadoras estão envolvidas na orientação axonal.

DICAS DE NEUROCIÊNCIAS

▶ Durante a neurogênese, uma célula precursora multipotente passa por uma série de etapas de desenvolvimento que sequencialmente restringem seus potenciais destinos.
▶ O momento do nascimento de um neurônio é um importante preditor de seu destino celular.
▶ A localização espacial de um neurônio ajuda a determinar sua identidade.
▶ Interações célula-célula durante a neurogênese precoce são essenciais para a especificação do destino da célula neural.

REFERÊNCIAS

Bossy-Wetzel E, Schwarzenbacher R, Lipton SA. Molecular pathways to neurodegeneration. *Nat Med*. 2004 Jul;10(suppl):S2-S9.

Kandel ER, Schwarz JH, Jessell TM, Siegelbaum SA, Hudspeth AJ, eds. *Principles of Neural Science*. 5th ed. New York, NY: McGraw-Hill; 2012.

Lindvall O, Kokaia Z, Martinez-Serrano A. Stem cell therapy for human neurodegenerative disorders— how to make it work. *Nat Med*. 2004 Jul;10(suppl):S42-S50.

Rao MS, Jacobson M, eds. *Developmental Neurobiology*. 4th ed. New York, NY: Kluwer Academic/Plenum Publishers; 2005.

CASO 15

Um sargento da marinha aposentado de 66 anos reclama de agravamento de tremores em suas mãos. Ele começou a perceber o problema há um ano, quando estava assinando cheques no trabalho. Sua esposa percebeu que ele já não podia acompanhá-la em suas caminhadas diárias, brincando que agora ele embaralha os pés como um pinguim. Além de uma história de tabagismo e hipertensão leve, ele não tem qualquer problema médico significativo e não tem outras queixas. A história familiar é negativa. Sua única medicação é um inalador que ele usa para ajudar com a respiração. O exame físico revela um tremor em ambas as mãos com uma fricção do polegar e do indicador ("rolar de pílula"). O paciente apresenta rigidez muscular ao movimento passivo, o que traz um pequeno desconforto. O exame da marcha mostra uma base alargada, vacilante e com perda notável de balanço dos membros superiores. Tem um intelecto brilhante e não tem dificuldades com quaisquer tarefas cognitivas apresentadas a ele. O paciente é diagnosticado com a doença de Parkinson (DP). O médico discute o processo e o diagnóstico da doença com o paciente, explicando-lhe que esses sintomas costumam piorar e que novos sintomas podem ocorrer, como perda de expressões faciais normais (sorrir, piscar), prejuízo da fala (muitas vezes muito macia e monótona), dificuldade para engolir, e até mesmo declínio cognitivo ou demência.

▶ Qual estrutura encefálica está afetada neste paciente?
▶ Qual o mecanismo subjacente do distúrbio de movimento?
▶ Existem medidas preventivas disponíveis?

RESPOSTAS PARA O CASO 15
Determinação do destino celular

Resumo: Um homem de 66 anos apresenta tremor progressivo, marcha arrastada e rigidez muscular. Ele é diagnosticado com DP.

- **Estrutura encefálica afetada:** Substância negra, um componente dos núcleos da base. A DP é uma doença neurodegenerativa que afeta o movimento. Ela pertence ao grupo de doenças neurodegenerativas comuns, que incluem doença de Alzheimer (DA), doença de Huntington (DH) e esclerose lateral amiotrófica (ELA). Na DP, os sintomas são causados pela morte seletiva de um tipo de célula específica nos núcleos basais, os neurônios dopaminérgicos pigmentados da substância negra. Esses neurônios doentes muitas vezes contêm corpos de Lewy, um tipo específico de inclusão citoplasmática.
- **Mecanismo subjacente:** Os núcleos da base são um grupo de núcleos interligados, composto por putame, caudado, globo pálido, núcleo subtalâmico e substância negra. Esses núcleos afetam várias funções corticais, incluindo controle motor, cognição, emoções e aprendizado. A perda de neurônios dopaminérgicos conduz a níveis reduzidos de dopamina, alterando a função dos núcleos da base.
- **Prevenção:** Exposição a herbicidas e pesticidas tem sido associada ao desenvolvimento de DP; no entanto, nenhum produto químico específico foi identificado. Assim como acontece com todas as doenças neurodegenerativas, o risco aumenta com a idade. Há também uma contribuição genética – parentes de primeiro grau afetados conferem um risco de 5%. No entanto, nem a idade nem a genética familiar são modificáveis

ABORDAGEM CLÍNICA

A DP é reconhecida como uma das doenças neurológicas mais comuns, afetando cerca de 1% dos indivíduos com mais de 60 anos, com uma incidência de 5 a 20 casos por 100.000 pessoas por ano. Características fundamentais incluem tremor de repouso, rigidez, bradicinesia e instabilidade postural. Os principais achados neuropatológicos na DP são uma perda de neurônios dopaminérgicos na parte compacta da substância negra e a presença de corpos de Lewy. O circuito dos núcleos da base modula os sinais corticais necessários para o movimento normal. Impulsos do córtex cerebral são processados por meio do circuito núcleos da base-tálamo e agem como uma via de retroalimentação. As eferências do circuito motor nos núcleos da base são direcionadas a suprimir a via talamocortical e diminuir o movimento. A perda de sinalização dopaminérgica nos núcleos da base aumenta a inibição da via talamocortical, conduzindo a uma maior supressão do movimento (Figura 15-1).

Os mecanismos moleculares da DP permanecem indeterminados. Recentemente foi descoberto que a proteína alfa-sinucleína é um importante componente estrutural dos corpos de Lewy. O dobramento incorreto dessa proteína pode resultar em agregação anormal e toxicidade para os neurônios. Os corpos de Lewy também

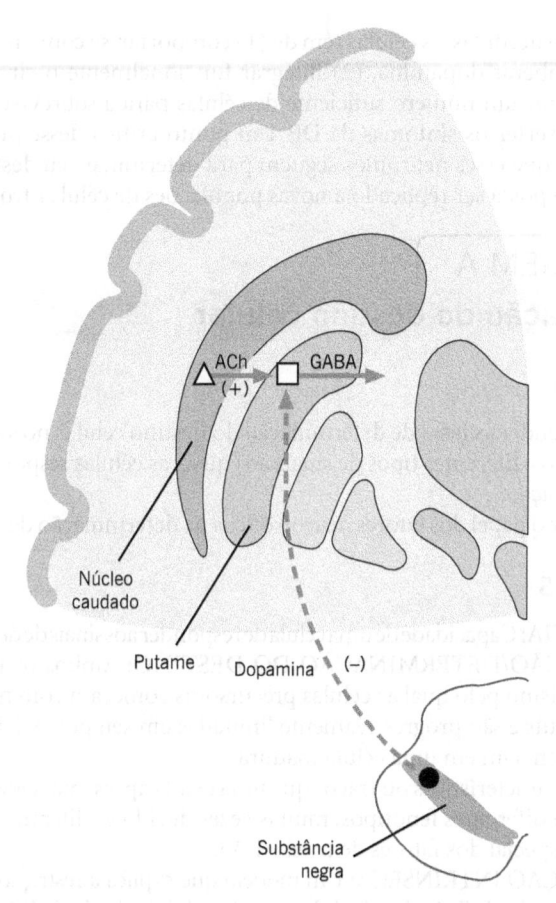

Figura 15-1 Patologia neuroquímica nos núcleos da base na doença de Parkinson.

contêm a proteína ubiquitina, fundamental na marcação de proteínas para a degradação. A variedade de formas familiares raras de DP abriu portas para o estudo de vários mecanismos moleculares possíveis para essa doença. Essas mutações têm envolvido o estresse oxidativo e a lesão mitocondrial, assim como a disfunção do sistema da ubiquitina para a degradação de proteína como vias que conduzem à morte do neurônio na DP. A natureza específica do sistema de degeneração (neurônios dopaminérgicos) e a localização discreta (parte compacta da substância negra) fizeram da DP um alvo atraente para terapias celulares. O transplante precoce bem-sucedido de neurônios fetais mesencefálicos (ricos em neurônios dopaminérgicos) no encéfalo parkinsoniano em degeneração demonstrou que as células transplantadas poderiam sobreviver e integrar funcionalmente os circuitos neuronais. Um trabalho recente tem sido focado em células-tronco geneticamente modificadas para assumir o fenótipo de neurônios da substância negra em degeneração. A fim de serem bem-sucedidas, as células têm de (1) comportar-se como neurônios dopaminérgicos e liberar dopamina, (2) integrar funcionalmente o circuito neuronal, (3) proporcionar um número suficiente de células para a sobrevivência em longo prazo e (4) reverter os sintomas da DP. Um ponto crítico desse processo é compreender a via que esses neurônios seguem para determinar seu destino celular, de modo que isso possa ser replicado a novas populações de células-tronco.

ABORDAGEM À
Determinação do destino celular

OBJETIVOS

1. Compreender as fases de determinação do destino celular no sistema nervoso.
2. Explicar os diferentes tipos de sinais aos quais as células respondem durante a diferenciação.
3. Observar o papel dos fatores neurotróficos na determinação do destino celular.

DEFINIÇÕES

COMPETÊNCIA: Capacidade de uma célula de responder aos sinais de desenvolvimento.
ESPECIFICAÇÃO/DETERMINAÇÃO DO DESTINO: Ambos os termos se referem ao mecanismo pelo qual as células precursoras começam com muitos destinos possíveis a seguir e são progressivamente limitadas em seu potencial, até que finalmente se diferenciam em uma célula madura.
FENÓTIPO: Características ou traços que uma célula apresenta. Diferentes tipos de células exibem diferentes fenótipos, muitas vezes devido às diferenças de expressão proteica, em especial dos fatores de transcrição.
DETERMINAÇÃO INTRÍNSECA: Um modelo que explica a restrição progressiva do destino celular pelas influências da linhagem da célula e de sinais internos. Esta seria a versão metafórica celular de natureza *versus* nutrição no desenvolvimento humano.
DETERMINAÇÃO EXTRÍNSECA: Um modelo que explica a restrição progressiva do destino celular pelas influências do meio ambiente, como interações célula-célula e moléculas sinalizadoras difusíveis.
APOPTOSE: Processo ativo de morte celular programada, caracterizado por diminuição celular, condensação de cromatina, fragmentação celular e fagocitose de detritos celulares. Uma característica proeminente do desenvolvimento neuronal é a morte celular por apoptose.
FATOR TRÓFICO: Uma substância que estimula a sobrevivência e a proliferação de uma célula ou tecido.

DISCUSSÃO

Depois de uma célula recém-nascida sair da mitose e tornar-se comprometida com a linhagem neuronal, ela deve continuar a responder aos sinais que irão influenciar o tipo de destino neuronal que vai adquirir. Há um debate significativo quanto ao local onde a neurogênese termina e onde a determinação do destino neural começa. Como discutido anteriormente, durante o desenvolvimento cortical, as células precursoras neurais que nascem tardiamente têm destinos restritos – elas podem povoar somente as camadas corticais superficiais. Em outras palavras, essas células precursoras que nasceram depois deixaram de ser competentes para formar as células das camadas corticais profundas. Portanto, durante a neurogênese, alguns aspectos da determinação do destino já foram decididos apenas pelo tempo de nascimento. O plano de desenvolvimento é como um *continuum* de processos sobrepostos.

Muitos neurônios expressam os mesmos genes do início do desenvolvimento, e em algum momento, como seus destinos divergem, eles começam a expressar genes próprios e proteínas necessárias para seu destino final. Desse modo, as células adquirem progressivamente fenótipos neuronais especializados. As influências que cada neurônio em maturação apresenta podem ser classificadas como sinais intrínsecos ou extrínsecos.

Um exemplo de determinação intrínseca ocorre durante a neurogênese precoce, quando o *pool* de progenitores neuronais se divide ao longo da superfície ventricular na *zona ventricular*. As primeiras divisões celulares ocorrem com o plano de divisão perpendicular à superfície do ventrículo, gerando duas células-filhas idênticas, ambas capazes de proliferação adicional. As divisões posteriores ocorrem com o plano de divisão paralelo à superfície do ventrículo e são assimétricas, com uma célula-filha mantendo a capacidade de proliferar, enquanto a segunda filha é pós-mitótica e migra para fora da zona ventricular. Esse intrigante processo parece ser mediado por duas proteínas intracelulares, Numb e Prospero. Essas proteínas são assimetricamente herdadas pelas células-filhas durante a divisão e, assim, conferem diferentes fenótipos para as células progenitoras.

Tecidos-alvo neuronais muitas vezes influenciam o destino de neurônios via determinantes extrínsecos, um conceito chamado de **especificação do alvo**. Um exemplo é a especificação do fenótipo de neurotransmissor dos neurônios simpáticos pelas glândulas sudoríparas. A maioria dos neurônios simpáticos usa norepinefrina como seu neurotransmissor primário; no entanto, as glândulas sudoríparas exócrinas das mãos e dos pés utilizam acetilcolina. O neurônio simpático durante a maturação expressa primeiro o fenótipo de norepinefrina; contudo, quando entra em contato com as glândulas sudoríparas, o neurônio gradualmente converte seu fenótipo para acetilcolina. Os sinais para essa especificação de destino parecem ser uma citocina solúvel da família da interleucina-6 (IL-6) secretada pelas glândulas sudoríparas. Os tecidos-alvo desempenham outros papéis críticos na determinação do destino dos neurônios. As células-alvo dos neurônios em desenvolvimento produzem uma quantidade limitada de um fator trófico que pode controlar a sobrevivência dos neurônios – **hipótese do fator neurotrófico**. O fator de crescimento do nervo (NGF, de *nerve growth factor*) foi o primeiro fator neurotrófico isolado. A sobrevivência de alguns neurônios requer NGF, um fator derivado das células-alvo. O NGF funciona por meio da ligação aos receptores da tirosina-cinase no axônio e é transportado por uma vesícula de forma retrógrada para o corpo celular, onde pode afetar a transcrição e a diferenciação celular. Muitas outras famílias de fatores neurotróficos têm sido isoladas: as neurotrofinas, a IL-6, o fator transformador do crescimento beta (TGF-β, de *transforming growth factor beta*), assim como o fator de crescimento de fibroblastos (FGF, de *fibroblast growth factor*). Parece agora que a eliminação de fatores neurotróficos pode controlar a sobrevivência por meio da ativação da morte celular programada, ou apoptose.

Um princípio importante no destino do neurônio é a aquisição gradual de destinos cada vez mais restritos até que sua identidade definitiva seja alcançada. Esse processo é espelhado fenotipicamente pela expressão de proteínas diferentes durante o desenvolvimento. Os padrões de expressão de proteína podem definir diferentes estádios de desenvolvimento, o que resulta em uma hierarquia de expressão do gene. Isso pode ser ilustrado na medula espinal em desenvolvimento pela família de fatores de transcrição LIM. Essa família de proteínas é expressa em diferentes subpopulações sobrepostas de neurônios motores. A proteína que todos os neurônios motores expressam é Islet-1, sugerindo que ela seja responsável pelas características comuns a todos os neurônios motores. Outras proteínas LIM são posteriormente expressas, as quais progressivamente identificam subgrupos de neurônios motores específicos e até mesmo seus comportamentos como projeção do axônio ou seleção de alvos.

Opções de tratamento

Diferente da maioria das outras doenças neurodegenerativas, a DP responde bem ao tratamento. A base do tratamento é levodopa (L-dopa) oral, um precursor da dopamina que pode atravessar a barreira hematoencefálica e ser convertido em dopamina por neurônios. A L-dopa muitas vezes é combinada com carbidopa (p. ex., Sinemet), que ajuda a diminuir os efeitos secundários sistêmicos. Outros medicamentos ajudam a potenciar o efeito do tratamento com L-dopa ao inibirem a degradação da dopamina: a selegilina bloqueia a enzima monoaminoxidase e uma classe de inibidores da enzima catecol-O-metil-transferase (COMT). Outro grupo de medicamentos, os anticolinérgicos, altera a sinalização dos núcleos da base para compensar a perda da ação da dopamina. Anteriormente, o tratamento cirúrgico era utilizado com mais frequência, mas atualmente é reservado para pacientes com sintomas significativos, refratários ao tratamento clínico. Lesões destrutivas seletivas no tálamo (talamotomia) e no globo pálido (palidotomia) podem ser úteis no controle dos sintomas, mas podem apresentar riscos significativos. Uma nova forma de tratamento cirúrgico chamada de estimulação cerebral profunda (ECP) envolve a estimulação do núcleo subtalâmico com minúsculos eletrodos implantados e um neuroestimulador tipo um marca-passo. Intervenções regenerativas, como a terapia genética e celular, são áreas de considerável interesse e financiamento na atualidade.

> ### CORRELAÇÃO COM O CASO CLÍNICO
>
> - Ver Casos 11 a 17 (desenvolvimento do sistema nervoso) e Caso 7 (doença de Parkinson).

QUESTÕES DE COMPREENSÃO

Considere o seguinte para responder as questões 15.1 e 15.2:
   Um homem de 25 anos cai do telhado de sua casa e fere a medula espinal. Inicialmente, ele tem paralisia flácida das extremidades inferiores, mas nos meses subsequentes os membros inferiores tornaram-se hipertônicos, com hiper-reflexia e espasticidade por causa da destruição dos tratos corticospinais. Os axônios desses tratos danificados projetam-se em grande parte a partir de neurônios piramidais da camada V do córtex motor primário.

15.1 Em que local esses neurônios se originam?

   A. Zona ventricular
   B. Zona marginal
   C. Camada cortical V
   D. Placa neural

15.2 Qual das seguintes alternativas é verdadeira a respeito das células que originam esses neurônios?

   A. Elas são capazes de originar neurônios de todas as camadas corticais.
   B. Elas são capazes de originar apenas neurônios das camadas corticais profundas.
   C. Elas são capazes de originar apenas neurônios das camadas corticais superficiais.
   D. Elas não são capazes de originar neurônios de qualquer uma das camadas corticais.

15.3 Um paciente de 22 anos apresenta-se ao seu consultório reclamando de sudorese axilar excessiva sem causa aparente que não responde à aplicação de antitranspirante. Você diagnostica hiperidrose e recomenda injeções de toxina botulínica A (Botox) nas glândulas sudoríparas para ajudar a resolver os sintomas. Qual das seguintes alternativas melhor descreve a razão pela qual os nervos simpáticos que inervam as glândulas sudoríparas liberam acetilcolina, enquanto todos os outros neurônios simpáticos liberam noradrenalina?

   A. Apoptose
   B. Determinação intrínseca
   C. Determinação extrínseca
   D. Restrição do destino celular

RESPOSTAS

15.1 **A.** Todos os neurônios corticais se originam de células precursoras neurais localizadas na **zona ventricular**. Uma vez gerados, esses neurônios imaturos migram (via migração radial glial ou migração tangencial) em direção a sua localidade final no córtex. Embora seja verdade dizer que as células precursoras que dão origem a neurônios provêm originalmente da placa neural, é mais correto dizer que os neurônios propriamente ditos se originam na zona ventricular.

15.2 **A.** Uma das características interessantes das células progenitoras neurais na zona ventricular é que, à medida que o desenvolvimento progride, seu destino torna-se mais determinado. As células-tronco que dão origem aos neurônios corticais da camada V (relativamente profunda no córtex) são **competentes o suficiente para dar origem a todos os neurônios** mais superficiais no córtex. Por outro lado, uma célula-tronco que dá origem a um neurônio da camada I (no córtex superficial) não é competente para gerar um neurônio nas camadas mais profundas.

15.3 **C.** Estes neurônios simpáticos liberam acetilcolina em vez de norepinefrina devido a uma **determinação extrínseca**. O neurotransmissor liberado pelos neurônios simpáticos que inervam as glândulas sudoríparas é determinado por fatores tróficos liberados a partir das próprias glândulas sudoríparas. Esses fatores induzem mudanças no neurônio que fazem ele mudar de um neurônio adrenérgico para um neurônio colinérgico. Este é um exemplo de determinação extrínseca: o destino do neurônio é determinado por outra célula. Enquanto este é um tipo de restrição do destino celular, determinação extrínseca é uma resposta mais específica.

DICAS DE NEUROCIÊNCIAS

▶ A DP é a segunda doença neurodegenerativa mais comum no mundo (depois da DA). Ela apresenta características motoras clássicas de tremor de repouso, rigidez, bradicinesia e manifestações neuropsiquiátricas.

▶ A DP está associada a uma perda de neurônios dopaminérgicos e à redução dos níveis da dopamina, alterando a função dos núcleos da base.

▶ A especificação do destino da célula depende de ambos os sinais intrínsecos e extrínsecos.

▶ A expressão de certos genes determina o fenótipo e o destino final das células em desenvolvimento.

▶ A apoptose, ou morte celular programada, é um processo crítico para o desenvolvimento do sistema nervoso.

REFERÊNCIAS

Bossy-Wetzel E, Schwarzenbacher R, Lipton SA. Molecular pathways to neurodegeneration. *Nat Med*. 2004 Jul;10(suppl):S2-S9.

Kandel ER, Schwarz JH, Jessell TM, Siegelbaum SA, Hudspeth AJ, eds. *Principles of Neural Science*. 5th ed. New York, NY: McGraw-Hill; 2012.

Lindvall O, Kokaia Z, Martinez-Serrano A. Stem cell therapy for human neurodegenerative disorders—how to make it work. *Nat Med*. 2004 Jul;10(suppl):S42-S50.

Rao MS, Jacobson M, eds. *Developmental Neurobiology*. 4th ed. New York, NY: Kluwer Academic/Plenum Publishers; 2005.

Vila M, Przedborski S. Genetic clues to the pathogenesis of Parkinson's disease. *Nature Med*. 2004 Jul;10(suppl):S58-S62.

CASO 16

Um bebê de duas semanas de idade é levado de ambulância à sala de emergência por tremer incontrolavelmente durante o sono. Quando os paramédicos e a equipe de transporte chegaram à casa, o menino ainda estava tremendo, apresentando desvio dos olhos para cima. Quando ele parou de tremer, ficou irresponsivo, com a cabeça ao lado de uma poça de vômito. No hospital, ele parece mais desperto, mas apresenta irritabilidade no exame. A mãe afirma não ter tido complicações durante a gestação no nascimento da criança. Não há qualquer problema relacionado com os pais – sem história familiar de doenças, sem exposições recentes a pessoas doentes e sem febre. Os pais notaram que o bebê começou a tossir muito durante e depois de suas mamadas. O exame é normal até que um segundo episódio de "rigidez e tremores" involuntários generalizados ocorre. A criança é entubada e colocada em um ventilador mecânico para ajudá-la a respirar e é estabilizada com medicamentos. Uma tomografia computadorizada (TC) de crânio na emergência é obtida, e o menino é levado para a unidade de terapia intensiva. O paciente é diagnosticado com lisencefalia (LIS).

▶ Qual seria a aparência macroscópica do tecido encefálico no paciente?
▶ Qual é a etiologia desse transtorno?
▶ Onde são formados os neurônios no encéfalo em desenvolvimento, e por qual processo os neurônios migram de seu local de nascimento até sua localização final?

RESPOSTAS PARA O CASO 16
Migração neuronal

Resumo: Este menino saudável apresentou quadro agudo de crises epilépticas generalizadas. Não havia qualquer evidência de déficit neurológico grave ou qualquer atraso significativo no desenvolvimento. A TC de crânio demonstrou estrutura cortical cerebral prejudicada com a perda das circunvoluções corticais normais e dos giros, dando uma aparência de córtex cerebral "liso". Foi feito um diagnóstico de LIS. A única outra anormalidade notável foi alguma rigidez muscular leve nas extremidades.

- **Aparência do encéfalo:** Superfície cerebral lisa ou quase lisa sem as circunvoluções normais. A LIS sempre está associada a um córtex anormalmente espesso, com laminação anormal ou reduzida e heterotopia neuronal difusa (neurônios deslocados).
- **Etiologia:** A LIS ocorre devido a uma interrupção da embriogênese normal no encéfalo. A migração dos neurônios pós-mitóticos da zona ventricular (ZV, ou seja, a área ao redor dos ventrículos) para a placa cortical durante o desenvolvimento do sistema nervoso está defeituosa, o que resulta em malformações cerebrais como LIS.
- **Origem dos neurônios e migração neuronal:** Várias zonas neurogênicas já foram identificadas no cérebro, entretanto estudos mais aprofundados são necessários. A ZV é a zona neurogênica mais bem estudada. Novos neuroblastos formados na ZV migram radialmente, para se diferenciarem em células da glia, e também seguem através do sistema migratório rostral, para formar neurônios no bulbo olfativo.

ABORDAGEM CLÍNICA

A LIS clássica consiste em várias características: (1) agiria-paquigiria difusa ou generalizada, (2) córtex anormalmente espesso, (3) ventrículos aumentados sem hidrocefalia, (4) corpo caloso frequentemente anormal, (5) anormalidades do tronco encefálico e do cerebelo, (6) circunferência da cabeça normal ou levemente reduzida e (7) crescimento lento da cabeça. Um estudo da LIS na Holanda demonstrou uma prevalência de cerca de 12 casos por milhão de nascimentos, enquanto os dados dos Estados Unidos mostraram taxas de 4 a 11 por milhões de nascimentos. Juntas, essas malformações constituem um *continuum*, o espectro de malformações agiria-paquigiria. À semelhança de outros transtornos, a LIS pode ocorrer em diferentes graus; no entanto, as crianças afetadas geralmente têm deficiência intelectual, crises epilépticas, dificuldade para engolir e comer, dificuldade para controlar seus músculos, rigidez ou espasticidade dos membros superiores e inferiores, retardo no crescimento e no desenvolvimento. A identificação dos genes humanos responsáveis pela LIS tem auxiliado no conhecimento da migração neuronal. O primeiro gene humano de migração neuronal a ser clonado foi o gene *LIS-1*. Ele codifica uma subunidade reguladora de uma enzima denominada fator de ativação de plaquetas (PAF, de *platelet-activating factor*) acetil-hidrolase. Essa enzima catalisa a liberação de fosfolipídeos potentes que atuam como sinalizadores dentro dos neurônios e interagem com a tubulina para suprimir a dinâmica dos microtúbulos. Os maiores níveis de *LIS-1* são detectados no córtex em desenvolvimento, de acordo com o suposto papel da proteína na migração neuronal. Mutações no gene *LIS-1* rompem o citoesqueleto estrutural dos neurônios. Esse citoesqueleto é composto de proteínas (como a tubulina) que dão formas distintas às células, e o movimento normal da célula requer rearranjos regulados dessa estrutura celular. Interrupções do citoesqueleto e de sua flexibilidade afetam a capacidade dos neurônios de migrar normalmente e parecem ser responsáveis pela ruptura do padrão cortical visto em crianças com LIS. Outro gene *XLIS*, identificado na LIS ligada ao X, também interage com a proteína tubulina. A análise desses distúrbios humanos tem mostrado que o citoesqueleto desempenha um papel fundamental e crítico na migração dos neurônios normais.

ABORDAGEM À
Migração neuronal

OBJETIVOS

1. Compreender os padrões de migração neural no sistema nervoso.
2. Explicar os diferentes tipos de sinais que respondem às células durante a migração neural.
3. Conhecer o papel dos processos moleculares internos e externos que determinam o processo.

DEFINIÇÕES

MIGRAÇÃO RADIAL: Uma forma de migração neural que ocorre à medida que os neurônios recém-formados migram da ZV radialmente em direção à superfície pial do córtex.
CÉLULAS GLIAIS RADIAIS: Um tipo de célula glial que forma um suporte físico para a migração com seus processos que se estendem desde a ZV até para fora da superfície pial.
MIGRAÇÃO TANGENCIAL: Uma forma de migração neural, também chamada de migração não radial, que não requer interação com processos celulares gliais radiais.
FATOR PERMISSIVO: Um sinal que permite passivamente que um processo ocorra, sem promover ativamente sua ocorrência. Por exemplo, uma grande quantidade de nutrientes é um fator no crescimento celular permissivo.
MATRIZ EXTRACELULAR (MEC): Rede de glicoproteínas, proteoglicanos e ácido hialurônico que define o espaço em um tecido que não faz parte de uma célula.
MOLÉCULAS DE ADESÃO CELULAR (MACS): Uma família de proteínas associadas à membrana celular que interagem e se ligam com moléculas extracelulares ou **ligantes**. Elas podem transmitir sinais através da membrana celular para o citoesqueleto intracelular.

DISCUSSÃO

Depois de um neurônio recém-nascido sair da mitose e tornar-se comprometido com a linhagem neuronal, ele deve deixar seu local de nascimento na ZV e migrar para a posição laminar apropriada. Essa migração neural pode ocorrer por três mecanismos gerais: duas formas de migração radial (translocação somal e locomoção) e uma migração não radial ou tangencial.

Neurônios pós-mitóticos migram radialmente a partir da ZV em direção à superfície pial para alcançar o topo da placa cortical. Lá, eles se reúnem em camadas com padrões distintos de conexões corticais. A **migração radial** pode ocorrer por meio de dois métodos: translocação somal e locomoção guiada pela glia. A translocação somal consiste no movimento do soma (corpo celular) e do núcleo do neurônio em direção à placa cortical por sua liberação seletiva do local de ligação do ventrículo, mantendo sua ligação ao sítio pial. A locomoção guiada pela glia ocorre por movimentos ao longo do andaime formado pelos processos orientados radialmente da glia radial. Os primeiros neurônios gerados usam predominantemente a translocação somal quando a distância entre a ZV e a pia é mais curta. Os neurônios piramidais de migração tardia primeiro usam a locomoção guiada pela glia e posteriormente mudam para a translocação somal à medida que eles passam pelos neurônios gerados previamente. Esses neurônios usam os processos da glia radial como seus principais guias migratórios, formando contatos de membrana especializada com os processos celulares.

Até recentemente, o modelo de migração neural predominante indicava que a maioria dos neurônios migra radialmente ao longo de processos gliais. No entanto, evidências recentes têm forçado uma revisão desse modelo. No neocórtex em desenvolvimento, a maioria dos neurônios excitatórios glutamatérgicos piramidais acompanha a migração radial; no entanto, a maioria dos interneurônios não piramidais GABAérgicos migra tangencialmente. Esses neurônios parecem não usar os processos gliais radiais ou outro suporte.

O movimento celular específico dos neurônios, a partir de seu local de nascimento na ZV até seu destino cortical específico, baseia-se em três eventos celulares: **iniciação, manutenção** e **término**. Por sua vez, os mecanismos moleculares que regulam todos os três processos celulares baseiam-se no reconhecimento célula-célula e nas interações adesivas entre os neurônios, as células da glia e a MEC.

O início da migração deve ocorrer ao longo de vias apropriadas. A reorganização do citoesqueleto de actina parece ser responsável por preparar o neurônio para a migração. Esses fatores instrutivos podem ser sinais extracelulares presentes na ZV.

Interações célula-célula subsequentes formam domínios juncionais na membrana celular. Durante a migração radial, os neurônios interagem com os processos da glia radial por meio desses domínios. Os componentes de microtúbulos internos do citoesqueleto subsequentemente se associam com esses domínios juncionais para proporcionar a força necessária para o movimento celular ativo. Mutações nos genes responsáveis por essa fase de manutenção da migração têm sido associadas a doenças humanas, como LIS. Muitas dessas mutações ocorrem em proteínas envolvidas na interação com o citoesqueleto de microtúbulos. Sinais extracelulares da MEC parecem modular essa mobilidade por meio de interações com a família das **integrinas** (MACs). Os diversos subtipos de integrinas têm diferentes características moleculares adesivas e estão associados a várias vias de sinalização intracelular. Assim, a expressão de uma integrina específica na superfície do neurônio e as interações com os ligantes na MEC e em outras células podem modular o padrão de migração desde a iniciação até o término. De fato, o próprio destino do tecido pode relacionar os sinais para interromper o processo de migração, alterando o ambiente do ligante – seja a partir de fibras aferentes na zona-alvo, o destino da população neuronal, ou as alterações no processo terminal da glia radial.

> **CORRELAÇÃO COM O CASO CLÍNICO**
> - Ver Casos 11 a 17 (desenvolvimento do sistema nervoso).

QUESTÕES DE COMPREENSÃO

Consulte o seguinte caso para responder as questões 16.1 e 16.2:
Uma adolescente de 14 anos é levada a seu consultório com a queixa de recentemente ter iniciado com períodos de comportamento e movimentos estranhos. Ela é diagnosticada com epilepsia parcial complexa, sendo solicitada uma ressonância magnética do encéfalo. No exame de ressonância magnética, um nódulo de substância cinzenta é visto ao lado do ventrículo lateral, abaixo da substância branca periventricular normal.

16.1 Um erro em qual processo é responsável por essa localização inadequada de substância cinzenta?

   A. Neurogênese
   B. Migração glial radial
   C. Migração neuronal tangencial
   D. Término da migração

16.2 A partir de qual área no cérebro em desenvolvimento se originaram esses neurônios indevidamente localizados?

   A. Zona ventricular
   B. Córtex
   C. Placa volar
   D. Placa dorsal

16.3 Um paciente de 35 anos é trazido para a emergência por amigos que o encontraram deitado sem resposta no chão de seu apartamento, com uma garrafa vazia de vinho e um frasco de valium sobre a mesa perto dele. No exame você nota que o paciente está irresponsivo e com respiração superficial. Você lembra que ambos, os benzodiazepínicos (classe de fármacos à qual o valium pertence) e o álcool, aumentam os efeitos do ácido gama-aminobutírico (GABA, de *gamma aminobutiric acid*) no sistema nervoso central. Os neurônios que normalmente liberam GABA migram por qual mecanismo?

   A. Migração glial radial
   B. Migração radial ou translocação somal
   C. Migração tangencial
   D. Eles não migram

RESPOSTAS

16.1 **B.** A adolescente nesse caso tem heterotopia subcortical, uma doença causada por um **distúrbio na migração glial radial de neurônios**, em vez de um defeito na migração tangencial dos neurônios. Nessa condição, os neurônios no cérebro estão localizados inapropriadamente abaixo do córtex. Isso é causado por uma falha na migração dos neurônios desde seu local de origem na ZV até seu devido lugar no córtex. Os neurônios são gerados corretamente, por isso não há erro na neurogênese, nem há uma falha no término da migração.

16.2 **A.** Os neurônios que em última análise residem (ou são supostos residir) no córtex do cérebro **são originários de células precursoras neurais na ZV** e migram para suas posições finais. Essas localizações finais podem incluir o córtex e a placa dorsal ou volar no tronco encefálico e na medula espinal em desenvolvimento.

16.3 **C.** Os neurônios GABAérgicos migram via **migração tangencial**. Recentemente, descobriu-se que existem múltiplos mecanismos por meio dos quais os neurônios migram da ZV à sua localização final. Parece que os neurônios excitatórios tendem a migrar radialmente via migração glial radial ou translocação somal. Os neurônios GABAérgicos inibitórios, no entanto, parecem migrar tangencialmente, e não usar qualquer tipo de orientação mediada pela glia.

> **DICAS DE NEUROCIÊNCIAS**
>
> ▶ A LIS é uma malformação cerebral rara causada pela migração neuronal anormal resultando em falta de giros (cérebro liso).
> ▶ Conexões e redes neuronais específicas são um resultado da migração e do destino final adequados dos neurônios.
> ▶ O reconhecimento célula-célula e as interações adesivas entre as células e o meio ambiente vizinho são críticos na regulação da migração.
> ▶ O citoesqueleto celular sofre uma reorganização regulada para tornar possível a migração.

REFERÊNCIAS

Couillard-Despres S, Winkler J, Uyanik U, Aigner L. Molecular mechanisms of neuronal migration disorders, quo vadis? Curr Mol Med. 2001;1:677-688.

Kandel ER, Schwarz JH, Jessell TM, Siegelbaum SA, Hudspeth AJ, eds. *Principles of Neural Science.* 5th ed. New York, NY: McGraw-Hill; 2012.

Kato M, Dobyns WB. Lissencephaly and the molecular basis of neuronal migration. *Hum Mol Genet.* 2003;12(Review Issue 1):R89-R96.

Rao MS, Jacobson M, eds. *Developmental Neurobiology.* 4th ed. New York, NY: Kluwer Academic/Plenum Publishers; 2005.

CASO 17

Uma gestante de 28 anos de idade vai ao consultório de seu obstetra para uma consulta pré-natal de rotina. Ela é uma pessoa saudável, sem qualquer problema médico, e conforme as recomendações médicas tem tomado vitaminas e parou de ingerir bebidas alcoólicas. Ela e seu marido estão animados com a gravidez. O exame de ultrassonografia com 12 semanas de gestação confirmou um feto com boa implantação da placenta e função cardíaca adequada. Havia alguma dúvida sobre o tamanho da cabeça, assim uma segunda ultrassonografia foi obtida com 18 semanas. Este exame foi mais detalhado e revelou separação incompleta dos ventrículos cerebrais. Foi consultado um perinatologista, especialista em distúrbios do desenvolvimento, e foi realizado um exame de imagem por ressonância magnética (RM). Este estudo detalhado de imagem confirmou a separação incompleta do prosencéfalo em hemisférios cerebrais distintos. O diagnóstico de holoprosencefalia (HPE) foi feito com base na RM.

▶ Qual parte do encéfalo em desenvolvimento é afetada nessa condição?
▶ Qual é o mecanismo dessa anormalidade do desenvolvimento?

RESPOSTAS PARA O CASO 17
Formação do córtex cerebral

Resumo: Este feto no meio da gestação foi diagnosticado com HPE. O restante da gravidez transcorreu sem incidentes. Um parto via cesariana foi realizado na idade gestacional a termo.

- **Estrutura encefálica afetada:** Esta doença é caracterizada pela interrupção do desenvolvimento do prosencéfalo do embrião.
- **Mecanismo de anormalidade do desenvolvimento:** O prosencéfalo desenvolve-se na extremidade do tubo neural por volta de três semanas em embriões humanos, subdivide-se em diencéfalo e telencéfalo e, pela quinta ou sexta semana, divide-se em duas partes para formar os hemisférios cerebrais. A HPE resulta quando essa separação não ocorre.

ABORDAGEM CLÍNICA

A HPE é uma malformação congênita cerebral complexa, caracterizada pela ausência de bifurcação do prosencéfalo em dois hemisférios, um processo normalmente completo pela quinta semana de gestação. É o defeito de desenvolvimento mais comum do prosencéfalo e da linha média da face no ser humano, ocorrendo em 1 a cada 250 gestações. Uma vez que apenas 3% dos fetos com HPE sobrevivem ao parto, a prevalência de nascidos vivos é de apenas cerca de 1 em 10.000. A maioria dos casos, até dois terços, consiste na forma mais grave, HPE alobar. Os fenótipos da HPE distribuem-se ao longo de um continuum:

1. HPE alobar (mais grave) – o cérebro não é dividido e há graves anormalidades: a ausência da fissura, um único ventrículo primitivo, tálamos fundidos e estruturas da linha média ausentes, como o terceiro ventrículo, os tratos e os bulbos olfatórios, além das vias ópticas.
2. HPE semilobar (moderada) – o cérebro é parcialmente dividido e há algumas anormalidades moderadas: há dois hemisférios na parte posterior, mas não na parte frontal do cérebro (hemisférios cerebrais parcialmente separados e uma cavidade ventricular única).
3. HPE lobar (leve) – o cérebro é dividido e há algumas anomalias mais leves: há uma fissura bem desenvolvida, mas algumas estruturas da linha média permanecem fundidas.
4. Variante inter-hemisférica média (VIHM) de HPE – as regiões centrais do cérebro (lobo frontal posterior e lobo parietal) não são distintamente separadas.

O prognóstico, como seria de esperar, varia dependendo da gravidade da doença e das malformações associadas. Pacientes com HPE alobar têm uma taxa de sobrevivência de cerca de 50% com 4 a 5 meses de idade e de cerca de 20% com 1 ano. As HPEs semilobar e lobar isoladas têm taxas de sobrevivência com 1 ano de cerca de 50%. Quase todos os sobreviventes têm algum grau de atraso do desenvolvimento, apresentando atraso mental, que normalmente está correlacionado com a gravidade da HPE. Dificuldades de alimentação levando a pneumonia aspirativa e/ou atraso do crescimento ocorrem frequentemente em indivíduos em todos os subtipos. As diversas etiologias que levam à HPE mostram a suscetibilidade do desenvolvimento do sistema nervoso precoce à perturbação, quer a partir de alterações genéticas, de fatores epigenéticos, ou ambos. **O denominador comum na HPE é a falha da clivagem do prosencéfalo que dá origem aos hemisférios cerebrais e ao diencéfalo durante o início do primeiro trimestre (5 a 6 semanas), resultando em fusão persistente dos córtices cerebrais.**

O modelo genético mais conhecido para a doença é a sinalização de sonic hedgehog (SHH) que ocorre durante o desenvolvimento cortical. Os camundongos mutantes que têm interrompida a expressão do gene SHH desenvolvem o equivalente murino de HPE, completo com ciclopia. Nos seres humanos, as mutações em SHH foram encontradas em 17% dos familiares e em 3,7% dos casos esporádicos de HPE. O SHH está envolvido em vários eventos durante o desenvolvimento em períodos diferentes da embriogênese: estabelecimento do eixo esquerda-direita, especificação da placa basal e da medula espinal ventral, além de identidade ventral do encéfalo ao longo de todo o eixo rostrocaudal do sistema nervoso central (SNC). Mais tarde na embriogênese, o SHH tem um papel crucial no desenvolvimento de várias estruturas: os membros, a hipófise, as células da crista neural, o mesencéfalo, o cerebelo, os olhos e a face. Outros genes, como PTCH, GLI2, ZIC2 e DHCR7, associados com a via molecular do SHH, quando mutados também resultam em fenótipos de HPE.

ABORDAGEM À
Formação do córtex cerebral

OBJETIVOS

1. Compreender os vários eventos que ocorrem no desenvolvimento do córtex cerebral.
2. Ser capaz de relacionar os tipos de sinais moleculares envolvidos.
3. Conhecer a importância da hipótese da quimioespecificidade na elaboração da base molecular de interações de sinalização.

DEFINIÇÕES

NEUROGÊNESE: Mecanismo para gerar um neurônio a partir de uma população de células do neuroepitélio.

NEURULAÇÃO: Processo de desenvolvimento pelo qual a placa neural se dobra para formar o tubo neural. O processo começa na região cervical e progride em ambas as direções, fechando primeiro o neuroporo cranial, seguido do neuroporo caudal.

DETERMINAÇÃO DO DESTINO DA CÉLULA: Trajetória de desenvolvimento durante a qual as células precursoras começam com muitos destinos possíveis e vão sendo progressivamente limitadas em suas possibilidades, até que finalmente se diferenciam em uma célula madura.

MIGRAÇÃO NEURAL: Translocação espacial de um neurônio da zona ventricular para seu destino final; no córtex, para uma posição específica em uma camada cortical.

ORIENTAÇÃO AXONAL: Mecanismo pelo qual um neurônio envia uma extensão celular ou axônio a grandes distâncias – ignorando bilhões de alvos potenciais, porém inadequados – antes de chegar à área correta.

CONE DE CRESCIMENTO: Aparato terminal especializado na região anterior de um processo axonal que pode reconhecer (função sensorial) e responder mecanicamente (função motora) a pistas de orientação.

FATORES DE ATRAÇÃO: Um sinal molecular que induz um cone de crescimento a crescer em *direção* à fonte.

FATORES DE REPULSÃO: Um sinal molecular que induz um cone de crescimento a crescer para *longe* da fonte.

SINAPTOGÊNESE: Processo de formação de uma sinapse, ou uma conexão funcional, entre dois neurônios. Ela consiste na formação de uma conexão adequada e na maturação dos terminais pré- e pós-sinápticos em unidades funcionais maduras.

DISCUSSÃO

O SNC é um sistema complexo, e o cérebro, como a área mais especializada do SNC, é ainda mais elaborado. Os hemisférios cerebrais, o mais recente avanço evolutivo no sistema nervoso, elevam o nível de complexidade ainda mais. Os números são estonteantes – os córtices cerebrais humanos contêm um número estimado de 20 bilhões de neurônios, e cada neurônio cortical está conectado a mais de 10.000 outros neurônios. Esses bilhões de células que formam trilhões de conexões começam a partir de uma única célula.

O desenvolvimento do córtex cerebral baseia-se nos mesmos princípios básicos que o resto do sistema nervoso. Durante a **neurogênese** inicial, progenitores neurais devem ser especificados na neuroectoderme e começam a adotar um destino diferente das células-irmãs de origem ectodérmica. Essas células precursoras devem se expandir e formar primeiro uma placa neural e depois invaginar e formar o tubo neural, por neurogênese contínua e **neurulação**. Como neurônios imaturos nascem na zona ventricular, eles recebem vários sinais intrínsecos e extrínsecos que começam a estabelecer sua identidade. Esta **determinação do destino** ocorre por especificação temporal, especificação espacial e outros fatores determinantes. Como esses neurônios se tornam cada vez mais "educados" em seu destino final, eles são forçados a migrar para seu destino cortical através de um ambiente complexo, constituído de matriz extracelular (MEC) e numerosas populações de células, todos enviando um extenso repertório de sinais de atração e de repulsão no processo de **migração neuronal**. Sinais similares orientam os principais processos de migração de neurônios para formar projeções axonais em direção a seu alvo de destino (**orientação do** axônio) e para estabelecer uma conexão funcional ou sinapse (**sinaptogênese**) com alvos adequados. São essas etapas finais, o labirinto de conexões e as redes computacionais que elas definem que são a marca distintiva do córtex cerebral.

O SNC começa a adotar um "destino cortical" com o estabelecimento precoce de padrões espaciais. A padronização regional do prosencéfalo baseia-se no estabelecimento de um eixo anteroposterior ou rostrocaudal. Esse eixo define os três primeiros alargamentos vesiculares iniciais no tubo neural (no sentido anteroposterior): prosencéfalo, mesencéfalo e rombencéfalo. O desenvolvimento subsequente do prosencéfalo com um novo alargamento adicional separa o prosencéfalo em telencéfalo e diencéfalo. É o telencéfalo que é o precursor embrionário dos córtices cerebrais. O desenvolvimento divergente continua porque os padrões espaciais e de conectividade dos neurônios dentro de um circuito neural funcional são tão complexos que requerem um conjunto especial de mecanismos.

A orientação axonal envolve o direcionamento de axônio do neurônio específico para o destino apropriado. Evidência inicial de desenvolvimento resultou na hipótese **da quimioespecificidade**, proposta pela primeira vez por Roger Sperry, em 1963, que afirmou que a correspondência química entre axônios e seus tecidos-alvo é responsável pela orientação adequada. Esse modelo sugeria a existência de "moléculas de reconhecimento", que eram responsáveis por correspondência. Essa hipótese postula que as moléculas de sinalização em alvos fornecem informação de posição, sob a forma de gradientes que seriam detectados por gradientes complementares de receptores em axônios para orientar seu crescimento. Por essa ideia seminal em neurobiologia, Roger Sperry recebeu o Prêmio Nobel. O processo que conduz do axônio, o cone de crescimento, é responsável por detectar e responder a esses sinais de reconhecimento. O movimento do cone de crescimento axonal em direção a seu destino final ocorre por meio de polimerização ou despolimerização de actina em projeções semelhantes a dedos do cone de crescimento. As moléculas ligam-se a receptores no cone e causam uma cascata de sinalização que resulta em polimerização.

Atualmente se conhece uma vasta gama de moléculas que exercem forças atrativas ou repelentes sobre os axônios. Essas moléculas podem ser ligadas a outras células ou ao ambiente extracelular para agir a curtas distâncias, ou podem ser secretadas como moléculas difusíveis que atuam a longas distâncias. As interações de curto alcance podem ser atrativas: as lamininas na MEC com integrina específica na membrana dos cones de crescimento ou a família das caderinas ou a superfamília de imunoglobulina da superfície celular podem mediar a compatibilidade célula-célula. Elas também podem ser repulsivas: o gradiente de ligante da proteína efrina expressa no alvo inibe os cones de crescimento que expressam as efrina-cinases correspondentes. Do mesmo modo, as proteínas solúveis, como a netrina-1, que atuam em longas distâncias podem ter efeito tanto atrativo (se o cone de crescimento expressa o receptor DCC) quanto repulsivo (se expressa receptores como UNC-40) sobre a orientação axonal.

Uma vez que a orientação axonal direciona para o tecido-alvo adequado, o processo de formação de uma conexão funcional ou sinapse pode ocorrer. Essa formação de sinapses, ou sinaptogênese, é a chave para o passo final do desenvolvimento do sistema nervoso e cortical, pois permite o funcionamento do circuito de processamento de informações. Uma vez que os neurônios estão situados, a formação de sinapses ocorre quando o terminal pré-sináptico e a célula pós-sináptica estabelecem contato entre si por interação molecular entre as duas células. A neurologina permite, então, a agregação das vesículas dentro do terminal pré-sináptico (Figura 17-1).

> ### CORRELAÇÃO COM O CASO CLÍNICO
> - Ver Casos 11 a 17 (desenvolvimento do sistema nervoso).

QUESTÕES DE COMPREENSÃO

17.1 Um paciente de 82 anos está sendo avaliado por perda de memória e dificuldades cognitivas. Uma RM mostra que ele tem atrofia cortical difusa com o alargamento compensatório dos ventrículos, o que é compatível com doença de Alzheimer. Qual o precursor embrionário do córtex cerebral?

   A. Diencéfalo
   B. Mesencéfalo
   C. Telencéfalo
   D. Rombencéfalo

17.2 Que tipo de interações é utilizado para orientar o crescimento dos axônios para que eles cheguem a seu destino apropriado?

   A. Apenas inibição de contato de curto alcance
   B. Apenas difusão de gradiente de inibição e contato de atração
   C. Apenas contato de inibição e difusão de gradiente de atração
   D. Inibição de contato e atração, bem como difusão de gradiente de atração e inibição

17.3 Qual a ordem cronológica correta dos eventos do desenvolvimento?

   A. Neurogênese → Migração neural → Sinaptogênese → Orientação axonal
   B. Neurogênese → Migração neural → Orientação axonal → Sinaptogênese
   C. Migração neural → Neurogênese → Sinaptogênese → Orientação axonal
   D. Neurogênese → Orientação axonal → Migração neural → Sinaptogênese

CASOS CLÍNICOS EM NEUROCIÊNCIAS **139**

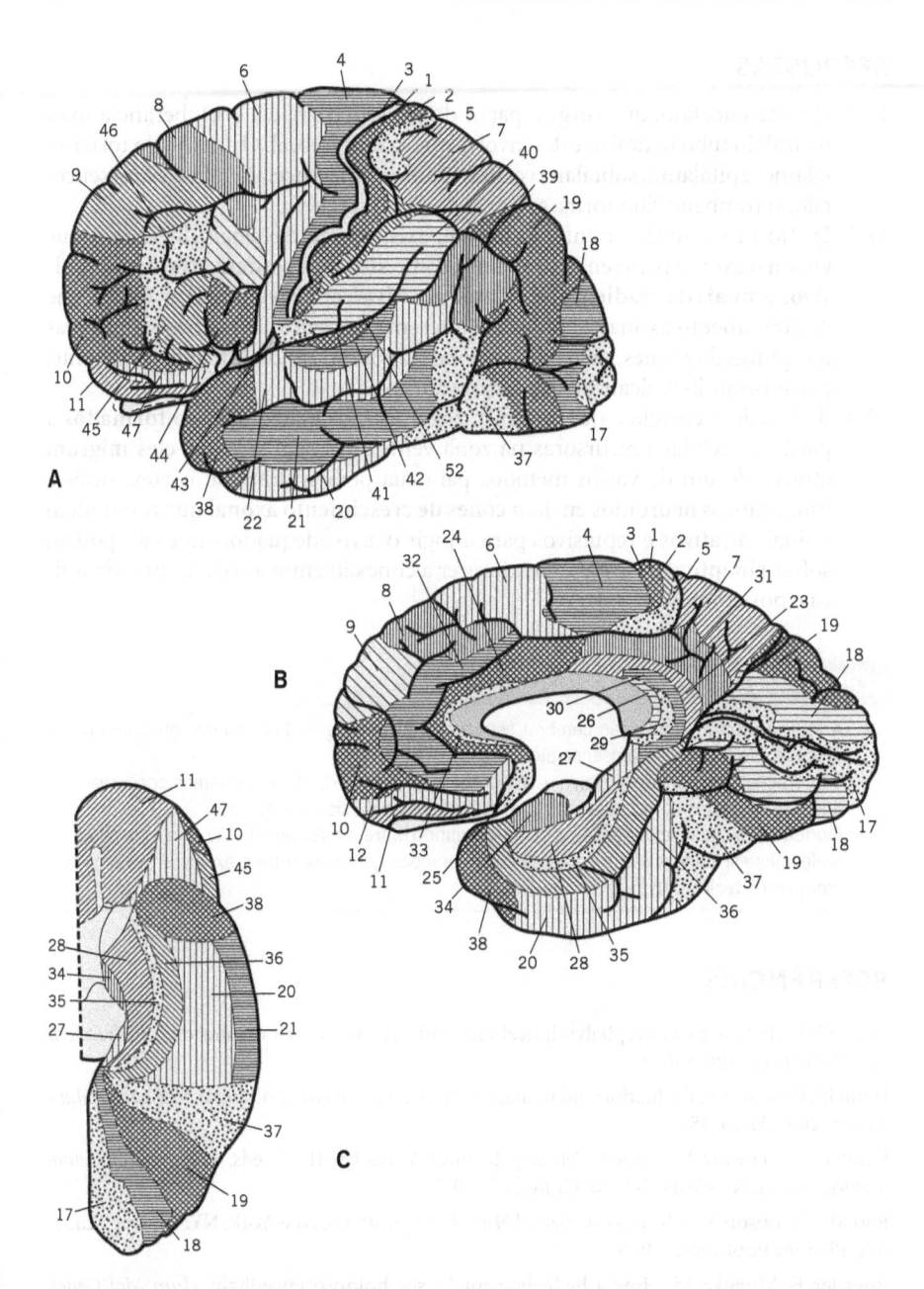

Figura 17.1 Zonas citoarquiteturais do córtex cerebral humano de acordo com Brodmann. **A.** Superfície lateral. **B.** Superfície medial. **C.** Superfície basal inferior. (*Reproduzida, com permissão, de Adam and Victor's Principles of Neurology. 7th ed. New York: McGraw-Hill; 2000. Página 465, figura 22-2.*)

RESPOSTAS

17.1 **C.** O **telencéfalo**, que surge a partir do prosencéfalo, é a protuberância mais rostral do tubo neural e se desenvolve no córtex cerebral. O diencéfalo torna-se tálamo, epitálamo, subtálamo e hipotálamo; o mesencéfalo torna-se mesencéfalo; o rombencéfalo torna-se ponte, bulbo e cerebelo.

17.2 **D.** No processo de orientação axonal, existem muitos sinais diferentes, que guiam o axônio para seu destino final, como **sinais de contato atrativos/repulsivos** e **sinais de gradiente de difusão atrativa/repulsiva**. Uma vez que o cone de crescimento axonal de cada tipo diferente de neurônio expressa moléculas receptoras diferentes, todos eles respondem aos estímulos de maneira diferente, permitindo-lhes alcançar seu destino apropriado.

17.3 **B.** A ordem correta é que, em primeiro lugar, os **neurônios são formados** a partir de células precursoras na zona ventricular; em seguida, eles **migram** através de um de vários métodos para sua posição final no córtex. Após a migração, os neurônios enviam **cones de crescimento axonal** que respondem a sinais atrativos e repulsivos para atingir o alvo adequado, onde eles podem sofrer **sinaptogênese** para amadurecer a conexão entre as células pré-sináptica e pós-sináptica.

DICAS DE NEUROCIÊNCIAS

▶ A HPE é uma malformação cerebral estrutural, decorrente da falta parcial ou total do processo de divisão do prosencéfalo (cérebro).
▶ Os córtices cerebrais desenvolvem-se por meio de uma série de mecanismos conservados e sobrepostos compartilhados com outras partes do sistema nervoso.
▶ A orientação axonal é dependente de um equilíbrio entre fatores de atração e de repulsão.
▶ Moléculas específicas são mediadoras de interações químicas entre o axônio em crescimento e os tecidos-alvo.

REFERÊNCIAS

Cohen MM, Jr. Holoprosencephaly: clinical, anatomic, and molecular dimensions. *Birth Defects Res.* 2006;76(pt A):658-673.

Hahn JS, Plawner LL. Evaluation and management of children with holoprosencephaly. *Pediatr Neurol.* 2004;31:79-88.

Kandel ER, Schwarz JH, Jessell TM, Siegelbaum SA, Hudspeth AJ, eds. *Principles of Neural Science.* 5th ed. New York, NY: McGraw-Hill; 2012.

Rao MS, Jacobson M, eds. *Developmental Neurobiology.* 4th ed. New York, NY: Kluwer Academic/Plenum Publishers; 2005.

Roessler E, Muenke M. How a hedgehog might see holoprosencephaly. *Hum Mol Genet.* 2003;12(Review Issue 1):R15-R25.

Sadler TW, ed. *Langman's Medical Embryology.* 7th ed. Baltimore, MD: Williams and Wilkins; 1995.

CASO 18

Uma paciente de 18 anos, que está em cadeira de rodas, afirma estar tendo marcha irregular e cambaleante com quedas frequentes desde os nove anos. Ao longo dos anos seguintes, sua coordenação das extremidades superiores se deteriorou e ela começou a apresentar fraqueza durante a adolescência. O exame físico revela movimentos anormais dos olhos, movimentos lentos e descoordenados de todas as suas extremidades e fraqueza grave dos membros inferiores. Ela tem déficits da propriocepção, da sensibilidade vibratória, de dor e da discriminação tátil. Seus reflexos profundos estão ausentes. A paciente apresenta miocardiopatia hipertrófica e foi diagnosticada posteriormente com ataxia de Friedreich.

- Qual é o mecanismo da patologia desta doença?
- Quais as vias envolvidas?
- Quais são as modalidades sensoriais perdidas com cada via?

RESPOSTAS PARA O CASO 18
Propriocepção

Resumo: Uma paciente de 18 anos tem ataxia progressiva, fraqueza nas extremidades inferiores e perda de coordenação das extremidades e dos movimentos dos olhos. O exame revela a perda da propriocepção, da sensibilidade vibratória, de dor e da discriminação tátil. Ela é diagnosticada com ataxia de Friedreich.

- **Mecanismo:** Degeneração do tecido nervoso na medula espinal e dos nervos que controlam o movimento muscular nos membros superiores e inferiores. Isso resulta em adelgaçamento da medula espinal e perda das bainhas de mielina em muitos neurônios. A teoria mais aceita para a patogênese da doença implica uma superacumulação de ferro nas mitocôndrias, levando a danos celulares e morte pela produção de radicais livres nos neurônios do sistema nervoso central (SNC) e do sistema nervoso periférico (SNP).
- **Vias envolvidas:** Este distúrbio leva à degeneração progressiva do gânglio da raiz dorsal com degeneração secundária dos tratos espinocerebelares dorsal e ventral, do sistema lemniscal medial, do trato espinotalâmico e do sistema cervical lateral. Os tratos corticospinais também são afetados.
- **Modalidades sensoriais perdidas:** Os tratos espinocerebelares dorsal e ventral transmitem, do corpo para o cerebelo, informações proprioceptivas (sentido de equilíbrio e posição do próprio corpo). O sistema lemniscal medial transmite informações de tato especializado, pressão, vibração e receptores articulares, além de informações proprioceptivas do corpo para o córtex cerebral. O trato espinotalâmico transmite informação somatossensorial incluindo nocicepção (percepção da dor), temperatura, coceira e tato grosseiro para o tálamo. O trato corticospinal transmite informação motora a partir do córtex cerebral do cérebro para a medula espinal em resposta à informação gerada a partir de muitas vias sensoriais diferentes.

ABORDAGEM CLÍNICA

A **ataxia de Friedreich** é a mais comum das ataxias hereditárias **autossômicas recessivas**. Ela é causada por uma mutação de um gene no cromossomo 9 que codifica a proteína **frataxina**, que é necessária para a função normal das mitocôndrias. Essa doença é caracterizada pela degeneração de neurônios periféricos, o que resulta na perda desses neurônios e em um processo de cicatrização secundário conhecido como **gliose**. Grandes axônios mielinizados em nervos periféricos são afetados progressivamente com a idade e a duração da doença. Fibras não mielinizadas nas raízes sensoriais e nervos sensoriais periféricos são poupados. **As colunas posteriores, os tratos corticospinais e espinocerebelares ventral e lateral são todos afetados por desmielinização.** O gânglio da raiz dorsal encolhe e, eventualmente, apresenta desaparecimento dos neurônios. **A degeneração da coluna posterior é responsável** pela perda de propriocepção e sensibilidade vibratória e pela ataxia sensorial. A ausência de reflexos tendinosos nos membros inferiores ocorre como um resultado da perda de fibras aferentes de receptores do fuso muscular. A degeneração progressiva da via corticospinal leva à fraqueza dos membros. Cifose e anomalias nos pés também são vistos comumente. **Muitos indivíduos afetados têm miocardiopatia hipertrófica.** Embora as pesquisas nesta área estejam progredindo, não existe atualmente um tratamento efetivo disponível.

ABORDAGEM À Propriocepção

OBJETIVOS

1. Estar familiarizado com as vias do SNC que transmitem informações proprioceptivas.
2. Compreender os sintomas clínicos que resultam de uma lesão nas vias da coluna dorsal.

DEFINIÇÕES

SINESTESIA: Sensação de movimento.
ASTEREOGNOSIA: Perda ou diminuição da capacidade de reconhecer objetos comuns tocando-os ou manuseando-os sem vê-los.
TESTE DE ROMBERG: Um teste em que o paciente está em pé com os pés um ao lado do outro e os olhos fechados. Um teste positivo significa que o corpo oscila de forma anormal ou há perda de equilíbrio, o que indica uma deficiência no reconhecimento consciente da ação dos músculos e da posição articular.
ÓRGÃO TENDINOSO DE GOLGI: Um receptor sensorial proprioceptivo localizado nas fibras musculares e nos tendões.
SISTEMA LEMNISCAL MEDIAL: Via de transporte de informações proprioceptivas para o córtex cerebral envolvendo senso de posição, sinestesia e discriminação tátil.

DISCUSSÃO

Dois conjuntos de vias sensoriais na medula espinal fornecem informações importantes para o cérebro sobre a ação muscular, a posição articular e os objetos com os quais uma pessoa está em contato. Um desses conjuntos de vias se projeta para o cerebelo, onde a informação é processada para a coordenação do movimento, mas não para a percepção consciente. Essas vias incluem os **tratos espinocerebelares dorsal** e **ventral**, o **trato cuneocerebelar** e o **trato espinocerebelar rostral**. O segundo conjunto de vias é constituído por três tratos que se projetam para o córtex cerebral, através do tálamo. Essa informação é percebida conscientemente.

Esses tratos são o **lemnisco espinal**, o **trato espinotalâmico** e o **sistema cervical lateral**. Ambos os conjuntos de receptores sensoriais recebem informações dos mecanorreceptores.

Mecanorreceptores localizados nos músculos, nas articulações e na pele medeiam várias sensações separadas e integradas de propriocepção, tato e discriminação tátil. Mecanorreceptores consistem em **órgãos tendinosos de Golgi, corpúsculos de Pacini, corpúsculos de Meissner, corpúsculos de Ruffini**, células de Merkel e terminações nervosas livres nos músculos, nos tendões, nos ligamentos, nas cápsulas articulares e na pele. A informação sobre a posição estática dos membros é conduzida principalmente por meio de **aferentes do fuso muscular**. Informação cinestésica é mediada por uma combinação de **receptores articulares** aferentes e receptores na pele, nos músculos e nas articulações. Corpúsculos de Pacini, encontrados na pele e no tecido conectivo, detectam vibrações. Corpúsculos de Meissner detectam tato fásico superficial. O movimento dos cabelos é detectado por terminações nervosas livres nos folículos pilosos que também transmitem uma sensação de tato. Em contraste, os corpúsculos de Ruffini detectam o estiramento da pele. As células de Merkel são células epiteliais especializadas que detectam informações de tato fino. A maioria dos mecanorreceptores é inervada por fibras mielinizadas de grande diâmetro. As terminações nervosas livres são exceções, uma vez que seus corpos celulares estão localizados no gânglio da raiz dorsal, e seus processos centrais entram no lado medial da zona da raiz dorsal. Essas terminações nervosas detectam dor e temperatura. Fibras aferentes de mecanorreceptores entram na medula espinal e distribuem-se para os interneurônios e neurônios motores no corno ventral, os neurônios nas áreas cinzentas intermédia e dorsal onde as vias ascendentes se originam, ou para os neurônios dos núcleos da coluna dorsal no bulbo (Tabela 18-1).

Os tratos espinocerebelares ventral e dorsal conduzem estímulos proprioceptivos e outros estímulos somatossensoriais dos membros inferiores para o cerebelo.

TABELA 18.1 • RECEPTORES DE PRESSÃO E TATO E SUAS FUNÇÕES	
Mecanorreceptor	Função
Corpúsculo de Pacini	Sensibilidade de tato de pressão profunda e vibração de alta frequência
Corpúsculo de Meissner	Sensibilidade de tato leve
Célula de Merkel de terminações nervosas	Adaptação lenta, fornece a informação do tato ao encéfalo
Corpúsculo de Ruffini	Adaptação lenta, sensível ao estiramento da pele, contribui para a sensibilidade cinestésica e o controle do movimento e da posição dos dedos

A sensação proprioceptiva é a percepção da posição relativa das partes do corpo no espaço. Ao contrário dos outros sistemas sensoriais que nos permitem perceber o mundo fora do nosso corpo, a propriocepção fornece informações de *feedback* sobre o próprio corpo. É constituída por posição estática do membro e cinestesia, ou a sensação de movimento. Algumas fibras proprioceptivas colaterais dos órgãos tendinosos de Golgi fazem sinapse com neurônios na área cinzenta intermédia e na base do corno posterior da medula espinal. Nos níveis lombar e sacral da medula espinal, esses neurônios originam o trato espinocerebelar ventral cruzado. Esta é a via mais periférica da margem ventral do funículo lateral.

O **núcleo dorsal**, ou **núcleo de Clarke**, está localizado na base do corno posterior da coluna vertebral desde o segmento T1 até L2. Esta coluna de neurônios recebe aferentes dos fusos musculares, dos receptores tácteis cutâneos e dos receptores articulares. Os axônios desses neurônios ascendem ipsilateral e rostralmente como **trato espinocerebelar dorsal** imediatamente posterior ao trato espinocerebelar ventral no funículo lateral. Enquanto os aferentes proprioceptivos que percorrem as raízes dorsais de T1 a L2 fazem sinapse no núcleo dorsal no nível em que entram na medula espinal, os aferentes correspondentes das raízes dorsais de L3 a S5 sobem primeiro no fascículo grácil do funículo dorsal para alcançar o núcleo dorsal. Ali, eles fazem sinapse nos níveis L1 e L2, que se torna o nível mais caudal do trato espinocerebelar dorsal.

O trato cuneocerebelar e o trato espinocerebelar rostral transportam a informação dos mecanorreceptores nas extremidades superiores para o cerebelo. Fibras aferentes de C2 a T5 percorrem rostralmente no funículo dorsal no fascículo cuneiforme antes de fazerem sinapse em neurônios no **núcleo cuneiforme acessório** na parte inferior do bulbo. Este é a extremidade superior homóloga do núcleo dorsal e dá origem ao trato cuneocerebelar ipsilateral e às **fibras arqueadas dorsais**. Esse trato também leva informações dos fusos musculares, dos receptores sensíveis ao tato cutâneo e dos receptores articulares.

O **trato espinocerebelar rostral** é o trato da extremidade superior que corresponde ao trato espinocerebelar ventral. Origina-se no alargamento cervical da zona intermédia da substância cinzenta da medula espinal. Depois de se projetar para o cerebelo, o trato faz sinapse com fibras do trato espinocerebelar ventral.

Todas as fibras ascendentes dos tratos espinocerebelar dorsal, cuneocerebelar e espinocerebelar rostral entram no cerebelo através do pedúnculo cerebelar inferior. O trato espinocerebelar ventral, no entanto, percorre a ponte antes de entrar no cerebelo através do pedúnculo cerebelar superior. Esses quatro tratos terminam principalmente na linha média do verme cerebelar e na zona intermediária do hemisfério cerebelar ipsilateral às células de origem. Há também uma projeção significativa para os lobos posterior e anterior do cerebelo que contribui para a sustentação ereta e o caminhar.

Informações proprioceptivas sobre sentido de posição, sinestesia e discriminação tátil são levadas ao córtex cerebral por fibras aferentes dos fusos musculares, órgãos tendinosos de Golgi e mecanorreceptores nas articulações e na pele por meio do **sistema lemniscal medial**. Essa informação contribui para a posição consciente, bem como para o sentido de movimento. O funículo posterior consiste em dois grandes feixes de fibras chamados de fascículos. Fibras do membro inferior ascendem como **fascículo grácil**, adjacente ao septo medial dorsal. Fibras do membro superior ascendem lateralmente às fibras do membro inferior com **fascículo cuneiforme**. As fibras do funículo posterior mantêm a organização somatotópica umas em relação às outras. O fascículo cuneiforme termina na porção inferior do bulbo no núcleo cuneiforme. Do mesmo modo, o fascículo grácil termina no núcleo grácil, também na porção inferior do bulbo. Esses tratos frequentemente são referidos como vias da coluna dorsal. Uma parte das fibras do sistema lemniscal medial percorre o trajeto com o sistema cervical lateral na parte posterior do funículo lateral. A **via dorsolateral** também pode ser usada para descrever toda a via lemniscal da medula espinal.

As células dos núcleos da coluna dorsal originam as **fibras arqueadas internas**, que atravessam para o lado contralateral do bulbo na **decussação do lemnisco medial**. A partir daí, sobem como o **lemnisco medial** para o tálamo e terminam no **núcleo ventral posterolateral (VPL)**. A organização somatotópica das fibras é mantida em ambos, lemnisco medial e VPL. Fibras talamocorticais do VPL continuam até o giro pós-central do lóbulo parietal e terminam no **córtex somatossensorial primário**. Esse córtex mantém uma representação da topografia do corpo que é semelhante à da área motora paralela no lado oposto do sulco central.

O **sistema do lemnisco espinal** medeia a sensação de posição dos membros e do movimento, a sensação de ângulos articulares estáveis, a sensação de movimento produzida pela contração muscular ativa ou passiva de movimento, a sensação de tensão exercida pelos músculos em contração e a sensação de esforço. Processamento cortical é necessário para o reconhecimento consciente do corpo e da postura do membro. As vias lemniscais também fornecem informações importantes sobre o lugar, a intensidade e os padrões temporais e espaciais da atividade neural evocada pela estimulação mecânica da pele. Essa mesma via para o córtex, por conseguinte, é necessária para a sensação de tato discriminativo e sensação de vibração.

O **sistema cervical lateral** responde à estimulação mecânica leve da pele no lado ipsilateral do corpo. Esse sistema é uma via alternativa para a informação transmitida no sistema da coluna posterior, e sua relevância no ser humano não é totalmente compreendida. As fibras do nervo periférico fazem sinapse no corno dorsal ao longo do comprimento da medula espinal. Os axônios muito mielinizados de neurônios de segunda ordem surgem nesta lâmina e sobem ipsilateralmente no canto dorsal do funículo lateral para terminar no **núcleo cervical lateral**. Projeções desse núcleo atravessam a medula espinal na **comissura branca ventral** para se juntar ao lemnisco medial contralateral e continuar com ele para terminar no tálamo. A informação aqui é projetada para as zonas sensoriais somáticas do córtex cerebral.

Uma interrupção bilateral da via dorsolateral na medula espinal irá resultar na perda completa da sensibilidade proprioceptiva. Uma lesão nesse local irá produzir déficits no sentido de posição, no sentido de vibração e na discriminação tátil. A lesão unilateral de uma via dorsolateral resultará em sintomas ipsilaterais. As lesões dentro dos núcleos grácil e cuneiforme, no lemnisco medial, no tálamo e no giro pós-central resultarão em diferentes graus de sintomas semelhantes. A lesão da via lemniscal preservará o tato simples, a dor e a temperatura, mas irá interromper a sensação proprioceptiva e ocasionar os seguintes sintomas: incapacidade de reconhecer a posição dos membros, astereognosia ou perda da capacidade de reconhecer objetos comuns ao tocá-los com os olhos fechados, perda de discriminação entre dois pontos, perda de sensibilidade vibratória e um **sinal de Romberg** positivo. No teste de Romberg, o paciente fica com os pés juntos. O balanço do corpo é notado com os olhos abertos. O paciente em seguida fecha os olhos, e um aumento anormal da oscilação do corpo ou uma perda de equilíbrio sem a influência da visão resulta em um sinal positivo. O sistema visual é capaz de, em parte, compensar a deficiência no reconhecimento dos músculos e das posições comuns, permitindo que pacientes com lesões da via dorsolateral possam manter o equilíbrio com os olhos abertos.

CORRELAÇÃO COM O CASO CLÍNICO
- Ver Casos 18 a 23 (sistema sensorial).

QUESTÕES DE COMPREENSÃO

18.1 Uma paciente de 63 anos vem a seu consultório para exame físico de rotina. Ela observa que está tendo algum formigamento ocasional nos pés e nos dedos. Você realiza um exame neurológico completo e acha que ela apresenta redução na sensibilidade vibratória no hálux e no tornozelo em ambos os lados. Por meio de qual estrutura passa o trato que leva essa informação ao cérebro?

   A. Corno anterior da medula espinal
   B. Funículo lateral
   C. Lemnisco medial
   D. Lemnisco lateral

18.2 Um homem de 23 anos é trazido à emergência contido e gritando que sente insetos rastejando por toda a sua pele. Um amigo que o está acompanhando relata que ele recentemente começou a usar cocaína abusivamente. O médico examina o paciente e observa que, de fato, não há insetos rastejando sobre ele, apesar de suas reivindicações. Se realmente existissem insetos sobre ele, qual dos seguintes órgãos sensoriais mais provavelmente seria responsável pela sensação descrita pelo paciente?

   A. Corpúsculo de Meissner
   B. Corpúsculo de Pacini
   C. Órgão tendinoso de Golgi
   D. Fuso muscular

18.3 Uma adolescente de 16 anos é trazida à emergência após uma colisão de automóveis em que foi ejetada do veículo. Ela tem um pedaço de metal saindo de suas costas na linha média ao nível de T7. A tomografia computadorizada da região torácica é obtida, e a ponta do pedaço de metal aparece no canal espinal, possivelmente na área das colunas dorsais, um pouco mais à esquerda do que à direita. Se o fragmento lesionou a coluna dorsal à direita ao nível de T7, qual dos seguintes defeitos sensoriais seria esperado?

A. Perda da propriocepção no membro inferior à esquerda
B. Perda da propriocepção no membro inferior à direita
C. Perda da sensação de dor no membro inferior à esquerda
D. Perda da sensação de dor no membro inferior à direita

RESPOSTAS

18.1 **C.** A sensação em questão, vibração, é transmitida através da **via coluna dorsal-lemniscal medial**. A sensação é detectada por um corpúsculo de Pacini, que é inervado por um neurônio sensorial, cujo corpo está no gânglio da raiz dorsal. O axônio desse neurônio entra na medula através do corno dorsal e ascende na coluna posterior da medula espinal até a porção inferior do bulbo, onde faz sinapse no núcleo grácil (porque vem da parte inferior do corpo). A partir daí, o neurônio de segunda ordem envia seus axônios através da linha média para ascender no lemnisco medial contralateral até o núcleo VPL do tálamo. A partir do tálamo, a informação é retransmitida para o córtex sensitivo, onde é processada. Além da vibração, o tato discriminativo e a propriocepção articular seguem a mesma via. O lemnisco lateral é um trato no tronco encefálico envolvido no revezamento da informação auditiva.

18.2 **A.** O órgão sensorial responsável por registrar o tato leve é o **corpúsculo de Meissner**. O corpúsculo de Pacini é responsável por registrar a vibração, o órgão tendinoso de Golgi mede a tensão muscular, e o fuso da fibra muscular registra o comprimento do músculo. Todos esses órgãos fazem parte do sistema coluna dorsal-lemniscal medial e são inervados por fibras nervosas mielinizadas de grande diâmetro.

18.3 **B.** Neste caso, a paciente perderia a **propriocepção no membro inferior à direita.** As colunas dorsais transmitem os sinais para o tato discriminativo, a vibração e a propriocepção. Uma lesão em uma dessas colunas irá causar uma perda de todas essas sensações abaixo do nível da lesão no lado ipsilateral. A perda de sensação será ipsilateral, pois as fibras da via não decussam até depois de fazerem sinapse no núcleo grácil e cuneiforme na parte inferior do bulbo.

> **DICAS DE NEUROCIÊNCIAS**
>
> ▶ A ataxia de Friedreich é caracterizada por perda da sensação de posição e da sensibilidade vibratória, cifose, insuficiência cardíaca (miocardiopatia hipertrófica) e ataxia cerebelar.
> ▶ A ataxia de Friedreich é a ataxia cerebelar autossômica recessiva mais comum.
> ▶ Informações proprioceptivas são transmitidas a partir de mecanorreceptores localizados nos músculos, nas articulações e na pele.
> ▶ A via lemniscal medial está localizada na região dorsolateral da medula espinal e conduz informações de posição, movimento, tato, pressão e vibração.
> ▶ Lesões na via lemniscal podem resultar em incapacidade de reconhecer a posição dos membros no espaço, astereognosia e sinal de Romberg positivo.

REFERÊNCIAS

Buck LB. The bodily senses. In: Kandel ER, Schwarz JH, Jessell TM, Siegelbaum SA, Hudspeth AJ, eds. *Principles of Neural Science*. 5th ed. New York, NY: McGraw-Hill; 2012.

Martin JH. The somatic sensory system. *Neuroanatomy: Text and Atlas*. 2nd ed. Stamford, CT: Appleton and Lange; 1996.

Ropper AH, Brown, RH. Degenerative diseases of the nervous system. In: *Adam and Victor's Principles of Neurology*. 8th ed. New York, NY: McGraw-Hill; 2005.

CASO 19

Uma paciente de 27 anos foi atropelada por um carro enquanto ia de bicicleta para o trabalho. Ela foi levada à emergência, onde se queixava de dor intensa no pescoço. Ao exame físico foi observada uma paralisia espástica das extremidades superior e inferior à direita, perda de sensibilidade vibratória e propriocepção no lado direito e perda de sensação à dor e à temperatura no lado esquerdo. Uma ressonância magnética revelou uma hérnia de disco aguda comprimindo o lado direito da medula espinal cervical superior.

▶ Que síndrome pode explicar todos os sintomas dessa paciente?
▶ Onde está localizada a lesão?
▶ Qual a explicação para a perda de sensação de dor e temperatura no lado oposto da lesão?

RESPOSTAS PARA O CASO 19
Via espinotalâmica

Resumo: Uma paciente de 27 anos envolveu-se em um acidente de bicicleta. Uma ressonância magnética revela uma hérnia de disco cervical superior com compressão aguda da medula espinal à direita. Ela tem sintomas de paralisia espástica ipsilateral, perda da sensibilidade vibratória e da propriocepção ipsilateral, e perda contralateral da sensação de dor e de temperatura.

- **Síndrome que explica os sintomas da paciente:** Síndrome de Brown-Séquard, que se caracteriza por paralisia e perda de propriocepção e vibração ipsilateral e perda contralateral da sensibilidade à dor e à temperatura.
- **Local da lesão:** A síndrome de Brown-Séquard pode ser causada por hemicompressão ou hemissecção da medula espinal.
- **Causa da perda contralateral da sensação de dor e de temperatura:** Lesão do trato espinotalâmico resulta em perda da sensação de dor e de temperatura contralateral de um ou dois níveis abaixo do ferimento, e em perda da sensação de dor e de temperatura ao nível da lesão.

ABORDAGEM CLÍNICA

A síndrome de Brown-Séquard é uma doença que resulta de uma lesão de hemissecção na medula espinal. Três principais sistemas neurais são afetados, produzindo os sintomas resultantes: a ruptura do trato corticospinal contendo os neurônios motores superiores produz uma paralisia espástica no mesmo lado do corpo; a perda de uma ou de ambas as colunas dorsais resulta em uma perda da sensação de vibração e da propriocepção ipsilateral à lesão, e a perda do trato espinotalâmico leva à perda da sensação de dor e de temperatura no lado contralateral à lesão. O déficit começa um ou dois segmentos abaixo da lesão, e todas as modalidades sensoriais são perdidas no lado ipsilateral ao nível da lesão porque as fibras ainda não cruzaram. Embora essa síndrome em geral seja o resultado de lesão traumática perfurante da medula espinal, raramente pode ser causada por uma hérnia de disco cervical. Neste caso, a intervenção cirúrgica para descomprimir o disco está indicada.

ABORDAGEM À
Via espinotalâmica

OBJETIVOS
1. Conhecer as origens dos neurônios que compõem o sistema anterolateral.
2. Ser capaz de descrever as vias dos tratos espinotalâmico e espinorreticular.
3. Compreender os padrões centrais de projeção dessas vias.

DEFINIÇÕES

SISTEMA ANTEROLATERAL: Via ascendente que transporta os sinais de sensação de dor e de temperatura a partir da periferia para o cérebro.

DERMÁTOMO: Uma área da pele inervada por fibras nervosas aferentes vindas a uma única raiz espinal dorsal.

NOCICEPTOR: Um receptor sensorial que envia sinais que causam a percepção de dor em resposta a estímulos potencialmente prejudiciais.

FORMAÇÃO RETICULAR: Rede de neurônios no tronco encefálico envolvida na consciência, na regulação da respiração e na transmissão de estímulos sensoriais para os centros cerebrais superiores.

TRATOS ESPINORRETICULARES: Fibras do sistema anterolateral que não atingem o tálamo diretamente; em vez disso, fazem sinapse primeiro na formação reticular, antes de subirem para os núcleos do tálamo, hipotálamo e sistema límbico.

DISCUSSÃO

O **sistema anterolateral** é composto pelos **tratos espinotalâmicos** e pelos **tratos espinorreticulares**, que não chegam ao tálamo e não podem, portanto, ser denominados espinotalâmicos (Figura 19-1). Essas vias medeiam as sensações de dor, coceira, temperatura e tato simples.

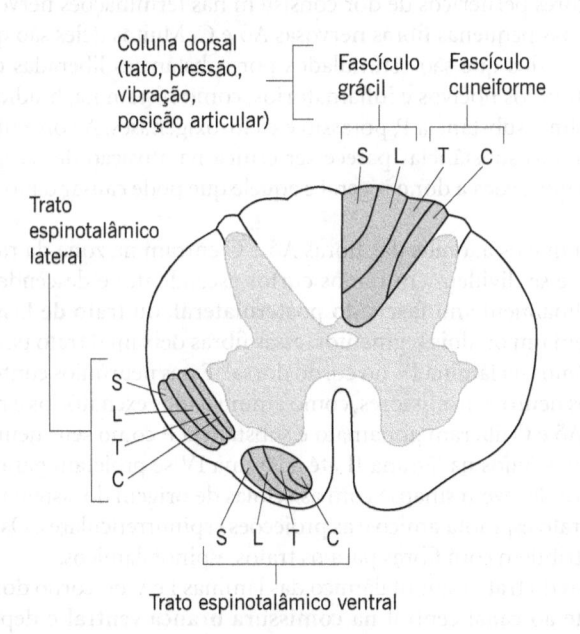

Figura 19.1 Secção transversal da medula espinal mostrando as vias espinotalâmicas e outras vias sensoriais ascendentes. (*Reproduzida, com permissão, de Morgan's Anesthesiology, 4th ed. New York: McGraw-Hill; 2006. Página 366, fig. 18-4.*)

Neurônios do sistema anterolateral originam-se no **corno dorsal** contralateral da medula espinal. A maioria de seus axônios cruza a linha média através da **comissura branca ventral** antes de subir na medula espinal para dar origem a um feixe difuso de fibras que se projetam através dos funículos anterior e lateral. Os neurônios originários no corno dorsal são ativados por aferentes da raiz dorsal ligeiramente mielinizados, ou não mielinizados de pequeno diâmetro, incluindo as fibras Aδ (III) e **C** (IV), respectivamente, bem como os aferentes mielinizados cutâneos maiores. As fibras Aδ têm uma velocidade de condução mais rápida e transmitem a dor em pontada aguda, e as fibras C transmitem a dor dolente e crônica.

Um **dermátomo** é a área da pele suprida por uma raiz dorsal. As raízes dorsais transmitem informações a partir de praticamente todos os dermátomos abaixo da face. Os corpos celulares das fibras da raiz dorsal são localizados nos **gânglios da raiz dorsal**. Cada uma das células do gânglio nervoso possui um processo único que se divide em um ramo central para a medula espinal e um ramo periférico proveniente de um receptor de órgão ou órgãos. As fibras da raiz dorsal da medula espinal entram através da **zona de entrada da raiz dorsal**, na região do sulco dorsolateral. As fibras Aα e Aβ são as mais mielinizadas e ocupam a posição mais medial nessa zona de entrada, enquanto as pequenas fibras Aδ mielinizada e as fibras C não mielinizadas ocupam a posição mais lateral.

Os receptores periféricos de dor consistem nas terminações nervosas livres não mielinizadas das pequenas fibras nervosas Aδ e C. Muitos deles são quimiorreceptores especializados que são estimulados por substâncias liberadas de tecidos em resposta a estímulos nocivos e inflamatórios, como histamina, bradicinina, serotonina, acetilcolina, substância P, potássio e ciclo-oxigenases. A concentração de íons hidrogênio nessas substâncias parece ser crítica na ativação de receptores de dor. Um estímulo que evoca a dor em geral é aquele que pode causar dano ou destruição do tecido.

À medida que os axônios das fibras Aδ e C entram na zona da raiz dorsal, eles imediatamente se dividem em ramos curtos ascendentes e descendentes que correm longitudinalmente no **fascículo posterolateral**, ou **trato de Lissauer**. Depois de percorrerem um ou dois segmentos, essas fibras deixam o trato para fazer sinapse com neurônios na lâmina IV no corno dorsal. Esses neurônios contêm receptores de numerosos neurotransmissores, como aminoácidos excitatórios e neuropeptídeos. As fibras Aδ e C liberam glutamato e substância P como seus neurotransmissores. Os interneurônios na lâmina II até a lâmina IV se projetam para os neurônios na lâmina V, onde fazem sinapse com as células de origem do sistema anterolateral, incluindo o trato espinotalâmico e as projeções espinorreticulares. Os neurônios na lâmina I contribuem com fibras para os tratos espinotalâmicos.

Os axônios do trato espinotalâmico das lâminas I e V do corno dorsal decussam anteriormente ao canal central na **comissura branca ventral** e depois ascendem rostralmente no **funículo anterolateral**. Os tratos espinotalâmico e espinorreticular ascendem através da medula espinal e do tronco encefálico e fornecem informações a outros segmentos da medula espinal, a **formação reticular**, o **colículo superior** e vários **núcleos talâmicos**, incluindo os **núcleos intralaminares** e o **núcleo ventral posterolateral (VPL)**. O VPL transmite informações a partir do trato espinotalâmico para o sistema lemniscal através do **complexo ventrobasal**. Projeções do sistema anterolateral ao VPL são realizadas de forma somatotópica, com fibras que conduzem informações da parte superior do corpo localizadas medialmente àquelas que conduzem informações da parte inferior do corpo. Essa organização somatotópica é mantida à medida que as fibras se projetam do VPL, transmitindo sensações dolorosas e térmicas para o **córtex somatossensorial primário** no giro pós-central. Axônios do VPL acabam no córtex somatossensorial primário e fornecem informações para a localização exata da dor em pontada. As fibras a partir das partes superiores do corpo se projetam para áreas corticais perto da fissura lateral, enquanto as fibras das partes inferiores terminam na face medial do hemisfério no **lóbulo paracentral**. O giro pós-central está interligado com o lobo parietal posterior. Essas áreas funcionam em conjunto para localizar estímulos de dor e integrar a modalidade de dor com outros estímulos sensoriais.

O sistema anterolateral é um sistema predominantemente polissináptico de condução lenta. As fibras que não atingem o tálamo fazem sinapses diretamente na formação reticular do tronco encefálico. Estes são os **tratos espinorreticulares**. A partir da formação reticular, fibras ascendentes conduzem informação da dor para os **núcleos medial** e **intralaminar** do tálamo, assim como para o hipotálamo e o sistema límbico. Além disso, os núcleos intralaminares projetam informações a múltiplas áreas corticais para garantir que a sensação de dor não se perca quando há dano ao córtex somatossensorial primário. Enquanto a maioria das fibras do sistema anterolateral cruza a linha média antes de ascender, muitas das fibras das vias espinorreticulares transmitindo informação sensorial visceral ascendem ipsilateralmente.

Sensações dolorosas da face, da córnea, dos seios da face e dos revestimentos das mucosas percorrem as fibras do nervo trigêmeo até seu **gânglio trigeminal sensorial**. Após essas fibras entrarem no tronco encefálico na região da ponte, elas formam um trato descendente ipsilateral, o **trato espinal do V**, que cursa para os segmentos cervicais superiores da medula espinal. Os neurônios fazem sinapse no **núcleo espinal do V (núcleo trigeminal espinal)**, e de lá eles decussam e formam o **lemnisco trigeminal ventral**, que se junta com os principais eferentes trigeminais sensoriais cruzados e ascende para o **núcleo ventral posteromedial (VPM)**. Dessa forma, a informação do núcleo espinal do V projeta-se para o lado contralateral e ascende para o **VPM** do tálamo. A via trigeminal ascendente também se projeta para a formação reticular e os núcleos talâmicos medial e intralaminar, que também recebem projeções do sistema anterolateral da medula espinal. O VPM projeta-se para o córtex somatossensorial mais próximo da fissura lateral. As áreas do corpo mais sensíveis aos estímulos somatossensoriais, os lábios e os dedos, têm áreas desproporcionalmente grandes de representação neuronal no córtex somatossensorial. Fibras talamocorticais de neurônios nos núcleos talâmicos intralaminares e partes dos núcleos VPL e VPM conduzem informação de dor para a **área somatossensorial secundária** do córtex cerebral.

Esse trato também responde à temperatura. Terminações nervosas livres não mielinizadas na pele transportam sensações de frio e calor. As fibras nervosas periféricas mediando essas sensações consistem em fibras finas mielinizadas Aδ e algumas fibras C. Outros tipos de fibras C medeiam os componentes dolorosos das sensações de extremo calor e frio. A via do sistema nervoso central para a sensação térmica segue o mesmo curso da via da dor. Esses dois sistemas estão tão estreitamente associados no sistema nervoso central que não podem ser distinguidos anatomicamente, e a lesão de um geralmente afeta o outro.

O trato espinotalâmico lateral pode ser propositadamente seccionado na medula espinal em uma tentativa de aliviar a dor intratável. Esse procedimento, conhecido como **tractotomia**, é realizado por meio de um corte na parte anterior do funículo lateral. Geralmente, há alguns danos ao trato espinocerebelar ventral e, possivelmente, danos a algumas das fibras motoras extrapiramidais. No entanto, sintomas permanentes não são vistos além de uma perda de sensibilidade à dor no lado contralateral, que começa um ou dois segmentos abaixo do corte. O alívio da dor é, por vezes, apenas temporário, sugerindo que existem outras vias em tratos cruzados e diretos mediadores das sensações nociceptivas na medula espinal.

> ### CORRELAÇÃO COM O CASO CLÍNICO
> - Ver Casos 18 a 23 (sistemas sensoriais) e Caso 5 (lesões na medula espinal).

QUESTÕES DE COMPREENSÃO

Consulte o seguinte caso para as questões 19.1 e 19.2:

Um menino de 12 anos é levado a seu consultório com uma laceração na testa de 5 cm causada por queda de bicicleta. Embora ele esteja tentando ser corajoso, algumas lágrimas estão correndo pelo rosto, e quando questionado, ele diz que "dói muito".

19.1 Qual o tipo de receptor somatossensorial que está envolvido na detecção inicial da lesão de tecido como dor?

  A. Célula de Merkel
  B. Corpúsculo de Pacini
  C. Terminação nervosa livre não mielinizada
  D. Terminação nervosa livre fortemente mielinizada

19.2 Através de que núcleo talâmico a dor é retransmitida para o córtex sensorial primário?

A. VPL
B. VPM
C. Núcleo centromediano (CM)
D. Núcleo parafascicular (PF)

19.3 Onde estão localizados os corpos celulares dos neurônios sensoriais primários envolvidos na transmissão da dor?

A. Corno dorsal da medula espinal
B. Corno ventral da medula espinal
C. Gânglios da raiz dorsal
D. Perto do local da sensação, no tecido subcutâneo

19.4 Um homem de 72 anos é levado à emergência com queixa de vertigem, rouquidão, dificuldade de engolir e pálpebra esquerda caída. No exame, você nota uma perda de sensação dolorosa na metade esquerda do rosto e em toda a metade direita do corpo. Curiosamente, no entanto, ele tem tato discriminativo intacto nessas áreas. Tem história de tabagismo (60 maços/ano) e hipertensão mal controlada. Qual o local mais provável da lesão nesse paciente?

A. Medula espinal cervical inferior
B. Bulbo
C. Tálamo
D. Córtex cerebral

19.5 Um homem de 55 anos tem dores graves devido a metástases de câncer de pulmão nas cristas ilíacas pélvicas. Morfina de ação prolongada é injetada no espaço epidural entre L4-L5, induzindo o alívio prolongado da dor. Qual o mecanismo da morfina sobre a área pós-sináptica?

A. Ativação do mecanismo de troca Na/H
B. Aumento do influxo de cloreto na célula
C. Aumento do efluxo de potássio da célula
D. Bloqueio dos canais de potássio dependentes de voltagem
E. Aumento do influxo de cálcio para dentro da célula

RESPOSTAS

19.1 **C.** As "células receptoras" envolvidas na detecção da dor não são órgãos sensoriais discretos, como para o tato discriminativo e a propriocepção, mas sim as terminações nervosas livres dos neurônios de primeira ordem na via da dor. Esses neurônios são não mielinizados, ou pouco mielinizados, ao contrário dos neurônios que inervam receptores tácteis, que são fortemente mielinizados. As terminações nervosas livres de fibras de dor respondem a uma variedade de estímulos químicos, incluindo íons potássio, serotonina, histamina e bradicinina. Há também terminações nervosas livres que respondem à deformação física (fibras de dor sensíveis ao estiramento).

19.2 **B.** Esse menino tem uma lesão na face, então a sensação de dor percorre o trato trigeminal espinal, e o relé talâmico para esse trato (e toda a sensação localizada na face) é o **VPM**, que se projeta para a área da face no córtex sensorial primário. Se o menino tivesse uma lesão no tronco ou nas extremidades, a via seria a espinotalâmica, que (como todas as sensações localizadas no tronco e nas extremidades) é retransmitida através do VPL. É verdade que CM e PF, que também são conhecidos como núcleos intralaminares, estão envolvidos na sensação de dor, mas eles transmitem a dor mais difusa, mal localizada para áreas difusas do córtex.

19.3 **C.** Os corpos celulares de fibras de detecção da dor estão localizados no **gânglio da raiz dorsal**, assim como os corpos celulares dos neurônios para o tato e a propriocepção. Ao contrário dos neurônios sensíveis ao tato, no entanto, os axônios dos neurônios sensíveis à dor não ascendem na medula espinal por toda a via até o nível do tronco encefálico. Eles fazem sinapse com neurônios de segunda ordem da via da dor no corno dorsal da medula espinal em um ou dois níveis acima da coluna vertebral onde as fibras entram na medula.

19.4 **B.** Esse homem está apresentando o que é conhecido como síndrome de Wallenberg, que é causada por uma lesão na **região lateral do bulbo**. Muitas vezes, essa lesão resulta de uma oclusão da artéria cerebelar posterior inferior (ACPI), que irriga a região. Os sintomas sensoriais são explicados pelo fato de que o trato espinal do trigêmeo desce do gânglio trigeminal sensorial para o núcleo trigeminal espinal na parte inferior do bulbo ipsilateral e superior da medula espinal cervical. Os neurônios espinais descendentes do trigêmeo (que conduzem os sinais de dor da face ipsilateral) estão perto do trato espinotalâmico ascendente (conduzindo os sinais de dor do corpo contralateral), e ambas as vias são irrigadas pela ACPI, então ambas estão danificadas. O lemnisco medial não está na mesma região, portanto não será danificado por uma oclusão de ACPI, condizente com a preservação do tato discriminativo. Uma lesão na medula espinal cervical inferior não iria afetar a face porque está abaixo do nível do núcleo trigeminal espinal, e lesões do tálamo e do córtex afetariam o corpo e a face do mesmo lado.

19.5 **C.** A morfina é um opioide que se liga ao receptor mu opioide, que é um receptor acoplado à proteína G. Receptores acoplados à proteína G, por sua vez, ativam segundos mensageiros; um dos efeitos principais é a ativação dos canais de potássio, permitindo o efluxo de potássio da célula. A hiperpolarização do neurônio pós-sináptico leva à cessação da transmissão da dor. Os receptores mu não estão relacionados com a condutância de sódio, de cloreto, nem de cálcio.

DICAS DE NEUROCIÊNCIAS

▶ A área anterolateral da medula espinal (tratos espinotalâmicos e tratos espinorreticulares) medeia a dor, a temperatura e o tato simples.
▶ A maioria dos axônios do sistema anterolateral cruza a linha média pela comissura branca ventral.
▶ Os corpos celulares de fibras da raiz dorsal estão localizados no gânglio da raiz dorsal.
▶ As fibras Aδ transmitem a dor em pontada aguda, enquanto as fibras C transmitem a dor dolente crônica.
▶ A sensação de dor da face tem uma via neural complicada: (1) do nervo trigeminal para (2) o gânglio trigeminal, para (3) o trato espinal do V na ponte. A via neural, em seguida, faz sinapse no (4) núcleo espinal do V e depois decussa para formar o lemnisco trigeminal ventral, e sobe para o (5) núcleo VPM do tálamo.

REFERÊNCIAS

Buck LB. Smell and taste: the chemical senses. In: Kandel ER, Schwarz JH, Jessell TM, Siegelbaum SA, Hudspeth AJ, eds. *Principles of Neural Science*. 5th ed. New York, NY: McGraw-Hill; 2012.

Martin JH. The somatic sensory system. *Neuroanatomy: Text and Atlas*. 2nd ed. Stamford, CT: Appleton & Lange; 1996.

Ropper AH, Brown RH. Other somatic sensation. *Adam's and Victor's Principles of Neurology*. 8th ed. New York, NY: McGraw-Hill; 2005.

CASO 20

Um paciente de 75 anos chegou ao consultório de seu médico com queixas de uma dor aguda, contínua e grave, em queimação no lado direito da parede torácica e estendendo-se ao redor do lado direito em direção ao dorso. Ele afirmou que inicialmente sentiu dormência e formigamento nessa área antes de a dor ter começado. O médico observa ao exame que a área da pele que corresponde à dor está avermelhada, com várias vesículas cheias de líquido. Ele diagnostica o paciente como tendo herpes-zóster, uma doença viral que provoca inflamação.

▶ Quais os receptores envolvidos na sensação de dor?
▶ Quais fatores ativam esses receptores?
▶ Existem opções de tratamento disponíveis?

RESPOSTAS PARA O CASO 20
Nocicepção

Resumo: Um paciente de 75 anos apresenta dormência e formigamento na parede do tórax à direita se estendendo ao dorso e evoluindo para uma dor em ardência aguda e grave. A área correspondente está avermelhada com vesículas cheias de líquido. A área afetada é bem demarcada pelos dermátomos.

- **Receptor:** Nociceptor
- **Fatores de ativação de receptores:** Substância P, histamina e K^+ são liberados após danos nos tecidos ou lesões e ativam os nociceptores.
- **Opções de tratamento disponíveis:** Embora não exista uma cura para o herpes-zóster, medicações antivirais como o aciclovir são eficazes em moderar o progresso dos sintomas e podem ser tomadas profilaticamente por aqueles com alto risco de desenvolver a doença. Uma vacina já está disponível.

ABORDAGEM CLÍNICA

O herpes-zóster é uma doença viral que causa inflamação dos gânglios da raiz dorsal, em conjunto com dor intensa e erupção cutânea na distribuição dermatomal das células ganglionares. A doença é causada pelo vírus da varicela-zóster, o qual causa a varicela durante a infecção primária. O vírus torna-se latente nas células do gânglio da raiz dorsal e pode se reativar mais tarde na vida, muitas vezes em pessoas imunodeprimidas. A dor aguda resulta da propagação do vírus ao longo das fibras nervosas periféricas e da inflamação dos neurônios nos gânglios da raiz dorsal que transmitem a sensação de dor.

ABORDAGEM À
Nocicepção

OBJETIVOS

1. Conhecer os diferentes tipos de sensações dolorosas.
2. Compreender a importância do processamento cortical cerebral de informações de dor na percepção da dor.
3. Ser capaz de descrever o sistema analgésico endógeno.

DEFINIÇÕES

OPIOIDES: Uma substância química que pode se ligar aos receptores opioides do sistema nervoso central (SNC) proporcionando alívio da dor.
ANALGESIA: Bloqueio da percepção consciente da dor.
HIPERESTESIA: Aumento anormal da sensibilidade a um estímulo.

HIPOESTESIA: Diminuição anormal da sensibilidade a um estímulo.
PARESTESIA: Sensação espontânea de formigamento ou dormência.
DOR RADICULAR: Dor distribuída por uma área que é consistente com os limites de um dermátomo.
DOR REFERIDA: Dor que é percebida em uma área de superfície do corpo distante de sua origem real.
DOR FANTASMA: Dor que é sentida em uma parte do corpo que não existe mais por causa de amputação ou que não tem sensibilidade devido ao rompimento do nervo.

DISCUSSÃO

A dor é uma sensação desagradável que ocorre em resposta a um evento percebido externamente ou a um evento cognitivo interno. A sensação desagradável e a percepção emocional associada com um dano tecidual em potencial ou real funcionam para alertar sobre acidentes evitáveis. As sensações que descrevemos como dolorosas incluem formigamento, queimação, ardor e dor. Há vários aspectos referentes à dor: sensação distinta; reação do indivíduo a essa sensação; atividade em ambos os sistemas somáticos e viscerais, e esforços reflexos e volitivos de evasão ou fuga.

Três tipos de sensação de dor ocorrem após um evento nocivo agudo. **Dor rápida** consiste em uma sensação pontiaguda e forte, que pode ser localizada com precisão e resulta de ativações das fibras mielinizadas Aδ. **Dor lenta** é uma sensação de queimação que tem um início mais lento, de maior persistência, em um local menos claro, e resulta de ativação das fibras C não mielinizadas. A dor lenta percorre os tratos arquispinotalâmico e paleospinotalâmico, enquanto a dor rápida percorre o trato neospinotalâmico. **Dor profunda ou visceral** pode ser descrita como dor, queimação ou cólicas. A dor visceral resulta de estimulação dos receptores somáticos viscerais e profundos como nas articulações ou nos músculos. Receptores viscerais são inervados por ambas as fibras C não mielinizadas e fibras mielinizadas Aδ que passam pelos nervos simpáticos. Os corpos celulares de ambas as fibras encontram-se nos gânglios da raiz dorsal.

A **via espinotalâmica**, projetando-se para o núcleo ventral posterolateral (VPL) do tálamo e de lá para o córtex somatossensorial primário, é essencial para a discriminação espacial e temporal dos estímulos dolorosos. As **vias espinorreticulares**, que se conectam com o córtex somatossensorial secundário, o hipotálamo e o sistema límbico, mediam as respostas sistêmicas viscerais à dor e, provavelmente, as respostas emocionais e afetivas. O córtex cingulado é uma das áreas límbicas ativadas pela dor.

O córtex cerebral é um componente importante para o tratamento da dor. Os pacientes que sofreram destruição completa das zonas somatossensoriais do córtex cerebral de um lado do cérebro ainda podem detectar estímulos dolorosos no lado contralateral do corpo, enquanto o tálamo e as estruturas inferiores da via da dor permanecem intactos. A dor intratável pode ser aliviada pela destruição dos núcleos posterior e intralaminar do tálamo. A **leucotomia pré-frontal** secciona as fibras que ligam os núcleos dorsomedial e anterior do tálamo com o lobo frontal e o córtex cingulado anterior e pode diminuir a angústia da dor constante, alterando a resposta psicológica a estímulos dolorosos. Essa lesão, no entanto, também é acompanhada por mudanças negativas na personalidade e na capacidade intelectual. Uma **cingulotomia**, ou secção bilateral do feixe do cíngulo, parece aliviar a reação do paciente à dor sem causar as alterações consideráveis de personalidade que ocorrem com a leucotomia pré-frontal.

Não há receptores da dor no parênquima dos órgãos internos, incluindo o cérebro. Os receptores da dor são encontrados dentro das paredes das artérias, superfície peritoneal, membranas pleurais e dura-máter que cobre o encéfalo. Todas estas estruturas podem responder a uma inflamação ou deformação mecânica com dor aguda. Qualquer contração ou dilatação anormal de uma parede de uma víscera oca, como um vaso sanguíneo, também causa dor. As fibras de dor das vísceras projetam-se para a medula espinal como componentes dos nervos simpáticos, enquanto as fibras que conduzem sensações viscerais não dolorosas se projetam para o SNC, como componentes dos nervos parassimpáticos.

A via aferente dos receptores da dor visceral segue os nervos simpáticos periféricos desde as vísceras até o tronco simpático. Aqui eles passam para os nervos espinais torácico e lombar pelos **ramos brancos** comunicantes e entram na medula espinal. Os corpos celulares estão localizados nos gânglios da raiz dorsal dos segmentos T1 a L2, e seus axônios terminam em sinapses no corno dorsal da substância cinzenta intermédia. Esses núcleos projetam axônios bilateralmente através do sistema anterolateral para a formação reticular do tronco encefálico, dos núcleos talâmicos intralaminares e do hipotálamo. Alguma dor visceral também é mediada por neurônios da substância cinzenta espinal central profunda cujos axônios ascendem na linha média dorsal com as colunas dorsais. Essas fibras terminam em neurônios nos núcleos das colunas dorsais, que então se projetam para o tálamo ventral posterior.

A dor originada a partir de vísceras tende a ser vagamente localizada. Pode ainda ser percebida em uma área de superfície do corpo mais longe de sua fonte real. Esse fenômeno é conhecido como **dor referida**. Um exemplo comum de dor referida ocorre com a dor da doença coronária, que pode ser sentida na parede do tórax, na axila esquerda ou na parte interior do braço esquerdo. A inflamação do peritônio cobrindo o diafragma pode ser sentida em cima do ombro. Isso ocorre porque os aferentes periféricos que inervam a área da pele da dor referida entram no mesmo segmento da medula espinal que os aferentes viscerais condutores de dor do órgão afetado. As fibras sensoriais viscerais fazem sinapse no mesmo conjunto de neurônios na medula espinal que as fibras da pele, e uma abundância de impulsos resulta em uma má interpretação da verdadeira origem da dor. Estímulos nocivos que afetam estruturas somáticas profundas também podem resultar em dor referida.

Dor radicular é a dor distribuída em uma área que está de acordo com os limites de um dermátomo. Compressão mecânica ou inflamação local das raízes nervosas dorsais pode irritar as fibras de dor e produzir dor ao longo da distribuição do dermátomo da raiz afetada. Outras alterações sensoriais diferentes de dor podem ser associadas com a irritação da raiz dorsal. Áreas localizadas de dormência ou formigamento espontâneos são chamadas de **parestesias**. Zonas de **hiperestesia** podem estar presentes, em que as respostas a estímulos táteis são muito exageradas. Se o processo patológico progride ao ponto de destruir as fibras nervosas, as raízes dorsais eventualmente perdem sua capacidade para conduzir impulsos sensoriais, resultando em **hipoestesia** ou **anestesia**. A maioria das áreas da pele recebe inervação de fibras a partir de mais de uma raiz dorsal; portanto, danos a uma única raiz dorsal geralmente não causam perda sensorial completa (Figura 20-1).

A analgesia endógena é um componente importante para compreender o tratamento da dor. A estimulação das zonas ao longo do **eixo periventricular** medial e **periaquedutal**, incluindo os **núcleos da linha média da rafe** do tronco encefálico, parece produzir **analgesia**. Os núcleos da rafe, encontrados em todo o tronco encefálico, contêm os neurônios que produzem **serotonina**. Os axônios dos núcleos da rafe caudais descem para a medula espinal através do **fascículo dorsolateral**. Esses axônios terminam no corno dorsal, onde atenuam as respostas das células espinotalâmicas aos aferentes do nervo espinal mediadores de estímulos nocivos dos nociceptores. A liberação de peptídeos opioides parece mediar principalmente a analgesia endógena. Outros neurotransmissores, como a serotonina, a dopamina e a noradrenalina, também podem ter efeitos analgésicos. As três famílias de receptores opioides incluem encefalina, β-endorfina e dinorfina. Interneurônios que liberam encefalina são encontrados nas lâminas I a III do corno dorsal da medula espinal. Informações de fibras descendentes serotoninérgicas e noradrenérgicas ativam esses interneurônios e inibem a transmissão de sensações dolorosas na primeira conexão sináptica na via da dor.

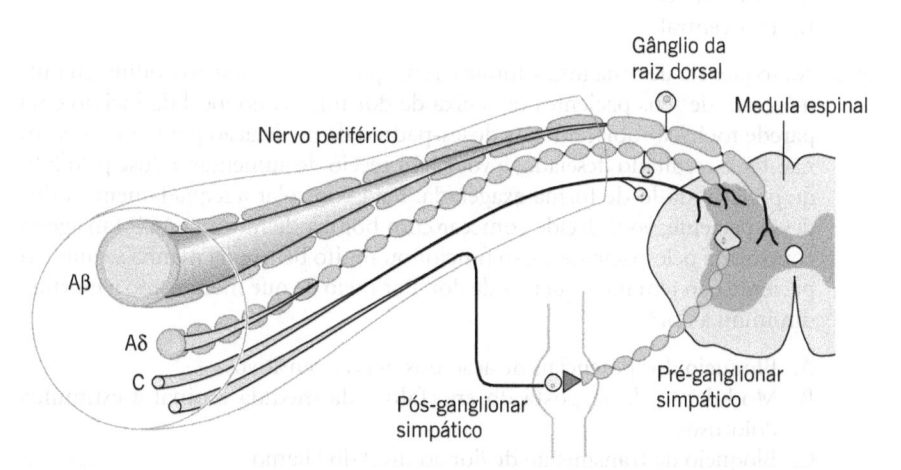

Figura 20-1 Componentes de um nervo cutâneo típico. (*Reproduzida, com permissão, de Harrison´s Principles of Internal Medicine, 15th ed. New York: McGraw-Hill; 2001. Capítulo 11, fig. 11-1.*)

> **CORRELAÇÃO COM O CASO CLÍNICO**
> - Ver Casos 18 a 23 (sistema sensorial).

QUESTÕES DE COMPREENSÃO

20.1 Um homem de 62 anos com pressão arterial elevada e uma história de tabagismo de 50 maços/ano apresenta uma dor de início súbito no peito e no braço esquerdo no período da tarde de um dia muito quente enquanto cortava a grama. Ele é levado para o pronto-socorro por sua esposa, onde é diagnosticado com um infarto agudo do miocárdio. A terapia é iniciada imediatamente. Que termo é usado para descrever a dor que esse paciente sentiu no braço durante o evento?

A. Dor central
B. Dor fantasma
C. Dor radicular
D. Dor referida

20.2 Uma dor nas costas sentida por um homem de 50 anos com pneumonia pode ser mais bem classificada da seguinte forma:

A. Dor radicular
B. Dor fantasma
C. Dor referida
D. Dor central

20.3 Na sequência de uma toracotomia e remoção de um pequeno nódulo do pulmão, um de seus pacientes se queixa de dor intensa no local da incisão e na parede torácica subjacente. As doses-padrão de medicação para dor parecem não ter o resultado desejado, e você tem receio de aumentar a dose pelo fato de poder sedá-lo de forma exagerada. Para controlar adequadamente a dor desse paciente, você decide começar com bomba de morfina ACP (analgesia controlada pelo paciente). Isso funcionou muito bem, e na manhã seguinte o paciente não tem mais queixas de dor. Por meio de que mecanismo a morfina diminuiu a dor?

A. Bloqueio dos potenciais de ação dos nervos sensitivos
B. Modulação da resposta do encéfalo e da medula espinal a estímulos dolorosos
C. Bloqueio da transmissão de dor ao nível do tálamo
D. Prevenção da geração de potenciais de ação pelas terminações nervosas em resposta a estímulos normalmente dolorosos

RESPOSTAS

20.1 **D.** Este é um exemplo de **dor referida**. O paciente sente dor no braço, mas não há de fato qualquer patologia que esteja afetando seu braço. Em vez disso, existe uma patologia afetando seu coração, que é inervado pelos nervos a partir dos mesmos níveis da coluna vertebral que inervam o braço. O sinal de dor aferente realmente proveniente do coração é erroneamente interpretado como proveniente do braço, resultando em dor referida. A dor central surge de uma lesão no tálamo ou no córtex que é interpretada como dor na parte do corpo que corresponde à lesão. A dor fantasma é "sentida" em membros amputados, e a dor radicular é a dor distribuída a um nível da medula espinal, sendo causada pela compressão da raiz nervosa correspondente.

20.2 **C.** A **dor referida** ocorre quando a dor de origem visceral é localizada em uma parte do corpo longe da fonte. A inflamação da pleura frequentemente pode ser referida aos dermátomos torácicos das costas.

20.3 **B.** A morfina e outros analgésicos opiáceos diminuem a dor por meio da **modulação da resposta do encéfalo e da medula espinal a estímulos dolorosos**. Estas moléculas se ligam aos sítios receptores de opioides endógenos que estão localizados em áreas difusas do SNC, incluindo o encéfalo e a medula espinal. Na medula espinal, a ligação aos receptores opioides modula a resposta dos neurônios de segunda e terceira ordem na via da dor aos estímulos dolorosos vindos da periferia. Os receptores opioides no tronco encefálico ativam tratos descendentes que modulam adicionalmente a transmissão da dor na medula espinal. Por meio de mecanismos mal compreendidos, os opiáceos também alteram a percepção da dor; em outras palavras, a sensação de dor ainda existe, mas não é tão debilitante.

DICAS DE NEUROCIÊNCIAS

▶ Três tipos de sensações de dor ocorrem após um evento nocivo agudo: (1) dor rápida, (2) dor lenta e (3) dor visceral.
▶ A dor rápida é uma sensação aguda imediata de localização acurada resultante da ativação das fibras Aδ mielinizadas.
▶ A dor lenta é uma dor de localização vaga em queimação resultante da ativação das fibras C não mielinizadas.
▶ A dor visceral é uma dor resultante da estimulação dos receptores somáticos profundos nas articulações ou nos músculos, que são inervados por ambas as fibras C e Ad. A estimulação de áreas ao longo dos eixos periventricular medial e periaquedutal parece produzir analgesia.

REFERÊNCIAS

Basbaum AI. Smell and taste: the perception of pain. In: Kandel ER, Schwarz JH, Jessell TM, Siegelbaum SA, Hudspeth AJ, eds. *Principles of Neural Science*. 5th ed. New York, NY: McGraw-Hill; 2012.

Martin JH. The somatic sensory system. *Neuroanatomy*: Text and Atlas. 2nd ed. Stamford, CT: Appleton & Lange; 1996.

Ropper AH, Brown RH. *Pain. Adam's and Victor's Principles of Neurology.* 8th ed. New York, NY: McGraw-Hill; 2005.

CASO 21

Um homem de 22 anos, envolvido em um acidente de moto, sofre um traumatismo craniano fechado com contusões paramedianas do lobo frontal bilateral. Depois de um longo período de internação na unidade de terapia intensiva, ele começa a fazer progressos significativos em uma clínica de reabilitação. O paciente começa a perceber que é incapaz de sentir o gosto de qualquer comida ou de sentir o cheiro do café. Ao exame, ele apresenta total ausência da capacidade olfativa. Uma ressonância magnética realizada três meses após sua lesão demonstra encefalomalácia na região paramediana do lobo frontal bilateral correspondente à área de suas contusões anteriores. O paciente é diagnosticado com disfunção olfatória pós-traumática.

▶ Qual o mecanismo de disfunção desse paciente?
▶ Qual a estrutura anatômica óssea provavelmente danificada?

RESPOSTAS PARA O CASO 21
Olfação

Resumo: Um homem de 22 anos tem uma história de traumatismo craniano fechado devido a um acidente de moto. Depois de um período de recuperação neurológica, o paciente observa uma incapacidade de sentir cheiro. Exame de neuroimagem revela alterações pós-traumáticas na região paramediana nos lobos frontais, correspondente à área dos bulbos e dos tratos olfatórios.

- **Mecanismo de disfunção olfatória pós-traumática:** A disfunção olfatória pós-traumática pode ser causada por uma ruptura dos filamentos do nervo olfatório ou por contusão e hemorragia cerebral nas regiões olfatórias.
- **Localização anatômica óssea:** A lâmina crivosa da região naso-órbito-etmoidal é comumente afetada neste caso.

ABORDAGEM CLÍNICA

Anosmia pós-traumática é um achado comum em pacientes que sofreram lesões cranianas. Os axônios de células receptoras olfatórias são delicados, passam por pequenos orifícios da lâmina crivosa na base do crânio e fazem sinapse diretamente no bulbo olfatório. Qualquer ruptura dos axônios durante o trauma pode resultar em disfunção olfatória. Pode ocorrer em fraturas da região naso-órbito-etmoidal, envolvendo a lâmina crivosa, ou com deslocamentos translacionais rápidos no encéfalo, secundários a forças de golpe e contragolpe geradas por trauma craniano. O traumatismo craniano muitas vezes resulta em lesão encefálica traumática na forma de contusão cortical ou hemorragia intraparenquimatosa. Contusão dos bulbos olfatórios ou lesões corticais nas regiões do cérebro envolvidas com a olfação (amígdala, região do lobo temporal, região do lobo frontal) podem levar à anosmia pós-traumática. O tratamento é a observação expectante.

ABORDAGEM À
Olfação

OBJETIVOS
1. Conhecer as estruturas anatômicas envolvidas no sistema olfatório.
2. Estar familiarizado com as áreas corticais envolvidas nas associações olfatórias.
3. Ser capaz de nomear e descrever algumas das etiologias da disfunção olfatória.

DEFINIÇÕES

CÉLULAS MITRAIS: Neurônios de segunda ordem do sistema olfatório. Elas recebem informações dos neurônios receptores olfatórios por meio de sinapses no bulbo olfatório; seus axônios formam o trato olfatório.

CÓRTEX ENTORRINAL: Um centro de memória importante do cérebro localizado no lobo temporal medial. As células mitrais projetam-se a essa região do córtex e parecem contribuir para associações emocionais com o olfato.
ANOSMIA: Ausência do sentido do olfato.
HIPEROSMIA: Sensação de olfato anormalmente aguda.
AGNOSIA OLFATÓRIA: Incapacidade de reconhecer uma sensação de odor.
DISOSMIA: Percepção de cheiro alterada.

DISCUSSÃO

O olfato nos permite detectar e discriminar uma grande variedade de odores em nosso meio ambiente. O sistema olfatório é composto por vários elementos do sistema nervoso central (SNC): os **nervos**, o **bulbo** e os **tratos olfatórios**, o **tubérculo olfatório**, o **córtex olfatório primário**, o **córtex entorrinal** do giro para-hipocampal e a **amígdala**. As funções desse sistema incluem: distinguir odores isolados a partir de outros odores de fundo, determinar a intensidade do odor e ser capaz de identificá-lo em diferentes intensidades, criar uma representação do odor e pareá-lo com uma memória associada. Para muitas outras espécies, o olfato é importante para a localização de alimentos e para a comunicação.

Estímulos olfativos são detectados por receptores olfatórios periféricos especializados em uma parte da mucosa nasal chamada de **epitélio olfatório**. Esse tecido especializado consiste em epitélio olfatório colunar pseudoestratificado localizado na concha superior, no telhado da cavidade nasal e na porção superior do septo nasal. As células receptoras são **neurônios bipolares** com **cílios** em suas terminações dendríticas no epitélio olfatório. Curiosamente, os neurônios olfatórios são os únicos receptores sensoriais especiais que são o próprio nervo. As moléculas que são provadas ou cheiradas alteram o potencial de membrana por meio de **mecanismos de segundo mensageiro mediados por receptores**, o que resulta em **aberturas de canais iônicos** na membrana ciliar. Existem **mais de 1.000 proteínas de receptor diferentes** nos cílios, e cada neurônio expressa um único receptor. Neurônios olfatórios também são únicos porque são de curta duração, com uma **vida média de 30 a 60 dias** (**Figura 21-1**). Além de perceberem e distinguirem os odores, eles contribuem para a sensação de gosto.

A capacidade de discriminar entre diferentes odores resulta da expressão diferencial de proteínas receptoras em células receptoras na superfície da mucosa, combinada com a convergência seletiva de axônios de células receptoras funcionalmente relacionadas a células-alvo no bulbo olfatório. Esses axônios são agrupados em fascículos antes de passarem pela lâmina crivosa como o nervo olfatório. Os axônios terminam no bulbo olfatório nos chamados glomérulos. Os bulbos olfatórios, que repousam sobre as placas crivosas, contêm vários tipos de neurônios, incluindo interneurônios inibitórios e células mitrais. Essas células recebem sinapses diretas de fibras do nervo olfatório e projetam seus axônios no trato olfatório lateral. Cada célula mitral recebe informações de nervos olfatórios que expressam o mesmo receptor olfatório. Interneurônios inibitórios também fazem sinapses com dendritos de células mitrais e inibem essas células nos glomérulos vizinhos, produzindo inibição lateral.

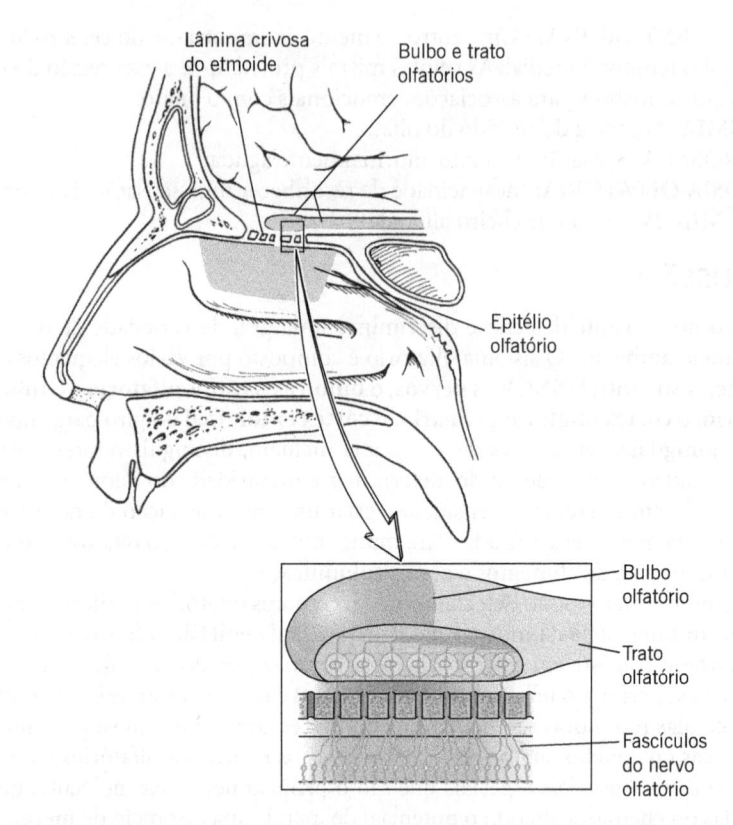

Figura 21-1 Circuitos neurais básicos no bulbo olfatório. (*Reproduzida, com permissão, de Martin JH. Neuroanatomy: Text and Atlas. 3rd ed. New York, NY: McGraw-Hill, 2003:217.*)

O **núcleo olfatório anterior** está localizado na **haste olfatória** e contém grupos de neurônios. A porção olfatória da comissura anterior origina-se na haste olfatória como um desses grupos. Informações do bulbo olfatório ipsilateral são recebidas e transmitidas para o bulbo olfatório contralateral pela comissura anterior através desse grupo de neurônios. A haste olfatória está posicionada no **sulco olfatório** do lobo frontal, diretamente lateral ao giro reto do **córtex orbitofrontal**. Aqui, o trato olfatório bifurca-se nas **estrias medial** e **lateral**. Uma porção das fibras na estria olfatória medial contém os axônios dos neurônios do núcleo olfatório anterior que atravessam a comissura anterior para o bulbo olfatório contralateral. As fibras restantes constituídas pelos axônios das células mitrais terminam no tubérculo olfatório ipsilateral dentro da substância perfurada anterior. Os axônios das células mitrais projetam-se unicamente para o lado ipsilateral.

A **estria lateral**, ou trato olfatório lateral, consiste principalmente em axônios das células mitrais e projeta-se para a margem lateral da **substância perfurada anterior**, o **córtex piriforme**, uma pequena porção rostral do **córtex entorrinal**, e a **amígdala corticomedial**. Esse padrão distingue o sistema olfatório como o único sistema sensorial em que os neurônios de segunda ordem (células mitrais) projetam-se diretamente para o córtex cerebral e não para o tálamo.

O córtex olfatório primário, ou **córtex piriforme**, é a região-chave envolvida na **percepção consciente de cheiro**. Lesões nessa região resultam em falha para discriminar vários odores. O córtex piriforme também é único porque consiste em um **córtex de três camadas**, tornando-o mais antigo filogeneticamente que o córtex de seis camadas dos sistemas visual, auditivo e somatossensorial.

O córtex olfatório tem **conexões talamocorticais recíprocas** utilizadas para funções discriminativas. As projeções percorrem diretamente a partir do córtex olfatório primário para o **córtex orbitofrontal lateral** e indiretamente através da parte magnocelular do **núcleo dorsomedial do tálamo**. Outras comunicações importantes na discriminação olfatória incluem conexões corticocorticais entre o lobo temporal e o córtex orbitofrontal.

Impulsos olfatórios que chegam à **amígdala** corticomedial são importantes em muitas espécies para o controle de comportamentos sociais. Nos seres humanos, contudo, a importância de projeções olfatórias para a amígdala no comportamento não é clara. A função das informações olfatórias para o hipocampo por meio do **córtex entorrinal** também não é clara. Essas vias, no entanto, parecem integrar informação olfatória com impulsos visual, auditivo e somatossensorial provenientes de outros córtices associativos. Por meio de conexões com a amígdala, o hipocampo parece participar na integração de informações multissensoriais nas **respostas fisiológicas e emocionais** apropriadas a estímulos externos. Isso pode contribuir para o desenvolvimento de respostas emocionais a odores específicos.

A **anosmia**, a perda do olfato, pode ter várias etiologias. **Lesões traumáticas** que ferem os lobos frontais podem afetar o córtex olfatório primário. Fraturas da lâmina crivosa podem resultar em lesões nos bulbos ou nos tratos olfatórios. **Infecções** como resfriado comum, hepatite viral, sífilis, meningite bacteriana, abscessos cerebrais ou osteomielite das regiões frontais ou etmoidais também podem prejudicar o sistema olfatório. A causa mais frequente de perda de olfato em adultos é uma infecção de vias aéreas superiores (IVAS) grave. A perda de olfato é comumente parcial. Insulto direto no neuroepitélio olfatório é a principal causa do problema. Os vírus podem causar edema e hiperemia das membranas nasais, necrose dos cílios e danos celulares. Eles também podem produzir diferentes graus de destruição. As biópsias do epitélio olfatório de pacientes com anosmia pós-IVAS mostraram um número bastante reduzido de receptores olfatórios. Se a infecção é resolvida, os receptores sobreviventes podem se regenerar. A anosmia resulta quando há uma falta de regeneração após uma destruição grave do epitélio. Se há destruição irregular, os pacientes podem ter **hiposmia**. Se a regeneração de neurônios receptores e suas conexões centrais são "desorientadas" e chegam a locais anormais no cérebro, os pacientes podem apresentar **disosmia**, ou percepção de cheiro alterada. Além dos insultos diretos, muitos vírus podem invadir o SNC por meio do neuroepitélio olfatório para causar disfunção subsequente. Não existe um tratamento eficaz para hiposmia pós-IVAS. Mesmo que a recuperação espontânea seja teoricamente possível em alguns pacientes, recuperação significativa é rara quando existe perda considerável há algum tempo. Causas menos comuns de anosmia incluem meningiomas do sulco olfatório, gliomas do lobo frontal, doenças metabólicas, anfetaminas ou cocaína, e doenças de Parkinson ou Alzheimer. A anosmia completa implicará na perda da capacidade de reconhecer tanto sabores como odores porque os sistemas olfatório e gustativo funcionam juntos na percepção dos sabores. **Hiperosmia**, um aumento da sensibilidade olfatória, ocorre com frequência no início da gravidez e também pode ocorrer em distúrbios de conversão e em algumas psicoses.

> **CORRELAÇÃO COM O CASO CLÍNICO**
> - Ver Casos 18 a 23 (sistema sensorial).

QUESTÕES DE COMPREENSÃO

Consulte o seguinte caso para as questões 21.1 e 21.2:

Um homem de 37 anos vem a seu consultório com a queixa de que não pode sentir cheiro. Ele afirma que há vários meses se envolveu em uma briga de bar em que seu nariz e vários ossos faciais foram fraturados. Após a alta hospitalar por esse incidente, ele ficou incapaz de sentir cheiro.

21.1 Neurônios olfatórios são vulneráveis a danos quando passam por qual abertura no crânio?

  A. Fissura orbital inferior
  B. Forame oval
  C. Lâmina crivosa
  D. Válvula nasal interna

21.2 Qual das seguintes afirmações melhor descreve os neurônios olfatórios desse homem antes de sua lesão?

  A. O número máximo de neurônios olfatórios está presente ao nascimento, diminuindo lentamente ao longo da vida à medida que esses neurônios são danificados.
  B. Cada neurônio olfatório expressa receptores para apenas um odor.
  C. Neurônios olfatórios projetam-se diretamente ao córtex olfatório.
  D. Neurônios olfatórios sensíveis a odores diferentes, mas complementares, fazem sinapse com a mesma célula mitral.

21.3 Uma mulher de 33 anos vem ao seu consultório com a queixa de que sente cheiros que as outras pessoas não sentem. Isso ocorre em momentos imprevisíveis, em geral acontece alguns minutos, e depois passa. O cheiro costuma ser de algo queimando. Você suspeita de que ela esteja tendo crises parciais simples e solicita um eletroencefalograma (EEG). Uma descarga anormal em que região do cérebro poderia confirmar suas descobertas?

A. Lobo occipital
B. Lobo parietal superior
C. Lobo temporal medial
D. Lobo frontal anterolateral

RESPOSTAS

21.1 **C.** Como os neurônios olfatórios passam pelos minúsculos furos na **lâmina crivosa**, eles são suscetíveis a lesões, como ocorre no presente caso. Os neurônios olfatórios são pequenos neurônios bipolares que percorrem uma distância muito curta desde o epitélio olfatório da cavidade nasal superior através da lâmina crivosa até o bulbo olfatório no sulco olfatório do lobo frontal. Dependendo do grau de dano no epitélio olfatório e na lâmina crivosa, os neurônios podem ser capazes de se regenerar, resultando no retorno do sentido de olfato.

21.2 **B.** Apesar de existirem milhares de receptores olfatórios expressos nos seres humanos, **cada neurônio olfatório expressa apenas um desses receptores**. Os neurônios que expressam o mesmo receptor se projetam através da lâmina crivosa e fazem sinapse com células mitrais no bulbo olfatório. Cada célula mitral recebe neurônios que expressam o mesmo tipo de receptor. As células mitrais, em seguida, projetam seus axônios pelo trato olfatório diretamente ao córtex olfatório. Os neurônios no epitélio olfatório têm uma vida útil de apenas alguns meses. Após esse período, eles morrem e são substituídos por novos neurônios olfatórios derivados das células da camada basal do epitélio olfatório.

21.3 **C.** O córtex olfatório, constituído de córtex piriforme e córtex periamigdaloide, está localizado na **região medial do lobo temporal**. Anormalidades no EEG nessa área durante a experiência de um cheiro anormal confirmariam a suspeita de que crises epilépticas originadas nessa área são responsáveis pelos sintomas dessa paciente. O lobo occipital inclui o córtex visual primário; crises aqui resultariam em alterações da visão. O lobo parietal superior contém o córtex sensorial primário, e uma crise aqui resultaria em sensação anormal. O lobo frontal anterolateral não é uma área sensitiva, mas está envolvido em funções executivas.

> ### DICAS DE NEUROCIÊNCIAS
>
> ▶ Os neurônios receptores olfatórios detectam odores no epitélio olfatório no nariz e transmitem informações por meio da lâmina crivosa para as células mitrais nos bulbos olfatórios.
> ▶ O sistema olfatório é o único sistema sensorial em que os neurônios de segunda ordem (as células mitrais) projetam-se diretamente para o córtex cerebral.
> ▶ Todas as vias sensoriais, exceto a via olfatória, têm um relé nos núcleos do tálamo.
> ▶ A projeção da informação olfatória para a área límbica explica por que certos cheiros podem evocar memória e emoção.
> ▶ A anosmia pode resultar de etiologias traumáticas, infecciosas e neoplásicas.

REFERÊNCIAS

Buck LB. Smell and taste: the chemical senses. In: Kandel ER, Schwarz JH, Jessell TM, Siegelbaum SA, Hudspeth AJ, eds. *Principles of Neural Science*. 5th ed. New York, NY: McGraw-Hill; 2012.

Martin JH. The olfactory system. *Neuroanatomy: Text and Atlas*. 2nd ed. Stamford, CT: Appleton & Lange; 1996.

Ropper AH, Brown RH. Disorders of smell and taste. *Adam's and Victor's Principles of Neurology*. 8th ed. New York, NY: McGraw-Hill; 2005.

CASO 22

Uma paciente de 25 anos há vários meses tem tido dificuldade de entender o que as pessoas estão dizendo ao telefone ao escutar pela orelha esquerda. Ela não tem qualquer problema com a orelha direita ou outros sintomas. Ao exame, quando um diapasão vibrando é colocado no centro de sua testa, ela ouve o som mais alto em seu ouvido direito do que à esquerda. A base de um diapasão em vibração é então colocada em seu processo mastoide à esquerda. Quando ela não é mais capaz de ouvir o som através do osso, o diapasão em vibração é colocado junto a sua orelha esquerda. Ela ainda é capaz de ouvir a vibração do diapasão no ar depois de já não poder ouvi-lo sobre o osso. Com base nos resultados do exame e em outras investigações, a paciente é diagnosticada com um neuroma acústico.

▶ É mais provável que a perda da audição seja de natureza condutora ou neurossensorial?
▶ Quais são os outros possíveis diagnósticos?

RESPOSTAS PARA O CASO 22
Audição

Resumo: Uma paciente de 25 anos tem história de vários meses de perda de audição do lado esquerdo.

- **Interpretação dos achados do exame:** O teste de Weber indica uma etiologia de perda auditiva neurossensorial da paciente. O teste de Rinne não é sugestivo de uma perda auditiva condutiva. Ambos os resultados são consistentes com o diagnóstico de um neuroma acústico, que afeta o oitavo nervo craniano.
- **Outros diagnósticos possíveis:** A perda auditiva neurossensorial pode ser causada por uma variedade de etiologias, além de um tumor envolvendo o oitavo nervo craniano ou o ângulo ponto-cerebelar. Fármacos como aminoglicosídeos e salicilatos podem ter efeitos secundários tóxicos nas células ciliadas da cóclea. Lesões infecciosas, imunomediadas ou traumáticas do nervo também podem levar a déficits auditivos semelhantes aos da paciente.

ABORDAGEM CLÍNICA

O teste de Weber é realizado segurando-se o diapasão no centro da testa do paciente. Normalmente, o som é ouvido na linha média. Na perda de audição por condução aérea, o som é lateralizado para o lado anormal. Na perda auditiva neurossensorial, o som é lateralizado para longe do lado anormal. No exame feito na paciente em questão, o som é lateralizado para longe do lado anormal. O teste de Rinne foi realizado comparando a condução óssea com a condução aérea no lado afetado. Normalmente, a audição por condução aérea continua após a cessação da condução óssea. Em uma pessoa com perda auditiva condutiva, a condução óssea é melhor do que por via aérea. Essa paciente foi capaz de ouvir por via aérea depois que a condução óssea havia cessado. Uma imagem por ressonância magnética revelou um neuroma acústico do oitavo nervo craniano esquerdo localizado no ângulo ponto-cerebelar.

A captura e a interpretação de som são elementos-chave usados na comunicação e na interpretação de nosso entorno. As ondas sonoras percorrem o canal auditivo externo, onde são convertidas em energia mecânica no ouvido médio. A informação auditiva é então transmitida para o ouvido interno cheio de fluido, onde é detectada e tonotopicamente organizada pelas células ciliadas da cóclea. Essa informação é então transmitida por meio do nervo coclear ao tronco encefálico e ao córtex auditivo, onde é processada e interpretada. Um neuroma acústico prejudica a capacidade do nervo coclear de funcionar corretamente, resultando em uma perda auditiva neurossensorial. Outros tipos de perda auditiva podem ser perda congênita ou adquirida e podem ocorrer devido às etiologias neurossensorial ou condutiva. A capacidade de se comunicar e interagir socialmente pode ser significativamente prejudicada com a audição diminuída ou ausente. As opções de tratamento para neuromas acústicos incluem ressecção cirúrgica e radiocirurgia estereotáxica.

ABORDAGEM À
Audição

OBJETIVOS

1. Compreender as estruturas anatômicas básicas envolvidas na audição.
2. Analisar as vias auditivas centrais.
3. Estar familiarizado com os testes de diagnóstico utilizados para diferenciar entre as perdas auditivas condutiva e neurossensorial.

DEFINIÇÕES

HERTZ: Uma unidade de frequência igual a um ciclo de uma onda por segundo. A frequência de uma onda sonora determina o tom do som.
DECIBEL: Uma unidade de medida da amplitude de uma onda de som. A amplitude determina o volume de um som.
JANELA OVAL: Abertura oval na cóclea que separa a cavidade da orelha média cheia de ar da cavidade da orelha interna cheia de líquido. As vibrações do osso do estribo contra a janela oval transmitem sons para a orelha interna.
JANELA REDONDA: Abertura arredondada na cóclea que conecta o ouvido interno ao ouvido médio. O movimento da membrana que cobre a janela redonda permite que as ondas de som sejam dissipadas para a orelha média cheia de ar.
PERDA AUDITIVA NEUROSSENSORIAL: Surdez parcial ou completa que ocorre como resultado de uma lesão no nervo coclear ou nas estruturas sensoriais da orelha interna.
PERDA AUDITIVA CONDUTIVA: Surdez parcial ou completa que ocorre como resultado da interrupção da condução auditiva pelos ossos da orelha média ou obstrução mecânica da orelha externa.

DISCUSSÃO

As estruturas do sistema auditivo podem ser divididas em três componentes: externo, médio e interno. O ouvido externo consiste na aurícula e no canal auditivo externo e é separado da orelha média por meio da **membrana timpânica**. O ouvido médio é preenchido com ar e contém três ossículos ósseos: **martelo, bigorna** e **estribo**. O martelo está acoplado à membrana timpânica, e o estribo liga-se à **janela oval** por uma membrana ligamentar. A janela oval separa a cavidade do ouvido médio do ouvido interno, que é preenchido com fluido. As ondas sonoras percorrem através do ar e atingem a membrana timpânica, criando um movimento, que é transmitido através dos ossículos para a janela oval. Essa cadeia de ossículos funciona não apenas como um amplificador, mas também como um combinador de impedância. A impedância da membrana timpânica é combinada com a maior impedância da janela oval, minimizando assim a perda de energia à medida que as ondas sonoras se propagam a partir do ar para o fluido. O som consiste em ondas sinusoidais de moléculas de ar. A frequência de uma onda é medida em **hertz (Hz)** e determina o tom de um som. A amplitude de uma onda é medida em **decibéis (db)** e determina o volume de um som. A orelha humana pode detectar frequências sonoras entre 20 e 20.000 Hz e intensidade entre 1 e 120 dB.

A janela oval abre-se para o vestíbulo da orelha interna, que é preenchido com **perilinfa**. A **cóclea** e os canais semicirculares encontram-se em ambos os lados do vestíbulo. A cóclea é um tubo cheio de perilinfa, que envolve a si mesma cerca de 2,5 vezes. Os canais semicirculares também estão cheios de perilinfa e são importantes para fornecer informações sobre a posição e o movimento da cabeça. Essas três câmaras da orelha interna ficam dentro do osso temporal e formam o **labirinto ósseo**. O **labirinto membranoso**, suspenso no interior do labirinto ósseo, é preenchido com **endolinfa** e contém os órgãos sensoriais.

A cóclea óssea gira em torno de um *modiolus* ósseo central, que forma o eixo das espirais da cóclea. A **lâmina espiral** é um cume de osso que divide a cavidade coclear em duas câmaras: a **escala vestibular** e a **escala timpânica**. A **escala média**, ou ducto coclear membranoso, fica entre as escalas vestibular e timpânica. O **órgão de Corti** é suspenso na endolinfa dentro da escala média. Ele repousa sobre a **membrana basilar** como espirais dentro dos giros cocleares.

À medida que a platina do estribo se move contra a janela oval, uma onda de pressão é produzida na perilinfa da escala vestibular. Essa onda de pressão percorre em microssegundos para a conexão apical entre as escalas vestibular e timpânica, chamada de **helicotrema**. As vibrações dessa onda de pressão são transmitidas através do líquido para a membrana basilar do órgão de Corti. A citoarquitetura do órgão de Corti é fundamental, pois porções específicas ressoam harmonicamente com cada frequência audível, permitindo a **organização tonotópica do som**. A largura da membrana basilar é maior e mais flexível em direção ao ápice do que na base, onde ela é mais rígida. Isso permite que as frequências mais baixas ressoem próximo ao ápice e ao helicotrema, e as frequências mais altas, perto da base e da janela oval.

O órgão de Corti contém dois tipos de receptores: as **células ciliadas externas e internas**. A base de cada célula ciliada interna está indiretamente conectada à membrana basilar e funciona como uma célula receptora auditiva. Os **estereocílios** estendem-se acima da superfície apical da célula e encontram-se logo abaixo da membrana tentorial, a qual está ligada separadamente à parede da escala média. À medida que as ondas sonoras se propagam no interior da cóclea, as membranas basilar e tentorial movem-se independentemente uma da outra. Os estereocílios tocam na membrana tentorial e dobram-se, abrindo canais iônicos que criam mudanças no potencial da membrana das células ciliadas. Especificamente, a curvatura dos estereocílios quando entram em contato com a membrana tentorial produz uma alteração na condutância de K^+ para dentro. O influxo de K^+ despolariza a célula e ativa a condutância de Ca^{2+} que contribui mais ainda para a despolarização. O transmissor é liberado na base da célula ciliada e liga-se a **células do gânglio espiral** para disparar um potencial de ação. A base de cada célula ciliada faz sinapse com processos dendríticos de até dez células do gânglio espiral. Essas células ganglionares são células bipolares que fazem sinapse com apenas uma célula ciliada interna cada. Elas formam o **gânglio espiral**, e seus axônios formam a divisão coclear do **oitavo nervo craniano**. As células ciliadas externas contêm estereocílios incorporados na membrana tentorial. Elas têm propriedades contráteis que lhes permitem controlar a aposição da membrana tentorial para as células capilares internas e, por conseguinte, as propriedades de resposta sensoriais do órgão de Corti.

As ondas de pressão que, inicialmente, percorrem a escala vestibular atravessam a escala média, vibram a membrana basilar e induzem ondas de pressão na escala timpânica. Estas, então, induzem movimentos do diafragma elástico que cobre a janela redonda dentro da escala timpânica. A janela redonda abre-se para o ouvido médio cheio de ar, onde as ondas de pressão são finalmente dissipadas.

O nervo coclear dirige-se ao tronco encefálico, onde ele entra na junção bulbopontina. Cada fibra nervosa que entra se bifurca e faz sinapse com neurônios em ambos os **núcleos cocleares dorsal e ventral**. Esses núcleos contêm neurônios tonotopicamente organizados. As estrias acústicas dorsal, intermediária e ventral projetam-se dos núcleos cocleares e transmitem informações para as estruturas central e rostral. A **estria acústica dorsal** projeta-se do núcleo coclear dorsal ao lemnisco lateral contralateral. A **estria acústica intermediária** projeta-se do núcleo coclear ventral, tendo um curso semelhante ao da estria dorsal. A **estria acústica ventral** também se projeta do núcleo coclear ventral e percorre um trajeto para os núcleos ipsilateral e contralateral do corpo trapezoide e para os núcleos olivares superiores. Esses núcleos se projetam para os lemniscos laterais ipsilateral e contralateral. O núcleo olivar superior é o primeiro ponto onde as informações de ambos os ouvidos convergem. Ele é sensível a pequenas alterações no tempo de chegada e na intensidade do estímulo, o que ajuda a localizar o som.

A **via auditiva central monaural** traz informações sobre a frequência do som. É constituída por fibras neuronais que se projetam dos núcleos cocleares dorsal e ventral através das estrias dorsal e intermediária para o colículo inferior contralateral. A **via binaural** ascende bilateralmente com a estria acústica ventral e traz informações sobre o local de origem e a direção dos estímulos auditivos. A via inclui sinapses no corpo trapezoide, no complexo olivar superior e nos núcleos do lemnisco lateral antes de terminar no colículo inferior. Os axônios, em seguida, dirigem-se para o **núcleo geniculado medial** pelo braço do **colículo inferior**. Os núcleos geniculados mediais são as estações retransmissoras sensoriais finais da via auditiva. A radiação auditiva é formada pelas projeções eferentes do núcleo geniculado medial aos giros transversais dos lobos temporais e ao plano temporal adjacente no lobo temporal. Os **córtices auditivos primários e secundários** encontram-se dentro dessas áreas do lobo temporal.

O som é percebido quando impulsos auditivos chegam ao córtex auditivo primário. O processamento e a interpretação do som, no entanto, envolvem uma combinação de estruturas envolvidas na audição. A informação sobre a localização de um som é processada inicialmente na oliva superior e no colículo inferior; no entanto, para localizar com precisão um som é necessário um processamento adicional nas áreas de associação auditiva no giro temporal superior e córtex parietal posterior. A interpretação de combinações de diferentes frequências em sequência começa nos núcleos cocleares e continua até o colículo inferior, o núcleo geniculado medial e o córtex auditivo primário. A organização tonotópica é contínua ao longo dessas estruturas.

A representação do som é feita bilateralmente em cada lóbulo temporal. As vias ascendentes do tronco encefálico até o córtex auditivo consistem nas fibras cruzada e não cruzada (Figura 22-1). Cada lemnisco lateral conduz estímulos de ambos

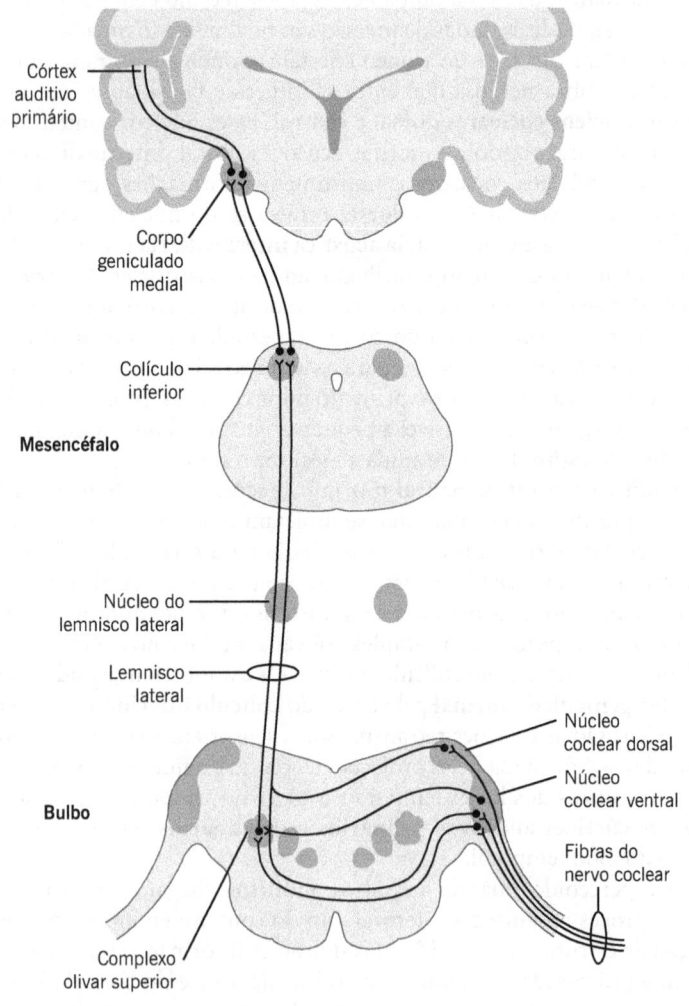

Figura 22-1 Vias auditivas ascendentes.

os ouvidos, e uma lesão ipsilateral acima do nível do núcleo coclear normalmente não interfere com os impulsos de ambos os ouvidos. Devido a isso, a surdez de um ouvido em geral implica uma lesão abaixo do tronco encefálico ao nível do nervo coclear, da cóclea ou do ouvido médio.

> **CORRELAÇÃO COM O CASO CLÍNICO**
>
> - Ver Casos 18 a 23 (sistema sensorial).

QUESTÕES DE COMPREENSÃO

22.1 Um homem de 75 anos vem ao seu consultório com queixa de dificuldade de audição crescente, em particular para compreensão de conversas em locais ruidosos. No teste audiométrico, você nota uma perda de audição de alta frequência desde o nível superior do espectro normal até o nível da faixa da fala. A perda auditiva é bilateral e simétrica. Além disso, os demais exames de investigação são negativos, e você faz o diagnóstico de presbiacusia, uma degeneração das células ciliadas da cóclea relacionada à idade. Com base no padrão da perda auditiva, em que área do ducto coclear você espera que as células ciliadas estejam mais degeneradas?

   A. Na base do ducto coclear
   B. No vértice do ducto coclear
   C. No meio do ducto coclear
   D. De modo uniforme ao longo do ducto coclear

22.2 Um paciente de 27 anos apresenta-se ao seu consultório após um acidente de trabalho em que uma grande explosão ocorreu em seu lado direito. Ele se queixa de dor e perda de audição no ouvido direito. Ao exame, você nota uma membrana timpânica completamente destruída nesse lado, e um exame audiométrico revela perda auditiva quase completa em todas as frequências do mesmo lado. Qual das seguintes alternativas melhor descreve a resposta talâmica ao som nesse paciente?

   A. Estimulação somente do corpo geniculado lateral direito
   B. Estimulação somente do corpo geniculado medial direito
   C. Estimulação dos corpos geniculados mediais bilaterais
   D. Estimulação dos corpos geniculados laterais bilaterais

22.3 Um paciente de 68 anos com história de um acidente vascular encefálico há três anos é levado ao seu consultório por membros da família que afirmam que ele teve uma perda auditiva súbita completa que ocorreu na noite anterior. Antes do evento, ele estava bem, sem qualquer dificuldade auditiva. Ao exame, ele falha completamente em responder a quaisquer estímulos auditivos. O exame otológico é normal, assim como as emissões otoacústicas e as respostas auditivas de tronco encefálico. Toda essa informação indica que as vias auditivas centrais e periféricas estão intactas até o nível do tálamo. Qual a localização de lesão mais provável nesse paciente?

A. Lobo parietal bilateral
B. Lobo temporal superior direito
C. Lobo temporal superior esquerdo
D. Lobo temporal superior bilateral

RESPOSTAS

22.1 **A.** A perda de audição de alta frequência resulta de danos nas células ciliadas, localizadas **na base do ducto coclear**. A presbiacusia é uma degeneração relacionada com a idade das células ciliadas no órgão de Corti, começando na base do ducto coclear e lentamente progredindo para o ápice. A organização tonotópica do ducto coclear prevê as frequências da audição afetada. O ducto coclear é mais rígido na base, fazendo-o ressoar a uma frequência alta, e mais relaxado no ápice, onde ele responde para reduzir vibrações de frequência. A perda de células ciliadas na base do ducto coclear, portanto, causa uma perda de audição de alta frequência, e, como a degeneração progride ao ducto, a perda de audição desce do espectro de audição normal até atingir a faixa da fala (cerca de 200 a 6.000 Hz).

22.2 **C.** Por causa da decussação na via auditiva ascendente, o som continua a **estimular os corpos geniculados mediais bilaterais** nesse paciente. O núcleo do tálamo envolvido na via auditiva ascendente é o corpo geniculado medial, que recebe aferências através do braço do colículo inferior. Além disso, o som de um ouvido é representado bilateralmente no sistema nervoso central; por isso, mesmo que esse paciente não tenha resposta da orelha direita, as ondas sonoras que afetam o ouvido esquerdo estimularão as estruturas bilaterais acima dos núcleos cocleares. O ponto de decussação inicial na via ascendente auditiva é o corpo trapezoide. O corpo geniculado lateral é o relé talâmico da visão.

22.3 **D.** O córtex auditivo primário está localizado na **face superior do lobo temporal bilateral**. Essa área também é conhecida como giro temporal transversal de Heschl. Cada lobo recebe aferências de ambas as orelhas, embora a orelha contralateral seja mais representada. Uma vez que o córtex auditivo recebe aferência bilateral, uma lesão deve afetar ambos os lobos temporais, a fim de causar surdez cortical.

> **DICAS DE NEUROCIÊNCIAS**
>
> ▶ O som é transmitido através do ouvido externo, médio e interno via ar, ossículos ósseos e líquido, respectivamente.
> ▶ O órgão de Corti dentro da cóclea é organizado tonotopicamente com os tons altos na base e os tons mais baixos no ápice, o que nos permite diferenciar tons sonoros.
> ▶ Os estereocílios tocam na membrana tentorial e dobram-se, abrindo canais iônicos que levam a mudanças no potencial da membrana das células ciliadas.
> ▶ As vias auditivas superiores contêm as fibras cruzada e não cruzada, criando representação bilateral de informações de cada orelha.

REFERÊNCIAS

Hudspeth AJ. Hearing. In: Kandel ER, Schwarz JH, Jessell TM, Siegelbaum SA, Hudspeth AJ, eds. *Principles of Neural Science*. 5th ed. New York, NY: McGraw-Hill; 2012.

Martin JH. The auditory and vestibular systems. *Neuroanatomy: Text and Atlas*. 2nd ed. Stamford, CT: Appleton & Lange; 1996.

Ropper AH, Brown RH. Deafness, dizziness, and disorders of equilibrium. *Adam's and Victor's Principles of Neurology*. 8th ed. New York, NY: McGraw-Hill; 2005.

CASO 23

Um homem de 50 anos sofreu um acidente de trânsito ao passar por um cruzamento sem perceber um carro que vinha à sua direita. Ele também tem notado uma tendência a esbarrar em paredes quando dobra esquinas. Seu médico realiza testes de campo visual e encontra déficits no campo visual bitemporal, indicando hemianopsia bitemporal. A investigação de endocrinologia é negativa para qualquer anormalidade. Uma imagem de ressonância magnética do encéfalo é realizada e revela uma massa na região da sela túrcica. É feito o diagnóstico de adenoma de hipófise.

- A compressão de qual estrutura produziria os sintomas visuais desse paciente?
- Quais feixes neurais seguem esta estrutura na via visual?
- Como a compressão dessas estruturas induz os sintomas visuais do paciente?
- Quais as opções de tratamento disponíveis?

RESPOSTAS PARA O CASO 23
Visão

Resumo: Um homem de 50 anos tem déficit visual, resultando em uma diminuição da capacidade de dirigir e uma tendência a bater nas coisas.

- **Estrutura comprimida na via visual:** A hemianopsia bitemporal resulta de uma lesão que afeta o quiasma óptico. Uma massa na sela túrcica pode comprimir o quiasma óptico sobreposto, resultando em déficits de ambos os campos visuais temporais.
- **Estruturas associadas ao quiasma óptico na via visual:** O quiasma óptico divide-se para formar as vias ópticas esquerda e direita. As informações dos campos visuais à esquerda de ambos os olhos percorrem o trato óptico direito, enquanto as informações dos campos visuais à direita de ambos os olhos percorrem o trato óptico esquerdo. Assim, a lesão de qualquer trato óptico produz déficits no campo visual contralateral.
- **Efeito de massa:** Lesão no cérebro devido à pressão de um tumor, que com frequência causa bloqueio ou acumulação excessiva de fluido no crânio.
- **Opções de tratamento:** Diversos tratamentos cirúrgicos, radioterápicos e farmacológicos estão disponíveis para adenomas hipofisários. Pacientes com deficiência endócrina necessitam de tratamento de substituição adequado. A remoção cirúrgica é realizada com mais frequência por craniotomia transesfenoidal.

ABORDAGEM CLÍNICA

A percepção visual começa com a incidência de raios de luz, refletida por um objeto, no olho. A luz é refratada à medida que passa através da córnea e do cristalino. As propriedades ópticas do cristalino causam a inversão e a reversão da imagem à medida que se projeta para a retina. A luz da metade esquerda do campo visual, por conseguinte, projeta-se na metade direita da retina, e a luz da metade superior do campo visual se projeta na metade inferior da retina. A informação a partir da metade direita da retina é transmitida ao longo da via visual para o hemisfério cerebral direito, e a informação a partir da metade esquerda da retina é transmitida para o hemisfério cerebral esquerdo. As lesões ao longo da via visual do olho para o córtex visual geram déficits que correspondem ao campo visual associado. A massa hipofisária pode comprimir o quiasma óptico, o que dificulta que as fibras nervosas conduzam a informação a partir da metade nasal de cada retina, uma vez que cruzam no quiasma óptico. A descompressão cirúrgica ou clínica da massa, se feita precocemente, pode levar à melhora dos sintomas.

ABORDAGEM À
Visão

OBJETIVOS
1. Conhecer as estruturas anatômicas envolvidas com a percepção visual.
2. Ser capaz de descrever a via visual.
3. Compreender os efeitos das lesões que interrompem a via visual.

DEFINIÇÕES
ESCOTOMA: Uma área isolada dentro do campo visual em que a visão está ausente ou diminuída (um ponto cego).
HEMIANOPSIA HOMÔNIMA: Perda da visão no mesmo campo visual de ambos os olhos.
HEMIANOPSIA BITEMPORAL: Perda da visão na metade exterior do campo visual de cada olho.
CAMPO RECEPTIVO: Uma área específica da retina que estimula ou inibe de forma máxima os disparos das células ganglionares correspondentes quando estimulada pela luz.
PADRÃO RETINOTÓPICO: Representação topográfica da retina criada por células ganglionares de áreas adjacentes da retina que se projetam para neurônios adjacentes nos núcleos geniculados laterais (NGLs) e dali para os neurônios adjacentes no córtex visual.
ACUIDADE VISUAL: O tamanho do menor objeto escuro que pode ser corretamente identificado em um fundo claro.

DISCUSSÃO
A retina é formada como uma extensão do sistema nervoso central (SNC). Ela contém dois tipos de fotorreceptores: **cones** e **bastonetes**. Os bastonetes mediam a percepção da luz e são importantes para a visão noturna, mas apresentam baixa acuidade visual. Os cones mediam a visão de cores e fornecem alta acuidade visual. A relação global entre bastonetes e cones na retina é de 20:1. A periferia da retina contém essencialmente bastonetes, enquanto a **fóvea central** dentro da **mácula** só contém cones e funciona como uma região especializada da retina adaptada para alta acuidade visual.

Fotorreceptores na retina contêm pigmentos visuais que podem capturar fótons da luz. Os bastonetes contêm o pigmento **rodopsina**, enquanto os cones contêm três formas do pigmento **iodopsina**. Cada forma de iodopsina absorve a luz máxima em diferentes partes do espectro da luz visível: vermelho, verde e azul. A absorção de luz pelos pigmentos visuais inicia uma reação química que resulta em hiperpolarização da membrana da célula. Isso resulta em um potencial graduado que pode então ser utilizado por células da retina para transmitir informações.

O circuito da retina é formado a partir de seis tipos celulares básicos: bastonetes, cones, células horizontais, células bipolares, células ganglionares e células amácrinas. Cerca de 1.500 bastonetes irão convergir para uma única célula bipolar, que pode afetar, em seguida, uma célula ganglionar através das células amácrinas interneuronais. Em contraste, os cones fazem sinapse diretamente com as células ganglionares.

As células receptoras e as células bipolares transmitem sinais excitatórios, enquanto os interneurônios intervenientes, as células horizontais e as células amácrinas transmitem sinais inibitórios. Esse circuito da retina processa as informações sobre a cor e o contraste das imagens projetadas na retina. As células ganglionares da retina fornecem informações importantes para a detecção da forma e do movimento dos objetos. Existem dois tipos: células-P, que são detectores sensíveis à cor, e células-M, que são detectores de movimento insensíveis à cor. Os axônios das células ganglionares convergem para formar o **nervo óptico**. Fibras do nervo óptico de ambos os olhos se combinam para formar o quiasma óptico, que fica sobre a sela túrcica e diretamente acima da hipófise. Um cruzamento parcial de fibras (decussação) ocorre no quiasma óptico. Após a decussação no quiasma óptico, cada trato óptico representa os campos visuais contralaterais. As fibras da metade nasal de cada retina cruzam para o lado contralateral. As fibras da metade temporal de cada retina aproximam-se do quiasma óptico, mas não decussam. Ao nível do quiasma óptico, alguns axônios de células ganglionares terminam no núcleo supraquiasmático do hipotálamo, onde a informação é fornecida para regular o ritmo circadiano. O restante dos axônios continua após o quiasma óptico como os **tratos ópticos**. Esses tratos terminam principalmente no NGL do tálamo, no **colículo superior** e na **área pré-tectal**.

As aferências a partir do trato óptico para cada NGL são recebidas em um padrão retinotópico representando o hemicampo visual contralateral. Isso significa que as células ganglionares em áreas adjacentes da retina se projetarão em neurônios adjacentes no NGL.

O colículo superior recebe aferência retinotopicamente organizada diretamente do trato óptico ipsilateral. Neurônios no colículo superior conduzem aferência visual para a ponte por meio do **trato tectopontino** e para a medula espinal por meio do **trato tectospinal**. O trato tectopontino também veicula a informação visual para o cerebelo e auxilia no controle dos movimentos oculares por meio da formação reticular pontina paramediana. O trato tectospinal media o controle reflexo dos movimentos da cabeça e do pescoço em resposta à aferência visual. O colículo superior também tem conexões recíprocas com neurônios no córtex visual.

Os neurônios que saem do NGL formam as **radiações ópticas** que se projetam para o **córtex visual primário** dos lobos occipitais. As radiações inferiores levam informações sobre campos visuais superiores, enquanto as radiações superiores levam informações sobre campos visuais inferiores. As fibras que irradiam da porção lateral do NGL cursam para baixo e para a frente antes de se dobrarem para trás em uma alça aguda através do lobo temporal. Em seguida, elas percorrem a parede lateral do corno inferior do ventrículo lateral, e daí para o lobo occipital. As fibras que irradiam da porção medial do NGL percorrem um trajeto ao lado das fibras laterais, mas fazem um curso mais direto sobre a parte superior do corno ventricular inferior e, em seguida, dirigem-se para o lobo occipital.

As radiações ópticas dirigem-se para o córtex em torno da **fissura calcarina** no **lobo occipital medial**. O giro acima da fissura calcarina é chamado de **cuneus** e recebe impulsos visuais do quadrante superior ipsilateral de ambas as retinas, que corresponde ao quadrante inferior do campo visual contralateral. O giro abaixo da fissura calcarina é chamado de **giro lingual** e recebe impulsos do quadrante inferior de ambas as retinas. O córtex visual primário é chamado de **córtex estriado** por causa de uma faixa de fibras mielinizadas chamada de **linha de Gennari** seguindo horizontalmente através do córtex. O córtex visual é dividido em corrente dorsal e corrente ventral. A corrente dorsal (ou "onde") está envolvida na percepção espacial e no reconhecimento de onde os objetos estão no espaço. A corrente ventral (ou "o quê") está envolvida no reconhecimento do objeto e na representação da forma.

As fibras ópticas mantêm sua disposição topográfica do NGL até o córtex, mantendo o mapa da retina (Figura 23-1). Assim, a informação do quadrante superior do campo visual esquerdo projeta-se para o quadrante inferior direito da retina; em seguida, segue em direção à porção lateral do NGL direito e, então, para o córtex visual logo abaixo do sulco calcarino. A informação a partir da fóvea central da retina se projeta para o polo occipital. As áreas de associação visuais têm conexões com os lobos frontais e do tronco encefálico e influenciam a visualização guiada por movimentos sacádicos, movimentos oculares de perseguição, acomodação e convergência.

Há várias diferenças nos campos visuais. Um campo visual monocular ocorre quando apenas um olho é usado, em oposição a um campo de visão binocular, que envolve ambos os olhos. Na visão monocular, o campo de visão é aumentado, enquanto a percepção de profundidade é limitada. O campo visual central funciona melhor sob iluminação elevada e tem maior acuidade visual e sensibilidade à cor. O campo visual periférico, por outro lado, é mais sensível à luz fraca, opera em baixa iluminação e tem pouca sensibilidade à cor.

Lesões em diferentes partes do sistema visual podem produzir alterações distintas no campo visual. Uma lesão das fibras dos nervos ópticos que conduzem as informações a partir da **mácula** resulta em perda de visão no centro do campo visual, criando um **escotoma central**, assim como a perda da **acuidade visual** e da visão colorida. Lesão completa do nervo óptico resulta em cegueira completa no olho ipsilateral. O quiasma óptico pode ser afetado por um tumor de hipófise que comprime a porção inferior do quiasma, ou por um craniofaringioma comprimindo a porção superior. As fibras que decussam no quiasma óptico conduzem informações da retina nasal e dos campos visuais temporais, e uma lesão nesse local resulta em **hemianopsia bitemporal**. Uma lesão no trato óptico irá afetar as fibras a partir da retina nasal ipsilateral e retina temporal contralateral, resultando em **hemianopsia homônima**. A lesão das radiações ópticas também irá resultar em hemianopsia homônima. Se as radiações ópticas só são afetadas no lobo temporal anterior, haverá um déficit de campo visual predominantemente superior.

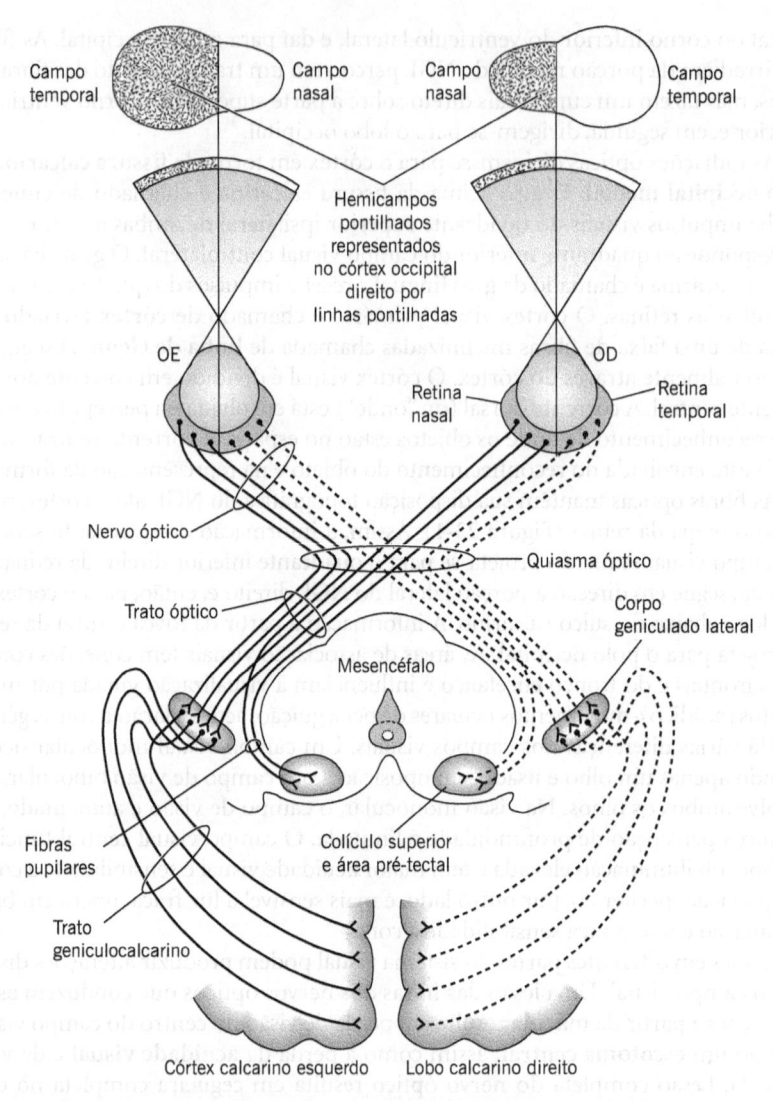

Figura 23-1 A via óptica. As linhas pontilhadas representam as fibras nervosas que conduzem os impulsos aferentes visual e pupilar da metade esquerda do campo visual. (*Reproduzida, com permissão, de Vaughan & Asbury's General Opthalmology. New York, NY: McGraw-Hill; 2000. 16th ed. Capítulo 14, Figura 14-2.*)

Uma lesão do lobo occipital que afeta todo o córtex visual primário também pode causar uma hemianopsia homônima. **Preservação macular**, a preservação de

5 a 10 graus centrais de visão em um campo visual que seria cego, em geral está presente por causa da extensa representação macular no córtex occipital.

A aferência visual das metades superiores da retina leva informações do campo visual inferior ao cuneus, ao passo que a aferência das metades inferiores da retina leva informações do campo visual superior para o giro lingual. Uma lesão desse giro causará um déficit de campo superior contralateral chamado de **quadrantanopia superior**.

> ### CORRELAÇÃO COM O CASO CLÍNICO
> - Ver Caso 18 (propriocepção), Caso 19 (via espinotalâmica), Caso 20 (nocicepção), Caso 21 (olfação) e Caso 22 (audição).

QUESTÕES DE COMPREENSÃO

23.1 Um menino de sete anos é levado a você pelo professor por preocupações com sua visão. Ele aparentemente tem tido dificuldade em certas aulas e não tem colorido corretamente alguns trabalhos. Como um teste de rastreamento rápido, você mostra ao menino algumas placas de cores de Ishihara, e ele não é capaz de ver os números em algumas delas, o que indica que tem discromatopsia especificamente para discriminar entre vermelho e verde. Qual tipo de célula é mais provável de ser anormal na retina dessa criança?

   A. Bastonetes
   B. Cones
   C. Células bipolares
   D. Células ganglionares da retina

23.2 Uma paciente de 43 anos apresenta-se em sua clínica com queixa de perda de visão. A visita é motivada por um acidente em que ela foi atropelada por um carro se aproximando pelo lado esquerdo, o qual ela afirma não ter visto. Aplicando o teste completo de campo visual, você nota que essa paciente tem uma hemianopsia homônima esquerda. Você solicita uma ressonância magnética e observa um tumor colidindo com parte da via visual. Com base no defeito do campo visual da paciente, qual é o local mais provável de seu tumor?

   A. Nervo óptico esquerdo
   B. Quiasma óptico
   C. Trato óptico direito
   D. Radiações ópticas inferiores direitas (alça de Meyer)

23.3 Um homem de 64 anos com hipertensão e uma extensa história de tabagismo apresenta-se ao consultório com queixas de perda de visão periférica. Ele observa que o problema de visão ocorreu abruptamente há vários dias, e estava esperando que melhorasse, mas não melhorou. Nos testes de campo visual, ele tem uma hemianopsia homônima direita com preservação macular. Onde é o local mais provável de lesão desse paciente?

A. Lobo occipital esquerdo
B. Giro lingual esquerdo
C. Cuneus esquerdo
D. Radiações ópticas superiores esquerdas

RESPOSTAS

23.1 **B**. Daltonismo ocorre mais frequentemente por causa de um defeito em um dos três tipos de **cones** presentes no olho humano. Cada tipo de cone detecta uma cor diferente – vermelho, azul ou verde – e um defeito em qualquer um desses tipos resulta em dificuldade na discriminação de cor. Os bastonetes respondem a todas as cores da luz (visão monocromática) e são eficazes em situações de pouca luz. As células bipolares funcionam para consolidar informações de muitos bastonetes e transmiti-las às células ganglionares da retina, que projetam seus axônios para os nervos e os tratos ópticos e para o tálamo.

23.2 **C**. Esta paciente tem maior probabilidade de ter um defeito no **trato óptico direito**. A visão é representada contralateralmente no SNC, mas não é dividida por olho, e sim por campo visual. Em outras palavras, os objetos à direita da linha média são representados no lado esquerdo do cérebro e vice-versa. Esta paciente tem uma perda completa da visão à esquerda da linha média, indicando uma lesão do lado direito atrás do quiasma óptico, onde as vias se tornam totalmente segregadas pelo lado. A única lesão das listadas que pode causar esses sintomas é uma lesão do trato óptico direito. Uma lesão das radiações ópticas inferiores direitas só iria causar um defeito na metade do campo visual esquerdo, que vem a partir da metade inferior da retina, o que causaria uma quadrantanopia superior esquerda. As lesões do quiasma óptico normalmente causam hemianopsia bitemporal por danos às fibras cruzadas nasais de ambos os olhos. Uma lesão do nervo óptico esquerdo iria causar cegueira completa no olho esquerdo.

23.3 **A**. Como este paciente tem uma hemianopsia homônima direita com preservação macular, o local mais provável da lesão é o **lobo occipital esquerdo**. O campo visual direito projeta-se para o córtex esquerdo, com a metade inferior representada superior ao sulco calcarino no cuneus, e a metade superior representada inferior ao sulco calcarino no giro lingual. Uma lesão em qualquer um desses giros resulta em uma quadrantanopia correspondente. Extensos danos ao polo occipital, incluindo ambas as circunvoluções, no entanto, podem causar perda de visão em todo o campo visual. Um fenômeno interessante em lesões occipitais grandes, contudo, é a preservação macular. Acredita-se que, como a mácula é representada tão fortemente no córtex visual, mesmo grandes lesões deixam algumas áreas do córtex representando a mácula intacta.

> **DICAS DE NEUROCIÊNCIAS**
>
> ▶ As fibras ópticas transmitem topograficamente informações para o córtex visual, mantendo o mapa da retina.
> ▶ As lesões ao longo da via visual corresponderão a distintos déficits de campo visual.
> ▶ A região macular da retina é adaptada para alta acuidade visual, contém apenas cones e tem uma grande representação no córtex visual.
> ▶ Uma lesão da mácula leva a um escotoma central.

REFERÊNCIAS

Martin JH. The visual system. *Neuroanatomy: Text and Atlas*. 2nd ed. Stamford, CT: Appleton & Lange; 1996.

Ropper AH, Brown RH. Disturbances of vision. *Adams and Victor's Principles of Neurology*. 8th ed. New York, NY: McGraw-Hill; 2005.

Wurtz RH, Kandel ER. Central visual pathways. In: Kandel ER, Schwarz JH, Jessell TM, Siegelbaum SA, Hudspeth AJ, eds. *Principles of Neural Science*. 5th ed. New York, NY: McGraw-Hill; 2012.

CASO 24

Um homem de 65 anos desenvolveu fraqueza repentina nos membros superior e inferior à direita. Sua esposa observa que a metade inferior direita de sua face parece mais fraca. Ele é levado para a sala de emergência, onde é registrada uma história significativa de diabetes e hipertensão mal controlada. Ao exame físico, tem paralisia flácida do lado direito e paralisia do lado inferior direito da face. Uma ressonância magnética é realizada imediatamente, revelando um infarto isquêmico agudo do lado esquerdo.

- Qual área infartada do cérebro é responsável pelos sintomas do paciente?
- Que tratamento está disponível?
- Altos níveis de qual lipídeo aumentam consideravelmente o risco de acidente vascular encefálico isquêmico?

RESPOSTAS PARA O CASO 24
Controle do movimento

Resumo: Um homem de 65 anos com diabetes e hipertensão mal controlada desenvolve hemiparesia do lado direito de início agudo e uma fraqueza facial parcial à direita. A ressonância magnética é consistente com um acidente vascular encefálico isquêmico no hemisfério esquerdo.

- **Área cerebral afetada responsável pelos sintomas do paciente:** A cápsula interna esquerda contém os tratos corticobulbar e corticospinal, que inervam a metade da face do paciente e os membros superior e inferior contralaterais.
- **Opções de tratamento:** Se um acidente vascular encefálico isquêmico é diagnosticado dentro de um período de três horas, o fator ativador de plasminogênio tecidual pode ser usado para tentar dissolver o coágulo nos vasos sanguíneos que perfundem a cápsula interna.
- **Fatores de risco de acidente vascular encefálico (AVE) isquêmico:** Altos níveis de colesterol aumentam o risco de AVE isquêmico. Outros fatores de risco incluem idade avançada, hipertensão arterial, tabagismo, doenças cardíacas e diabetes.

ABORDAGEM CLÍNICA

O AVE isquêmico é caracterizado pela perda súbita de fornecimento de sangue a uma área do cérebro, o que resulta em uma perda correspondente da função neurológica. A maioria dos AVEs é isquêmica, causada por uma trombose ou embolia em um vaso sanguíneo cerebral. Os AVEs também podem ser hemorrágicos; além disso, um AVE isquêmico pode se converter em um AVE hemorrágico. Os sintomas de um AVE dependerão da área do cérebro que é afetada pela perda de fornecimento de sangue. O local mais comum para um AVE isquêmico é a parte posterior da cápsula interna, a qual contém as fibras descendentes corticospinais e corticobulbares, resultando em sintomas puramente motores.

ABORDAGEM AO
Controle do movimento

OBJETIVOS

1. Conhecer as estruturas do sistema nervoso central envolvidas no controle motor.
2. Descrever as vias motoras descendentes e suas funções.
3. Estar ciente das interações e das influências dos sistemas sensoriais na função motora.

DEFINIÇÕES

HOMÚNCULO: Figura do corpo humano sobreposta na superfície cortical do cérebro para representar as regiões motoras ou sensoriais do corpo.

NEURÔNIOS MOTORES SUPERIORES: Neurônios de nível superior do córtex cerebral, do cerebelo e dos núcleos da base que controlam direta ou indiretamente as vias motoras descendentes.

NEURÔNIOS MOTORES INFERIORES: Neurônios motores provenientes de núcleos da medula espinal e do tronco encefálico que inervam o músculo esquelético e constituem o elo final direto do sistema nervoso através das junções neuromusculares.

CÓRTEX PRÉ-MOTOR: Uma área do córtex motor, localizada entre o córtex motor primário e o córtex pré-frontal, responsável pela orientação sensorial do movimento e pelo controle da musculatura proximal e do tronco do corpo.

CÉLULAS DE BETZ: Células piramidais grandes localizadas no córtex motor primário, que dão origem à porção do trato corticospinal que faz sinapse diretamente com neurônios motores inferiores nas células do corno anterior da medula espinal.

SOMATOTÓPICA: Manutenção da organização espacial dentro do sistema nervoso central. Por exemplo, as fibras que inervam o pé irão percorrer ao lado das fibras que inervam a parte inferior do membro inferior.

DISCUSSÃO

O sistema motor é organizado em uma hierarquia funcional, com cada nível responsável por uma tarefa específica. O movimento deve ser planejado, ter um propósito, responder a estímulos sensoriais e funcionar em coordenação usando detalhes espaço-temporais das posições musculares. Existem vias anatômicas que se projetam para a medula espinal de centros motores superiores. A maior parte dessas vias é organizada **somatotopicamente**, com os movimentos de partes adjacentes do corpo sendo controlados por zonas contíguas do encéfalo em cada nível dentro da hierarquia motora.

O **córtex motor primário** encontra-se no giro pré-central e no lóbulo paracentral do lobo frontal e é responsável por controlar o movimento simples. Ele se estende da fissura lateral para cima, para a borda dorsal do hemisfério e além do lóbulo paracentral. A faixa motora à esquerda controla o lado direito do corpo, e a faixa à direita controla o lado esquerdo. Neurônios na parte lateral da faixa motora influenciam a região motora da laringe e da língua, seguidos em ordem ascendente por neurônios que afetam a face, o polegar, a mão, o braço, o tórax, o abdome, a coxa, a perna, o pé e os músculos perineais. As áreas da mão, da língua e da laringe são desproporcionalmente grandes, dado o controle motor elaborado necessário para esses grupos musculares. Essa representação funcional é chamada de **homúnculo**.

O **córtex pré-motor** encontra-se imediatamente rostral à área motora primária sobre a superfície lateral dos hemisférios. A área pré-motora também contém uma representação de homúnculo. A porção medial contém a **área motora suplementar**. O **giro pós-central** e o **córtex motor secundário**, localizados onde os giros pré e pós-central são contínuos na base do sulco central, também são regiões corticais que influenciam o movimento. Os **campos oculares frontais**, localizados no giro frontal médio, iniciam os movimentos sacádicos voluntários e contêm neurônios que influenciam o movimento dos olhos.

Os movimentos resultam das ações de redes neuronais em muitos níveis diferentes do sistema nervoso. O tronco encefálico e a medula espinal contêm o gerador de padrões para as atividades rítmicas e os movimentos complexos, como a locomoção. As vias descendentes interagem e controlam os padrões de descargas neuronais de nível inferior de uma **maneira hierárquica (Figura 24-1)**. O córtex

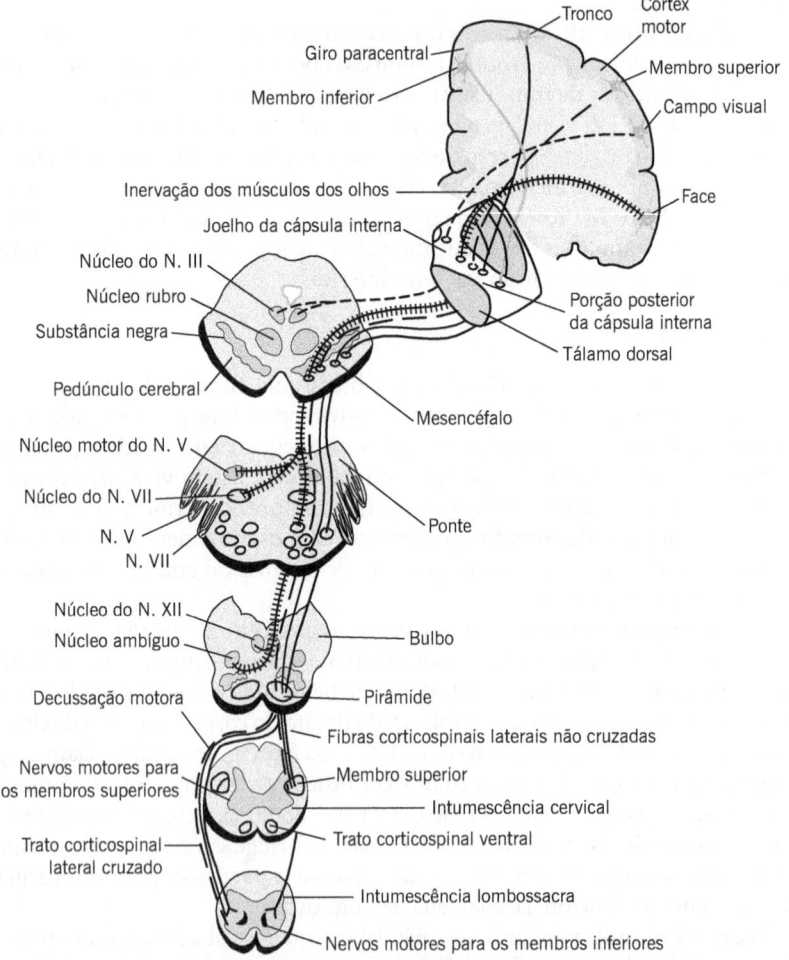

Figura 24-1 Ilustração esquemática das vias do neurônio motor superior. (*Reproduzida, com permissão, de Adam and Victor's Principles of Neurology. New York: McGraw-Hill; 2000. 7th ed. Página 51, Figura 3-2.*)

cerebral pode controlar as contrações de músculos individuais e pode determinar a força dessas contrações. As populações de neurônios corticais motores, no entanto, devem agir em conjunto para especificar a **direção** e a **força** dos movimentos. As áreas pré-motora e motora suplementar são importantes no planejamento dos movimentos. A área motora suplementar funciona também para integrar movimentos realizados simultaneamente em ambos os lados do corpo.

Os **neurônios motores inferiores** inervam o músculo esquelético através de **junções neuromusculares**. Seus corpos celulares residem na medula espinal e nos núcleos dos nervos cranianos do sistema nervoso central, onde eles são influenciados pelas estruturas do sistema nervoso superior a estimular ou inibir os movimentos voluntários. O sistema motor inferior coordena reflexos simples e controla a quantidade de força e de velocidade gerada por um único músculo. Ele coordena movimentos e alterações na postura. Os **neurônios motores superiores** incluem tecnicamente o córtex cerebral, o cerebelo e os núcleos da base, e todos regulam a atividade do neurônio motor inferior direta ou indiretamente através de interneurônios. O sistema motor superior está envolvido em tarefas mais globais e coordenadas, calcula a atividade de muitos membros ou grupos musculares e avalia a adequação de uma ação em particular.

O **trato corticospinal**, ou **trato piramidal, controla os movimentos especializados** dos membros distais e influencia os **músculos flexores distais**. Um terço dos axônios no trato corticospinal origina-se no córtex motor primário, e um décimo dessas células se origina das **células de Betz**, que são grandes células piramidais localizadas na quinta camada cortical. Um terço dos axônios do trato corticospinal surge a partir das regiões motoras do córtex pré-motor e da área motora suplementar, e o restante origina-se das fibras do lobo parietal, principalmente o giro pós-central. As áreas do córtex que contribuem para o trato corticospinal são designadas coletivamente como **córtex sensorimotor**. Depois de passar através da **parte posterior da cápsula interna** e o meio do pedículo cerebral, ou *crus cerebri*, o trato corticospinal divide-se em feixes na ponte antes de se tornar um feixe discreto para formar a **pirâmide medular**. Cerca de 90% das fibras cruzam para o outro lado ao **nível da decussação do trato piramidal** na região inferior do bulbo e continuam um trajeto descendente como o **trato corticospinal lateral**. Esse trato se dirige para todos os níveis da medula espinal, fazendo sinapse nas porções laterais das lâminas IV a VIII. A maior parte das sinapses nessas camadas é com interneurônios que, em seguida, fazem sinapse diretamente com neurônios motores na lâmina IX. Algumas fibras no trato corticospinal lateral, no entanto, fazem sinapse diretamente com os neurônios motores na lâmina IX. Os 10% restantes de fibras corticospinais não decussam no bulbo e descem no funículo anterior da medula cervical e torácica superior como o **trato corticospinal ventral**. A maioria dessas fibras decussa pela **comissura branca ventral** ao seu nível de terminação antes de fazer sinapse com interneurônios e motoneurônios do lado contralateral. O número de fibras em ambas as vias corticospinais lateral e ventral diminui sucessivamente em segmentos inferiores da medula espinal à medida que mais e mais fibras alcançam suas terminações.

As fibras do trato corticospinal que fazem sinapse com interneurônios no corno dorsal influenciam tanto arcos reflexos locais como células originárias de vias ascendentes sensoriais. Esse sistema permite que o córtex cerebral **controle a eferência do reflexo motor e modifique a aferência sensorial que chega ao cérebro.** **Sinais excitatórios** corticais **geralmente resultam de conexões monossinápticas com motoneurônios** e são facilitados pelo neurotransmissor **glutamato. Sinais inibitórios ocorrem por meio de conexões sinápticas em interneurônios inibitórios** e são mediados por **glicina.** A ativação do trato corticospinal, em geral, resulta em **aferência excitatória para motoneurônios dos músculos flexores e aferência inibitória para os motoneurônios dos músculos extensores.**

O **trato corticobulbar** surge principalmente a partir da porção ventral do córtex sensorimotor na superfície lateral do hemisfério e dos campos visuais frontais. Os axônios divergem do trato corticospinal ao nível do mesencéfalo e terminam nos núcleos dos nervos cranianos III, IV, V, VI, VII, IX, X, XI e XII, no tronco encefálico.

Fibras que se projetam dos campos visuais frontais indiretamente influenciam movimentos oculares por fazerem sinapse com células na formação reticular pontina, que então se projeta para os núcleos dos nervos cranianos III, IV e VI. Os núcleos motores dos nervos cranianos recebem inervação de ambos os hemisférios cerebrais, criando movimentos simétricos de ambos os lados da face. O núcleo inferior do facial e o núcleo do hipoglosso recebem inervação muito mais intensa do córtex ipsilateral, permitindo que os músculos controlados por esses grupos (face inferior e língua) sejam controlados de forma independente nos dois lados. Semelhante ao trato corticospinal, o trato corticobulbar contém fibras que terminam em neurônios sensoriais ascendentes, permitindo a mediação de informações sensoriais do núcleo grácil, do núcleo cuneiforme, dos núcleos trigeminais sensoriais e do núcleo do trato solitário.

O **trato corticotectal** contém fibras que se projetam a partir de áreas corticais dos lobos occipital e parietal inferior para o colículo superior, o núcleo intersticial de Cajal e o núcleo de Darkschewitsch. Os axônios projetam-se daqui para a **formação reticular pontina** e de lá para o **fascículo longitudinal medial** (FLM) para fazer sinapse nos núcleos oculomotor, troclear e abducente. Essa aferência permite uma influência cortical sobre a atividade do músculo extraocular. O trato corticotectal também se conecta com os neurônios do colículo superior que dão origem ao **trato tectospinal.** Esse aparelho cruza na **decussação tegmental dorsal** e desce para a medula espinal cervical, onde as fibras se incorporam ao FLM. As aferências a partir do trato tectospinal influenciam os neurônios que inervam os músculos do pescoço e estão envolvidas com os movimentos de virada reflexiva da cabeça e dos olhos.

As áreas corticais que dão origem ao trato corticospinal também formam o **trato corticorrubral.** Esses neurônios projetam-se para o **núcleo rubro ipsilateral** no tegmento do mesencéfalo. Os neurônios do núcleo rubro, em seguida, dão origem ao **trato rubrospinal,** que cruza na **decussação tegmental ventral** e desce pelo tegmento lateral da ponte, do mesencéfalo e do bulbo. Descendendo logo anteriormente ao trato corticospinal lateral, as fibras fazem sinapse nas lâminas V, VI e VII da substância cinzenta da medula espinal. O trato rubrospinal facilita motoneurônios flexores e inibe motoneurônios extensores.

As **fibras corticorreticulares** percorrem os tratos corticospinal e corticobulbar até a formação reticular. A formação reticular do tronco encefálico recebe informações sensoriais de numerosos sistemas e se comunica muito com o cerebelo e o sistema límbico. Duas fibras corticorreticulares originam-se tanto do **córtex sensorimotor** como de outras regiões do encéfalo como o **córtex pré-frontal medial**, o **lobo límbico** e a **amígdala**. Essas áreas corticais integram os componentes somático e visceral de sistemas complexos, como reflexo de micção e função genital, bem como controlam os comportamentos emocionais e sociais complexos associados com eles.

O trato reticulospinal pontino é importante para o controle da postura e da locomoção. Origina-se a partir da formação reticular pontina e percorre com o FLM pelo bulbo e pela medula espinal cervical antes de terminar na medula espinal torácica. Suas fibras fazem sinapses excitatórias nas lâminas VII e VIII nos motoneurônios extensores que inervam a musculatura da linha média do corpo e as extremidades proximais.

Vários **núcleos da rafe** na formação reticular têm uma função importante na modulação da resposta do sistema motor ao reflexo ou às aferências corticospinais. Os **núcleos da rafe caudal** na formação reticular dão origem a fibras que se projetam para a medula espinal, influenciando os sinais sensoriais aferentes, bem como a capacidade de resposta motora. As fibras do **núcleo magno da rafe** exercem influências importantes na transmissão de estímulos de dor de nervos periféricos. O núcleo do *locus ceruleus* e o núcleo subceruleus originam as projeções noradrenérgicas para a medula espinal por meio do funículo ventrolateral. Enquanto essas conexões da rafe-espinais não evocam o movimento, elas são importantes na produção de efeitos excitatórias ou inibitórios gerais que influenciam a capacidade de resposta global do motoneurônio e modulam o sistema motor em diferentes fases dos ciclos de sono-vigília e com a mudança de estados emocionais.

Os **tratos vestibulospinais** são importantes vias para o controle do tônus postural e os ajustes posturais do corpo que acompanham os movimentos da cabeça. Eles surgem a partir dos neurônios nos núcleos vestibulares no bulbo e descem como o **trato vestibulospinal lateral** ao longo de todo o comprimento da medula espinal, e como o **trato vestibulospinal medial** por meio dos níveis torácicos superiores. Eles descem no funículo anterior e fazem sinapse nas lâminas VII e VIII da substância cinzenta da medula espinal para evocar potenciais pós-sinápticos excitatórios em neurônios motores que inervam os músculos extensores do pescoço, das costas e dos membros superiores e inferiores.

A integração das informações sensoriais com o movimento nos permite interagir continuamente com nosso ambiente por meio de comportamentos motores variados e propositais. Sistemas motores são continuamente refinados por repetição e aprendizado por causa de constantes influências das complexas áreas corticais de associação. As lesões ao longo da hierarquia motora podem conduzir a sequelas negativas (paralisia) e positivas (espasticidade) causadas pela combinação das aferências excitatórias e inibitórias aos sistemas motores inferiores.

> **CORRELAÇÃO COM O CASO CLÍNICO**
>
> • Ver Casos 24 a 27 (sistemas de movimento).

QUESTÕES DE COMPREENSÃO

24.1 Uma paciente de 68 anos apresenta-se a sua clínica com queixa de fraqueza de piora gradual no membro inferior direito e recente aparecimento de fraqueza no membro inferior esquerdo. Ela afirma que a fraqueza no membro inferior direito é agora tão intensa que é quase incapaz de movê-lo. Ao exame, a paciente apresenta massa muscular normal em ambos os membros inferiores, hiper--reflexia dos reflexos patelar e Aquiles à direita e 20% de força no membro inferior direito. Você suspeita que um tumor no cérebro possa estar causando os sintomas e solicita uma ressonância magnética, que provavelmente mostra um tumor em qual dos seguintes locais?

A. Na convexidade do hemisfério esquerdo sobre a região frontoparietal
B. Na convexidade do hemisfério direito sobre a região frontoparietal
C. No plano sagital médio próximo ao lóbulo paracentral
D. Na convexidade do hemisfério esquerdo sobre a região parietotemporal

Consulte o seguinte caso para responder as perguntas 24.2 e 24.3:
Um homem de 25 anos está internado após um acidente de moto em que não estava usando um capacete. Ele permanece inconsciente em estado grave na unidade de tratamento intensivo por várias semanas, mas finalmente recupera a consciência. Nota-se que o paciente é capaz de mover todos os grupos musculares com força total quando testados individualmente e pode voluntariamente fazer movimentos simples, sem problemas, mas tem grande dificuldade em realizar movimentos complexos.

24.2 Qual das seguintes áreas do sistema motor é mais provável que esteja danificada nesse paciente?

A. Córtex motor primário
B. Áreas pré-motora e motora suplementar
C. Cápsula interna
D. Células do corno anterior

24.3 Em que nível do sistema nervoso a maioria das fibras descendentes decussa para formar o trato corticospinal contralateral?

A. Cápsula interna
B. Pirâmides bulbares
C. Comissura branca ventral da medula espinal
D. Neurônios corticospinais não decussam

RESPOSTAS

24.1 **C**. A lesão descrita é um **meningioma parassagital**, um tumor geralmente benigno das meninges. Neste caso, está crescendo no plano sagital mediano causando compressão do lóbulo paracentral esquerdo e também do lóbulo paracentral direito em menor grau. Lembre-se que, pela organização somatotópica do córtex motor primário, o controle do pé e da perna contralateral está no lóbulo paracentral e o controle de partes mais superiores do corpo se dá em áreas cada vez mais inferiores do giro pré-central à medida que avança em direção à fissura de Sylvius. Uma lesão sobre a convexidade lateral da região frontoparietal iria comprimir a região motora primária, localizada na região do giro pré-central, resultando em fraqueza contralateral da mão, do braço ou da face, dependendo da localização exata do tumor.

24.2 **B**. O déficit na execução de movimentos complexos pode ser atribuído a uma disfunção nas **áreas motora suplementar e pré-motora**. O sistema motor é organizado de forma hierárquica, adicionando complexidade a possíveis movimentos a cada nível mais elevado. No topo dessa hierarquia estão a área motora suplementar e o córtex pré-motor, que estão envolvidos no planejamento e na execução de comportamentos motores complexos. Os neurônios no córtex motor primário estão envolvidos em movimentos simples e podem determinar a velocidade e a força com que grupos musculares contraem. Axônios descendentes de ambas as áreas percorrem através da cápsula interna e dos tratos corticospinais para fazer sinapse com células do corno anterior da medula espinal, as quais controlam a contração efetiva de grupos de músculos individuais. Uma vez que este paciente tem movimento voluntário completo e força em todos os seus grupos musculares, o córtex motor primário parece estar intacto.

24.3 **B**. Cerca de 90% dos axônios descendentes do trato corticospinal decussam **ao nível das pirâmides bulbares** na decussação piramidal. Essas fibras, em seguida, percorrem pelo trato corticospinal lateral contralateral na coluna lateral da medula espinal. Eles terminam em neurônios motores alfa e interneurônios ao nível apropriado da medula espinal, resultando em um controle de movimentos do córtex motor contralateral. Os 10% restantes dos neurônios corticospinais não cruzam nas pirâmides bulbares, mas descendem na medula espinal ipsilateral no trato corticospinal anterior e, finalmente, cruzam a linha média na comissura branca ventral da medula espinal ao seu nível espinal terminal.

> ### DICAS DE NEUROCIÊNCIAS
> ▶ O sistema motor é somatotopicamente organizado em um padrão hierárquico funcional.
> ▶ As áreas motoras corticais são importantes para o planejamento dos movimentos e a integração de eferências motoras com aferências sensoriais.
> ▶ Vias motoras descendentes conduzem aferências excitatórias e inibitórias para a medula espinal, permitindo movimentos intencionais e controlados.

REFERÊNCIAS

Ghez C, Krakauer J. The organization of movement. In: Kandel ER, Schwartz JH, Jessell TM, eds. *Principles of Neural Science*. 4th ed. New York, NY: McGraw-Hill; 2000.

Martin JH. Descending projection systems and the motor function of the spinal cord. In: *Neuroanatomy: Text and Atlas*. 2nd ed. Stamford, CT: Appleton & Lange; 1996.

Ropper AH, Brown RH. Disorders of motility. In: *Adams and Victor's Principles of Neurology*. 8th ed. New York, NY: McGraw-Hill; 2005.

CASO 25

Um homem de 62 anos apresenta-se a seu médico clínico geral queixando-se de tremor constante nas mãos que tem progredido lentamente nas últimas seis semanas. O paciente também afirma que caminhar se tornou cada vez mais difícil, embora atribua isso à velhice. Ao exame físico, ele tem aumento do tônus muscular com uma postura encurvada e tremor de repouso. Quando solicitado a fazer movimentos intencionais, o paciente é lento para iniciar o movimento; no entanto, o tremor é aliviado enquanto se move. Os exames de função dos nervos cranianos e dos reflexos profundos são normais. O paciente não apresenta sintomas de demência, Alzheimer ou qualquer outra perturbação cognitiva. Um exame de imagem por ressonância magnética (RM) é solicitado, mostrando atrofia cerebral leve, adequada para a idade, sem mais alterações. Você faz o diagnóstico de doença de Parkinson.

▶ Que estruturas microscópicas são encontradas nos neurônios de pacientes com esse transtorno?
▶ Quais são as opções de tratamento disponíveis?

RESPOSTAS PARA O CASO 25
Núcleos da base

Resumo: Um paciente de 62 anos de idade, com bradicinesia e um tremor de repouso estável em ambas as mãos. O tremor diminui temporariamente ao fazer movimentos intencionais. O paciente tem aumento do tônus muscular e uma postura arqueada. Quando solicitado a andar, sua marcha é anormal. Os exames de função dos nervos cranianos e dos reflexos profundos são normais. A imagem por RM revela leve atrofia cerebral global apropriada para a idade do paciente, sem mais alterações.

- **Patologia microscópica:** Corpos de Lewy são inclusões citoplasmáticas eosinofílicas com um halo de fibrilas radiais e são compostos principalmente pela proteína alfa-sinucleína. Essas estruturas patológicas parecem se acumular ao longo do tempo e perturbar as funções intracelulares normais das células nervosas.
- **Opções de tratamento:** Embora não haja opções de tratamento atuais curativas, a administração de **levodopa** (um precursor da dopamina) e de outros medicamentos para parkinsonismo ajuda a aliviar os sintomas da doença de Parkinson. Alguns pacientes também podem ser candidatos a intervenções neurocirúrgicas, como **talamotomia**, **subtalamotomia** ou **palidotomia** para aliviar os sintomas de movimento, uma vez que os tratamentos clínicos se tornaram ineficazes. Além disso, uma pesquisa atual mostra que o transplante de células-tronco embrionárias no estriado pode um dia se tornar uma opção de tratamento eficaz para pacientes com doença de Parkinson.

ABORDAGEM CLÍNICA

A doença de Parkinson (DP) é um distúrbio neurológico comum dos núcleos da base decorrente da degeneração celular neural dentro da parte compacta da substância negra. A perda desses neurônios dopaminérgicos pigmentados reduz a quantidade de dopamina sintetizada na substância negra. Sem a quantidade apropriada de dopamina no estriado, existe um efeito antagonista sobre a via direta e um efeito agonista sobre a via indireta da projeção nigroestriatal. Isso muitas vezes leva a uma hipocinesia. A via direta tem o efeito líquido de neurônios talâmicos emocionantes, que por sua vez fazem conexões excitatórias com neurônios corticais. A via indireta tem o efeito líquido excitatório sobre os neurônios talâmicos, que por sua vez fazem conexões excitatórias com os neurônios corticais. A causa patológica da morte celular na DP ainda não está clara e, na maioria dos casos, é idiopática. Outras causas de parkinsonismo estão relacionadas com etiologias induzidas por drogas, tóxicas, genéticas e traumáticas. Sintomas parkinsonianos também são observados em indivíduos após o uso de medicamentos antipsicóticos a longo prazo, como haloperidol, ou após a ingestão da neurotoxina MPTP.

ABORDAGEM AOS
Núcleos da base

OBJETIVOS

1. Conhecer as estruturas anatômicas e as projeções celulares dos núcleos da base.
2. Ser capaz de descrever as diferentes funções neurológicas dos núcleos da base.
3. Conhecer os transtornos comuns associados com os núcleos da base.

DEFINIÇÕES

ESTRIADO: Compreende o núcleo caudado e o putame. Juntos, os dois núcleos agem como a "porção de recepção" dos núcleos da base.
GLOBO PÁLIDO: Composto de globo pálido interno (GP_i) e externo (GP_e). Desempenha um papel modulador entre o estriado e o tálamo. As conexões eferentes da substância negra e do globo pálido agem como mediadores entre os núcleos da base e o resto do sistema nervoso.
NEURÔNIOS ESPINHOSOS MÉDIOS: Tipo de célula mais comum encontrada no estriado. Eles contêm o neurotransmissor inibitório ácido gama-aminobutírico (GABA, de *gamma aminobutiric acid*).
HEMIBALISMO: Movimentos involuntários violentos do lado contralateral do corpo resultantes de lesões que envolvem o núcleo subtalâmico.
COREIA: Um distúrbio do movimento dos núcleos da base caracterizado por movimentos rápidos e irregulares, bem como por caretas da face.
ATETOSE: Um distúrbio do movimento dos núcleos da base caracterizado por movimentos lentos e de contorção envolvendo as extremidades, o tronco e o pescoço.
DESINIBIÇÃO: Inibição de uma via de projeção inibitória.

DISCUSSÃO

Os núcleos da base são compostos por **núcleo caudado, putame** e **globo pálido**. Por causa do alto grau de conexões celulares com essas três estruturas, a **substância negra** e o **núcleo subtalâmico** também são considerados seus componentes. Os núcleos da base têm conexões significativas tanto no tálamo como no córtex. Eles funcionam principalmente na modificação e na elaboração de movimentos iniciados pelo córtex motor primário. Uma lesão em um dos núcleos da base produz uma ruptura no tônus muscular e no movimento, mas não há paresia.

Outros papéis significativos dos núcleos da base incluem funções cognitivas como memória verbal de trabalho, planejamento motor, aprendizagem de movimento repetitivo e associação de motivação e de emoções para a execução de movimentos.

O núcleo caudado e o putame em conjunto são denominados **estriado**. Juntos, esses dois núcleos agem como a "porção de recepção" dos núcleos da base.

Os principais aferentes percorrem a partir do córtex cerebral, dos núcleos talâmicos intralaminares e dos grupos de células contendo dopamina no mesencéfalo. O putame recebe informação, em grande parte, a partir dos córtices motor e somatossensorial primário, enquanto o núcleo caudado recebe a maior parte das suas aferências das áreas de associação do córtex. As células dos **núcleos intralaminares do tálamo**, em grande parte do núcleo centromediano, projetam-se para o estriado. Os aferentes dopaminérgicos do estriado surgem da **substância negra** e da **área tegmental ventral**.

As vias **eferentes primárias** dos núcleos da base começam no globo pálido e na substância negra e projetam-se para o **tálamo**, o **tegmento mesencefálico** e o **colículo superior**. As conexões eferentes da substância negra e do globo pálido agem como um mediador entre os núcleos da base e o resto do sistema nervoso.

O globo pálido é composto por segmentos internos e externos, cada um recebendo aferentes a partir do estriado e do núcleo subtalâmico. As ações das fibras do estriado no GP_i são inibitórias, enquanto os efeitos do núcleo subtalâmico é excitatório. A atividade do GP_i é determinada a partir do somatório de sinais inibitórios e excitatórios. Os eferentes do GP_i atuam sobre a substância negra e o tálamo. Enquanto o GP_e se projeta para o núcleo subtalâmico, a substância negra faz conexões eferentes com o tálamo e com o colículo superior. O tálamo funciona como um centro de retransmissão de informações projetando nos dois sentidos entre os núcleos da base e o córtex cerebral. Os núcleos da base, adicionalmente, regulam os movimentos e o tônus muscular por eferentes ao trato reticulospinal e à formação reticular. Seis tipos de células diferentes foram identificados no estriado, o mais comum sendo os **neurônios espinhosos médios**. Eles contêm o neurotransmissor inibitório **GABA**.

A substância negra tem dois componentes: parte compacta e parte reticular. A **parte compacta** é densamente povoada por neurônios que contêm neuromelanina (dando ao núcleo sua cor escura). Os aferentes da substância negra provêm de diversos grupos de células diferentes, sendo a maioria do estriado. Os aferentes inibitórios da substância negra contêm o neurotransmissor GABA. Os aferentes excitatórios originam-se a partir do **núcleo pedunculopontino** e do **núcleo subtalâmico** (transmissão de glutamato), dos **núcleos da rafe** (transmissão de serotonina), do *locus ceruleus* (transmissão de norepinefrina) e do **prosencéfalo basal**.

As conexões eferentes da substância negra principalmente projetam-se para o estriado e para o tálamo, com alguma associação para o colículo superior e a formação reticular (Figura 25-1). A parte compacta contém os neurônios dopaminérgicos nigrostriatais, tornando-se um local-chave na DP. A via nigroestriatal tem o efeito duplo de excitar a via direta e inibir a via indireta – quando esta via é destruída como na DP, a via indireta não pode ser inibida. A parte reticular contém neurônios inibitórios GABAérgicos nigrotalâmicos.

A **dopamina** é um dos principais neurotransmissores moduladores no estriado. Os receptores de dopamina podem ser divididos em tipos D_1 e D_2, cada um possuindo muitos subtipos. Os receptores influenciam muitos tipos de canais iônicos em ambos os terminais pré-sinápticos e pós-sinápticos. Isso permite que o neu-

CASOS CLÍNICOS EM NEUROCIÊNCIAS   211

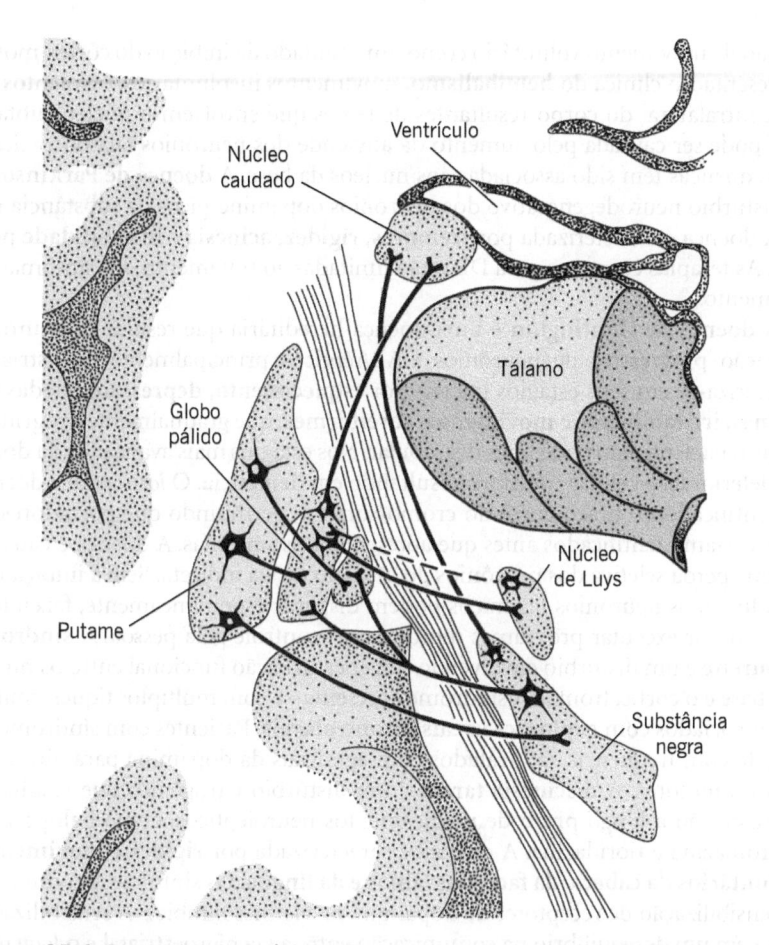

Figura 25-1 Diagrama dos núcleos da base no plano coronal ilustrando as principais interconexões. (*Reproduzida, com permissão, de Adam and Victor's Principles of Neurology. 7th ed. New York: McGraw-Hill; 2000. Página 303, Figura 15-2.*)

rotransmissor possa afetar a estabilização do potencial de membrana e contribuir para manter esse potencial a um nível em que a célula é capaz de disparar em salvas, ou seja, em um estado adequado para a transmissão eficiente de sinal.

Aferentes excitatórios são recebidos a partir do córtex motor via núcleo subtalâmico. Esse núcleo envia a maioria de suas conexões eferentes para a parte reticular e para o globo pálido. O efeito das fibras eferentes subtalamopalidais é excitatório. As influências excitatórias do estriado determinam a atividade dos neurônios GABAérgicos no GP_i. O núcleo subtalâmico parece controlar ou parar os movimentos em curso. Devido aos efeitos inibitórios que o GP_i exerce nos neurônios talamocorticais, um aumento da atividade do núcleo subtalâmico resultaria em uma inibição de movimento voluntário como um resultado da inibição do córtex motor. A apresentação clínica do **hemibalismo**, movimentos involuntários e violentos do lado contralateral do corpo resultantes de lesões que envolvem o núcleo subtalâmico, pode ser causada pelo aumento da atividade dos neurônios talamocorticais. Várias doenças têm sido associadas aos núcleos da base. A **doença de Parkinson** é um distúrbio neurodegenerativo dos neurônios dopaminérgicos da substância negra. A doença é caracterizada por **tremores, rigidez, acinesia** e **instabilidade postural**. As terapias correntes para DP estão limitadas ao tratamento dos sintomas de movimento.

A **doença de Huntington** é uma doença hereditária que resulta da neurodegeneração progressiva de neurônios GABAérgicos principalmente do estriado. Caracteriza-se em seus estágios iniciais por **esquecimento, depressão, quedas repentinas, irritabilidade** e **movimentos coreiformes**, que gradualmente progridem até que o paciente não pode mais deambular. Nos estágios mais avançados da doença, a deterioração celular continua, resultando em **demência**. O *locus* para a doença foi identificado no braço curto do cromossomo 4, permitindo que portadores da doença sejam identificados antes que apresentem os sintomas. A doença é causada por uma perda seletiva dos neurônios do estriado na via indireta. Sem a inibição da via indireta, os neurônios talâmicos podem disparar espontaneamente, fazendo o córtex motor executar programas motores sem controle pela pessoa. A **síndrome de Tourette** é um distúrbio envolvendo uma perturbação funcional entre os núcleos da base e o córtex frontal. A síndrome apresenta-se com múltiplos tiques, muitas vezes associados com **explosões vocais incontroláveis**. Pacientes com síndrome de Tourette com frequência são tratados com agonistas da dopamina para aliviar os sintomas motores. A **discinesia tardia** é um distúrbio iatrogênico que resulta da administração a longo prazo de medicamentos neurolépticos, como haloperidol, clorpromazina e tioridazina. A doença é caracterizada por **rigidez e movimentos involuntários da cabeça, da face, dos lábios e da língua**. Os sintomas são causados por sensibilização de receptores de dopamina na via mesolímbica. A sensibilização resulta em um desequilíbrio na comunicação entre a via nigroestriatal e o *loop* motor dos núcleos da base.

CORRELAÇÃO COM O CASO CLÍNICO

- Ver Casos 24 a 27 (sistemas de movimento) e Casos 7 e 15 (doença de Parkinson).

QUESTÕES DE COMPREENSÃO

Consulte o seguinte caso para responder as perguntas 25.1 a 25.3:

Um homem de 38 anos é trazido ao seu consultório pela família porque começou a se comportar um pouco estranho recentemente. Ele tem estado cada vez mais irritado e tem parado de fazer atividades das quais normalmente gostava. Além disso, ele tem começado a ter movimentos estranhos nas mãos e nos dedos quase todo o tempo. Com base nessa história e em seus achados do exame físico, você solicita uma RM, que é sugestiva de doença de Huntington, uma doença que afeta os núcleos da base.

25.1 Com qual dos seguintes processos os núcleos da base estão mais associados?

   A. Controle direto das aferências para os neurônios motores alfa
   B. Planejamento e execução de atividades motoras complexas
   C. Modificação dos movimentos iniciados pelo córtex motor
   D. Integração e suavização de vários movimentos

25.2 Qual das seguintes serve como principal estrutura de aferências dos núcleos da base?

   A. Estriado
   B. Globo pálido
   C. Núcleo subtalâmico
   D. Substância negra

25.3 Qual das seguintes serve como principal estrutura eferente dos núcleos da base?

   A. Estriado
   B. Segmento interno do globo pálido
   C. Segmento externo do globo pálido
   D. Núcleo subtalâmico

RESPOSTAS

25.1 **C.** A função primária dos núcleos da base é a modulação das vias eferentes corticais, incluindo a **modificação de movimentos iniciados pelo córtex motor.** As principais eferências dos núcleos da base são inibitórias para o tálamo, e uma variedade de circuitos dos núcleos da base altera essas eferências para inibir ainda mais ou desinibir o tálamo. Uma vez que as eferências do tálamo para o córtex são, em sua maioria, excitatórias, os núcleos da base são capazes de inibir ou desinibir o córtex. Pensa-se que essas ações sirvam para selecionar de alguma forma os programas motores adequados no momento certo, com supressão de outros programas que não são necessários no momento. O córtex motor primário controla diretamente os neurônios motores alfa, as áreas pré-motora e motora suplementar estão envolvidas no planejamento de movimentos complexos, e o cerebelo serve para integrar e suavizar múltiplos movimentos.

25.2 **A.** O **estriado**, composto por caudado e putame, serve como estrutura primária de aferência dos núcleos da base. Informação motora e principalmente somatossensorial é recebida pelo putame, enquanto a aferência a partir do córtex de associação é recebida principalmente pelo caudado. O corpo estriado em seguida projeta-se para ambos os segmentos do globo pálido e da substância negra, principalmente com ação inibitória. A estimulação de neurônios do estriado conduz à ativação do complexo circuito dos núcleos da base, que em última análise modula a eferência do tálamo para o córtex.

25.3 **B.** O **segmento interno do globo pálido** projeta neurônios inibitórios dos núcleos da base para o tálamo. Os núcleos talâmicos envolvidos são os núcleos anterior e ventrolateral para o controle motor e o núcleo dorsomedial para o córtex de associação. A eferência do tálamo ao córtex é excitatória, de modo que os vários circuitos dos núcleos da base inibem ou desinibem as eferências do tálamo, afetando, assim, o controle motor. A parte reticular da substância negra tem também eferência inibitória para o tálamo que se comporta de forma muito semelhante à do segmento interno do globo pálido.

DICAS DE NEUROCIÊNCIAS

▶ A principal função dos núcleos da base é a modificação e a elaboração de movimentos motores iniciados pelo córtex motor primário.
▶ A dopamina tem uma importante função como um neurotransmissor modulador nos núcleos da base.
▶ O estriado atua como a "porção de recepção" dos núcleos da base.
▶ As conexões eferentes primárias dos núcleos da base começam no globo pálido e na substância negra.

REFERÊNCIAS

Brodal P. The basal ganglia. *The Central Nervous System: Structure and Function*. 3rd ed. New York, NY: Oxford University Press; 2004.

DeLong M. The basal ganglia. In: Kandel ER, Schwarz JH, Jessell TM, Siegelbaum SA, Hudspeth AJ, eds. *Principles of Neural Science*. 5th ed. New York, NY: McGraw-Hill; 2012.

Melrose RJ, Poulin RM, Stern CE. An fMRI investigation of the role of the basal ganglia in reasoning. *Brain Res*. April 2007;1142:146-158.

CASO 26

Um homem de 56 anos apresenta-se ao pronto-socorro com queixas de dificuldade para caminhar e quedas frequentes nas últimas 48 horas. Ele tem história de alcoolismo crônico de 30 anos. Seu estado nutricional é precário e ele admite que gasta todo o dinheiro em álcool em vez de comprar comida. Antes de sua apresentação ao pronto-socorro, ele relata ter tido recentemente um grande consumo alcoólico e vários dias de anorexia. Ao exame físico, nota-se uma marcha irregular com base ampla. A coordenação é ruim em testes que exigem movimentos rápidos dos membros inferiores.

Com base na história de alcoolismo grave e desnutrição do paciente, pensou-se em degeneração cerebelar alcoólica como o diagnóstico mais provável. Após o tratamento com vitamina B1 (tiamina), hidratação agressiva com fluidos intravenosos e uma boa alimentação, os sintomas do paciente melhoraram gradualmente e ele recebeu alta para o programa de tratamento do alcoolismo.

▶ Qual é a parte do cerebelo que mais provavelmente esteja afetada?
▶ Se não tratado, que doença o paciente corre o risco de adquirir?

RESPOSTAS PARA O CASO 26
Cerebelo

Resumo: Um homem de 56 anos com dificuldade para caminhar a dois dias, quedas frequentes, marcha irregular com base alargada e má coordenação de suas extremidades inferiores. Ele tem história de alcoolismo crônico e má nutrição. O paciente foi tratado com vitamina B1 (tiamina), hidratação agressiva com fluidos intravenosos e boa nutrição. Seus sintomas melhoraram gradualmente, ele recebeu alta com uma marcha normal e foi encaminhado para o programa de tratamento do alcoolismo.

- **Áreas do cerebelo afetadas:** As alterações degenerativas aparecem nas partes anterior e superior do verme cerebelar que estão associadas com ataxia da marcha, mas preservação da fala e da coordenação das extremidades superiores.
- **Doença de risco caso os sintomas não sejam tratados:** A síndrome de Wernicke-Korsakoff é uma doença muito mais grave que resulta também de desnutrição e frequentemente alcoolismo crônico. É o resultado de deficiência grave de tiamina, o que leva a uma degeneração dos núcleos que controlam os movimentos oculares, o verme do cerebelo e o córtex, em particular a camada de células de Purkinje. Os sintomas incluem ataxia, oftalmoplegia e confusão. Se não for tratada, os sintomas podem evoluir para o coma e a morte.

ABORDAGEM CLÍNICA

Degeneração cerebelar alcoólica é causada por degeneração tóxica de células de Purkinje e é caracterizada clinicamente por alterações da marcha, tremor e ataxia do tronco. As estruturas da linha média do cerebelo são envolvidas de forma predominante, resultando em comprometimento das extremidades inferiores. Acredita-se que essa doença seja causada por uma combinação de neurotoxicidade do álcool e deficiência nutricional. O tratamento da degeneração cerebelar alcoólica é a abstinência de álcool, a ingestão adequada de calorias e a suplementação de tiamina. Embora os efeitos sobre o cerebelo frequentemente sejam permanentes, o tratamento precoce pode levar a uma melhoria dos sintomas e prevenir o desenvolvimento de uma patologia mais grave, como a síndrome de Wernicke-Korsakoff.

As estruturas neurológicas mais afetadas pela deficiência de tiamina (dando origem à encefalopatia de Wernicke ou à psicose de Korsakoff) são os corpos mamilares. A administração de dextrose sem tiamina pode precipitar encefalopatia de Wernicke, já que a tiamina é uma coenzima da piruvato-desidrogenase, importante no metabolismo da glicose; a administração repentina de glicose agrava a deficiência de tiamina, levando à necrose do corpo mamilar. Os corpos mamilares fazem parte do circuito de Papez e estão envolvidos na emoção e na memória.

Outra causa de ataxia cerebelar é a síndrome de ataxia-telangiectasia, uma doença autossômica recessiva. As crianças com esse transtorno têm atrofia cerebelar no primeiro ano de vida, o que leva a ataxia e telangiectasia oculocutânea (dilatação anormal dos vasos sanguíneos). Esses indivíduos têm infecções por deficiência imunológica grave e frequente, em especial do trato respiratório. Eles também têm um risco aumentado de câncer devido a mecanismos de reparação ineficientes por dano ao DNA causado pela luz UV (hipersensibilidade do DNA à radiação ionizante).

ABORDAGEM AO
Cerebelo

OBJETIVOS
1. Conhecer os componentes-chave da anatomia do cerebelo.
2. Compreender as funções do cerebelo.
3. Conhecer as conexões aferentes e eferentes do cerebelo.

DEFINIÇÕES

ATAXIA: Problemas com o movimento resultantes dos efeitos combinados de dismetria e decomposição de movimento.
DISDIADOCOCINESIA: Capacidade reduzida de executar movimentos rapidamente alternados.
DISMETRIA: Perturbação da trajetória ou do posicionamento de uma parte do corpo durante os movimentos ativos.
FIBRAS MUSGOSAS: Originam-se de neurônios do núcleo espinal e do tronco encefálico (exceto o núcleo olivar inferior) que formam sinapses com as células granulares no córtex cerebelar e enviam aferência excitatória para muitas células de Purkinje.
NISTAGMO: Movimentos oscilatórios rápidos e involuntários do olho.
ESPINOCEREBELO: Composto pelo verme e pelas zonas intermediárias do córtex cerebelar e núcleos fastigial e interpósito. Recebe as principais aferências do trato espinocerebelar. As principais eferências são os tratos rubrospinal, vestibulospinal e reticulospinal.
VESTIBULOCEREBELO: Lobo floculonodular e sua conexão com os núcleos vestibulares laterais. Envolvido nos reflexos vestibulares e na manutenção da postura.

DISCUSSÃO

O cerebelo participa da execução de uma grande variedade de movimentos. Ele mantém o controle fino e a coordenação dos movimentos tanto simples quanto complexos. É essencial para a coordenação da postura e do equilíbrio na caminhada e na corrida, para a execução de movimentos sequenciais, com alternância rápida de movimentos repetitivos e movimentos lentos e contínuos, e para o controle da trajetória, da velocidade e da aceleração dos movimentos.

O córtex cerebelar é composto de substância cinzenta disposta em camadas dobradas chamadas de **folia**. Três camadas de células constituem o córtex: a **camada molecular**, a **camada de células de Purkinje** e a **camada granular**. As células de Purkinje medeiam todos os sinais eferentes do cerebelo. Abaixo das camadas corticais localiza-se a substância branca do cerebelo, que aloja as fibras aferentes e eferentes. Dentro da substância branca estão os núcleos cerebelares. Esses núcleos desempenham um papel mediador importante nas conexões eferentes do cerebelo.

O cerebelo inclui uma estrutura de linha média chamada de verme e duas estruturas laterais grandes conhecidas como **hemisférios cerebelares**. Juntos, verme e hemisférios podem ser divididos transversalmente como **lobo floculonodular**, **lobo anterior** e **lobo posterior**. O lobo floculonodular é a parte filogeneticamente mais antiga do cerebelo. É composto de duas partes ligadas por uma haste fina: o **flóculo** e o **nódulo** (uma parte do verme na linha média). A parte restante do verme e dos hemisférios cerebelares é chamada de **corpos cerebelares**. As porções mais mediais dos hemisférios cerebelares são definidas como **zonas intermédias**. A fissura primária divide as áreas funcionais restantes do cerebelo entre lóbulos anterior e posterior.

As informações relacionadas ao movimento e à posição relativa da cabeça são retransmitidas principalmente para os núcleos vestibulares. Também há conexões entre o lobo floculonodular e a porção posterior do verme, permitindo a mediação cerebelar dos movimentos oculares e dos movimentos relacionados com o equilíbrio. O córtex cerebelar recebe informações constantes da pele, das articulações e dos músculos dos membros e do tronco por meio dos tratos espinocerebelares **dorsal**, **ventral** e **rostral**, e por meio do trato **cuneocerebelar**. Toda essa informação é integrada com as aferências dos sistemas sensoriais auditivo, vestibular e visual, a fim de determinar o sequenciamento dos movimentos no cerebelo. Os tratos espinocerebelares são organizados somatotopicamente e fornecem a base fisiológica para a organização somatotópica cerebelar.

Os núcleos pontinos fornecem ao cerebelo seu maior número de conexões aferentes via **trato pontocerebelar**. Esses núcleos funcionam como mediadores de informações entre o cerebelo e o encéfalo. O encéfalo envia informações para os núcleos pontinos através do **trato corticopontino**. A maioria das fibras do trato corticopontino começa no córtex motor e no córtex somatossensorial, com ligações importantes provenientes também da área pré-motora, da área motora suplementar, do córtex parietal posterior, do córtex pré-frontal e do córtex visual. Essas conexões permitem ao cerebelo avaliar e coordenar os movimentos. Além disso, os núcleos pontinos recebem projeções corticais do giro do cíngulo e do hipotálamo, fornecendo a base fisiológica para a influência da emoção nos movimentos. As vias que envolvem o córtex cerebelar, os núcleos pontinos e o cerebelo são referidas como **via córtico-ponto-cerebelar**.

A porção média do cerebelo, o **verme**, é caracterizada por aferentes a partir da medula espinal. As porções laterais de seus lóbulos cerebelares recebem aferentes principalmente do encéfalo. A área entre o verme e as porções laterais dos lóbulos cerebelares, denominada **zona intermédia**, recebe aferências tanto da medula espinal quanto do córtex cerebral.

O córtex cerebelar é composto por três camadas: a camada molecular, a camada de células de Purkinje e a camada granular. A camada molecular possui poucos corpos celulares e é composta principalmente de axônios e dendritos cujos corpos celulares se encontram nas camadas mais profundas. A camada de células de Purkinje, como o próprio nome sugere, é constituída por células de Purkinje principalmente, as quais estão dispostas em uma única camada. Os dendritos das células de Purkinje são muito densos e têm conexões sinápticas com as fibras paralelas (cerca de 200.000 por célula). As células de Purkinje são GABAérgicas e, portanto, inibitórias. Elas também são as únicas células que se projetam para fora do córtex cerebelar. A camada granular é a camada mais profunda do córtex cerebelar. As células granulares enviam seus axônios para a camada molecular, onde se dividem em duas direções e correm paralelas à superfície cortical. Essas células são chamadas de fibras paralelas e fazem sinapse com muitas células de Purkinje. As células granulares liberam glutamato, tendo um efeito excitatório nas células de Purkinje.

O córtex cerebelar recebe duas formas de conexões aferentes: **fibras musgosas** e **fibras trepadeiras**. Como cada fibra musgosa faz sinapse com muitas células granulares, as quais se conectam com muitas células de Purkinje, as fibras musgosas têm a capacidade de excitar muitas células de Purkinje. O efeito sobre uma célula de Purkinje a partir de uma fibra musgosa é, no entanto, relativamente fraco. As fibras musgosas originam-se de quase todos os núcleos, exceto do núcleo olivar inferior, e geralmente disparam com uma alta frequência de cerca de 50 a 100 disparos por segundo. As fibras do núcleo olivar inferior consistem em fibras trepadeiras, que se projetam para a camada molecular. Ao longo de cada fibra existem numerosas sinapses, com os dendritos das células de Purkinje "escalando" sobre elas. Enquanto cada uma das células de Purkinje recebe sinapses apenas a partir de uma fibra trepadeira, uma fibra trepadeira pode se conectar com muitas células de Purkinje, permitindo que um único potencial de ação de uma fibra trepadeira possa criar um efeito excitatório em numerosas células de Purkinje. A frequência de disparos de uma fibra trepadeira é muito baixa, normalmente menos de uma vez por segundo. Essas diferentes formas de aferências permitem ao córtex cerebelar receber sinais muito precisos. As fibras musgosas transmitem informações principalmente de força, velocidade, direção e músculos individuais envolvidos nos movimentos. As fibras trepadeiras fornecem "sinais de erro" sobre o movimento e também podem estar envolvidas em certos aspectos da aprendizagem motora.

A maioria das fibras eferentes do cerebelo vem dos núcleos do cerebelo. Quatro corpos diferentes constituem os núcleos do cerebelo: o **núcleo fastigial, o núcleo denteado, o núcleo globoso e o núcleo emboliforme**. Eles estão localizados dentro da substância branca profunda em cada hemisfério. Os hemisférios cerebelares exercem seu efeito sobre a porção ipsilateral do corpo. Portanto, os sintomas de uma lesão cerebelar manifestam-se clinicamente sobre o mesmo lado da lesão. Os hemisférios do cerebelo enviam suas eferências corticais principalmente para o córtex motor, com algumas conexões menores também atingindo a área pré-motora suplementar e a área pré-motora lateral. Essas ligações menores são a base do efeito cerebelar na cognição. Os eferentes do núcleo denteado cruzam a linha média após sair do pedúnculo cerebelar, terminando, principalmente, no **núcleo ventrolateral do tálamo**. Os pedúnculos cerebelares inferiores e mediais conduzem principalmente aferências para o cerebelo, e o pedúnculo cerebelar superior conduz as eferências do cerebelo. As eferências da zona intermediária projetam-se ao núcleo interpósito, onde ele influencia os neurônios motores, pelos **tratos rubrospinais e piramidais**. O **núcleo fastigial** envia fibras para a **formação reticular** e os **núcleos vestibulares**, permitindo o controle cerebelar dos neurônios motores via **tratos reticulospinais e vestibulospinais**. Esses tratos facilitam a influência do cerebelo na postura e nos movimentos autonômicos.

Danos em diferentes áreas do cerebelo (Figura 26-1) criam sintomas característicos. Uma lesão no lobo floculonodular ou na linha média normalmente irá resultar em problemas na postura e na marcha, na postura da cabeça, tremor de tronco e distúrbios da motricidade ocular extrínseca, resultando em nistagmo. Lesões no lobo anterior normalmente resultam em **ataxia da marcha**. Doença com infiltração no neocerebelo muitas vezes se apresenta com ataxia envolvendo movimentos voluntários. As lesões dos hemisférios laterais também podem resultar em assinergia, ataxia da marcha, hipotonia, **disartria e ataxia da fala, dismetria, disdiadococinesia, assinergia** ou decomposição dos movimentos complexos, **e tremores intencionais,** bem como tremores estáticos.

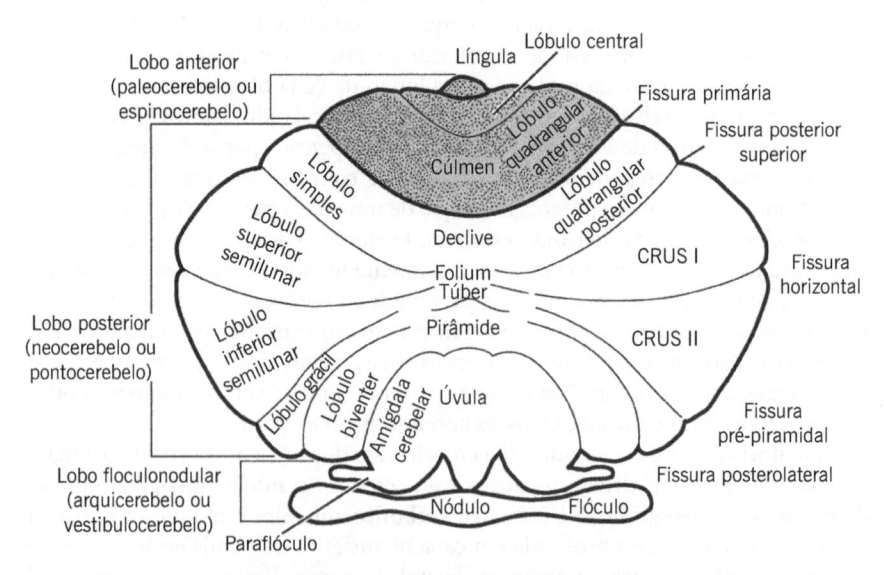

Figura 26-1 Diagrama do cerebelo, ilustrando as grandes fissuras, os lobos e os lóbulos, além das principais divisões filogenéticas. (*Reproduzida, com permissão, de Adam and Victor's Principles of Neurology. 7th ed. New York: McGraw-Hill; 2000. Página 87, Figura 5-1.*)

CORRELAÇÃO COM O CASO CLÍNICO
- Ver Casos 24 a 27 (sistemas do movimento) e Caso 18 (ataxia).

QUESTÕES DE COMPREENSÃO

Consulte o seguinte caso para responder as perguntas 26.1 e 26.2:
Uma menina de quatro anos é trazida à sua clínica pelos pais por causa de dores de cabeça, vômitos e letargia há três semanas. Ela também está tendo dificuldade em usar talheres com a mão direita. A menina não tem qualquer problema em fazer a manobra de levar o dedo ao nariz do lado esquerdo, mas errava de forma repetida quando faz isso com a mão direita, e os movimentos deste lado são muito grosseiros. No exame de fundo de olho, você nota papiledema bilateral e solicita uma ressonância magnética, que mostra um tumor na fossa posterior.

26.1 Com base nesses sintomas, qual a localização mais provável desse tipo de tumor?

 A. Hemisfério cerebelar esquerdo
 B. Hemisfério cerebelar direito
 C. Linha média cerebelar
 D. Dentro do quarto ventrículo

26.2 Por meio de qual núcleo cerebelar é mediada a eferência dos hemisférios cerebelares?

 A. Denteado
 B. Globoso
 C. Fastigal
 D. Emboliforme

26.3 Um pianista de 35 anos envolveu-se em um acidente de carro no qual teve um ferimento na cabeça, resultando em danos no lado esquerdo do cerebelo, entre outras lesões. Após um período de internação e longo período de recuperação, ele descobre que não é mais capaz de tocar piano com a mesma facilidade e graça com que fazia antes do acidente. Mesmo depois de intensa prática e recuperação profissional, ele ainda não é capaz de tocar no mesmo nível de antes. Qual das seguintes aferências para o cerebelo se acredita desempenhar um papel-chave na aprendizagem motora?

 A. Aferências excitatórias das fibras musgosas
 B. Aferências inibitórias das fibras musgosas
 C. Aferências excitatórias das fibras trepadeiras
 D. Aferências inibitórias das fibras trepadeiras

26.4 Uma mulher de 25 anos está sendo avaliada, com uma história de estar há 12 meses com dores de cabeça e há três meses com uma "marcha desajeitada".

Uma ressonância magnética mostra que as amígdalas cerebelares estão em uma posição baixa e penetram no canal vertebral. A paciente pergunta por que essa situação pode ter se desenvolvido. Você explica que é mais provável devido a:

A. Anormalidade congênita
B. Doença autoimune
C. Doença genética
D. Lesão traumática
E. Tumor cerebral
F. Distúrbio vascular

RESPOSTAS

26.1 **B.** Essa paciente tem sintomas **cerebelares do lado direito**: dificuldade com movimentos finos e no teste índex-nariz. Uma vez que os hemisférios cerebelares afetam o movimento nos membros e o cerebelo atua ipsilateralmente, o defeito deve estar no hemisfério cerebelar direito. Uma lesão à esquerda causaria sintomas no lado esquerdo, e uma lesão na linha média causaria ataxia do tronco e da marcha. O restante dos sintomas dessa menina é explicado pelo efeito de massa do tumor causando aumento da pressão intracraniana (PIC), que causa dores de cabeça, vômitos, letargia e papiledema.

26.2 **A.** A principal eferência do cerebelo é feita pelos núcleos profundos (denteado, emboliforme, globoso e fastigial). Os hemisférios cerebelares projetam-se para o **núcleo denteado**; a zona intermédia do córtex cerebelar conecta-se aos núcleos globoso e emboliforme, que são também conhecidos como núcleo interpósito, e o verme cerebelar conecta-se com o núcleo fastigial. A partir do núcleo denteado, as eferências do cerebelo se dão pelo pedúnculo cerebelar superior para o núcleo rubro e os núcleos ventral anterior e ventrolateral do tálamo.

26.3 **C.** Pensa-se que os disparos das **fibras trepadeiras excitatórias** representam algum tipo de sinalização de erro para o cerebelo e que são parte integrante do processo de aprendizagem motora. Os dois tipos de aferências para o cerebelo são as fibras musgosas e as fibras trepadeiras, sendo que ambas são excitatórias. As fibras trepadeiras originam-se no núcleo olivar inferior, entram no cerebelo através do pedúnculo cerebelar inferior e se conectam diretamente com as células de Purkinje com um forte efeito excitatório. As fibras musgosas afetam as células de Purkinje menos diretamente e, portanto, têm um efeito relativamente fraco. As fibras musgosas fazem sinapse com células granulares, as quais enviam fibras paralelas que interagem com células de Purkinje.

26.4 **A.** Esta descrição de alteração é provavelmente a malformação de Chiari, que é uma **malformação congênita** da fossa posterior. A fossa pouco desenvolvida faz o cerebelo herniar através do forame magno. A malformação de Chiari tipo I pode ser assintomática na infância e se manifesta como dor de cabeça e ataxia no adulto. A malformação de Chiari tipo II é mais grave e sintomática ao nascimento e está associada a outras anomalias do sistema nervoso central, como hidrocefalia e mielomeningocele lombossacral.

> ### DICAS DE NEUROCIÊNCIAS
>
> ▶ A degeneração cerebelar alcoólica é causada pela degeneração tóxica de células de Purkinje e é caracterizada clinicamente por marcha alterada, tremor e ataxia do tronco.
> ▶ Em um paciente com deficiência crônica de tiamina devido ao alcoolismo, a tiamina deve ser dada ANTES da glicose para evitar a precipitação de encefalopatia de Wernicke.
> ▶ Uma criança com ataxia-telangiectasia tem ataxia, vasculatura proeminente na pele (telangiectasia), infecções pulmonares e aumento do risco de câncer.
> ▶ Os sintomas de lesões do cerebelo manifestam-se no corpo no mesmo lado da lesão.
> ▶ As células de Purkinje intermedeiam todas as projeções eferentes do cerebelo.
> ▶ As aferências para o cerebelo são proporcionadas pelas fibras musgosas a partir da medula espinal e dos núcleos do tronco encefálico e das fibras trepadeiras originadas do núcleo olivar inferior.

REFERÊNCIAS

Brodal P. The cerebellum. *The Central Nervous System: Structure and Function*. 3rd ed. New York, NY: Oxford University Press; 2004.

Ghez C, Thach WT. The cerebellum. In: Kandel ER, Schwarz JH, Jessell TM, Siegelbaum SA, Hudspeth AJ, eds. *Principles of Neural Science*. 5th ed. New York, NY: McGraw-Hill; 2012.

Ropper AH, Brown RH. Incoordination and other disorders of cerebellar function. *Adams and Victor's Principles of Neurology*. 8th ed. New York, NY: McGraw-Hill; 2005.

CASO 27

Uma menina de seis meses de idade é levada ao pediatra pela mãe, que afirma que a criança fica movendo os olhos para trás e para frente, sem motivo aparente ao longo das últimas semanas, e por isso está preocupada que a filha tenha problemas de visão. No prontuário da paciente, consta que ela nasceu de uma gravidez e um parto sem complicações. No exame, o pediatra observa movimentos oculares horizontais rítmicos e involuntários. O restante do exame é normal. Com base na história da paciente, o médico decide que é mais provável ser um transtorno congênito.

▶ Como são chamados os movimentos dos olhos?
▶ Existem opções de tratamento disponíveis?

RESPOSTAS PARA O CASO 27
Movimentos oculares

Resumo: Uma menina de seis meses de idade apresenta movimentos anormais dos olhos há várias semanas. O exame físico mostra nistagmo horizontal sem outras anormalidades.

- **Movimentos oculares: Nistagmo,** que são movimentos oculares horizontais rítmicos e involuntários.
- **Opções de tratamento:** Na maioria dos casos, não há tratamento para o nistagmo congênito. Alguns pacientes podem, contudo, ser elegíveis para a intervenção cirúrgica destinada a aliviar o efeito do nistagmo na acuidade visual.

ABORDAGEM CLÍNICA

O nistagmo congênito é a forma mais comum de nistagmo. Normalmente, a acuidade visual do paciente é ligeiramente afetada, e o paciente tem pouca consciência dos movimentos. A etiologia do nistagmo congênito é desconhecida, embora possa ser provocada por uma perturbação nos núcleos que influenciam o movimento dos olhos. O nistagmo também pode ser adquirido, após trauma neurológico, episódios isquêmicos ou acidente vascular encefálico.

ABORDAGEM AOS
Movimentos oculares

OBJETIVOS

1. Conhecer os músculos que movem os olhos e os tipos de movimentos que eles controlam.
2. Descrever os vários tipos de movimentos oculares.
3. Conhecer os centros de controle de movimento dos olhos encontrados no tronco encefálico, no cerebelo e no córtex.

DEFINIÇÕES

CONVERGÊNCIA: Os músculos retos mediais contraem-se para mover os dois olhos em direção à linha média, a fim de manter a imagem em foco em cada olho.
MOVIMENTOS SACÁDICOS: Movimentos oculares rápidos conjugados que movem o eixo visual de um ponto de fixação para outro.
MOVIMENTOS DE PERSEGUIÇÃO LENTA: Movimentos oculares lentos conjugados que rastreiam um objeto em movimento, mantendo-o na fóvea.

MOVIMENTO REFLEXO OPTOCINÉTICO: Movimento estabilizante que ocorre após um deslizamento de retina, quando todo o campo visual se move em relação à cabeça.
REFLEXO VESTÍBULO-OCULAR: Movimentos oculares que ocorrem em resposta a sinais vestibulares de movimento da cabeça que movem os olhos na direção igual e oposta, a fim de manter uma imagem fixa.
VERGÊNCIA: Convergência ou divergência dos olhos para manter ambas as fóveas alinhadas a um alvo que se move para perto ou para longe.

DISCUSSÃO

Diferentes tipos de movimentos são usados para fornecer o controle delicado e necessário dos olhos para manter sobre a mácula a imagem de um objeto observado. A mácula encontra-se próximo ao centro da retina e tem a fóvea em seu centro. Esta é a área da retina com a maior acuidade visual.

Os músculos extraoculares facilitam três movimentos básicos: movimentos oculares horizontais, verticais e rotativos. Os movimentos oculares horizontais são principalmente controlados pelos músculos **reto medial e retos laterais**. Os movimentos oculares verticais são mediados principalmente pelos músculos **reto inferior e reto superior**. Os movimentos oculares rotatórios são controlados principalmente pelos músculos **oblíquo inferior e oblíquo superior**. Estes músculos são inervados por nervos cranianos que saem do tronco encefálico. O **nervo abducente** ou nervo craniano VI inerva o músculo reto lateral para abdução do olho. O **nervo troclear** ou nervo craniano IV inerva o músculo oblíquo superior, movendo o olho para baixo e para fora. Os demais músculos oculares são inervados pelo **nervo oculomotor**, ou nervo craniano III.

Todos os movimentos normais do olho são sincronizados, permitindo que ambos os olhos se concentrem na mesma imagem. Para atingir esse nível de controle, um delicado equilíbrio de estímulos excitatórios e inibitórios deve ser enviado para os grupos musculares sinérgicos e antagônicos. Os diferentes graus de tensão entre os músculos extraoculares permitem o movimento suave e coordenado. Danos nos músculos extraoculares ou nos mecanismos neurológicos que controlam seu movimento podem levar a um déficit entre a coordenação dos olhos, resultando em **diplopia** ou visão dupla.

Existem cinco tipos de movimentos oculares que interagem a fim de colocar e manter um objeto visualizado na fóvea para melhor resolução visual, mesmo quando o observador se move. Esses cinco movimentos dos olhos podem ser voluntários ou reflexivamente controlados e incluem os movimentos sacádicos, os movimentos de perseguição lenta, os movimentos de vergência, os movimentos vestíbulo-oculares e os movimentos optocinéticos.

Os movimentos sacádicos são movimentos rápidos e conjugados que colocam a imagem desejada na fóvea. Eles são rápidos e precisos para permitir a fixação do objeto. Esses movimentos permitem que a totalidade do campo visual seja acessada, compensando a diminuição da acuidade visual, que ocorre quando uma imagem se afasta da fóvea. Existem muitos tipos de movimentos sacádicos. **Movimentos sacádicos volitivos** dirigem o olhar para qualquer local lembrado ou para um local onde um provável alvo aparecerá. **Movimentos sacádicos reflexivos** podem ser estimulados por um estímulo não visual, como um som. Os **campos oculares frontais** no sulco pré-central iniciam os movimentos sacádicos volitivo e reflexivo. Os **campos oculares parietais** do córtex parietal posterior mediam uma visão guiada por ambos os movimentos sacádicos volitivo e reflexivo. Existem, no entanto, as interligações entre os campos oculares frontais e parietais, cada um influenciando o outro. Aferências a partir do córtex cerebral percorrem até a **formação reticular pontina paramediana (FRPP)** contralateral. Essas aferências vêm diretamente dos campos oculares frontais, e por meio do **colículo superior** a partir dos campos oculares parietais.

Durante os **movimentos sacádicos horizontais**, a FRPP envia sinais para o núcleo abducente do nervo craniano VI para ativar os neurônios abducentes e os interneurônios. Esses sinais, em seguida, dirigem-se para o músculo reto lateral e através dos interneurônios para o **fascículo longitudinal medial**, a fim de sinalizar o núcleo oculomotor contralateral do nervo craniano III para o movimento coordenado do músculo reto medial. O **núcleo prepósito do hipoglosso** projeta a informação para o núcleo abducente sobre a posição atual da cabeça e dos olhos, a fim de manter os olhos no alvo até o final dos movimentos sacádicos

Movimentos sacádicos verticais também utilizam a via da FRPP; no entanto, os impulsos da FRPP retransmitem através de centros de movimento ocular no mesencéfalo antes de atingirem os núcleos motores. O tegmento do mesencéfalo rostral contém o **núcleo intersticial rostral** do **fascículo longitudinal medial** e o **núcleo intersticial de Cajal**. Esses núcleos regulam os movimentos sacádicos verticais e de torção por conexões com os núcleos motores oculomotor e troclear.

Grandes lesões agudas dos hemisférios cerebrais podem afetar os movimentos sacádicos na direção contralateral ao lado da lesão. Os olhos frequentemente se desviarão para o lado da lesão. Esses déficits em geral são temporários por causa da capacidade de outras vias para compensar. As lesões da ponte vão resultar em déficits semelhantes, mas afetam os movimentos dos olhos voltados para o lado ipsilateral da lesão. A lesão do cerebelo pode causar pequenos movimentos sacádicos assimétricos e dificuldade na manutenção do olhar para fora do centro.

Movimentos de perseguição lenta permitem que um objeto seja rastreado enquanto se move lentamente através de um campo visual. Esses movimentos mantêm a imagem desejada na retina. Os próprios movimentos ocorrem involuntariamente; no entanto, eles exigem a atenção do observador para focar no objeto. Se os movimentos de perseguição falham, são necessários movimentos sacádicos para recuperar o alvo. Aferências visuais para a junção temporo-occipital transmitem informações sobre a velocidade e a direção do movimento de um alvo para iniciar os movimentos de busca. A informação é projetada através de fibras corticopontinas aos **núcleos pontinos dorsolaterais** ipsilaterais e de lá ao verme cerebelar, ao flóculo, aos núcleos vestibulares e ao núcleo prepósito do hipoglosso. A partir daqui o núcleo abducente contralateral e o subnúcleo reto medial do nervo oculomotor são ativados por meio do fascículo longitudinal medial.

Movimentos vestíbulo-oculares são movimentos reflexos dos olhos na direção oposta de um movimento da cabeça, impedindo um objeto de afastar-se da fóvea à medida que a cabeça se move. Esses movimentos oculares ocorrem com a mesma velocidade da cabeça, permitindo que a imagem permaneça estável na retina. Eles podem ocorrer em qualquer eixo visual. A via para esses movimentos começa com os sinais dos **canais semicirculares** que se deslocam para os **núcleos vestibulares**. As fibras do nervo vestibular entram no bulbo e passam entre o pedúnculo inferior e o trato espinal do trigêmeo. Elas, então, dividem-se em fibras ascendentes e fibras descendentes. As fibras descendentes terminam arborizando-se em torno das células do núcleo mediano. As fibras ascendentes terminam da mesma maneira ou no núcleo lateral. Alguns axônios das células do núcleo lateral, e possivelmente também do núcleo mediano, continuam para cima através do pedúnculo inferior para o núcleo fastigial do lado oposto do cerebelo, para onde outras fibras da raiz vestibular também são prolongadas sem interrupção nos núcleos do bulbo. Um segundo conjunto de fibras a partir dos núcleos mediais e laterais termina, em parte, no tegmento, enquanto o restante sobe no fascículo longitudinal medial para se arborizar em torno das células dos núcleos do nervo oculomotor.

Movimentos de vergência permitem que uma imagem permaneça em foco, quando a profundidade do objeto muda em relação ao observador. Eles ocorrem em conjunto com a contração da pupila e a acomodação e alteram o eixo visual de um olho em relação ao outro, quer pela convergência ou pela divergência. A ativação do sistema de vergência resulta de uma imagem borrada ou de uma imagem que cai em áreas não correspondentes da retina. Sinais do córtex temporal posterior e pré-frontal projetam-se para células vergentes do tronco encefálico e de lá para os nervos cranianos III e VI.

Movimentos optocinéticos ocorrem em resposta ao deslizamento da retina durante o movimento prolongado da cabeça a uma velocidade constante. Inicialmente, o sistema vestíbulo-ocular produzirá movimentos oculares compensatórios em resposta à aceleração da cabeça, mas esses movimentos irão desaparecer à medida que o movimento da endolinfa nos canais semicirculares atinge o equilíbrio e a informação vestibular cessa. Os movimentos optocinéticos então começarão a compensar o deslizamento da retina. A **via optocinética indireta** consiste em sinais entre o córtex temporal-parietal-occipital e os **núcleos do sistema óptico acessório**. A **via optocinética direta** consiste na projeção de axônios de células do gânglio da retina para o núcleo do trato óptico e os núcleos do sistema óptico acessório, que, em seguida, projetam-se para o cerebelo e os núcleos vestibulares.

CORRELAÇÃO COM O CASO CLÍNICO

- Ver Caso 24 (controle do movimento), Caso 25 (núcleos da base) e Caso 26 (cerebelo).

QUESTÕES DE COMPREENSÃO

27.1 Uma paciente de 29 anos vem à emergência depois de cair de uma escada. Ela não perdeu a consciência no momento, e não se lembra de ter batido a cabeça quando caiu. No entanto, você faz um exame neurológico de rastreamento para garantir que ela não tem qualquer déficit. Como parte desse exame, você pede a ela para seguir o seu dedo com os olhos à medida que você desenha um H invisível na frente dela. Além de testar os nervos cranianos III, IV e VI, bem como a integridade dos músculos extraoculares, que tipo de movimento ocular está sendo testado?

   A. Vergência
   B. Movimentos sacádicos
   C. Movimentos vestíbulo-oculares
   D. Movimentos de perseguição lenta

27.2 Além de fazer sua paciente seguir com os olhos seu dedo enquanto desenha um H invisível no ar, você pede a ela para manter o olhar fixo em seu dedo à medida que você o aproxima da linha média da face dela. Os olhos da paciente cruzam apropriadamente com a aproximação do dedo ao próprio nariz. Qual é o estímulo para esse tipo de movimento ocular?

   A. Ativação dos campos oculares frontais
   B. As imagens borradas percebidas pelo córtex visual
   C. Movimento angular detectado nos canais semicirculares
   D. Movimento detectado por núcleos ópticos acessórios

27.3 Uma paciente de 43 anos chega a seu consultório com a queixa de incapacidade de olhar para a esquerda. Esse problema já se arrasta por vários meses, com frequência crescente. Ela agora é totalmente incapaz de olhar para os objetos em seu lado esquerdo sem virar a cabeça. No exame, ela é incapaz de direcionar voluntariamente qualquer um dos olhos para o lado esquerdo. Se ela segue um dedo com os olhos, no entanto, a partir do campo visual direito, pode acompanhar o objeto à medida que ele cruza a linha média por todo o caminho para a extensão lateral do movimento ocular normal. Ela acha isso muito angustiante. Qual das seguintes estruturas é mais provável de estar danificada resultando nos sintomas dessa paciente?

   A. Campo ocular frontal à direita
   B. Campo ocular frontal à esquerda
   C. FRPP direita
   D. Núcleo intersticial rostral do fascículo longitudinal medial (FLM) à esquerda

RESPOSTAS

27.1 **D.** O rastreamento de um objeto em movimento com os olhos, com a cabeça estacionária, é conhecido como **perseguição lenta**. Essa ação aparentemente simples é na verdade bastante complicada e requer a interação adequada de vários níveis do encéfalo e da medula espinal. Os movimentos de perseguição lenta são iniciados nas áreas de associação visual do córtex parietal e occipital, que transmitem informações sobre a velocidade e a direção do movimento do objeto para os núcleos pontinos dorsolaterais. Estes, por sua vez, projetam-se para o cerebelo (particularmente para o flóculo) e os núcleos vestibulares, que se projetam para os núcleos abducente e oculomotor para o controle final dos músculos extraoculares.

27.2 **B.** O tipo de movimento ocular descrito é chamado de vergência e inicia-se por **imagens desfocadas percebidas pelo córtex visual** ou por imagens que caem em partes não correspondentes das retinas. O caminho exato responsável pela vergência não foi elucidado, mas acredita-se envolver o córtex de associação visual enviando projeções para os núcleos de vergência no mesencéfalo, que, em seguida, projetam-se aos núcleos oculomotores para controlar os movimentos finais dos olhos. Campos oculares frontais iniciam movimentos sacádicos voluntários, o movimento angular é o estímulo para os reflexos vestíbulo-oculares, e os núcleos ópticos acessórios controlam o movimento optocinético.

27.3 **A.** Esta paciente tem um defeito nos movimentos sacádicos voluntários à esquerda, que são iniciados pelo **campo ocular frontal direito**. Como ela pode acompanhar um objeto passando a linha média, isso indica que os núcleos responsáveis pelo movimento ocular e os músculos extraoculares estão todos intactos e que o defeito está em um nível superior. O campo ocular frontal projeta-se à FRPP contralateral, diretamente e através do campo ocular parietal e do colículo superior. A FRPP então envia um sinal para o núcleo abducente ipsilateral, que controla o reto lateral e envia impulsos para o núcleo oculomotor contralateral para controlar o reto medial. Isso faz ambos os olhos desviarem para fora do campo ocular frontal ao iniciar o movimento. A FRPP direita está envolvida em movimentos sacádicos voluntários para o lado direito, e o núcleo intersticial rostral do FLM está envolvido em movimentos sacádicos verticais.

DICAS DE NEUROCIÊNCIAS

▶ Seis músculos controlam o movimento ocular na órbita: reto inferior, reto superior, reto medial, reto lateral, oblíquo inferior e oblíquo superior.
▶ Os grupos musculares são inervados pelos nervos cranianos III, IV e VI.
▶ Uma lesão dos músculos extraoculares, ou dos mecanismos neurológicos que controlam seu movimento, pode levar a um déficit entre a coordenação dos olhos, resultando em diplopia ou visão dupla.
▶ Os cinco tipos de movimentos oculares voluntários e reflexivos são movimentos sacádicos, movimentos de perseguição lenta, movimentos optocinéticos reflexivos, movimentos de vergência e movimentos vestíbulo-oculares.

REFERÊNCIAS

Brodal P. Eye movements. *The Central Nervous System: Structure and Function.* 3rd ed. New York, NY: Oxford University Press; 2004.

Haines DE. Visual motor systems. *Fundamental Neuroscience.* 2nd ed. Philadelphia, PA: Churchill Livingstone; 2002.

Martin JH. The olfactory system. *Neuroanatomy: Text and Atlas.* 2nd ed. Stamford, CT: Appleton & Lange; 1996.

Ropper AH, Brown RH. *Disorders of ocular movement and pupillary function.* Adams and Victor's Principles of Neurology. 9th ed. New York, NY: McGraw-Hill; 2009

CASO 28

Uma paciente de 25 anos apresentou-se à clínica de neurocirurgia com história de amenorreia e hemianopsia bitemporal com duração de oito meses. Na sequência de estudos laboratoriais e de imagem, ela foi diagnosticada com um prolactinoma. Depois de tentar tratamento com bromocriptina sem sucesso, ela decidiu ser submetida à ressecção cirúrgica transesfenoidal de seu tumor. A operação correu bem e o pós-operatório estava de acordo com o esperado, até que a paciente desenvolveu sintoma de sede insaciável e começou a urinar em grandes quantidades. Com base na história e nos sintomas, foi feito o diagnóstico de diabetes insípido (DI) neurogênico.

▶ Quais são os resultados laboratoriais associados com DI neurogênico?
▶ Quais são as outras causas de DI neurogênico?

RESPOSTAS PARA O CASO 28
Funções regulatórias do hipotálamo

Resumo: Uma paciente de 25 anos com um prolactinoma tem polidipsia e poliúria após ressecção transesfenoidal bem-sucedida de seu tumor.

- **Alterações laboratoriais:** densidade urinária inferior a 1.005 e débito urinário superior a 250 mL/h.
- **Outras causas de DI neurogênico:** traumatismo craniano, meningite, encefalite, doença autoimune, familiar, idiopática, neoplásica e seguindo procedimentos intracranianos.

ABORDAGEM CLÍNICA

O hipotálamo é responsável por vários aspectos da homeostase, um dos quais é o equilíbrio de água. A vasopressina, ou hormônio antidiurético (ADH, de *antidiuretic hormone*), é produzida nos núcleos paraventricular e supraóptico do hipotálamo. Os corpos celulares dos neurônios nesses núcleos têm axônios que descem à eminência média, na haste hipofisária, e depois para o lobo posterior da hipófise (neuro-hipófise), onde o ADH é armazenado. Mudanças de osmolalidade do plasma estimulam a liberação de vasopressina diretamente dos núcleos supraóptico e paraventricular e indiretamente dos osmorreceptores em outros núcleos do hipotálamo. Vias sensíveis ao volume também podem regular a liberação de vasopressina. Barorreceptores e mecanorreceptores no arco aórtico, no seio carotídeo e no átrio direito podem sinalizar para a liberação da vasopressina quando há depleção de volume.

A vasopressina estimula os canais de aquaporinas para abrirem nas membranas luminais dos ductos coletores renais corticais e medulares com o objetivo de promover a reabsorção de água. O tratamento do DI consiste na administração de vasopressina sintética (p. ex., DDAVP) para compensar os baixos níveis de vasopressina.

ABORDAGEM ÀS
Funções regulatórias do hipotálamo

OBJETIVOS

1. Conhecer os nomes e as principais funções das substâncias formadas pelo hipotálamo.
2. Conhecer as principais funções de cada núcleo hipotalâmico
3. Diferenciar entre DI, síndrome da secreção inadequada de ADH (SIADH) e perda de sal cerebral.

DEFINIÇÕES

HORMÔNIO LIBERADOR DE TIREOTROFINA (TRH, de *thyrotropin-releasing hormone*): Estimula a liberação do hormônio estimulante da tireoide (TSH, de *thyroid-stimulating hormone*) da adeno-hipófise.
HORMÔNIO LIBERADOR DO HORMÔNIO DO CRESCIMENTO (GHRH, de *growth hormone-releasing hormone*): Estimula a liberação do hormônio do crescimento da adeno-hipófise.
HORMÔNIO LIBERADOR DE CORTICOTROFINA (CRH, de corticotropin-releasing hormone): Estimula a liberação de hormônio adrenocorticotrófico da adeno-hipófise.
HORMÔNIO LIBERADOR DE GONADOTROFINA (GNRH, de *gonadotropin-releasing hormone*): Estimula a liberação dos hormônios luteinizante e folículo-estimulante da adeno-hipófise.
HORMÔNIO LIBERADOR DE PROLACTINA: Estimula a liberação de prolactina pela adeno-hipófise.
OCITOCINA: Produzida pelos núcleos paraventricular e supraóptico e armazenada na neuro-hipófise.

DISCUSSÃO

O hipotálamo é uma estrutura bilateral que reside nas laterais e no assoalho do terceiro ventrículo. Ele tem três funções gerais: regulação **visceral**, regulação **endócrina** e regulação **circadiana**. O hipotálamo é constituído por três zonas diferentes. A zona periventricular, que faz fronteira com o terceiro ventrículo, tem funções neuroendócrinas. A zona medial, a qual é ligada lateralmente pelo fórnice, atua no controle visceral e neuroendócrino do sistema entérico. A zona lateral, que é ligada medialmente pelo fórnice e lateralmente pela cápsula interna, atua no controle visceral e neuroendócrino do sistema cardiovascular. O circuito do hipotálamo é muito complexo, e muitas de suas ligações neuronais são bidirecionais. Ele envia e recebe informação pela corrente sanguínea – pela hipófise por meio do sistema de porta hipofisário e pelos órgãos circunventriculares, locais em que a barreira hematencefálica é altamente permeável e permite a passagem de estímulos químicos no encéfalo. O hipotálamo é o sítio encefálico fundamental para a integração dos diferentes sistemas biológicos para a manutenção da homeostase.

Essas funções são executadas pelos diversos núcleos do hipotálamo (Figura 28-1). Os **núcleos paraventricular** e **supraóptico** já foram discutidos. O **núcleo anterior** é responsável pela regulação da dissipação de calor do corpo e estimula o sistema nervoso parassimpático. Uma lesão nesse núcleo causará hipertermia. O **núcleo posterior** regula a conservação de calor e estimula o sistema nervoso simpático. Uma lesão nesse núcleo causará hipotermia. Uma lesão do **núcleo dorsomedial** resultará em "comportamento selvagem". O **núcleo ventromedial (VM)** regula a saciedade. Uma lesão nesse núcleo resultará em obesidade e comportamento selva-

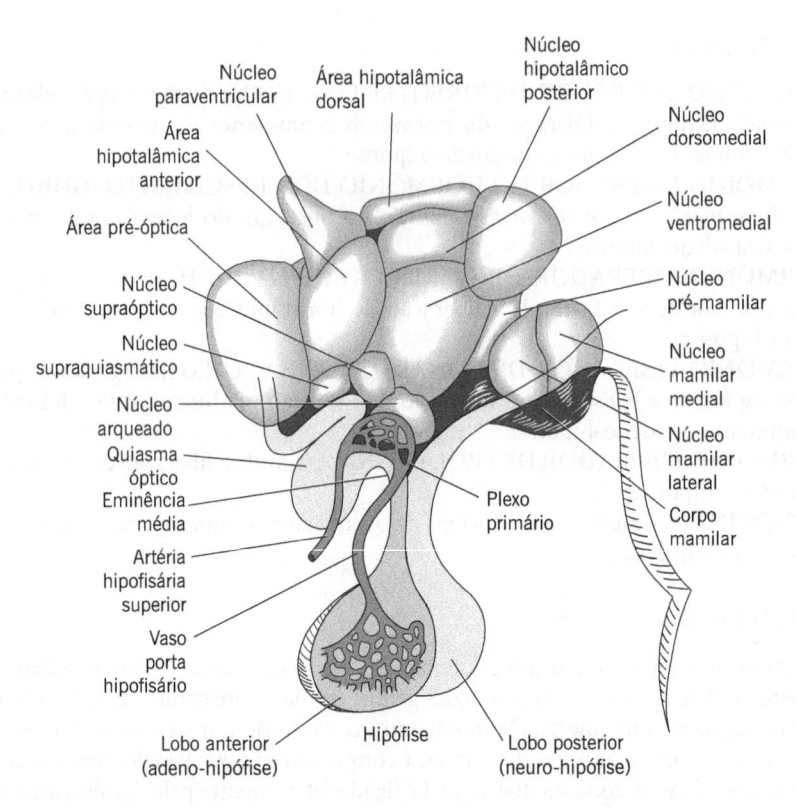

Figura 28-1 Hipotálamo humano, com uma representação esquemática sobreposta dos vasos porta hipofisários. (*Reproduzida, com permissão, de Ganong's Review of Medical Physiology. 22nd ed. New York: McGraw-Hill; 2005. Página 223, Figura 14-2.*)

gem. O **núcleo pré-óptico** é responsável pela regulação da liberação de gonadotrofina. O **núcleo supraquiasmático** controla os ritmos circadianos. Uma lesão nesse núcleo resultará em perturbação dos ciclos de sono-vigília. O **núcleo lateral** regula o desejo de comer. Uma lesão nesse núcleo resultará em sensação de fome. O **corpo mamilar** recebe aferência a partir da formação hipocampal por meio de fibras no fórnice. Lesões hemorrágicas são encontradas nos núcleos mamilares na encefalopatia de Wernicke. O **núcleo arqueado** tem axônios que se projetam de volta para o **sistema porta hipofisário**, onde eles liberam dopamina para inibir a liberação de prolactina pela adeno-hipófise.

Muitos autores dividem a disfunção hipotalâmica em **global** e **parcial**. Na disfunção global, muitas ou todas as funções do hipotálamo são perturbadas. As causas mais comuns em geral são de natureza sistêmica. Sarcoidose, câncer metastático, doenças inflamatórias idiopáticas e câncer de células germinativas podem causar disfunção hipotalâmica global. Disfunção hipotalâmica parcial ocorre quando apenas um dos hormônios é afetado, como no caso do DI.

A **SIADH** ocorre quando há uma liberação desnecessária de ADH. Causas comuns incluem procedimentos neurocirúrgicos, traumatismo craniano, neoplasias, infecções e doenças autoimunes como a síndrome de Guillain-Barré. Muitas vezes, o achado inicial é hiponatremia dilucional sem edema no caso de baixa osmolalidade do plasma e alta gravidade específica da urina (> 300 mOsm/L). O tratamento é simples: restrição de água livre ou, no caso das crises epilépticas secundárias à hiponatremia, cloreto de sódio a 3%, com correção de sódio não superior a 12 mEq/L nas primeiras 24 horas e não superior a 20 mEq/L em 48 horas. Isso evita a sequela debilitante de mielinólise pontina central. Outra causa comum de hiponatremia em pacientes neurocirúrgicos é a **perda de sal cerebral**. Na SIADH, o mecanismo é a água em excesso que dilui o sódio no soro; em contraste, na perda de sal cerebral, existe uma contração de volume devido à perda de sal na urina. Assim, pacientes com perda de sal cerebral terão um equilíbrio de fluidos abaixo do ideal e altos níveis de sódio na urina, o que é o oposto dos pacientes com SIADH. Desse modo, é fundamental avaliar o volume urinário e o sódio na urina de um paciente antes de instituir o tratamento. Por exemplo, a restrição de líquidos em um paciente que se pensa ter SIADH poderá ter efeitos prejudiciais sobre os sistemas renal, cardiovascular e neurológico se, na verdade, o paciente tiver depleção de volume por perda de sal cerebral.

O **DI** é uma doença caracterizada pela excreção de grandes quantidades de urina altamente diluída, que não pode ser controlada pela redução da ingestão de fluidos. Isso denota a incapacidade dos rins de concentrar a urina. O **DI** é causado por uma deficiência de vasopressina (também conhecida como ADH), ou por uma insensibilidade dos rins a esse hormônio. A regulação da produção de urina ocorre no hipotálamo, que produz vasopressina nos núcleos supraóptico e paraventricular. Depois da síntese, o hormônio é transportado em grânulos neurossecretores ao longo do axônio do neurônio hipotalâmico para o lobo posterior da hipófise (neuro-hipófise), onde é armazenado para posterior liberação. Além disso, o hipotálamo regula a sensação de sede no núcleo VM detectando aumentos na osmolalidade do plasma e retransmitindo essa informação para o córtex. O principal órgão efetor para a homeostase dos fluidos é o rim. O ADH atua aumentando a permeabilidade da água nos ductos coletores. Especificamente, ele atua sobre proteínas chamadas aquaporinas que se abrem para permitir a passagem de água para dentro das células do ducto coletor. Esse aumento na permeabilidade permite a reabsorção de água para a corrente sanguínea, concentrando a urina.

CORRELAÇÃO COM O CASO CLÍNICO

- Ver Casos 28 a 36 (sistemas regulatórios).

QUESTÕES DE COMPREENSÃO

28.1 Um paciente de 32 anos chega a seu consultório com queixa de distúrbio do sono. Ele trabalha em um turno em uma fábrica de produtos químicos e alterna os turnos de tarde e noite a cada semana. Ele afirma que o problema é que muitas vezes não consegue adormecer quando precisa e frequentemente está muito cansado no trabalho. Você diagnostica um distúrbio do sono do ritmo circadiano e discute as opções de tratamento com o paciente. Qual núcleo hipotalâmico normalmente é responsável por controlar o ritmo circadiano?

A. Núcleo supraóptico
B. Núcleo posterior
C. Núcleo supraquiasmático
D. Núcleo lateral

28.2 Uma paciente com obesidade mórbida chega a seu consultório para um *check-up* anual. Como um médico responsável, você informa a essa paciente sobre os riscos associados ao excesso de gordura corporal e discute alguns métodos para perder peso. Ela relata que tem tentado "mais dietas do que pode contar" e que nenhuma delas funcionou. Afirma que deve haver algum problema subjacente com seu corpo que a impede de perder peso. Se a paciente tivesse uma lesão hipotalâmica responsável por seu excesso de peso, onde seria?

A. Núcleo paraventricular
B. Núcleo lateral
C. Núcleo dorsomedial
D. Núcleo VM

28.3 Uma paciente de 60 anos chega a seu consultório com queixa de fadiga, ganho de peso e sensação de frio o tempo todo. Fazendo mais perguntas, ela se queixa de constipação e afirma não estar comendo tanto como de costume, apesar do ganho de peso. Você verifica os exames de tireoide e encontra baixos níveis de tiroxina e TSH, indicando um defeito na hipófise ou no hipotálamo. Se o problema é no hipotálamo, qual núcleo seria afetado?

A. Núcleo arqueado
B. Núcleo paraventricular
C. Núcleo anterior
D. Corpos mamilares

RESPOSTAS

28.1 **C.** O **núcleo supraquiasmático**, localizado superior ao quiasma óptico, é responsável por controlar o ritmo circadiano. O tempo de funcionamento livre do ciclo gerado pelo núcleo supraquiasmático é de cerca de 25 horas, mas recebe aferência diretamente a partir da retina e, portanto, altera sua frequência gerada para corresponder ao período do dia real.

28.2 **D.** O **núcleo VM** é considerado o "centro da saciedade" do hipotálamo, e, pelo menos em animais de laboratório, a ablação bilateral desse núcleo resulta em animais que comem de forma incontrolável e se tornam obesos mórbidos. Como o hipotálamo é muito pequeno em seres humanos, lesões de um único núcleo, poupando lesões bilaterais de um núcleo, são extremamente raras. O núcleo lateral é considerado o "centro de alimentação" do hipotálamo, e ablação bilateral desses núcleos em animais de laboratório resulta em animais que não têm qualquer interesse em comer e morrerão de fome mesmo tendo acesso aos alimentos.

28.3 **A.** O **núcleo arqueado** do hipotálamo é responsável por fatores que estimulam ou inibem a liberação de hormônios hipofisários secretores. Entre esses fatores está o TRH, que percorre do sistema porta hipofisário até a adeno-hipófise, onde estimula tireotrofos para liberar TSH. TSH baixo com baixos níveis de hormônio da tireoide indica um defeito nos tireotrofos da hipófise ou no núcleo arqueado do hipotálamo, ou na conexão entre os dois. O núcleo paraventricular envia axônios para a haste hipofisária no lobo posterior da hipófise (neuro-hipófise), liberando vasopressina e ocitocina diretamente na corrente sanguínea.

DICAS DE NEUROCIÊNCIAS

- ▶ O hipotálamo é crucial para a regulação visceral, endócrina e circadiana.
- ▶ Uma lesão dos núcleos VMs resulta em obesidade e comportamento selvagem agressivo.
- ▶ A vasopressina é produzida nos núcleos paraventricular e supraóptico do hipotálamo.
- ▶ Os barorreceptores e mecanorreceptores no arco aórtico, no seio carotídeo e no átrio direito sinalizam para a liberação de vasopressina em momentos de depleção de volume.
- ▶ O DI é uma doença caracterizada pela excreção de grandes quantidades de urina altamente diluída, que não pode ser controlada pela redução da ingestão de fluidos.
- ▶ As causas mais comuns de SIADH incluem procedimentos neurocirúrgicos, traumatismo craniano, neoplasias, infecções e doenças autoimunes como a síndrome de Guillain-Barré.

REFERÊNCIAS

Bear MF, Connors BW, Paradiso MA, eds. *Neuroscience: Exploring the Brain*. 3rd ed. Baltimore, MD: Lippincott Williams & Wilkins; 2006.

Purves D, Augustine GJ, Fitzpatrick D, et al, eds. *Neuroscience*. 3rd ed. Sunderland, MA: Sinauer Associates Inc; 2004.

Squire LR, Berg D, Bloom FE, du Lac S, eds. *Fundamental Neuroscience*. 4th ed. San Diego, CA: Academic Press; 2012.

CASO 29

Um homem previamente saudável de 51 anos visita seu médico clínico geral com a queixa de mudanças na aparência do rosto. Especificamente, ele está descontente com os recentes aumentos no tamanho e na forma do nariz e das orelhas. Mais tarde, na consulta, ele afirma que recentemente teve que remover seu anel de casamento porque estava comprimindo o dedo a ponto de causar um distúrbio sensorial. Notavelmente, ele afirma que não recuperou a sensibilidade plenamente de vários dos dedos na mão direita após a remoção do anel. Ao exame físico, o médico nota um homem com aparência condizente com a idade, com uma morfologia facial distinta, incluindo um nariz grande e bulboso, orelhas ampliadas e uma mandíbula saliente. As mãos são desproporcionalmente grandes, com os dedos em forma de salsicha. No exame neurológico, o único achado é a diminuição da visão em ambos os campos temporais. Com base nesses resultados, o paciente é diagnosticado com acromegalia secundária a uma neoplasia secretora de hormônio do crescimento.

▶ Qual o local mais provável dessa neoplasia?
▶ Como é que o médico poderia confirmar esse diagnóstico?

RESPOSTAS PARA O CASO 29
Eixo neuroendócrino

Resumo: Um homem de 51 anos tem achados físicos de hormônio do crescimento (GH, de *growth hormone*) em excesso, uma condição conhecida como acromegalia.

- **Localização da neoplasia:** Neoplasias secretoras de GH ocorrem com mais frequência na adeno-hipófise. Aqui, somatotrofos são ativados pelo hormônio liberador do hormônio do crescimento (GHRH, de *growth hormone-releasing hormone*) secretado a partir do hipotálamo. A presença de hemianopsia homônima bitemporal também confirma que a lesão é na hipófise.
- **Confirmação do diagnóstico:** Há uma série de testes de diagnóstico que devem ser realizados nesse paciente. A medida dos níveis do fator de crescimento semelhante à insulina 1 (IGF-1, de *insulin-like growth factor 1*) parece ser o teste laboratorial mais sensível e útil para o diagnóstico dessa condição. Uma ressonância magnética do encéfalo também deve ser realizada para avaliar a extensão do crescimento do tumor e a compressão de estruturas vizinhas à sela túrcica. Como avaliar os níveis aleatórios de GH não fornece informações precisas devido à secreção inconsistente de GH, os níveis devem ser medidos após a administração de uma carga de glicose (normalmente, o GH é suprimido pela glicose).

ABORDAGEM CLÍNICA

Este paciente apresenta as características típicas de **acromegalia**: um nariz grande e bulboso, orelhas ampliadas, uma mandíbula saliente e os dedos em forma de salsicha. Como ele é um adulto com placas epifisárias fundidas, não apresenta as mesmas características de gigantismo das crianças com neoplasia secretora de GH. Mais comumente, a acromegalia é causada por um tumor produtor de GH derivado de células somatotróficas na adeno-hipófise. O excesso de GH estimula o fígado a secretar mais IGF-1, o principal mediador dos efeitos promotores de crescimento mediados pelo GH. As pesquisas mostram que muitos desses tumores hipofisários contêm uma mutação envolvendo a subunidade alfa da proteína estimuladora de ligação ao trifosfato de guanosina, o que leva a uma elevação persistente de monofosfato de adenosina cíclico (cAMP, de *cyclic adenosine monophosphate*) nos somatotrofos, resultando na secreção em excesso de GH. O diagnóstico dessa condição é crítico porque a doença pode levar à morte prematura se não for controlada. O diagnóstico envolve a medida dos níveis de IGF-1, uma ressonância magnética de encéfalo com foco na sela túrcica e a medida dos níveis de GH após a administração de glicose.

ABORDAGEM AO
Eixo neuroendócrino

OBJETIVOS

1. Ser capaz de reconhecer os sintomas que causam a acromegalia.
2. Ser capaz de decidir sobre o modo de tratamento para a doença.

DEFINIÇÕES

HORMÔNIO ESTIMULANTE DA TIREOIDE (TSH, de *thyroid-stimulating hormone*)**:** Secretado pela adeno-hipófise, estimula a tireoide a produzir hormônio da tireoide.

HORMÔNIO ADRENOCORTICOTRÓFICO (ACTH, de *adrenocorticotropic hormone*)**:** Secretado pela adeno-hipófise, estimula a glândula suprarrenal a produzir glicocorticoides.

GH: Secretado pela adeno-hipófise, estimula os tecidos periféricos a liberarem IGF-1.

HORMÔNIO LUTEINIZANTE (LH, de *luteinizing hormone*) e **HORMÔNIO FOLÍCULO-ESTIMULANTE (FSH,** de *follicle-stimulating hormone*)**:** Secretados pela adeno-hipófise, estimulam a produção de estrogênio/progesterona nas mulheres e a produção de testosterona nos homens. Ambos os hormônios têm papéis na gametogênese.

FATOR INIBIDOR DA PROLACTINA (PIF, de *prolactin-inhibiting factor*)**:** Provavelmente dopamina; secretado a partir do hipotálamo, resulta em inibição da secreção de prolactina a partir da adeno-hipófise.

PROLACTINA (PRL): Secretada pela adeno-hipófise, estimula a lactação.

VASOPRESSINA (VP): Também conhecida como hormônio antidiurético (ADH, de *antidiuretic hormone*). Este hormônio é sintetizado no hipotálamo e liberado pela neuro-hipófise para causar reabsorção de água nos ductos coletores.

DISCUSSÃO

Os núcleos hipotalâmicos responsáveis pela produção e pela secreção de hormônios liberadores incluem os **núcleos periventricular, pré-óptico, arqueado** e **paraventricular**. Os axônios dos neurônios que produzem os hormônios liberadores específicos para a adeno-hipófise terminam na base do hipotálamo de uma região de tecido chamada de **eminência média**. Aqui, uma rede microvascular de capilares e veias formadas por ramos penetrantes da **artéria hipofisária superior** forma um sistema porta para a liberação de hormônios na adeno-hipófise. O sistema porta transporta os hormônios de liberação a partir do sistema **tuberoinfundibular** até a região ao redor das células da adeno-hipófise. Os corpos celulares que produzem **VP** e **ocitocina** projetam seus axônios através da eminência média e na neuro-hipófise, onde terminam em torno de capilares formados pela artéria hipofisária inferior. A adeno-hipófise e a neuro-hipófise, posteriormente, secretam hormônios estimulantes que atuam em vários órgãos-alvo.

Um aspecto interessante é que a secreção dos hormônios liberadores e estimulantes ocorre de maneira pulsátil. O rompimento dessa ritmicidade pode levar à corrupção das funções de regulação do eixo neuroendócrino. Apesar de existirem vários níveis de regulação interna dentro do eixo neuroendócrino, o principal fator que rege a secreção do hormônio é a inibição da retroalimentação negativa por hormônios do órgão-alvo sobre os fatores de liberação hipotalâmicos.

Hormônio liberador de tireotrofina e hormônio estimulante da tireoide

Neurônios no **núcleo paraventricular** do hipotálamo são responsáveis pela produção de TRH, o qual estimula a secreção de TSH, que resulta na produção de hormônios tireoidianos dentro da própria glândula tireoide. O hormônio da tireoide afeta a síntese de proteínas e a atividade metabólica em todos os sistemas orgânicos. Ele é essencial para o desenvolvimento fetal e neonatal. O hipotireoidismo pode causar anormalidades devastadoras no desenvolvimento do sistema nervoso central durante os primeiros três meses de desenvolvimento fetal. O hormônio da tireoide circula o corpo e vai inibir negativamente a liberação de TRH e TSH, agindo tanto no hipotálamo quanto na glândula tireoide.

Hormônio liberador de corticotrofina e hormônio adrenocorticotrófico

Esta parte do eixo neuroendócrino está intimamente envolvida na resposta ao estresse, bem como no estabelecimento dos níveis basais de cortisol. O CRH é sintetizado no núcleo paraventricular e vai para a adeno-hipófise através do sistema porta, onde estimula a secreção de ACTH. O ACTH entra na circulação sistêmica e se liga a células na camada cortical das glândulas suprarrenais. Essa ligação ativa a produção de glicocorticoides. Embora esse processo possa ocorrer em resposta a estresse, como sepse, há uma liberação rítmica desses hormônios, resultando em um pico de cortisol pouco antes do despertar e em níveis mais baixos antes da meia-noite. De forma semelhante ao hormônio tireoidiano, o cortisol circula o corpo e inibe negativamente o hipotálamo e a hipófise. Curiosamente, as fases de estresse agudo resultam na melhoria da memória e da aprendizagem, enquanto os níveis de cortisol cronicamente elevados resultam em piora na função do hipocampo.

Hormônio liberador do hormônio do crescimento e hormônio do crescimento

O hipotálamo produz GHRH e **somatostatina**, que estimulam e inibem a secreção de GH, respectivamente. O modo de ação e regulação do GH difere daquele do TSH e do ACTH em várias maneiras. Em primeiro lugar, o GH não tem um órgão-alvo determinado. Atua sobre uma variedade de tecidos, estimulando a produção de IGF-1, e ambos os hormônios estimulam as vias anabolizantes. Em segundo lugar, o GH inibe negativamente sua própria secreção somente no hipotálamo, em vez de inibir tanto no hipotálamo quanto na adeno-hipófise. No entanto, o IGF-1 inibe negativamente tanto no hipotálamo quanto na hipófise.

Hormônio liberador de gonadotrofina e hormônios folículo-estimulante/luteinizante

O hormônio liberador de gonadotrofina (GnRH, de *gonadotropin-releasing hormone*) é produzido difusamente pelo hipotálamo e dirige-se até a adeno-hipófise ao longo do sistema porta hipofisário. Nos homens, o LH estimula as células de Leydig a produzir testosterona. A testosterona e o FSH agem em conjunto para estimular a espermatogênese. A testosterona também resulta no desenvolvimento de características sexuais secundárias em machos. Nas fêmeas, o FSH estimula a formação do folículo ovariano. Tanto o FSH como o LH controlam o momento da ovulação, bem como a produção de estrogênio e progesterona. Análogo ao sexo masculino, esses esteroides sexuais são responsáveis pelas características sexuais secundárias em mulheres.

Fator inibidor da prolactina e prolactina

A PRL é diferente dos outros hormônios secretados pela adeno-hipófise, uma vez que ela não tem um fator de liberação. Em vez disso, ela é inibida tonicamente pelo PIF, provavelmente a dopamina. A sucção durante a amamentação causa a diminuição dos níveis de PIF, permitindo que a PRL seja secretada, estimulando assim a lactação.

Ocitocina

A **ocitocina** é sintetizada nos **núcleos supraóptico** e **paraventricular** do hipotálamo e secretada diretamente na circulação sistêmica. Suas principais funções são a estimulação das contrações uterinas e o auxílio no fluxo de leite durante a lactação.

Vasopressina

A VP é outro hormônio produzido no hipotálamo e diretamente secretado para a circulação pela neuro-hipófise. Ela tem efeitos múltiplos, incluindo vasoconstrição e regulação renal da homeostase de água.

O tratamento para tumores secretores de GH costuma ser multimodal, utilizando uma combinação de medidas clínicas e cirúrgicas. O tratamento de primeira linha muitas vezes é a ressecção cirúrgica do tumor por um neurocirurgião. O tratamento clínico, incluindo a utilização de somatostatina, de agonista da dopamina e de antagonistas do receptor de GH, é indicado.

> **CORRELAÇÃO COM O CASO CLÍNICO**
> - Ver Casos 28 a 36 (sistemas regulatórios).

QUESTÕES DE COMPREENSÃO

29.1 Um homem de 33 anos com colite ulcerativa que está em tratamento crônico com esteroides para o controle de seus sintomas chega a seu consultório para um *check-up* de rotina. Você solicita alguns exames de sangue, como de costume, e acha que o nível de esteroides é terapêutico e que os níveis de cortisol e ACTH são indetectáveis. A supressão do ACTH por esteroides administrados exogenamente é um exemplo de qual princípio neuroendócrino básico?

  A. Retroalimentação positiva
  B. Retroalimentação negativa
  C. Secreção estimulada
  D. Secreção pulsátil

29.2 Uma paciente de 27 anos chega a seu consultório com a queixa de que parou de menstruar há três meses. Ela também tem notado um corrimento esbranquiçado em ambos os mamilos. O primeiro teste que você solicita é um teste de gravidez, que é negativo. Você segue com a solicitação dos níveis de PRL, que se apresentam muito elevados, a 150 ng/mL. Você fica preocupado que esta mulher tenha um prolactinoma, um tumor funcional das células produtoras de PRL da adeno-hipófise. Por qual mecanismo a secreção de PRL normalmente é controlada?

  A. Secreção estimulada por dopamina
  B. Secreção inibida por dopamina
  C. Secreção estimulada por GnRH
  D. Secreção estimulada por CRH

29.3 Uma paciente de 32 anos está sendo avaliada para infertilidade. A contagem e a função de esperma de seu marido foram normais, e ela não tem anormalidades aparentes com os ovários ou o trato reprodutivo. No teste, no entanto, verifica-se que ela tem níveis muito baixos de FSH e LH. Considera-se a administração de GnRH para induzir a secreção de FSH/LH pela hipófise. Qual das seguintes alternativas é fundamental a ser lembrada na administração de GnRH para este fim?

A. Deve ser administrado no mesmo momento em cada dia.
B. Deve ser administrado em doses crescentes a cada dia.
C. Deve ser administrado de um modo pulsátil.
D. Deve ser administrado por via intracerebral.

RESPOSTAS

29.1 **B.** Este é um exemplo de **retroalimentação negativa**. No sistema neuroendócrino funcionando normalmente, o hipotálamo secreta CRH, o que faz a hipófise secretar ACTH, levando as glândulas suprarrenais a secretar cortisol. Quando o nível de cortisol no sangue se torna alto o suficiente, ele exerce um efeito inibidor sobre o hipotálamo e a hipófise por um processo conhecido como retroalimentação negativa. Quando um paciente está tomando esteroides exógenos, eles não são mensuráveis como cortisol, mas agem da mesma forma no hipotálamo e na hipófise, suprimindo CRH e ACTH. A maioria dos sistemas de órgãos que envolvem o eixo hipotálamo-hipófise trabalha de modo semelhante.

29.2 **B. A secreção de PRL é tonicamente inibida pela dopamina.** Por essa razão, quando os pacientes usam medicamentos antidopaminérgicos (p. ex., alguns antipsicóticos), podem desenvolver ginecomastia e secreção mamilar. Uma das coisas interessantes sobre a PRL é que sua regulação é diferente daquela dos outros hormônios da adeno-hipófise. O resto está sob controle estimulador, sendo secretado a partir da adeno-hipófise, quando o fator de liberação está presente no sistema porta hipofisário.

29.3 **C.** Todos os hormônios hipotalâmicos liberadores com a exceção do TRH são secretados de um modo pulsátil. Se sua secreção não for pulsátil, sua eficácia é reduzida. Níveis constantes e altos de GnRH servem na verdade para inibir a secreção hipofisária de FSH e LH, produzindo o efeito contrário que estamos procurando neste paciente. A frequência de pulso normal do GnRH é de cerca de uma vez a cada hora; por isso, a fim de induzir a ovulação nesta paciente, o medicamento deve ser administrado nesta frequência por via endovenosa. Este é um esquema difícil de cumprir. Por essa razão, as mulheres frequentemente são tratadas com suplementos de FSH, em vez de suplementos de GnRH; é mais fácil e mais conveniente e obtém resultados semelhantes.

> **DICAS DE NEUROCIÊNCIAS**
>
> ▶ Os núcleos periventricular, pré-óptico, arqueado e paraventricular do hipotálamo são responsáveis pela secreção de hormônios.
> ▶ Os axônios que transportam ADH e ocitocina percorrem através da eminência média para a neuro-hipófise e terminam em torno dos capilares da artéria hipofisária inferior.
> ▶ O hipotálamo produz somatostatina, que inibe a secreção de GH pela adeno-hipófise.

REFERÊNCIAS

Bear MF, Connors B, Paradiso M, eds. *Neuroscience*: Exploring the Brain. 3rd ed. Baltimore, MD: Lippincott Williams & Wilkins; 2006.

Kandel ER, Schwarz JH, Jessell TM, Siegelbaum SA, Hudspeth AJ, eds. *Principles of Neural Science*. 5th ed. New York, NY: McGraw-Hill; 2012.

Squire LR, Berg D, Bloom FE, du Lac S, eds. *Fundamental Neuroscience*. 4th ed. San Diego, CA: Academic Press; 2012.

CASO 30

Uma maratonista de 55 anos apresenta-se confusa na emergência com queixa de dor de cabeça e câimbras musculares. Sua pele está ruborizada e bastante úmida. Ao ser convidada a acompanhar a enfermeira, a paciente permanece em pé, vomita e, posteriormente, desmaia. Um médico verifica imediatamente seu pulso e sua temperatura, que se mostram elevados, com a temperatura próxima de 39°C. A paciente é imediatamente diagnosticada com hipertermia, e o tratamento é iniciado.

▶ Qual é o intervalo normal de temperatura do corpo humano?
▶ Que região do encéfalo regula a temperatura do corpo?
▶ Quais são as opções de tratamento disponíveis para a paciente?

RESPOSTAS PARA O CASO 30
Termorregulação

Resumo: Uma maratonista de 55 anos queixa-se de dor de cabeça e câimbras, apresentando confusão, náuseas, pulso elevado e pele ruborizada.

- **Temperatura corporal normal:** 36 a 37°C.
- **Região encefálica que regula a temperatura:** A regulação da temperatura do corpo é controlada principalmente pelo hipotálamo.
- **Opções de tratamento:** Reidratação com água; descanso em condições de frio.

ABORDAGEM CLÍNICA

A **hipertermia** é uma condição aguda que ocorre quando o corpo gera mais calor do que pode dissipar, fazendo a temperatura corporal se elevar de forma anormal. Temperaturas acima de 40°C são uma ameaça à vida, e a morte cerebral começa a 41°C. Os sinais mais comuns incluem confusão, dor de cabeça, câimbras musculares e náuseas. Confusão grave pode levar o paciente a se tornar hostil e agir como se estivesse embriagado. Temperaturas corporais elevadas levarão a uma transpiração excessiva até a desidratação. Desidratação aguda provoca queda significativa de pressão, possivelmente levando a tonturas ou até mesmo desmaios, em especial quando a pessoa levanta de repente. Para compensar a queda da pressão arterial, ocorre um aumento da frequência cardíaca (taquicardia) e da taxa de respiração (taquipneia) para aumentar a oferta de oxigênio para o corpo. A dilatação dos vasos sanguíneos cutâneos ocorre para aumentar a dissipação de calor, resultando na ruborização da pele. À medida que a insolação progride, os vasos sanguíneos começam a se contrair para ajudar a aumentar a pressão arterial, fazendo a pele ficar mais pálida e com tom azulado. Por fim, os órgãos do corpo começam a falhar até resultar em perda da consciência e coma. Demograficamente, estudos têm mostrado que as mulheres e os idosos estão entre as pessoas de maior risco de insolação. O tratamento adequado da insolação inclui hospitalização imediata. A temperatura corporal do paciente deve ser reduzida rapidamente. Os métodos incluem colocar o paciente em áreas mais frias com ventiladores ou ar condicionado, tirar a roupa do paciente e submetê-lo a banho de imersão em água fria. Além disso, a reidratação é crítica e é alcançada pela ingestão de grandes quantidades de água e bebidas isotônicas (p. ex., Gatorade).

ABORDAGEM À
Termorregulação

OBJETIVOS

1. Conhecer as formas e os meios para evitar a hipotermia.

2. Conhecer os mecanismos de diminuição e aumento da temperatura.

DEFINIÇÕES

HOMEOTERMO: Um organismo, como um mamífero ou uma ave, que possui uma temperatura corporal constante e independente da temperatura do meio externo; um endotérmico; "de sangue quente".
PECILOTERMO: Um organismo, como um peixe ou réptil, que possui uma temperatura corporal que varia com a temperatura do ambiente; um ectotérmico; "de sangue frio".
ÁREA PRÉ-ÓPTICA: Região do encéfalo que está localizada imediatamente abaixo da comissura anterior, acima do quiasma óptico, no lado anterior do hipotálamo que regula certas atividades viscerais frequentemente com outras porções do hipotálamo.
TERMORRECEPTOR: Um receptor sensorial que responde ao calor e ao frio.
PILOEREÇÃO: Ereção involuntária dos pelos devido a um reflexo simpático geralmente desencadeado por frio, choque, ou medo, ou causado por um agente simpaticomimético.
TIROXINA (T4): Um hormônio contendo iodo ($C_{15}H_{11}I_4NO_4$), produzido pela tireoide, que aumenta a taxa de metabolismo celular e regula o crescimento.

DISCUSSÃO

A termorregulação é a capacidade de um organismo de manter sua temperatura corporal dentro de certos limites, mesmo quando a temperatura ambiente é diferente. Como todos os mamíferos, os seres humanos são **homeotérmicos**, ou "de sangue quente". A temperatura do ser humano é de cerca de 37°C. Muitos organismos que não são mamíferos, como répteis e peixes, são **pecilotérmicos**, ou organismos "de sangue frio".

A termorregulação é controlada principalmente por mecanismos neuroendócrinos de retroalimentação que operam por meio do **hipotálamo**. O termostato central é encontrado na porção anterior do hipotálamo na **área pré-óptica**. Essa área tem um grande número de neurônios sensíveis ao calor (receptores de calor) e cerca de um terço de neurônios sensíveis ao frio (receptores de frio).

Existem dois tipos gerais de **termorreceptores**: receptores de calor e de frio. Os axônios dos receptores de calor são fibras C não mielinizadas, de condução lenta, enquanto os axônios dos receptores de frio são fibras Aδ, levemente mielinizadas, de condução mais rápida. Os campos receptivos de termorreceptores são pequenos pontos com diâmetros de cerca de 1 mm na pele glabra e 3 a 5 mm na pele com pelo. Cerca de 3 a 4 pontos são inervados por um único axônio. Os pontos de termorreceptores para o calor e para o frio disparam quando a temperatura corporal está normal; contudo, à medida que a temperatura aumenta, os pontos para o frio reduzem sua frequência de disparos, enquanto os pontos para o calor aumentam sua frequência de disparos. A ativação dos receptores de calor (sensível a temperaturas superiores a 37°C) resulta na ativação de neurônios no núcleo paraventricular e no hipotálamo lateral para aumentar as eferências parassimpáticas, aumentando assim a dissipação de calor. Os receptores sensíveis ao calor têm conexões inibitórias com os neurônios sensíveis ao frio. O aumento de disparos em neurônios sensíveis ao frio resulta na ativação de neurônios no **núcleo paraventricular** e no hipotálamo posterior para aumentar o fluxo simpático, a fim de gerar e conservar o calor. Neurônios sensíveis ao frio não têm receptores de temperatura intrínseca; em vez disso, aumentam seus disparos pela diminuição da taxa de disparo de neurônios sensíveis ao calor.

Ao contrário da área pré-óptica, a pele tem muito mais receptores sensíveis ao frio do que receptores sensíveis ao calor. Isso significa que a detecção da temperatura periférica está envolvida principalmente com a distinção entre calor e frio, em vez de detectar temperaturas quentes, provavelmente para evitar a **hipotermia**.

Os sinais sensoriais de temperatura dos termorreceptores periféricos na pele e nas membranas mucosas e aqueles a partir dos termorreceptores centrais internos na área pré-óptica hipotalâmica são transmitidos bilateralmente a uma área específica no hipotálamo posterior ao nível dos corpos mamilares. Aqui, os sinais são combinados para controlar os mecanismos de produção e conservação de calor corporal.

O hipotálamo funciona em conjunto com os centros corticais superiores para manter constante a temperatura corporal. As respostas variam desde involuntárias (mediadas pelo sistema nervoso visceral e neuroendócrino) a respostas comportamentais semivoluntárias e voluntárias.

Respostas ao frio: mecanismos de aumento da temperatura

Ambientes frios esfriam o sangue que flui para a pele e estimulam receptores de frio da pele. Quando a temperatura do sangue cai abaixo do normal, os neurônios estimulam as regiões do hipotálamo caudal responsáveis pelos mecanismos de conservação de calor, iniciando uma variedade de respostas para promover o ganho e inibir a perda de calor. Respostas involuntárias, que envolvem a ativação do sistema nervoso simpático, incluem:

1. **Vasoconstrição.** A liberação de noradrenalina a partir das fibras simpáticas contrai os vasos sanguíneos cutâneos, reduzindo assim o fluxo sanguíneo e a perda de calor para o ar frio.
2. **Piloereção.** A contração dos músculos eretores do pelo (estimulada por receptores adrenérgicos α_1) causa piloereção prendendo o ar quente perto da pele.
3. **Aumento da produção de calor.** Excitação simpática e tremores permitem o aumento da termogênese. O metabolismo celular pode ser aumentado pela estimulação simpática, ou pelas ações da epinefrina e da norepinefrina circulantes no sangue. Isto é chamado de **termogênese química**. A epinefrina e a norepinefrina têm a capacidade para desacoplar a fosforilação oxidativa, permitindo a oxidação do excesso de alimentos, liberando energia térmica. A

quantidade de gordura marrom, um tipo de gordura que contém um grande número de mitocôndrias, onde ocorre a oxidação especial desacoplada, é proporcional à quantidade de termogênese química no organismo. Os bebês, que têm pequenas quantidades de gordura marrom, são capazes de usar esse processo para dobrar a produção de calor. No entanto, os adultos, com quase nenhuma gordura marrom, só são capazes de aumentar a produção de calor em 10 a 15% por esse processo.

Outra forma de termogênese química envolve o aumento do metabolismo celular causado pela tiroxina. O esfriamento da área pré-óptica do hipotálamo provoca um aumento na produção e na secreção do hormônio liberador de tireotrofina (TRH, de *thyrotropin-releasing hormone*) pelo hipotálamo. O TRH percorre as veias porta para a adeno-hipófise, onde estimula a secreção do hormônio estimulante da tireoide (TSH, de *thyroid-stimulating hormone*). O TSH, então, estimula a tireoide a liberar a **tiroxina (T_4)**, o que aumenta a **taxa metabólica** do corpo.

Os tremores de frio (calafrios) são controlados pelo centro motor primário para tremores, encontrado no **hipotálamo dorsomedial posterior**. Esse centro em geral é excitado por sinais de frio da pele e da medula espinal e inibido por sinais de calor da área pré-óptica do hipotálamo. Quando a temperatura do corpo cai demasiadamente, o centro motor transmite sinais por meio de extensões bilaterais para o tronco encefálico e as colunas laterais da medula espinal, e, eventualmente, para os neurônios motores anteriores, estimulando um aumento no tônus dos músculos esqueléticos em todo o corpo. Os calafrios começam quando o tônus muscular atinge um nível crítico e podem aumentar a produção de calor em até quatro ou cinco vezes o valor normal.

Respostas voluntárias adicionais incluem o aumento da atividade física, tais como a estimulação e a fricção das mãos, e mudanças de comportamento, como usar roupas extras e se juntar em grupos. Esses comportamentos voluntários são ativados principalmente pelo córtex cerebral e pelo sistema límbico.

Respostas ao calor: mecanismos de diminuição da temperatura

A temperatura corporal aumenta quando o corpo é exposto a excesso de calor. Receptores de calor da pele e alta temperatura sanguínea sinalizam ao hipotálamo para inibir a atividade adrenérgica no sistema nervoso simpático, conduzindo à redução da taxa metabólica e à vasodilatação cutânea. As respostas ao calor incluem:

1. **Vasodilatação.** A inibição dos centros simpáticos no hipotálamo posterior provoca vasodilatação cutânea, o que permite um aumento no fluxo de sangue e uma maior perda de calor através da pele.
2. **Sudorese.** Em condições particularmente quentes, o hipotálamo sinaliza às fibras simpáticas colinérgicas para liberar **acetilcolina**, a fim de estimular os receptores colinérgicos muscarínicos sobre as **glândulas sudoríparas écrinas**

para induzir suor. Essas glândulas são encontradas em todo o corpo, mas são mais prevalentes nas palmas das mãos, nas plantas dos pés e na testa. O calor é, em seguida, perdido pela evaporação de suor a partir da pele a uma taxa de cerca de 0,58 kcal/mL.
3. **Diminuição na produção de calor.** Todos os mecanismos envolvidos na produção e na conservação de calor são gravemente inibidos.

Respostas comportamentais voluntárias ao calor, como repouso, uso de menos roupa, abano e ingestão de líquidos frios, também ajudam com a perda de calor.

A febre é uma condição médica que descreve um aumento temporário no ponto de ajuste da termorregulação do corpo (normalmente em cerca de 1 a 2°C). Febre difere de hipertermia em que, durante uma febre, o próprio ponto de ajuste da termorregulação do organismo está elevado, enquanto na hipertermia a temperatura do corpo se eleva acima do ponto de ajuste. O aumento no ponto de ajuste termorregulador do hipotálamo durante uma febre pode ser atribuído à atividade das citocinas IL-1, IL-6 e TNF-α. É importante notar que a febre não é em si uma condição médica, mas sim um sintoma de outra patologia.

> **CORRELAÇÃO COM O CASO CLÍNICO**
> - Ver Casos 28 a 36 (sistemas regulatórios).

QUESTÕES DE COMPREENSÃO

Consulte o seguinte caso para responder as perguntas 30.1 e 30.2:
Um homem de 28 anos é levado à emergência por EMS depois de ter sido encontrado deitado na neve no lado da estrada. Ele aparentemente estava caminhando ao longo da estrada na noite anterior e foi atingido por um carro, que não parou. O paciente então ficou deitado na neve até que alguém o encontrou esta manhã. Os dedos das mãos e dos pés estavam azuis e frios ao toque e ele estava tremendo de frio incontrolavelmente.

30.1 Quais os principais receptores responsáveis por desencadear estas respostas ao frio?

   A. Termorreceptores na pele
   B. Termorreceptores no hipotálamo posterior
   C. Termorreceptores no hipotálamo anterior
   D. Termorreceptores no hipotálamo lateral

30.2 Que parte do hipotálamo recebe as informações dos termorreceptores sensíveis ao frio e, em seguida, gera sinais que levam à conservação e à geração de calor do corpo?

   A. Hipotálamo anterior

B. Hipotálamo posterior
C. Hipotálamo lateral
D. Hipotálamo medial

30.3 Um trabalhador de 44 anos é levado à emergência depois de desmaiar no trabalho. Ele estava trabalhando ao ar livre, pavimentando uma rua da cidade, quando, de acordo com testemunhas, disse que precisava se sentar e, em seguida, entrou em colapso. O paciente não perdeu a consciência naquele momento. A pele do corpo todo está ruborizada com enchimento capilar muito rápido, e ele sua profusamente. O homem é corretamente diagnosticado como tendo exaustão pelo calor, e o tratamento é iniciado. Qual núcleo hipotalâmico está envolvido na geração de respostas de dissipação de calor?

A. Hipotálamo medial
B. Hipotálamo lateral
C. Hipotálamo posterior
D. Hipotálamo anterior

RESPOSTAS

30.1 **A. Termorreceptores na pele** são responsáveis por respostas ao frio. Existem duas áreas do corpo em que os termorreceptores estão localizados: na pele e no hipotálamo anterior, especificamente na área pré-óptica. Entretanto, essas áreas não se comportam da mesma forma. Existem receptores significativamente mais para o frio do que para o calor na pele e receptores mais para o calor do que para o frio no hipotálamo. Isso significa que termorreceptores da pele são mais importantes para a detecção de condições de frio e hipotermia, enquanto receptores hipotalâmicos são mais importantes para a detecção de condições de calor e hipertermia. É claro que, em um exemplo extremo como este, tanto os termorreceptores da pele como os hipotalâmicos gerariam sinais para conservar ou gerar calor no corpo.

30.2 **B. O hipotálamo posterior** gera os sinais que causam um aumento na conservação de calor e mudanças no comportamento. O hipotálamo posterior também está envolvido nas respostas simpáticas, o que é importante na conservação de calor. A estimulação simpática é responsável pela vasoconstrição periférica e piloereção, sendo que ambas ocorrem para conservar calor. Tremores de frio (calafrios), um mecanismo de geração de calor, não são mediados pelo sistema simpático, mas sim pelo centro de tremores, encontrado no hipotálamo posterior dorsomedial. As projeções do hipotálamo posterior para o córtex estão envolvidas nas respostas comportamentais mais complexas ao frio, como colocar mais roupa, andar e entrar em lugares mais quentes. O hipotálamo anterior, sendo a localização dos termorreceptores hipotalâmicos, é mais sensível ao calor do que ao frio e está envolvido em atividades de dissipação de calor.

30.3 **D. O hipotálamo anterior** é a área envolvida nas atividades de dissipação de calor. Ele recebe sinais de calor principalmente a partir da área pré-óptica do hipotálamo, mas também a partir de receptores de calor localizados na pele. As atividades de dissipação de calor incluem vasodilatação cutânea pela inibição simpática, que faz a pele ficar ruborizada, e sudorese. Todas as atividades de conservação de calor também são inibidas. Existem também respostas corticais ao superaquecimento, incluindo ventilação, tirar as roupas e ingerir bebidas frias.

DICAS DE NEUROCIÊNCIAS

▶ A termorregulação é controlada principalmente por mecanismos neurais de retroalimentação que operam pelo hipotálamo na área pré-óptica.
▶ Respostas involuntárias para a conservação de calor são iniciadas pelo hipotálamo e incluem vasoconstrição, piloereção e termogênese (p. ex., excitação simpática e calafrios).
▶ Febre difere de hipertermia. Durante a febre, o próprio ponto de ajuste de termorregulação do organismo está elevado, enquanto na hipertermia a temperatura do corpo se eleva acima do ponto de ajuste.

REFERÊNCIAS

Bear MF, Connors BW, Paradiso MA, eds. *Neuroscience: Exploring the Brain*. 3rd ed. Baltimore, MD: Lippincott Williams & Wilkins; 2006.

Kandel ER, Schwarz JH, Jessell TM, Siegelbaum SA, Hudspeth AJ, eds. *Principles of Neural Science*. 5th ed. New York, NY: McGraw-Hill; 2012.

Squire LR, Berg D, Bloom FE, du Lac S, eds. *Fundamental Neuroscience*. 4th ed. San Diego, CA: Academic Press; 2012.

CASO 31

Um homem latino-americano de 66 anos apresenta-se na emergência com dor no peito à direita, fraqueza e hemoptise. Ele tem história de hipertensão arterial, doença pulmonar obstrutiva crônica (DPOC), episódios recorrentes de pneumonia e uma história de fumar 75 maços de cigarros anualmente. A radiografia de tórax realizada na emergência demonstra pulmões hiperinflados, enfisema e uma grande massa no lado direito. O paciente é admitido no setor de medicina interna do hospital para uma avaliação mais aprofundada. É solicitada a avaliação por um neurologista para verificar a fraqueza de início recente. Observa-se uma fraqueza difusa na extremidade superior direita com uma fraqueza profunda nos músculos intrínsecos da mão. Ele também apresenta ptose e anisocoria à direita, com a pupila direita medindo 2 mm e reativa, e a pupila esquerda medindo 5 mm e reativa. Logo se diagnostica um tumor de Pancoast causando síndrome de Horner.

- Em que parte do pulmão se encontram os tumores de Pancoast?
- O que explica a anisocoria?
- O que explica a ptose?

RESPOSTAS PARA O CASO 31
Sistema nervoso simpático

Resumo: Um homem de 66 anos, com patologia pulmonar franca e história de tabagismo pesado, apresenta-se com uma massa no peito, anisocoria e fraqueza muscular.

- **Localização:** Tumores de Pancoast são encontrados no ápice do pulmão.
- **Anisocoria:** A invasão tumoral da cadeia simpática resulta em tônus parassimpático ipsilateral do músculo constritor papilar causando miose.
- **Ptose:** Também causada por invasão tumoral da rede simpática. Neste caso, a perda de inervação do músculo de Müller provoca ptose.

ABORDAGEM CLÍNICA

Esta é uma apresentação clássica de um **tumor de Pancoast** que invade o ápice do pulmão. Esses tumores frequentemente são causados por carcinoma de células escamosas do pulmão. Os pacientes muitas vezes têm dor no ombro e na parte medial do membro superior ipsilateral. Esses tumores com frequência invadem o plexo braquial, mas também podem comprometer as raízes dos nervos espinais, cervical superior ou torácico superior. Consequentemente existe com frequência perda sensorial nas distribuições de C8-T1. Isso resulta em perda sensorial do antebraço dorsomedial ipsilateral, do quinto dedo e da metade medial do quarto dedo. Muitas vezes há comprometimento da cadeia de gânglios simpáticos e gânglio estrelado. Isso resulta em uma perturbação do tônus simpático que retorna para a cabeça causando ptose e miose. Além disso, se o tumor invadisse as fibras simpáticas no mesmo nível ou em níveis superiores da bifurcação carotídea, seria esperado encontrar anidrose de toda a face ipsilateral. Se o tumor fosse distal em relação a esse ponto, poderia ser observada anidrose da parte medial da testa e do nariz ipsilateral. É importante lembrar que a ruptura das fibras simpáticas em qualquer ponto desde a sua origem no hipotálamo até sua ascensão ao longo da artéria carótida pode resultar na síndrome de Horner.

ABORDAGEM AO
Sistema nervoso simpático

OBJETIVOS

1. Compreender a anatomia do sistema nervoso simpático.
2. Conhecer os neurotransmissores utilizados pelo sistema nervoso simpático para as várias sinapses.
3. Ser capaz de discutir os efeitos da estimulação simpática nos principais órgãos-alvo.

DEFINIÇÕES

SISTEMA NERVOSO TORACOLOMBAR: Sistema nervoso simpático definido com respeito aos níveis da medula espinal que contêm os corpos celulares dos nervos simpáticos pré-ganglionares.
GÂNGLIO PARAVERTEBRAL: Tronco simpático contendo as fibras terminais dos ramos comunicantes brancos e os corpos celulares dos ramos comunicantes cinzentos. Esta é uma estrutura bilateral.
GÂNGLIO CERVICAL SUPERIOR: Análogo ao gânglio paravertebral, mas tem corpos celulares dos ramos comunicantes cinzentos que terminam na região da cabeça.
GÂNGLIOS PRÉ-VERTEBRAIS: Gânglios celíaco, mesentérico superior e mesentérico inferior, onde os ramos comunicantes brancos terminam nos corpos celulares dos ramos comunicantes cinzentos que terminam na maioria das vísceras do abdome e retroperitônio.

DISCUSSÃO

O sistema nervoso simpático é uma das duas subdivisões do sistema nervoso visceral. Juntas, essas subdivisões regulam a atividade do **músculo cardíaco,** dos **músculos lisos** e das **glândulas.** O sistema nervoso visceral é regulado por esforços combinados do **hipotálamo,** do **córtex cerebral,** da **amígdala** e da **formação reticular.** Como outras partes do sistema nervoso, para facilitar uma discussão anatômica, dividem-se as vias e as projeções em seus componentes **centrais** e **periféricos.**

A organização central do sistema nervoso simpático, que regula as respostas de "luta ou fuga", é compreendida mais claramente, focando-se no **hipotálamo.** Neste nível, tanto a informação aferente como a eferente são processadas e o tônus do sistema nervoso simpático é ajustado. Informações **viscerais aferentes** sobre a pressão arterial, a respiração e o funcionamento gastrintestinal são levadas pelo nervo glossofaríngeo e pelo nervo vago para o **núcleo do trato solitário** no tronco encefálico. Esse núcleo aceita e redireciona os impulsos nervosos para várias áreas do cérebro, incluindo o hipotálamo, o córtex insular, a amígdala e os centros respiratórios adjacentes no bulbo e na ponte. O córtex insular está envolvido com a função cardíaca. Os **mais altos níveis** de controle simpático e as grandes eferências simpáticas estão localizados no **córtex pré-frontal,** no **córtex cingulado** e no **córtex hipocampal.** Essas áreas recebem e se projetam para outras regiões para obter uma atenuação máxima do estímulo simpático. Ao se projetarem para o hipotálamo, essas áreas corticais são capazes de alterar o tônus do sistema nervoso simpático. A maioria das fibras simpáticas origina-se nas regiões lateral e posterior do hipotálamo. A partir daqui, elas descem, sem cruzar, no tegmento **lateral** do **mesencéfalo,** na **ponte,** no **bulbo** e na **medula espinal.** Esses axônios terminam na **coluna de células intermediolateral** da medula espinal a partir de **C8-L2.** Como o sistema nervoso simpático está confinado a essa região de terminal, frequentemente é chamado de **toracolombar.** O **sistema nervoso simpático periférico** começa com corpos celulares localizados na coluna de células intermediolateral da substância cinzenta da medula espinal. Esses corpos celulares projetam seus **axônios mielinizados pré-ganglionares**, ou **ramos comunicantes brancos**, pela zona de saída da raiz ventral da medula espinal, pelas radículas ventrais e no nervo espinal em cada nível. Os ramos comunicantes brancos terminarão em uma das duas estruturas: no **gânglio paravertebral** ao lado da coluna vertebral ou nos **gânglios pré-vertebrais** na cavidade abdominal posterior (note que os troncos paravertebrais são estruturas pareadas em ambos os lados da coluna vertebral). Os três gânglios pré-vertebrais separados incluem o **gânglio celíaco**, o **gânglio mesentérico superior** e o **gânglio mesentérico inferior**. A maioria das fibras simpáticas atravessa os nervos espinais **T5-L2** para seus respectivos alvos. Os gânglios pré-vertebral e paravertebral recebem as fibras simpáticas pré-ganglionares e contêm os corpos celulares de **fibras pós-ganglionares simpáticas não mielinizadas**, ou **ramos comunicantes cinzentos**. Os axônios desses corpos celulares terminarão em seus órgãos-alvo, incluindo glândulas sudoríparas, glândulas intestinais, tecido cardíaco e tecido pulmonar, entre outros. Importante notar que as glândulas suprarrenais recebem inervação pelos ramos comunicantes brancos sem sinapses. O componente pós-ganglionar simpático da glândula suprarrenal ocorre quando a glândula libera epinefrina na corrente sanguínea.

Em comparação com as fibras do sistema nervoso parassimpático, as fibras simpáticas pré-ganglionares são curtas e as fibras pós-ganglionares são longas. Uma fibra pré-ganglionar inerva muitas fibras pós-ganglionares, e é esta divergência que amplifica as eferências simpáticas e coordena a ativação simpática entre os diferentes níveis da coluna vertebral (Figura 31-1).

A **cabeça** recebe sua inervação simpática dos níveis **C8-T2** da medula espinal e termina no **gânglio cervical superior**. As fibras simpáticas pós-ganglionares percorrem ao longo das **artérias carótidas internas** para inervar as glândulas **salivares** e **lacrimais**, as **glândulas sudoríparas**, o **músculo liso** e os **vasos sanguíneos** da cabeça. Os membros superiores recebem sua inervação simpática pós-ganglionar do gânglio cervical inferior e torácico superior. O **coração** recebe seu tônus simpático do **gânglio torácico superior**, enquanto os gânglios abdominais recebem aferências de T5-T9/T10. A pelve, as pernas e o colo descendente são supridos pelos gânglios lombares superiores.

É importante lembrar que o sistema nervoso simpático não é apenas um sistema visceral motor. Como mencionado anteriormente, existem também vias **aferentes viscerais**. Os corpos celulares destes axônios sensoriais estão localizados no gânglio sensorial dorsal dentro do saco tecal, e suas projeções aferentes podem terminar localmente na coluna de células intermediolateral para afetar os **reflexos locais** ou no corno dorsal da medula cinzenta resultando na **comunicação central** de sensações viscerais, como a sensação de bexiga cheia.

O perfil neurotransmissor do sistema nervoso simpático é crucial para a compreensão das intervenções farmacológicas utilizadas no tratamento de muitas doenças. A sinapse inicial dos neurônios pré e pós-ganglionares usa como neurotransmissor a acetilcolina, enquanto a sinapse do terminal pós-ganglionar no órgão-alvo utiliza a norepinefrina. Uma exceção é a **medula suprarrenal**, na qual a sinapse da fibra simpática pré-ganglionar com a glândula suprarrenal usa a acetilcolina para esti-

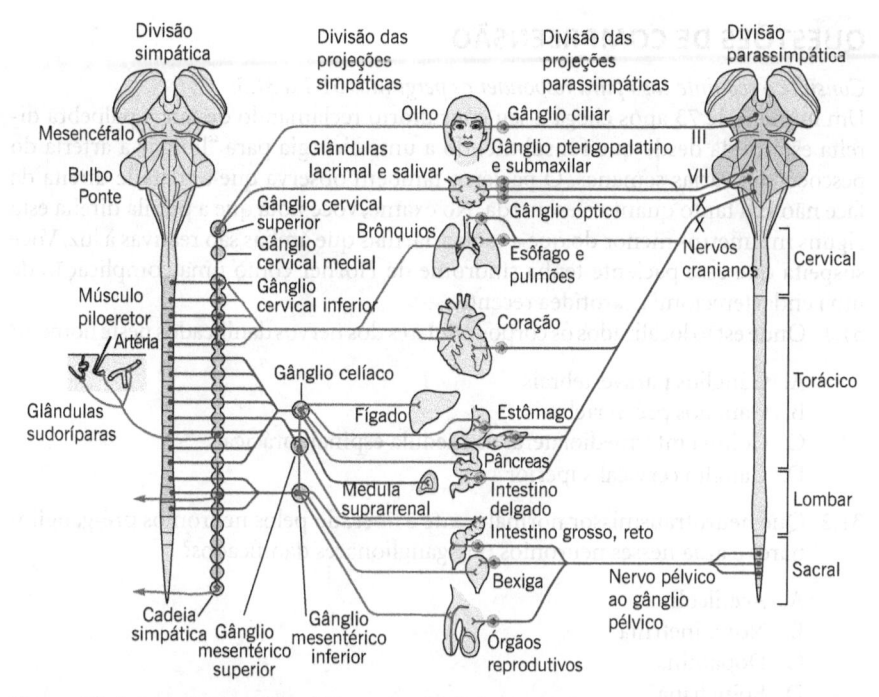

Figura 31-1 Divisão simpática (toracolombar) do sistema nervoso visceral à esquerda. (*Reproduzida, com permissão, de Kandel ER, Schwartz JH, Jessell TM. Principles of Neural Science. 4th ed. New York, NY: McGraw-Hill; 2000:964.*)

mular a liberação de **epinefrina** (adrenalina) na corrente sanguínea. Outras duas exceções que usam a liberação de **acetilcolina** na sinapse simpática pós-ganglionar no órgão-alvo são as **glândulas sudoríparas** e os **vasos sanguíneos**.

Os receptores de neurotransmissores do sistema nervoso simpático são classificados em alfa e beta, com subgrupos de **alfa-1**, **alfa-2**, **beta-1** e **beta-2**. A estimulação de receptores alfa-1 provoca vasoconstrição, diminuição da motilidade gastrintestinal e dilatação pupilar. Receptores alfa-2 estão localizados na terminação pré-sináptica e, após estimulação, causam atenuação da liberação de neurotransmissor na fenda sináptica. Receptores beta-1 aumentam a frequência cardíaca e a contratilidade cardíaca. Receptores beta-2 causam vasodilatação e broncodilatação.

> ### CORRELAÇÃO COM O CASO CLÍNICO
> - Ver Casos 28 a 36 (sistemas regulatórios).

QUESTÕES DE COMPREENSÃO

Consulte o seguinte caso para responder as perguntas 31.1 a 31.3:
Um homem de 73 anos chega a seu consultório reclamando de que a pálpebra direita está caída desde que foi submetido a uma cirurgia para "limpar a artéria do pescoço" há várias semanas. O paciente também observa que a metade direita da face não sua tanto quanto a esquerda. No exame, você nota que a pupila direita está alguns milímetros menor do que a esquerda, mas que ambas são reativas à luz. Você suspeita que esse paciente tenha síndrome de Horner como uma complicação de uma endarterectomia carotídea recente.

31.1 Onde estão localizados os corpos celulares dos nervos danificados neste homem?

    A. Gânglios paravertebrais
    B. Gânglios pré-vertebrais
    C. Coluna intermediolateral da medula espinal torácica
    D. Gânglio cervical superior

31.2 Que neurotransmissor normalmente é liberado pelos neurônios pré-ganglionares e atua nesses neurônios pós-ganglionares danificados?

    A. Acetilcolina
    B. Norepinefrina
    C. Dopamina
    D. Epinefrina

31.3 Que neurotransmissor normalmente é liberado por esses neurônios pós-ganglionares danificados em alvos glandulares e vasculares?

    A. Acetilcolina
    B. Norepinefrina
    C. Dopamina
    D. Epinefrina

RESPOSTAS

31.1 **D.** Na face, o gânglio envolvido é o **gânglio cervical superior**. Este paciente tem síndrome de Horner como uma complicação de sua endarterectomia de carótida. Os nervos simpáticos que inervam a face percorrem ao longo da artéria carótida e podem ser danificados (embora raramente) com excesso de dissecção em torno da artéria em cirurgia. Uma característica do sistema nervoso simpático é que possui axônios pré-ganglionares relativamente curtos, que fazem sinapse em gânglios próximos da medula espinal, e axônios pós-ganglionares longos, que em seguida se projetam desses gânglios para os órgãos-alvo. Os axônios dos corpos celulares no gânglio cervical superior ascendem ao longo da artéria carótida e, em seguida, seus ramos seguem para seus alvos na face e na cabeça. Os neurônios de primeira ordem que fazem sinapse no gânglio cervical superior têm seus corpos celulares na coluna intermediolateral da medula torácica.

31.2 **A.** Todos os neurônios viscerais pré-ganglionares (simpático e parassimpático) liberam **acetilcolina** em gânglios viscerais. Essa acetilcolina ativa os receptores nicotínicos de acetilcolina ganglionares localizados nos neurônios pós-ganglionares, provocando despolarização da membrana celular e consequentes disparos de potenciais de ação.

31.3 **B.** Em sua maioria, os neurônios simpáticos pós-ganglionares liberam **norepinefrina** em seus alvos, incluindo glândulas e vasos sanguíneos. Os únicos alvos que não recebem norepinefrina são as glândulas sudoríparas. Neurônios simpáticos que inervam essas glândulas liberam acetilcolina que atuam nos receptores muscarínicos nas glândulas sudoríparas.

DICAS DE NEUROCIÊNCIAS

▶ A maioria das lesões do sistema nervoso simpático acima da coluna vertebral torácica causa uma síndrome de Horner ipsilateral.
▶ Os vários receptores adrenérgicos formam a base de intervenção farmacológica para o controle da frequência cardíaca, controle da pressão arterial e controle das vias aéreas.
▶ O hipotálamo é o principal núcleo e a origem do sistema nervoso simpático.

REFERÊNCIAS

Bear MF, Connors B, Paradiso M, eds. *Neuroscience: Exploring the Brain.* 3rd ed. Baltimore, MD: Lippincott Williams & Wilkins; 2006.

Squire LR, Berg D, Bloom FE, du Lac S, eds. *Fundamental Neuroscience.* 4th ed. San Diego, CA: Academic Press; 2012.

Purves D, Augustine GJ, Fitzpatrick D, Hall WC, eds. *Neuroscience.* 5th ed. Sunderland, MA: Sinauer Associates Inc; 2011

CASO 32

Um homem previamente saudável de 21 anos apresenta-se à emergência com dor no olho do lado direito desde os últimos dois dias. Ele nega ter tido esses sintomas antes. O paciente afirma que estava assistindo seu filme favorito quando notou que as cores vistas pelo olho direito pareciam mais apagadas e menos intensas do que aquelas vistas pelo olho esquerdo. Nesta época, a dor no olho direito se agravou. Após mais algumas perguntas, ele afirma estar tendo episódios de piora da incontinência urinária há um mês. Como estava envergonhado com isso, não procurou atendimento médico. O paciente descreve uma forte vontade de urinar, mas tem dificuldade em iniciar a micção. No entanto, ele acrescenta que muitas vezes ocorre descarga urinária sem vontade alguma. Seu primo e sua irmã sofrem de lúpus eritematoso sistêmico. Por fim, ele foi diagnosticado com esclerose múltipla (EM).

▶ Por que o paciente tem incontinência urinária?
▶ Qual a função da mielina?
▶ Que células são responsáveis pela mielinização no sistema nervoso central (SNC)?

RESPOSTAS PARA O CASO 32
Sistema nervoso parassimpático

Resumo: Um homem de 21 anos tem incontinência urinária há um mês e dor no olho com diminuição da acuidade visual para cores.

- **Mecanismo da incontinência:** Comprometimento do tônus parassimpático no músculo detrusor e no esfíncter uretral externo, resultando em incontinência urinária secundária a uma placa de EM.
- **Mielina:** A mielina serve para proteger e isolar os axônios, aumentando a velocidade de condução do impulso nervoso.
- **Células mielinizantes do SNC:** Os oligodendrócitos mielinizam axônios no SNC. As células de Schwann têm a mesma finalidade no sistema nervoso periférico.

ABORDAGEM CLÍNICA

A EM é uma doença desmielinizante que pode afetar tanto o encéfalo como a medula espinal. Normalmente, essa doença autoimune acomete pacientes em seus 20 anos de idade e mais do sexo feminino do que do masculino. Vinte e cinco por cento dos pacientes apresentam neurite óptica como manifestação de EM. Nessa doença, muitas vezes há dor orbital que se agrava com o movimento dos olhos, perda de visão monocular, diminuição da acuidade à cor e uma diminuição à resposta papilar aferente no olho afetado.

Para esta discussão, vamos nos concentrar na disfunção da bexiga. A bexiga é composta por três grupos musculares: o músculo detrusor, o esfíncter uretral interno e o esfíncter uretral externo. O esfíncter interno é um músculo liso e recebe inervação dos segmentos torácicos intermediolaterais inferiores. As fibras simpáticas pré-ganglionares atravessam para dentro da cavidade abdominal posterior, onde fazem sinapse no gânglio mesentérico inferior. As fibras simpáticas pós-ganglionares inervam o músculo liso para compor o esfíncter uretral interno, causando contração e retenção urinária. O esfíncter uretral externo é um músculo estriado e está sob controle voluntário. Os corpos celulares nos cornos anterolaterais de S2, S3 e S4 (núcleo de Onuf) enviam seus axônios ao longo do nervo pudendo inferior para terminar no esfíncter uretral externo, causando contração. O próprio músculo detrusor é inervado por ambos os sistemas nervosos, simpático e parassimpático. As fibras simpáticas percorrem o mesmo trajeto que as fibras simpáticas que terminam no esfíncter uretral interno. Quando terminam no detrusor, causam relaxamento. As fibras pré-ganglionares parassimpáticas percorrem através do gânglio mesentérico inferior e terminam nos corpos celulares parassimpáticos pós-ganglionares localizados na parede da bexiga. O disparo de potencial de ação das fibras parassimpáticas pós-ganglionares causa a contração do detrusor.

Há um centro de micção cerebral localizado no córtex frontal medial, inferior ao córtex motor acessório. Essa estrutura é responsável pela gestão da continência consciente. Há um arco reflexo local que estimula o esvaziamento da bexiga com base em impulsos sensoriais aferentes do músculo detrusor. No entanto, o centro de micção projeta fibras para ambos, núcleo Onuf e corpos celulares dos neurônios pré-ganglionares parassimpáticos, para inibir seus disparos. A sequência de micção ocorre da seguinte forma: relaxamento voluntário do períneo, flexão dos músculos da parede abdominal, contração do detrusor e abertura dos esfíncteres internos e externos.

No caso da EM, essas alterações patológicas tomam lugar ao longo do tempo. A manifestação mais comum na bexiga é a bexiga neurogênica, resultante de lesões de substância branca da medula espinal acima de T12. Isso resulta em uma bexiga espástica com perda do controle voluntário do esfíncter externo. A bexiga espástica inicia um reflexo de esvaziamento da bexiga em volumes mais baixos e é análoga à espasticidade muscular e à hiper-reflexividade observada na doença do neurônio motor superior. Essa combinação leva à urgência (dependendo do grau de sensibilidade que ainda está intacto) e à incontinência miccional.

Deve-se suspeitar de EM quando um paciente tem vários déficits neurológicos que não podem ser explicados por uma única lesão. **Perda de bainhas de mielina e depleção dos oligodendrócitos são vistas dentro das placas.**

ABORDAGEM AO
Sistema nervoso parassimpático

OBJETIVOS

1. Compreender a anatomia do sistema nervoso parassimpático (Figura 32-1).
2. Conhecer os neurotransmissores utilizados pelo sistema nervoso parassimpático nas várias sinapses.
3. Ser capaz de discutir os efeitos do estímulo parassimpático dos principais órgãos-alvo.

DEFINIÇÕES

CRANIOSSACRAL: Esquema que determina as regiões de núcleos parassimpáticos pré-ganglionares. A parte distal da cabeça até a flexura esplênica é inervada pelos próprios núcleos do tronco encefálico, enquanto o colo descendente e os órgãos pélvicos são inervados pelo componente sacral.
NICOTÍNICOS: Tipo de receptor encontrado nas sinapses entre células pré-ganglionares e pós-ganglionares viscerais, bem como o receptor encontrado nas junções neuromusculares.
MUSCARÍNICOS: Tipo de receptor encontrado nas sinapses entre células pós--ganglionares parassimpáticas e órgãos-alvo.

DISCUSSÃO

O sistema nervoso parassimpático, que controla funções durante "o descanso e a digestão", é uma das duas subdivisões do sistema nervoso visceral. Juntas, essas subdivisões regulam a atividade do **músculo cardíaco**, dos **músculos lisos** e das **glândulas**. O sistema nervoso visceral é regulado por esforços combinados do **hipotálamo**, do **córtex cerebral**, da **amígdala** e da **formação reticular**. Como outras partes do sistema nervoso, para facilitar uma discussão anatômica, dividem-se as vias e as projeções em seus componentes **centrais** e **periféricos**.

A organização central do sistema nervoso parassimpático é compreendida mais claramente focando-se no **hipotálamo**. A este nível, a informação aferente e eferente é processada, e o tônus do sistema nervoso parassimpático é ajustado. Informações **viscerais aferentes** sobre a pressão arterial, a respiração e o funcionamento gastrintestinal são levadas pelo nervo glossofaríngeo e pelo nervo vago para o **núcleo do trato solitário** no tronco encefálico. Esse núcleo aceita e redireciona os impulsos nervosos para várias áreas do cérebro, incluindo o hipotálamo, o córtex insular, a amígdala e os centros respiratórios adjacentes no bulbo e na ponte. O córtex insular está envolvido com a função cardíaca.

Os mais altos níveis de controle parassimpático e grandes eferências simpáticas estão localizados no **córtex pré-frontal**, no **córtex cingulado** e no **córtex hipocampal**. Essas áreas recebem e projetam-se para outras regiões para obter uma atenuação máxima do estímulo parassimpático. Ao se projetarem para o hipotálamo, essas áreas corticais são capazes de alterar o tônus do sistema nervoso parassimpático. A maioria das fibras parassimpáticas origina-se na região anterior do hipotálamo. A partir daqui, elas descem para o mesencéfalo, a ponte e o bulbo, e para a medula espinal. Esses axônios terminam na **coluna de células intermediolateral** da medula espinal de S2-S4. Como o sistema nervoso parassimpático se limita a essas duas regiões de terminação, muitas vezes leva a designação de **craniossacral**.

Os núcleos do tronco encefálico que distribuem as eferências pré-ganglionares parassimpáticas incluem o **núcleo de Edinger-Westphal** do nervo oculomotor, o **núcleo salivatório superior** que contribui para o nervo facial, o **núcleo salivatório inferior** que contribui para o nervo glossofaríngeo, e o **núcleo motor dorsal** do nervo vago. Juntos, esses quatro nervos cranianos transportam tônus parassimpático pré-ganglionar às glândulas e aos vasos sanguíneos da cabeça (ver Figura 32-1). O **núcleo de Edinger-Westphal** projeta axônios pré-ganglionares parassimpáticos ao longo da periferia do nervo oculomotor à medida que sai do mesencéfalo e entra na órbita através da **fissura orbital superior**. Aqui, as fibras parassimpáticas pré-ganglionares percorrem ao longo da **divisão inferior** do nervo oculomotor e depois se ramificam em direção ao **gânglio ciliar**, onde terminam. Dali, saem as fibras parassimpáticas pós-ganglionares que inervam o **músculo do esfíncter da pupila** e os **músculos ciliares** que induzem a **miose** e a **convergência**, respectivamente. O **núcleo salivatório superior** projeta as fibras parassimpáticas pré-ganglionares ao longo do nervo facial à medida que sai do tronco encefálico na junção bulbopontina. Essas fibras saem como ramos do nervo facial dentro do **nervo petroso**

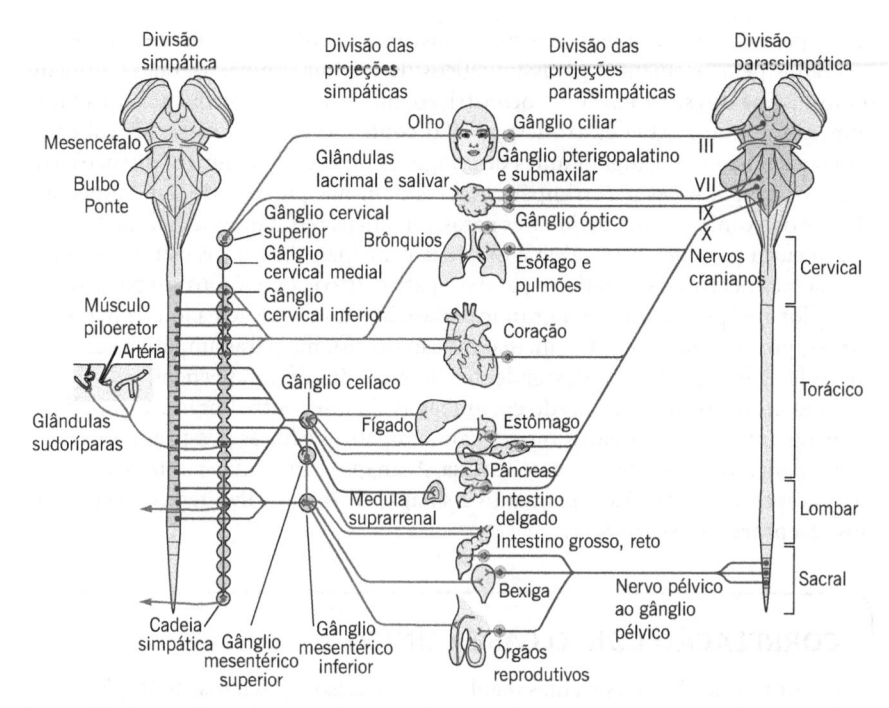

Figura 32-1 Divisão parassimpática (craniossacral) do sistema nervoso visceral à direita. (*Reproduzida, com permissão, de Kandel ER, Schwartz JH, Jessell TM. Principles of Neural Science. 4th ed. New York, NY: McGraw-Hill; 2000:964.*)

maior distal ao **gânglio geniculado**. Elas reentram no crânio através do hiato para o nervo petroso maior e seguem anteriormente ao longo da base do crânio, saindo do crânio em direção à **fossa pterigopalatina**, terminando no **gânglio pterigopalatino**. Aqui fibras parassimpáticas pós-ganglionares dirigem-se superiormente pela **fissura orbital inferior** e terminam na glândula lacrimal causando lacrimejamento. Outras fibras parassimpáticas pré-ganglionares originadas do **núcleo salivatório superior** passam pelo **gânglio geniculado**, seguem com a **corda do tímpano**, e em seguida seguem o **nervo lingual**. Essas fibras terminam no **gânglio submandibular**. As fibras parassimpáticas pós-ganglionares dos corpos celulares percorrem então uma distância curta para inervar as **glândulas submandibular** e **sublingual**. O **núcleo salivatório inferior** projeta suas fibras parassimpáticas pré-ganglionares para o gânglio **óptico** onde terminam. As fibras terminam aqui e fibras parassimpáticas pós-ganglionares dirigem-se para a **glândula parótida** para fornecer inervação. O **núcleo vagal dorsal** localizado no bulbo projeta as fibras pré-ganglionares parassimpáticas ao longo do nervo vago. Esse nervo sai do crânio pelo **forame jugular** e fornece inervação parassimpática para os principais sistemas de órgãos do tórax e do abdome. É importante notar que o nervo vago só fornece inervação parassimpática para o colo ascendente e o colo transverso. O **colo descendente** e o **reto** são inervados pelos elementos parassimpáticos da medula espinal sacral. O aumento do tônus vagal resulta em broncoconstrição, diminuição da frequência cardíaca e aumento da motilidade gastrintestinal. Ao contrário do que ocorre na cabeça, o nervo vago não tem gânglios antes de atingir os órgãos-alvo. Em vez disso, os axônios pré-ganglionares parassimpáticos terminam nas **paredes** de seus respectivos alvos, e os axônios pós-ganglionares parassimpáticos resultantes têm uma distância muito curta para percorrer. Esta é uma das principais diferenças estruturais entre os sistemas nervosos simpático e parassimpático. Isto é, os axônios simpáticos pós-ganglionares percorrem uma **grande distância** em relação aos axônios parassimpáticos pós-ganglionares. A principal função do sistema parassimpático sacral é o controle da bexiga, do colo descendente, do reto e dos órgãos pélvicos.

O neurotransmissor utilizado em ambas as sinapses entre fibras pré-ganglionares parassimpáticas/pós-ganglionares parassimpáticas e fibras pós-ganglionares parassimpáticas/órgãos-alvo é a **acetilcolina**. A sinapse ganglionar recebe acetilcolina nos **receptores nicotínicos**, enquanto a sinapse de órgãos-alvo recebe acetilcolina nos **receptores muscarínicos**.

> **CORRELAÇÃO COM O CASO CLÍNICO**
>
> - Ver Casos 28 a 36 (sistemas regulatórios) e Caso 4 (esclerose múltipla).

QUESTÕES DE COMPREENSÃO

Consulte o seguinte caso para responder as perguntas 32.1 e 32.2:
Um homem de 31 anos chega a seu consultório para um exame de rotina, que inclui exames de sangue. A fim de agilizar o processo, você decide tirar sangue enquanto fala com ele sobre a história médica. Você tem acesso fácil à veia; contudo, assim que o paciente vê o sangue encher o tubo, os olhos giram para cima e ele cai para trás na mesa de exame. Você eleva as pernas do paciente e ele rapidamente recupera a consciência.

32.1 Neste caso de síncope vasovagal, a partir de qual núcleo se originam as fibras parassimpáticas pré-ganglionares que causaram a depressão cardíaca?

    A. Núcleo de Edinger-Westphal
    B. Neurônios intermediolaterais na medula espinal sacral
    C. Núcleo motor dorsal do nervo vago
    D. Núcleo salivatório inferior

32.2 Onde estão localizados os corpos celulares dos nervos pós-sinápticos que inervam o coração desse paciente?

A. Gânglios paravertebrais
B. Musculatura do coração
C. Gânglio geniculado
D. Gânglio pterigopalatino

32.3 Qual neurotransmissor é liberado por ambos os neurônios pré e pós-ganglionares do sistema nervoso parassimpático?

A. Norepinefrina
B. Epinefrina
C. Dopamina
D. Acetilcolina

RESPOSTAS

32.1 **C.** Estas fibras são originárias do **núcleo motor dorsal do nervo vago**. Síncope vasovagal é um reflexo complicado que resulta de uma série de estímulos, um dos quais pode ser a visão de sangue. O reflexo envolve aumento do estímulo parassimpático e diminuição do simpático, que se combinam para causar hipotensão suficiente para levar a uma perda de consciência. O aumento do estímulo parassimpático provoca uma diminuição da frequência cardíaca e da contratilidade do miocárdio e é mediado pelo nervo vago. Neurônios pré-sinápticos parassimpáticos no nervo vago originam-se no núcleo motor dorsal e inervam os órgãos do tórax e a maioria das vísceras abdominais. Colo descendente, reto e órgãos pélvicos, no entanto, são inervados pelo plexo sacral parassimpático, que se origina na medula espinal sacral. O núcleo de Edinger-Westphal e o núcleo salivatório inferior fornecem inervação parassimpática aos órgãos na cabeça por meio do nervo oculomotor e do nervo glossofaríngeo.

32.2 **B.** No tórax e no abdome, os neurônios pré-ganglionares fazem sinapse com os neurônios pós-ganglionares que residem nas paredes dos órgãos que eles inervam, neste caso **na musculatura do coração**. Em geral, o sistema nervoso parassimpático tem neurônios pré-ganglionares que se estendem por todo ou quase todo o trajeto aos órgãos-alvo, ao contrário do sistema nervoso simpático, o qual tem os neurônios pré-ganglionares relativamente curtos e neurônios pós-ganglionares longos. Na cabeça e no pescoço, os neurônios pré-ganglionares parassimpáticos fazem sinapse com os neurônios pós-ganglionares nos gânglios perto dos órgãos-alvo, como os gânglios geniculado e pterigopalatino.

32.3 **D.** A **acetilcolina** é liberada por todos os neurônios no sistema nervoso parassimpático, ambos pré e pós-ganglionar. Os neurônios pré-ganglionares liberam acetilcolina para agir nos receptores nicotínicos dos neurônios pós-ganglionares, que por sua vez liberam acetilcolina para agir nos receptores muscarínicos nos órgãos-alvo.

> **DICAS DE NEUROCIÊNCIAS**
> - O sistema nervoso parassimpático é organizado nos componentes do tronco encefálico e sacral.
> - As respostas parassimpáticas geralmente opõem-se às respostas simpáticas.
> - O nervo vago supre a maioria dos principais sistemas de órgãos no interior do tórax e do abdome.
> - A EM é uma doença desmielinizante autoimune que afeta a substância branca do encéfalo.
> - A EM está associada com a perda das bainhas de mielina e a depleção de oligodendrócitos no interior das placas.
> - Resultados de imagem por ressonância magnética frequentemente se correlacionam com a evolução clínica do paciente com EM.

REFERÊNCIAS

Bear MF, Connors B, Paradiso M, eds. *Neuroscience: Exploring the Brain.* 3rd ed. Baltimore, MD: Lippincott Williams & Wilkins; 2006.

Kandel ER, Schwarz JH, Jessell TM, Siegelbaum SA, Hudspeth AJ, eds. *Principles of Neural Science.* 5th ed. New York, NY: McGraw-Hill; 2012.

Squire LR, Berg D, Bloom FE, du Lac S, eds. *Fundamental Neuroscience.* 4th ed. San Diego, CA: Academic Press; 2012.

CASO 33

Uma paciente japonesa de 18 anos apresenta-se a uma clínica médica com queixa de sonolência excessiva. Embora durma cerca de oito horas por noite, fica constantemente cansada e sonolenta durante o dia. Dormir mais durante a noite não ajuda. Ela também relata acordar e observar tarefas já realizadas que ela não lembra ter feito. Além disso, a paciente vem enfrentando crises repentinas de fraqueza muscular, incluindo fala arrastada, visão enfraquecida e fraqueza nos joelhos. Ela observa que isso ocorre especialmente depois de dar risadas. Após realizar uma polissonografia, o diagnóstico de narcolepsia é confirmado.

▶ Quais são os sintomas comuns de narcolepsia?
▶ Em que cromossomo está localizado o complexo do antígeno leucocitário humano (HLA, de *human leukocyte antigen*)?
▶ Quais as três principais estruturas encefálicas que compõem o sistema límbico?

RESPOSTAS PARA O CASO 33
Sono e sistema límbico

Resumo: Uma paciente japonesa de 18 anos queixa-se de sonolência excessiva durante o dia, mesmo após um sono noturno suficiente, e fraqueza muscular depois de rir.

- **Sintomas:** Sonolência diurna excessiva (SDE), cataplexia, fala atrapalhada, visão prejudicada, fraqueza dos músculos da face e nos membros, alucinações hipnagógicas e paralisia do sono são sintomas comuns de pacientes com narcolepsia.
- **Cromossomo:** O complexo HLA é encontrado no cromossomo 6.
- **Sistema límbico:** O sistema límbico é composto por hipocampo, amígdala e hipotálamo, entre numerosas outras estruturas encefálicas.

ABORDAGEM CLÍNICA

A narcolepsia é uma condição neurológica caracterizada por SDE, muitas vezes com episódios de fraqueza muscular conhecida como cataplexia. Pessoas com narcolepsia tendem a se sentir sonolentas sempre que estão acordadas e frequentemente são incapazes de se manter acordadas por longos períodos, mesmo após sono noturno adequado. A cataplexia, que ocorre em cerca de 75% das pessoas com narcolepsia, é descrita como fraqueza ou paralisia muscular temporária sem perda de consciência, provocada por reações emocionais súbitas, em especial o riso. Outras emoções que a evocam incluem raiva, alegria, medo e surpresa. Normalmente a fala é arrastada e a visão é prejudicada, em conjunto com a fraqueza dos músculos da face e/ou dos membros. As pessoas com narcolepsia também apresentam um comportamento automático, ou seja, elas continuam a funcionar durante os episódios de sono, mas acordam sem se lembrar do que fizeram. Cerca de 40% dos narcolépticos apresentam esse sintoma. Outros sintomas comuns incluem paralisia do sono (incapacidade temporária de se mover ou falar ao acordar) e alucinações hipnagógicas (episódios oníricos, muitas vezes assustadores e vívidos que ocorrem ao adormecer e/ou acordar).

A narcolepsia pode ser diagnosticada com a ajuda de uma polissonografia ou de um teste múltiplo de latência do sono. A polissonografia envolve o registro contínuo das ondas cerebrais e das funções nervosas e musculares durante o sono. As pessoas com narcolepsia adormecem e entram na fase do sono de movimentos rápidos dos olhos (REM, de *rapid eye movements*) de forma rápida e podem acordar frequentemente durante a noite. Em um teste de latência múltipla do sono, é permitido ao paciente dormir a cada duas horas, enquanto as observações de sonolência e quantidade de tempo necessário para chegar a vários estágios do sono são continuamente registradas. Mesmo que a verdadeira prevalência de narcolepsia não seja significativamente relatada, a prevalência varia de cerca de 5 em 10.000 para populações norte-americanas e europeias a 16 em 10.000 para o Japão. Embora não pareça haver diferença significativa entre homens e mulheres, parece haver uma forte ligação genética. Um fator que pode predispor um indivíduo à narcolepsia é o complexo HLA no cromossomo 6. Embora não seja especificamente definido, parece haver uma correlação entre certas variações nos genes do HLA e a narcolepsia. Recentemente, descobriu-se que a narcolepsia está especificamente relacionada com o hipotálamo. **As células do cérebro que contêm o neurotransmissor hipocretina e que se originam no hipotálamo estão reduzidas em 85 a 95% em pessoas com narcolepsia.** Uma cicatriz é encontrada nas regiões do hipotálamo onde as células cerebrais produtoras de hipocretina costumavam estar, indicando que as células estavam presentes ao nascimento, mas morreram mais tarde. Pensa-se que certas variações do complexo HLA aumentam o risco de uma resposta autoimune à hipocretina.

Em termos de tratamento, os sintomas comuns da SDE e da cataplexia devem ser tratados separadamente. A SDE pode ser tratada com estimulantes do tipo anfetamina, como dextroanfetamina, ou com modafinil, outro tipo de estimulante do sistema nervoso central conhecido como um "promotor do despertar". A cataplexia, a paralisia do sono e as alucinações hipnagógicas podem ser tratadas com medicamentos antidepressivos.

ABORDAGEM AO
Sono e ao sistema límbico

OBJETIVOS

1. Conhecer os sinais e sintomas da narcolepsia.
2. Conhecer os métodos de tratamento para SDE e cataplexia.

DEFINIÇÕES

FUNÇÕES VISCERAIS: Funções de regulação do corpo.
TERMORRECEPTOR: Um receptor sensorial que responde ao calor e ao frio.
OSMORRECEPTOR: Um receptor sensível à osmolalidade do plasma que existe no encéfalo para regular o equilíbrio de água no corpo, controlando a sede e a liberação de vasopressina.
HORMÔNIO ANTIDIURÉTICO (ADH, de *antidiuretic hormone*): Hormônio secretado pela neuro-hipófise e também por terminações nervosas no hipotálamo; afeta a pressão arterial, estimulando os músculos capilares, e reduz o fluxo de urina, afetando a reabsorção de água pelos túbulos renais.
OCITOCINA: Um hormônio polipeptídico liberado da neuro-hipófise, que estimula a contração do músculo liso do útero durante o trabalho de parto e facilita a ejeção de leite da mama durante a amamentação.

DISCUSSÃO

Um dos sistemas mais antigos do encéfalo, o sistema límbico está envolvido com a emoção e a memória, bem como a regulação de numerosas funções do corpo conhecidas coletivamente como **funções viscerais**. Embora esse sistema seja composto por muitas estruturas, existem três principais: **hipocampo**, **amígdala** e **hipotálamo**.

Hipocampo

Os hipocampos são encontrados bilateralmente nas regiões profundas do lobo temporal medial e desempenham um papel na memória a longo prazo e na navegação espacial. Como o hipocampo está envolvido na transferência da memória de curto prazo para a memória de longo prazo, danos a essa estrutura mais comumente resultam na incapacidade de estabelecer novas memórias (amnésia anterógrada).

Amígdala

Acima dos hipocampos encontram-se duas massas de neurônios em forma de amêndoa, conhecidas como amígdala. A amígdala está envolvida na monitoração do ambiente para o gerenciamento de sobrevivência e responde especificamente ao estímulo do medo. Ela envia eferências a várias estruturas envolvidas na resposta ao medo, incluindo (1) o hipotálamo para ativar o sistema nervoso simpático, (2) o núcleo reticular para aumentar os reflexos, (3) os núcleos trigeminais e de nervos faciais para modular as expressões faciais, e (4) diversas áreas (ou seja, área tegmental ventral e *locus ceruleus*), que resultam no aumento da liberação de dopamina, noradrenalina e adrenalina. A amígdala também contém receptores para estrogênio e androgênios, sugerindo um papel na sexualidade. Uma lesão bilateral na amígdala resulta na **síndrome de Klüver-Bucy,** caracterizada por perda de medo, hipersexualidade, hiperoralidade e embotamento emocional.

Hipotálamo

Embora extremamente pequeno, o hipotálamo talvez seja a estrutura mais importante do sistema límbico. Sua posição central chave em relação às outras estruturas límbicas facilita sua comunicação nos dois sentidos com todos os níveis do sistema límbico. Especificamente, o hipotálamo envia sinais em três direções: para cima em direção às zonas mais altas do diencéfalo e do cérebro, até o tronco encefálico e para o infundíbulo hipotalâmico para controlar a secreção hormonal da adeno-hipófise e da neuro-hipófise. Com a ajuda do resto do sistema límbico, o hipotálamo controla vários aspectos do comportamento emocional e a maior parte das funções viscerais do corpo.

Regulação cardiovascular: A estimulação de diferentes regiões do hipotálamo tem efeitos neurogênicos diferentes sobre o sistema cardiovascular. Por exemplo, a estimulação dos **hipotálamos posterior e lateral** (que estão envolvidos na estimulação simpática) aumenta a frequência cardíaca e a pressão arterial. Por outro lado, a estimulação da **área pré-óptica** no hipotálamo anterior (que está envolvida na estimulação parassimpática) provoca uma diminuição da pressão arterial e da frequência cardíaca. Os centros de controle cardiovasculares específicos são encontrados nas regiões reticulares do tronco encefálico, em particular no bulbo e na ponte.

Regulação da temperatura corporal: Como discutido anteriormente neste livro, o hipotálamo está envolvido na termorregulação. O centro termostático está localizado na área pré-óptica, e os termorreceptores nessa região estão envolvidos no acompanhamento da ascensão e da queda de temperatura do sangue. O aumento da temperatura do sangue aumenta a atividade desses termorreceptores, enquanto a diminuição da temperatura do sangue diminui sua atividade. A atividade e os sinais desses receptores controlam uma variedade de mecanismos de termorregulação, que serão discutidos em mais detalhes, no caso sobre termorregulação.

Regulação da água corporal: O hipotálamo também está envolvido com a regulação da água corporal. A homeostase da água é controlada por dois mecanismos hipotalâmicos: o sistema de retroalimentação **osmorreceptor-ADH** e o **mecanismo da sede**. O sistema de realimentação osmorreceptor-ADH regula a quantidade de água absorvida no rim e excretada na urina, enquanto o mecanismo da sede induz um comportamento de ingestão de água sempre que necessário. Receptores especiais conhecidos como osmorreceptores localizados na região do núcleo supraóptico são estimulados pela mudança da concentração de sódio no plasma. Por sua vez, esses osmorreceptores estimulam a secreção de ADH em terminações nervosas na neuro-hipófise. O ADH age sobre os túbulos coletores do rim, causando um aumento da absorção de água. O mecanismo da sede é controlado pelo centro da sede, constituído pela região anteroventral do terceiro ventrículo (AV3V) e uma área especializada perto do núcleo pré-óptico. Quando a osmolaridade do sangue se eleva acima dos níveis normais, este centro estimula a sensação de sede que aumenta o desejo de um organismo de ingerir água.

Regulação da contratilidade uterina e da ejeção do leite das mamas: A estimulação do núcleo paraventricular do hipotálamo anterior induz a secreção de **ocitocina**. Nas mulheres, a ocitocina aumenta a contratilidade do útero e as células mioepiteliais que cercam os alvéolos da mama. Ela é liberada principalmente após a distensão do colo do útero e da vagina durante o parto e após a estimulação dos mamilos, estimulando assim o parto e a amamentação, respectivamente. A sucção do bebê no mamilo da mãe estimula um sinal reflexo do mamilo para o hipotálamo posterior, induzindo a liberação de ocitocina, que, em seguida, provoca a contração dos ductos de leite materno. A ocitocina também é conhecida por desempenhar um papel na homeostase do ciclo circadiano, ajudando a regular o nível de atividade do corpo e a vigília.

Regulação gastrintestinal e da alimentação: A fome e a estimulação do apetite são controladas por várias áreas do hipotálamo. A área mais envolvida com a estimulação da sensação de fome, de muito apetite e do comportamento de busca de comida é a **área do hipotálamo lateral**. Danos a essa área podem levar à fome. Por outro lado, o **centro de saciedade**, que está localizado no núcleo ventromedial, está envolvido na oposição ao desejo de comida. Quando estimulado, esse centro faz o organismo perder o interesse na comida e parar de comer. Danos no centro da saciedade podem resultar em excessos e, consequentemente, obesidade. Hormônios importantes envolvidos incluem a leptina, que sinaliza a saciedade; a grelina, que sinaliza a fome, e a insulina, que sinaliza a saciedade e o subsequente armazenamento de glicose. Além disso, os **corpos mamilares** no hipotálamo posterior estão envolvidos no controle dos reflexos de alimentação, como lamber os lábios e engolir.

Funções comportamentais: A estimulação de diferentes partes do hipotálamo também afeta o comportamento. Por exemplo, a estimulação do hipotálamo lateral aumenta o nível de atividade geral do organismo, além de causar sede e fome, como explicado na seção anterior. Por outro lado, a estimulação do núcleo ventromedial leva à saciedade e à tranquilidade. A estimulação de uma pequena área dos núcleos periventriculares perto do terceiro ventrículo pode levar ao medo e às reações de punição. Além disso, várias áreas, em especial aquelas encontradas na maioria das regiões posterior e anterior do hipotálamo, estão envolvidas com a estimulação do desejo sexual.

> **CORRELAÇÃO COM O CASO CLÍNICO**
> - Ver Casos 28 a 36 (sistemas regulatórios) e Caso 4 (esclerose múltipla).

QUESTÕES DE COMPREENSÃO

33.1 Um homem de 55 anos chega a sua clínica para um check-up de rotina, o primeiro em muitos anos. Você obtém a história e realiza o exame físico de costume e observa que a pressão arterial (PA) é de 165/94. A fim de avaliar melhor essa anormalidade, você solicita que o paciente retorne várias vezes ao longo das próximas semanas para verificação da PA, e cada vez que é feita a medida o valor é similar. Você diagnostica hipertensão e começa o tratamento. Se a hipertensão desse paciente for por causa da hiperatividade de um núcleo do hipotálamo, que núcleo provavelmente estaria afetado?

A. Núcleo anterior
B. Núcleo arqueado
C. Núcleo posterior
D. Núcleo ventromedial

33.2 Uma paciente de 33 anos esteve envolvida em um acidente de automóvel e sofreu um ferimento na cabeça. Quando ela recobra a consciência depois de duas semanas na unidade de tratamento intensivo, não tem interesse em comer. Ela diz que simplesmente não está com fome ou está minimamente interessada em comida. Se essa falta de apetite é causada por uma lesão hipotalâmica, onde mais provavelmente está a lesão?

   A. Hipotálamo anterior
   B. Hipotálamo lateral
   C. Hipotálamo ventromedial
   D. Hipotálamo dorsomedial

33.3 Uma paciente de 27 anos entra em trabalho de parto de seu primeiro filho, e você a está supervisionando. Após várias horas de trabalho de parto, é evidente que ela não está progredindo de forma adequada. Você decide aumentar as contrações do trabalho de parto, iniciando pitocina, uma forma sintética da ocitocina. A partir de qual núcleo hipotalâmico a ocitocina normalmente é secretada?

   A. Núcleo paraventricular
   B. Núcleo arqueado
   C. Núcleo pré-óptico
   D. Núcleo supraquiasmático

RESPOSTAS

33.1 **C.** Os **núcleos posterior e lateral** do hipotálamo estão associados com o aumento da frequência cardíaca e da PA. O núcleo anterior está associado com a diminuição da frequência cardíaca e da PA, o núcleo arqueado está envolvido na regulação do sistema endócrino, e o núcleo ventromedial é o centro de saciedade.

33.2 **B.** O **hipotálamo lateral** está associado com a fome, o apetite e o comportamento de procura de comida. Lesões bilaterais nessa área em animais experimentais resultaram em morte por fome, apesar da presença de alimentos. Embora seja altamente improvável que uma pessoa possa sofrer lesões bilaterais isoladas em um único núcleo hipotalâmico, se isso acontecesse, este provavelmente seria o resultado. O núcleo ventromedial é o centro da saciedade, e uma lesão nele causaria os sintomas opostos: comer demais e obesidade.

33.3 **A.** O **núcleo hipotalâmico paraventricular** produz ocitocina, que é, então, transportada pelos axônios da haste hipofisária até a neuro-hipófise onde é secretada na corrente sanguínea quando o estímulo apropriado está presente. O núcleo arqueado está envolvido no controle do sistema endócrino na adeno-hipófise, o núcleo pré-óptico está envolvido na regulação da temperatura, e o núcleo supraquiasmático ajuda a regular o ritmo circadiano.

> **DICAS DE NEUROCIÊNCIAS**
>
> ▶ A narcolepsia é a segunda causa mais comum de SDE (depois de apneia obstrutiva do sono) e pode ser devida à falta do neurotransmissor orexina (hipocretina).
> ▶ O sistema límbico está envolvido na emoção e na memória e consiste no hipocampo, na amígdala e no hipotálamo.
> ▶ O hipocampo desempenha um papel na memória a longo prazo e na navegação espacial.
> ▶ Lesão bilateral da amígdala resulta na síndrome de Klüver-Bucy, caracterizada por perda de medo, hipersexualidade, hiperoralidade e embotamento emocional.
> ▶ O hipotálamo envia sinais em três direções: para cima em direção às zonas mais altas do diencéfalo e do cérebro, até o tronco encefálico e para o infundíbulo hipotalâmico para regular a adeno-hipófise e da neuro-hipófise.
> ▶ Nas mulheres, a ocitocina aumenta as contrações uterinas e a secreção de leite dos ductos mamários.
> ▶ Os danos na área do hipotálamo lateral levam à diminuição do apetite (*lesão do lateral = comer menos*), enquanto o dano na área do hipotálamo ventromedial leva ao aumento do apetite (*lesão do medial = comer mais*).
> ▶ A leptina sinaliza saciedade, ao passo que a grelina sinaliza fome.

REFERÊNCIAS

Bear MF, Connors B, Paradiso M, eds. *Neuroscience: Exploring the Brain*. 3rd ed. Baltimore, MD: Lippincott Williams & Wilkins; 2006.

Purves D, Augustine GJ, Fitzpatrick D, Hall WC, eds. *Neuroscience*. 5th ed. Sunderland, MA: Sinauer Associates Inc; 2011.

Squire LR, Berg D, Bloom FE, du Lac S, eds. *Fundamental Neuroscience*. 4th ed. San Diego, CA: Academic Press; 2012.

CASO 34

Uma mulher de 36 anos apresenta-se à clínica com queixa de cansaço extremo e prolongado. Ela afirma que vem sofrendo desses sintomas durante os últimos seis meses e se sente muito cansada mesmo depois de uma noite inteira de sono. O cansaço é igual ao que sente quando vai para cama de noite. Quando ela se exercita, muitas vezes apresenta uma fadiga debilitante que a deixa acamada por vários dias. O exame físico revela que a paciente tem gânglios linfáticos aumentados. Ela afirma que estava com gripe logo antes do início dos sintomas descritos, que nunca se recuperou totalmente e que seus sintomas de gripe culminaram em sua doença atual. Com base nessa apresentação, a paciente é diagnosticada com síndrome da fadiga crônica (SFC).

▶ Dano em que estrutura do encéfalo está associado com sonolência?
▶ Onde está localizada a estrutura encefálica afetada?

RESPOSTAS PARA O CASO 34
Sistema ativador reticular

Resumo: Uma paciente de 36 anos apresenta-se à clínica queixando-se de fadiga debilitante. Ela afirma que estava com gripe imediatamente antes da manifestação dos sintomas.

- **Estrutura danificada:** Acredita-se que os danos ao sistema ativador reticular (SAR) ascendente, uma região do encéfalo que se estende para cima a partir da formação reticular e que está relacionada com o sono, pode contribuir para o início da SFC.
- **Local da estrutura:** Tronco encefálico.

ABORDAGEM CLÍNICA

A **síndrome da fadiga crônica** é uma doença marcada por exaustão física e mental grave crônica, entre outros sintomas, em uma pessoa previamente saudável e ativa. É uma doença altamente debilitante de etiologia incerta. A maioria dos casos de SFC começa imediatamente após um período de estresse. Enquanto alguns casos começam gradualmente, a maioria começa de repente, muitas vezes desencadeada por uma doença viral. Em casos de início agudo, os pacientes relatam um começo repentino de sua doença, alguns sendo capazes de especificar a data ou mesmo a hora de apresentação. Muitas pessoas relatam ter gripe, exposição a um alérgeno, ou uma infecção como bronquite, a partir da qual eles não se recuperam totalmente e que evolui para SFC. Em alguns casos, os pacientes afirmam que a vacinação, em particular a vacinação contra a hepatite B, é a causa do aparecimento da SFC aguda. Outros pacientes sofrem de doença de Lyme antes de resultar em SFC.

Os pacientes com SFC de início gradual podem não perceber que há algo errado por algum tempo. Esses pacientes em geral não procuram tratamento até que a condição seja verdadeiramente debilitante. Embora a SFC possa afetar pessoas de qualquer sexo, idade, raça ou grupo socioeconômico, a maioria dos pacientes diagnosticados com SFC tem entre 25 e 45 anos e pertence ao sexo feminino. As estimativas de quantas pessoas são afetadas com SFC variam devido à semelhança dos sintomas com outras doenças e à dificuldade em identificá-la. Os Centers for Disease Control and Prevention (CDC) estimam que 4 a 10 pessoas por 100.000 nos Estados Unidos tenham SFC. De acordo com a Fundação Nacional CFIDS, cerca de 500.000 adultos nos Estados Unidos (0,3% da população) têm SFC. Isso provavelmente é uma estimativa baixa, uma vez que esses números não incluem as crianças e se baseiam na definição dos CDC de SFC usada para fins de pesquisa, que é muito rigorosa. Embora não haja uma causa conhecida para a SFC, várias causas foram propostas. Há evidências de que a SFC pode envolver anormalidades neurológicas distintas, apoiando a classificação de SFC de muitos investigadores como uma doença neurológica. Acredita-se que os danos no **SAR** ascendente, uma região do encéfalo que se estende para cima a partir da formação reticular e que está relacionada com o sono, possam contribuir para o início da SFC. Estudos de imagem do encéfalo de pacientes com SFC mostraram anormalidades metabólicas no SAR; por isso, parece provável que os danos a essa área podem ser responsáveis por, pelo menos, alguns casos de SFC. Esse dano pode ser causado por danos bacterianos ou virais, ou ainda autoimunes na região. Como não há uma única causa identificável para SFC, também não há protocolo de tratamento individual. Frequentemente, medicamentos como antidepressivos, hormônios e estimulantes do sistema nervoso visceral são administrados para tratar os sintomas de SFC.

ABORDAGEM AO
Sistema ativador reticular

OBJETIVOS

1. Descrever a anatomia do SAR.
2. Descrever a interação entre o SAR e o córtex.
3. Descrever a função desempenhada pelo SAR no sono REM (de *rapid eye movements*, movimentos rápidos dos olhos).

DEFINIÇÕES

SISTEMA ATIVADOR RETICULAR (SAR): Área do encéfalo que desempenha um papel importante na excitação e na atenção. Localizado dentro do tronco encefálico, lesões que afetam esse sistema levam a prejuízos na consciência.
TEGMENTO DA PONTE: Área do tronco encefálico localizada na face posterior da ponte. Essa área aloja as fibras e outras estruturas do SAR.

DISCUSSÃO

O **SAR**, composto pela formação reticular e suas conexões, muitas vezes é chamado de centro de atenção do encéfalo (Figura 34-1). A formação reticular é um dos sistemas mais antigos do sistema nervoso. Os encéfalos dos vertebrados primitivos são quase exclusivamente constituídos por uma formação reticular. Os seres humanos mantiveram essa formação ao longo da evolução à medida que componentes mais organizados do sistema nervoso apareceram. O SAR desempenha vários papéis, incluindo a excitação não específica, a ativação e o tônus cortical, e a regulação do sono e da vigília. As lesões do sistema reticular podem causar uma mudança no nível de consciência, variando desde sonolência ao coma. Os níveis bulbares do SAR controlam os centros vitais respiratório e cardiovascular. Defeitos nessas áreas podem prejudicar a frequência respiratória, a frequência cardíaca e a pressão arterial.

O SAR tem um arranjo difuso de neurônios ascendentes e descendentes que formam um sistema de redes. Ele é conectado em sua base com a medula espinal, onde recebe informações projetadas do trato sensorial ascendente, e percorre todo

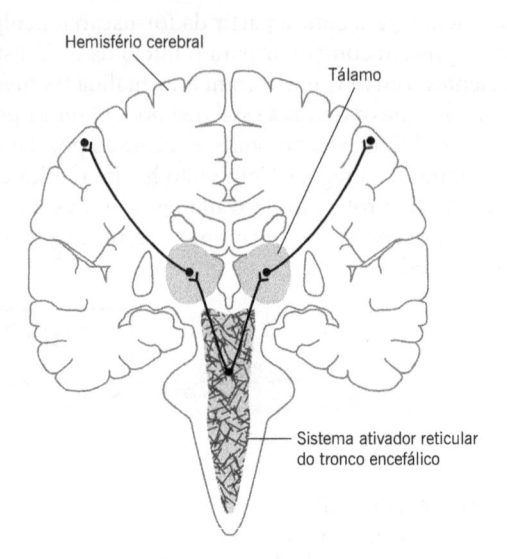

Figura 34-1 SAR no tronco encefálico e suas projeções ascendentes para o tálamo e os hemisférios cerebrais. *(Reproduzida, com permissão, de Aminoff's Clinical Neurology. New York: McGraw-Hill; 2005. 6th ed. Capítulo 7, Figura 7-6.)*

o caminho até o mesencéfalo. Como resultado, o SAR é um conjunto muito complexo de neurônios que serve como um ponto de convergência de sinais a partir do mundo externo e do ambiente interior.

O SAR é capaz de gerar efeitos dinâmicos sobre a atividade do córtex, incluindo os lobos frontais e os centros cerebrais de atividade motora. O SAR funciona como um filtro de informações, gerenciando quais dados devem passar para o córtex e quais devem ser bloqueados. Essa função é vital, pois há muitas informações concorrentes em cada momento para que o cérebro processe tudo de uma só vez. O SAR também desempenha um papel importante na mediação e na filtragem de informações ascendentes e descendentes sensoriais e motoras. É o centro de equilíbrio para os outros sistemas envolvidos na aprendizagem, no autocontrole ou na inibição e na motivação. Quando funciona normalmente, ele fornece as conexões neurais que são necessárias para o processamento e a aprendizagem de informações, bem como a capacidade de prestar atenção à tarefa correta.

Os pesquisadores levantaram a hipótese de que o SAR também desempenha um papel na resposta antecipatória. Ele sinaliza ao córtex, alertando-o para se preparar para receber estímulos, permitindo-lhe entrar em um estado elevado de prontidão. Se o SAR deixa de excitar os neurônios do córtex tanto quanto deveria, o córtex pouco estimulado irá resultar em dificuldade de aprendizagem, memória fraca, pouco autocontrole e assim por diante. Se o SAR falhar completamente em estimular o córtex, isso resultará em uma perda da consciência. A lesão do SAR está diretamente associada ao coma. Em contraste, um SAR estimulado em demasia despertará o córtex ou outros demais sistemas e causará inquietação e hiperatividade.

É também evidente que o SAR é o principal mecanismo de "liga e desliga" do sono REM. Durante a vigília, o SAR mantém a excitação cortical. A elevada atividade no SAR ascendente estimula o cérebro por meio de projeções em diferentes sistemas neurológicos no córtex. No entanto, a formação reticular no mesencéfalo torna-se ativada imediatamente antes do sono REM. Nesse momento, a **formação reticular bulbar** estimula uma inibição pós-sináptica. Isso resulta em uma perda de tônus muscular.

A formação reticular, em geral, diminui a informação sensorial e reduz a potência motora durante o sono REM. As células REM-ligadas (REM-on), localizadas no **tegmento da ponte**, são particularmente ativas durante o sono REM e são, provavelmente, responsáveis por sua ocorrência. A liberação dos neurotransmissores monoaminas (noradrenalina, serotonina e histamina) é completamente inibida durante o sono REM. Isso causa a **atonia do sono REM**, um estado em que os neurônios motores não são estimulados e, assim, os músculos do corpo não se movem. A falta dessa atonia no sono REM causa um distúrbio de comportamento desse sono, fazendo a pessoa ter movimentos que ocorrem em seus sonhos.

> **CORRELAÇÃO COM O CASO CLÍNICO**
>
> - Ver Casos 28 a 36 (sistemas regulatórios).

QUESTÕES DE COMPREENSÃO

Consulte o seguinte caso para responder as perguntas 34.1 a 34.3:
Um homem de 35 anos é levado ao hospital após um acidente industrial, no qual um grande tubo de metal caiu e bateu na parte de trás de sua cabeça. Ele foi estabilizado e colocado na unidade de tratamento intensivo. Após o tratamento das lesões traumáticas óbvias, a frequência cardíaca, a capacidade respiratória e a pressão arterial estão todas estáveis sem intervenção médica, mas o paciente permanece sem resposta. Um eletroencefalograma (EEG) demonstra sono contínuo de ondas lentas.

34.1 Com base nesses achados, onde o médico esperaria encontrar uma lesão nesse paciente?

    A. Tegmento bulbar
    B. Tegmento do mesencéfalo
    C. Córtex cerebral
    D. Cerebelo

34.2 Além da manutenção da consciência e da excitação, em que outro processo o sistema ativador reticular ascendente (SARA) participa em um encéfalo normal?

A. Controle motor
B. Interpretação sensorial
C. Filtração de informações
D. Regulação emocional

34.3 Em conjunto com seu papel na consciência e na atenção, qual é o papel do SARA no sono?

A. Início do estágio 1 do sono
B. Início do sono REM
C. Inibição do tônus muscular durante o estágio N3* do sono
D. Inibição dos mecanismos de termorregulação durante o sono REM

RESPOSTAS

34.1 **B.** Danos ao **tegmento do mesencéfalo** bloquearão todas as conexões entre o córtex e o SARA, resultando em coma, como se vê aqui. O SARA está localizado no tegmento do tronco encefálico, desde o bulbo até o mesencéfalo. Projeções do SARA para o córtex são necessárias para a manutenção da consciência e da percepção. Este paciente tem um defeito nesse sistema como evidenciado por seu estado de sono persistente com ondas de sono lentas no EEG. Danos ao tegmento bulbar, além de causarem problemas com a excitação, provavelmente danificam alguma parte da frequência cardíaca, pressão arterial, ou centros de controle respiratório que fazem parte do SARA bulbar. Uma vez que o paciente está estável, este não parece ser o lugar provável para a lesão.

34.2 **C.** A resposta correta é a **filtração de informações**. O SARA localiza-se em um ponto muito importante entre o córtex, que percebe e analisa as informações, e o tronco encefálico, onde uma enorme quantidade de informações sensoriais, do mundo externo e interno do corpo, é recebida. Existe uma quantidade de informações detectadas a todo o momento muito maior do que o cérebro é capaz de interpretar, por isso essa informação deve ser filtrada de alguma forma. O SARA é responsável pela filtração dessas informações, e, dependendo de onde a informação chega, ela desempenha um papel em direcionar a atenção selecionada do córtex.

34.3 **B.** Várias áreas do tegmento da ponte que também fazem parte do SARA estão envolvidas na **iniciação do sono REM***. Este sistema de células REM-ligadas

---

* N. de R. T. Segundo a American Academy of Sleep Medicine, 2007, a fase 4 do sono não REM é atualmente classificada como N3, que inclui as fases 3 e 4 e frequentemente é chamada de sono de ondas lentas. (Fonte: Iber C., Ancoli-Israel S., Chesson A.L. e Quan S.F. The AASM manual for the scoring of the sleep ans associated events rules, terminology and technical specifications. 1st ed. Westchester, III: American Academy of Sleep Medicine, 2007.)

(REM-on) utiliza projeções excitatórias de acetilcolina para o tálamo e o córtex para gerar o sono REM. Outras áreas do SARA parecem estar envolvidas na inibição do tônus muscular durante o sono REM, mas não durante a fase N3 do sono.

DICAS DE NEUROCIÊNCIAS

- O SAR é conhecido como o centro de atenção do encéfalo; dano ao SAR pode causar uma mudança no nível de consciência, variando de sonolência a coma.
- O SAR é o principal mecanismo de "liga e desliga" do sono REM.
- A liberação de neurotransmissores monoaminas (noradrenalina, serotonina e histamina) está completamente inibida durante o sono REM, resultando em atonia do sono REM.

REFERÊNCIAS

Bear MF, Connors B, Paradiso M, eds. *Neuroscience: Exploring the Brain*. 3rd ed. Baltimore, MD: Lippincott Williams & Wilkins; 2006.

Purves D, Augustine GJ, Fitzpatrick D, Hall WC, eds. *Neuroscience*. 5th ed. Sunderland, MA: Sinauer Associates Inc; 2011.

Squire LR, Berg D, Bloom FE, du Lac S, eds. *Fundamental Neuroscience*. 4th ed. San Diego, CA: Academic Press; 2012.

CASO 35

Um homem caucasiano de 77 anos tem uma história de hipertensão, fibrilação atrial e alcoolismo grave. Ele se apresenta à emergência depois que sua esposa o encontrou inconsciente em seu quintal. O serviço médico de emergência foi a sua casa e o encontrou sem resposta, com um reflexo pupilar intacto e respirações espontâneas. Depois de obter uma breve história, você examina o paciente. Ele ainda está sem resposta, e você percebe que a pupila esquerda é significativamente maior do que a direita. A respiração tornou-se visivelmente mais profunda, e ele está respirando a uma taxa de 35 respirações por minuto. Uma tomografia computadorizada da cabeça sem contraste mostra um hematoma subdural agudo de 14 mm do lado esquerdo com desvio da linha média. A partir da apresentação, o paciente é diagnosticado com insuficiência respiratória secundária a uma herniação uncal.

▶ Outros processos intracranianos podem ter efeitos similares sobre os padrões respiratórios?
▶ Qual é a diferença entre função respiratória cortical e do tronco encefálico?

RESPOSTAS PARA O CASO 35
Controle neural da respiração

Resumo: Um paciente de 77 anos tem uma hemorragia intracraniana aguda com aumento da pressão intracraniana e herniação uncal.

- **Outros processos intracranianos:** Qualquer processo intracraniano que provoque um aumento na pressão intracraniana resultando em hérnia pode levar à herniação uncal (ou qualquer outra síndrome de herniação). Hidrocefalia, neoplasias intracranianas, corpos estranhos e hemorragia são todos exemplos de lesões que podem elevar a pressão intracraniana, resultando em hérnia.
- **Função respiratória cortical e do tronco encefálico:** Em geral, as funções respiratórias corticais estão envolvidas com padrões respiratórios voluntários, enquanto as do tronco encefálico controlam os padrões respiratórios involuntários.

ABORDAGEM CLÍNICA

Neste caso, o paciente tem uma história de alcoolismo e fibrilação atrial. A combinação desses fatores aumenta o risco de hematoma subdural. O alcoolismo resulta em atrofia cerebral, o que expõe as veias às forças de cisalhamento durante a aceleração e a desaceleração craniana. A fibrilação atrial geralmente é tratada com anticoagulantes, como Coumadin, para evitar a formação de trombo cardíaco intraluminal. No entanto, neste caso, a anticoagulação adequada no contexto de uma veia lacerada pode resultar na formação inadequada de coágulos e hemorragia intracraniana adicional. O hematoma subdural neste caso manteve-se sangrando, o que resultou no aumento da pressão intracraniana até que o *uncus* ipsilateral foi forçado para baixo do tentório, resultando em herniação uncal transtentorial. A hérnia de *uncus* exerceu pressão indesejada no tronco encefálico, levando a mudanças na função respiratória.

Além desse quadro clínico, o médico esperaria encontrar o sangue arterial com um aumento do pH, diminuição da pCO_2 e pO_2 normal ou aumentada.

Qualquer insulto ao tronco encefálico, constituído de ponte e bulbo, pode resultar em alterações da função respiratória. Outras lesões do tronco encefálico que podem ter resultados semelhantes incluem tumores, aneurismas, acidente vascular encefálico, hemorragia e trauma.

ABORDAGEM AO
Controle neural da respiração

OBJETIVOS

1. Conhecer os três centros nucleares do tronco encefálico que estão envolvidos na respiração e entender suas funções relativas.

2. Saber a diferença entre as respirações automática e voluntária e como são estruturalmente representadas na medula espinal.
3. Ser capaz de reconhecer os diferentes tipos de respirações patológicas.

DEFINIÇÕES

GRUPO RESPIRATÓRIO BULBAR DORSAL (GRD): Um núcleo bulbar contendo neurônios principalmente de função inspiratória e que é um dos subnúcleos do núcleo do trato solitário.

GRUPO RESPIRATÓRIO VENTRAL (GRV): Um núcleo que é anterolateral ao núcleo ambíguo no bulbo. Em sua porção caudal, contém os corpos celulares dos neurônios que disparam principalmente durante a expiração, e sua porção rostral contém corpos celulares dos neurônios que estão em sincronia com a expiração.

PAR DE NÚCLEOS PONTINOS (PNP): Dois núcleos localizados adjacentes um ao outro na ponte. Um dispara durante a transição da inspiração para a expiração, e o outro dispara durante a transição da expiração para a inspiração.

COMPLEXO PRÉ-BÖTZINGER: Localizado na porção rostral do GRV. Embora seu mecanismo de ação não seja totalmente claro, parece ter um papel importante na definição da automaticidade da respiração.

DISCUSSÃO

A regulação da respiração é uma das funções homeostáticas fundamentais dentro do sistema nervoso. Há duas vias aferentes químicas e mecânicas que influenciam os padrões respiratórios, a do tronco encefálico, automática (involuntária), e os mecanismos de controle voluntário que começam no **córtex pré-motor**.

Neurônios de função inspiratória estão concentrados no **GRD** e no **GRV rostral**. As fibras que controlam a respiração automática dirigem-se para baixo até os tratos de substância branca da medula espinal e descem **lateralmente** às células do **corno anterior** das **três primeiras seções da medula espinal cervical** para terminar nas células do corno anterior de C3-C5. O córtex pré-motor no lobo frontal também dá origem a neurônios que terminam nas mesmas células do corno anterior. Os setores que contêm as fibras que controlam a respiração voluntária cursam em sentido mais dorsal na medula cervical. Se as extensões ventrais são danificadas, então respirações automáticas são perdidas, enquanto as voluntárias são preservadas. O **terceiro**, o **quarto** e o **quinto segmentos cervicais** (C3-C5) projetam fibras que acabarão por se tornar o **nervo frênico** e irão inervar o **diafragma**. Apesar de a expiração normal ser um processo passivo, existem conjuntos de neurônios com função expiratória que fornecem inervação motora superior para a musculatura respiratória acessória, bem como a criação de uma **força inibitória** sobre os **neurônios com função inspiratória**. A porção caudal do GRV e a porção rostral do GRD contêm esses corpos de células nervosas com função expiratória. Há alguma evidência sugerindo que o PNP serve como interruptor binário que controla a transição entre inspiração e respiração.

O mecanismo preciso da capacidade do tronco encefálico de gerar a respiração adequada é desconhecido. Existe uma região no GRV, o **complexo pré-Bötzinger**, que parece estar envolvida com a **ritmicidade automática**.

O **seio carotídeo** é sensível à hipoxia e a alterações no pH. Fibras aferentes mesclam-se no nervo glossofaríngeo e terminam no núcleo do trato solitário. Há também quimiorreceptores bulbares que detectam alterações de pH no fluido extracelular. Receptores de tipo J detectam material no fluido intersticial dos pulmões e podem estimular o aumento da respiração.

Quando fatores estruturais ou metabólicos desacoplam os centros do tronco encefálico respiratórios do cérebro, pode ocorrer a respiração de **Cheyne-Stokes**. Esse padrão de respiração é caracterizado por **hiperpneia alternada com hipopneia** que termina em **apneia** e, em seguida, se repete. Lesões bilaterais hemisféricas, grandes lesões hemisféricas unilaterais ou encefalopatias metabólicas podem causar respiração de Cheyne-Stokes. Devido à separação de comunicação entre os centros do tronco encefálico e da função cerebral, o **dióxido de carbono** acumula-se até ativar quimiorreceptores para estimular a inspiração. Isso resulta em hiperpneia. Como o dióxido de carbono é gradualmente removido do corpo, os quimiorreceptores disparam com menos frequência até a apneia ocorrer.

Respiração neurogênica central geralmente ocorre com lesões que acometem o **mesencéfalo** e a **ponte**. Neste caso, a ventilação por minuto é aumentada porque tanto o volume corrente como a frequência respiratória são aumentados. Assim, a pCO_2 cai e a hiperventilação persiste. Esse tipo de respiração geralmente é visto em **hérnia uncal transtentorial**, como no exemplo descrito no Caso 2.

Lesões pontinas muitas vezes resultam em **respiração apnêustica**, que consiste em uma pausa entre a inspiração e a expiração.

Lesões bulbares resultam em respiração completamente desordenada, ou **atáxica**. Pensa-se que estas formas patológicas de respiração estejam inter-relacionadas e a maioria dos pacientes vai avançar por vários estágios antes de apresentar a insuficiência respiratória completa.

CORRELAÇÃO COM O CASO CLÍNICO

- Ver Casos 28 a 36 (sistemas regulatórios).

QUESTÕES DE COMPREENSÃO

Consulte o seguinte caso para responder as perguntas 35.1 a 35.3:
Uma paciente de 43 anos com diabetes insulino-dependente se apresenta à emergência se queixando de náuseas, vômitos, fraqueza generalizada e aumento da quantidade e da frequência urinária. Ela afirma que não toma insulina há cerca de 4 a 5 dias porque não tinha o dinheiro para comprá-la. No exame, ela tem um odor frutado na respiração e tem uma frequência respiratória de 35 respirações

por minuto. Um nível de glicose no sangue por punção digital de 573 mg/dL e um teste de gases no sangue arterial mostra que seu pH é de 7,12. O médico diagnostica corretamente cetoacidose diabética e começa a terapia apropriada.

35.1 A frequência respiratória aumentada dessa paciente é devida, pelo menos em parte, a sinais aferentes provenientes de qual receptor periférico responsável pela manutenção do pH do sangue?

　　A. Corpo carotídeo
　　B. Receptor de tipo J no pulmão
　　C. Quimiorreceptor bulbar
　　D. Seio carotídeo

35.2 O aumento do sinal dos quimiorreceptores periféricos estimula qual sítio no sistema nervoso central a aumentar a frequência respiratória?

　　A. GRD
　　B. PNP
　　C. Córtex pré-motor
　　D. Complexo pré-Bötzinger

35.3 Qual o trajeto percorrido pelos sinais eferentes dos centros respiratórios até o diafragma nessa paciente?

　　A. Via tratos respiratórios espinais ventrais a C3-C5
　　B. Via tratos respiratórios espinais dorsais a C3-C5
　　C. Via tratos respiratórios espinais ventrais a C2-C4
　　D. Via tratos respiratórios espinais dorsais a C2-C4

RESPOSTAS

35.1 **D.** O **seio carotídeo**, localizado na bifurcação das artérias carótidas internas e externas e inervado pelo nervo glossofaríngeo, mede o pH do sangue arterial. Ele responde a um aumento da concentração de íons hidrogênio (diminuição do pH), aumentando sua taxa de disparo, o que estimula os centros respiratórios centrais a aumentar a frequência respiratória. Esse aumento da frequência respiratória vai "explodir" o excesso de dióxido de carbono, assim parcialmente compensando a acidemia. Receptores bulbares também respondem à diminuição do pH, mas estão localizados centralmente e não medem diretamente o pH do sangue, mas sim o pH do fluido extracelular. O receptor de tipo J responde a alterações no fluido intersticial dos pulmões.

35.2 **D.** O **complexo pré-Bötzinger** está envolvido no automatismo. Os grupos respiratórios bulbares dorsal e ventral rostral são os sítios primários responsáveis pela função inspiratória. Eles recebem conexões aferentes do seio carotídeo e quimiorreceptores bulbares, e outros locais do corpo convergem no núcleo do trato solitário e de lá se projetam para os centros respiratórios, principalmente o grupo respiratório dorsal. O PNP está envolvido no ciclo inspiração e expiração, o complexo pré-motor está envolvido na respiração voluntária, e o complexo pré-Bötzinger está envolvido na automaticidade.

35.3 **A.** Como as vias respiratórias ventrais transportam sinais relacionados com a respiração involuntária, e o diafragma é inervado pelo nervo frênico, que transporta as fibras dos níveis espinais C3-C5, a resposta correta é **tratos respiratórios espinais ventrais a C3-C5**. As células do corno anterior que projetam fibras C3-C5 recebem sinais provenientes dos tratos respiratórios dorsal e ventral na medula espinal, mas os tratos ventrais, localizados lateralmente ao corno anterior, transportam sinais relacionados com a respiração involuntária, enquanto o trato respiratório localizado mais dorsalmente transporta sinais relacionados à respiração voluntária.

> **DICAS DE NEUROCIÊNCIAS**
>
> ▶ Neurônios com função inspiratória estão concentrados no GRD e no GRV rostral.
> ▶ Os segmentos C3-C4 tornam-se o nervo frênico, que inerva o diafragma.
> ▶ O seio carotídeo é sensível à hipoxia e a alterações no pH.
> ▶ Quando a ligação entre os centros respiratórios e o cérebro está completamente destruída, pode ocorrer a respiração de Cheyne-Stokes.
> ▶ Lesões pontinas resultam em respiração apnêustica, enquanto lesões bulbares resultam em respiração atáxica.

REFERÊNCIAS

Bear MF, Connors B, Paradiso M, eds. *Neuroscience: Exploring the Brain*. 3rd ed. Baltimore, MD: Lippincott Williams & Wilkins; 2006.

Kandel ER, Schwarz JH, Jessell TM, Siegelbaum SA, Hudspeth AJ, eds. *Principles of Neural Science*. 5th ed. New York, NY: McGraw-Hill; 2012.

Purves D, Augustine GJ, Fitzpatrick D, Hall WC, eds. *Neuroscience*. 5th ed. Sunderland, MA: Sinauer Associates Inc; 2011.

CASO 36

Um homem de 30 anos apresenta-se à emergência com uma queixa principal de priapismo doloroso. Ele estima que esse sintoma tenha iniciado há cerca de oito horas antes da admissão na emergência. O paciente também se queixa de fortes câimbras musculares nos membros superiores e inferiores e parece ansioso e irritado.

Ao exame físico, não há sinais de trauma na medula espinal. O paciente nega ter injetado qualquer tipo de substância no pênis, mas marcas em faixa podem ser vistas em ambos os membros superiores. Ele admite o consumo de heroína sustentada, mas alega não usar a droga há vários dias. Com base nessa história, você informa ao paciente que esses sintomas provavelmente sejam secundários à interrupção no uso da heroína.

▶ Em que receptores a heroína age?
▶ Qual seria o tratamento adequado para os sintomas do paciente?

RESPOSTAS PARA O CASO 36
Adição

Resumo: Um homem de 30 anos apresenta-se com priapismo e câimbras musculares graves nos membros. O paciente tem história de uso de heroína sustentada, mas afirma ter cessado o uso.

- **Receptores:** Receptores de opioides.
- **Tratamento:** Como o tempo decorrido desde o início ultrapassou seis horas, o tratamento do priapismo do paciente por medicação não é mais uma opção. Derivação cirúrgica e drenagem aspirativa do pênis são os procedimentos mais viáveis. A buprenorfina é recomendada como um substituto opiáceo para ajudar a aliviar outros sintomas de abstinência à heroína.

ABORDAGEM CLÍNICA

A síndrome de abstinência de heroína pode manifestar-se em um paciente no período de 6 a 24 horas após a interrupção da utilização sustentada da droga. Esse tempo pode variar dependendo do grau de tolerância do paciente, bem como da quantidade de heroína na última dose. Os sintomas de abstinência de heroína incluem sudorese, mal-estar, ansiedade, depressão, priapismo em homens, hipersensibilidade dos genitais em mulheres, uma sensação geral de tristeza, dores tipo câimbras, bocejos, insônia, suores frios, arrepios, graves dores musculares e ósseas, náuseas e vômitos, diarreia e febre.

Muitos dos sintomas de abstinência dos opiáceos são causados por hiperatividade rebote do **sistema nervoso simpático,** o que pode ser suprimido se utilizando a clonidina, um agonista de $\alpha 2$ de ação central utilizado principalmente para tratar a hipertensão. Baclofeno, um relaxante muscular, muitas vezes é utilizado para tratar espasmos nos membros inferiores, outro sintoma da abstinência. A diarreia pode ser tratada com a loperamida, um agonista opioide periférico. Um dos opiáceos substitutos mais utilizados no tratamento da retirada de heroína é a **buprenorfina,** um agonista/antagonista parcial de opioides. Ela desenvolve um menor grau de tolerância do que a heroína e resulta em sintomas de abstinência menos graves quando interrompida abruptamente. A buprenorfina atua como um antagonista do receptor κ-opioide e, simultaneamente, atua como um agonista parcial no mesmo receptor α em que os opioides como a heroína agem. Devido aos efeitos da buprenorfina nesse receptor, os pacientes com alta tolerância são incapazes de conseguir os efeitos eufóricos de outros opioides durante a utilização da buprenorfina. Há três **antagonistas opiáceos** conhecidos que estão sendo usados no tratamento da dependência de opiáceos: naloxona, naltrexona de longa ação e nalmefene. Esses medicamentos agem bloqueando os efeitos da heroína e de outros opiáceos nos receptores.

ABORDAGEM À
Adição

OBJETIVOS

1. Descrever o desenvolvimento da adição (dependência a drogas).
2. Identificar o sistema dopaminérgico mesolímbico e seu papel na aprendizagem relacionada com recompensa.
3. Descrever a natureza da tolerância à droga e suas implicações nos sintomas de retirada que ocorrem com a descontinuação da droga.

DEFINIÇÕES

BUPRENORFINA: Um analgésico opiáceo semissintético utilizado para o alívio da dor moderada a grave.

ANTAGONISTA DE OPIOIDES: Um antagonista que age sobre os receptores opioides, bloqueando os efeitos dos opioides.

DISCUSSÃO

O desenvolvimento da **adição** parece ser um processo simultâneo de foco aumentado em algo, abarcamento em determinado comportamento e atenuação ou bloqueio simultâneo de outros comportamentos. Por exemplo, em determinadas circunstâncias experimentais, os animais podem se autoadministrar certas drogas psicoativas. Devido ao acesso ilimitado à droga, os animais mostram uma preferência muito forte por ela, parando de comer, de dormir e de ter relações sexuais, a fim de manter o acesso à droga. Do ponto de vista neuroanatômico, pode-se argumentar que os mecanismos envolvidos na condução do comportamento direcionado se tornam progressivamente mais seletivos para certos estímulos e recompensas, ultrapassando o ponto em que os mecanismos envolvidos na inibição do comportamento poderiam efetivamente impedir a ação. Nesse caso, o sistema límbico é a principal força motriz, e o córtex orbitofrontal é o substrato da inibição central.

O processamento de prazer e recompensa do encéfalo está localizado no sistema límbico. O **sistema dopaminérgico mesolímbico** é a porção exata do sistema límbico que traduz o comportamento de aprendizagem motora e aprendizagem relacionada com a recompensa. Esse sistema é composto pela **área tegmental ventral (ATV)**, pelo *nucleus accumbens* e pelo feixe de fibras dopaminérgicas que os conectam. Localizado no **circuito cingulado anterior**, a parte do lobo frontal que incorpora a maioria das vias motivacionais do encéfalo, está o **estriado ventral**. Esse local é muito importante porque é onde os *nucleus accumbens* estão situados e onde ocorre a liberação de dopamina, um processo que se acredita ser um mediador crítico dos efeitos de reforço de estímulos, incluindo o abuso de drogas. Esse sistema costuma estar implicado na procura e no consumo de estímulos ou eventos gratificantes, como alimentos com sabor doce ou interação sexual. Entretanto, sua importância para a pesquisa de dependência às drogas (adição) vai além de seu papel na motivação "natural": enquanto o local específico ou o mecanismo de ação podem ser diferentes, todas as drogas de abuso conhecidas têm um efeito em comum: elas elevam o nível de dopamina no *nucleus accumbens*. Isso pode acontecer diretamente, pelo bloqueio do mecanismo de recaptação de dopamina, como é o caso do uso de cocaína. Também pode acontecer indiretamente, como pela estimulação dos neurônios que contêm dopamina da ATV que fazem sinapse com neurônios no *accumbens*, o que ocorre durante o uso de opiáceos. Os efeitos eufóricos das drogas de abuso são um resultado direto do aumento agudo na dopamina no *accumbens*.

O sistema nervoso central, como o resto do corpo humano, tem uma tendência natural a se manter em equilíbrio interno, ou **homeostase**. Níveis elevados prolongados de dopamina irão estimular uma diminuição do número de receptores de dopamina. Esse processo, conhecido como **regulação negativa**, provoca uma alteração da permeabilidade da membrana da célula pós-sináptica. Esta, por sua vez, faz o neurônio pós-sináptico ficar menos excitável e menos responsivo à sinalização química com um impulso elétrico, ou **potencial de ação**. A falta de resposta resultante das vias de recompensa do encéfalo contribui para uma incapacidade de sentir prazer, conhecida como **anedonia**, um fenômeno frequentemente observado nos viciados. Após o aparecimento da anedonia, uma maior quantidade de dopamina é necessária para manter a mesma atividade elétrica neuronal. Esta é a base para a tolerância fisiológica de uma droga e para a síndrome de abstinência associada ao vício.

Contrariamente à crença popular, overdoses de droga em geral não são o resultado de um adito à droga usar uma dose maior do que o normal, mas sim usar a mesma dose em um novo ambiente. Se um comportamento ocorrer de modo repetido e consistente no mesmo ambiente ou de modo contingente com pistas em particular, o encéfalo irá ajustar-se à presença dessas pistas diminuindo o número de receptores disponíveis na ausência do referido comportamento.

Os sintomas de abstinência ocorrem na ausência de substâncias das quais o corpo se tornou fisicamente dependente. Essas substâncias incluem depressores do sistema nervoso central, como opioides, barbitúricos e álcool. A retirada de álcool ou sedativos, como barbitúricos ou benzodiazepínicos, pode causar convulsões e até resultar em morte. No entanto, a retirada de opioides, embora ainda que extremamente desconfortável, raramente é fatal. Em situações de anedonia particularmente grave, o corpo fica tão acostumado a elevadas concentrações de uma substância que já não produz seus próprios opioides endógenos. Em vez disso, ele produz produtos químicos opostos. Quando a oferta da substância é interrompida, os efeitos dos produtos químicos opostos podem ser devastadores. Por exemplo, no caso de uso crônico de sedativos, o corpo age pela produção de níveis crônicos de neurotransmissores estimulantes, como o glutamato. Elevadas concentrações de glutamato podem ser tóxicas para as células nervosas. Esse cenário é chamado de **neurotoxicidade excitatória**.

CORRELAÇÃO COM O CASO CLÍNICO
- Ver Caso 28 (diabetes insípido neurogênico), Caso 29 (eixo neuroendócrino), Caso 30 (hipertermia), Caso 31 (sistema nervoso simpático), Caso 32 (sistema nervoso parassimpático), Caso 33 (sono e sistema límbico), Caso 34 (sistema ativador reticular) e Caso 35 (controle neural da respiração).

QUESTÕES DE COMPREENSÃO

Consulte o seguinte caso para responder as perguntas 36.1 a 36.3:
Você está trabalhando em uma clínica de reabilitação, realizando aconselhamento para os pacientes que estão tentando parar de usar drogas de abuso, principalmente heroína. Um homem de 33 anos está contando sua história, sobre como o uso de heroína lhe custou seu emprego, sua esposa, seus filhos, sua casa, essencialmente tudo o que tinha. Ele diz que sabia que estava destruindo sua vida, mas simplesmente não conseguia parar. Ele descreve a sensação de euforia incrível que tinha sempre que usava a droga e diz que, sem ela, não conseguia ter essa sensação de nenhuma outra forma.

36.1 Qual neurotransmissor liberado no *nucleus accumbens* está mais comumente associado com o efeito de euforia comum a quase todas as drogas de abuso?

   A. Norepinefrina
   B. Acetilcolina
   C. Serotonina
   D. Dopamina

36.2 Que trato neural conecta a ATV ao *nucleus accumbens* e é comumente considerado o "centro de prazer" do encéfalo?

   A. Fascículo longitudinal medial
   B. Feixe prosencefálico medial (FPM)
   C. Trato mamilotalâmico
   D. Trato espinotalâmico

36.3 Qual mecanismo molecular faz cada vez mais a droga ser necessária para alcançar o mesmo efeito eufórico sempre que o fármaco é utilizado e que também é responsável, pelo menos em parte, pelos sintomas de abstinência após a retirada da droga?

   A. Regulação negativa do receptor
   B. Diminuição da sensibilidade do receptor
   C. Esgotamento dos estoques de dopamina
   D. Depleção de acetilcolina

RESPOSTAS

36.1 **D.** O neurotransmissor mais frequentemente associado à euforia das drogas é a **dopamina**. Em um encéfalo normal, a liberação de dopamina no *nucleus accumbens* está associada com recompensa e ajuda a moldar o comportamento. Ela pode ser liberada naturalmente por coisas como atividade sexual e alimentos doces.

36.2 **B.** O **FPM** é um trato de axônios dopaminérgicos que se projetam da ATV para o *nucleus accumbens*. Quando estimulado, esse trato libera dopamina no *nucleus accumbens*, o que resulta em uma sensação de euforia. Em animais experimentais, foi demonstrado que os animais autoestimulam o FPM com um eletrodo em detrimento a tudo, ao ponto de realmente morrerem de fome. Esse trato dopaminérgico tem um papel muito importante na recompensa e no impulso motivador, bem como na adição.

36.3 **A.** O fenômeno em que cada vez mais a droga é necessária para atingir o mesmo efeito é conhecido como tolerância, e o mecanismo molecular responsável por esse fenômeno é a **regulação negativa dos receptores de dopamina pós-sinápticos** no *nucleus accumbens*. A estimulação excessiva de dopamina faz as células pós-sinápticas diminuírem a quantidade de receptores de dopamina que expressam, o que resulta em menor efeito para a mesma quantidade de dopamina liberada. Os receptores individuais são igualmente sensíveis, simplesmente estão em menor número.

DICAS DE NEUROCIÊNCIAS

▶ A porção do sistema límbico responsável pela tradução da motivação em aprendizagem relacionada com o comportamento e com a recompensa é o sistema dopaminérgico mesolímbico.
▶ Os efeitos de euforia do abuso de drogas são um resultado direto do aumento agudo de dopamina no *nucleus accumbens*.
▶ Níveis elevados prolongados de dopamina resultarão em uma diminuição do número de receptores de dopamina, um processo conhecido como regulação negativa.

REFERÊNCIAS

Bear MF, Connors B, Paradiso M, eds. *Neuroscience: Exploring the Brain*. 3rd ed. Baltimore, MD: Lippincott Williams & Wilkins; 2006.

Kandel ER, Schwarz JH, Jessell TM, Siegelbaum SA, Hudspeth AJ, eds. *Principles of Neural Science*. 5th ed. New York, NY: McGraw-Hill; 2012.

Squire LR, Berg D, Bloom FE, du Lac S, eds. *Fundamental Neuroscience*. 4th ed. San Diego, CA: Academic Press; 2012.

CASO 37

Uma paciente de 26 anos, destra, asiática, apresenta-se à clínica com a queixa de sensação de queimação e dormência frequentes na palma da mão direita. Os sintomas começaram na noite em que a paciente sentiu a necessidade de "sacudir" a mão direita. Agora ela frequentemente sente formigamento e fraqueza na mão durante o dia. A paciente trabalha como montadora em uma fábrica de produção, e os sintomas começaram a interferir em seu trabalho. No exame neurológico, o sinal de Tinel (aplicação de pressão na porção palmar do pulso) foi positivo – a paciente notou uma sensação de choque nos dedos. Não houve qualquer déficit neurológico em outra área do corpo. Ela também tem uma história de diabetes e foi diagnosticada como tendo síndrome do túnel do carpo.

▶ Qual o provável nervo afetado?
▶ Qual o mecanismo fisiopatológico dos sintomas?

RESPOSTAS PARA O CASO 37
Lesão axonal

Resumo: Uma paciente asiática de 26 anos queixa-se de dor progressiva na palma da mão direita.

- **Nervo afetado:** Nervo mediano.
- **Mecanismo dos sintomas:** A síndrome do túnel do carpo é o resultado do aumento da pressão e da compressão do nervo mediano e dos tendões no túnel do carpo. Essa síndrome em geral é devida a um túnel do carpo menor, trauma e lesão no pulso, estresse de trabalho ou outros problemas mecânicos da articulação do pulso.

ABORDAGEM CLÍNICA

A **síndrome do túnel do carpo** é mais prevalente entre mulheres, diabéticos e trabalhadores na linha de montagem devido a um túnel do carpo menor, efeitos relacionados que aumentam a suscetibilidade do nervo à compressão e aumento do trauma do pulso, respectivamente. Esta é uma doença do sistema nervoso periférico (SNP) causada por uma manifestação menos óbvia de lesão axonal. A **compressão do nervo mediano** pode ser traumática o suficiente para induzir mecanismos intrínsecos da morte celular axonal discutida a seguir e, em alguns casos, pode ser grave o suficiente para romper o axônio, mas deixa a bainha da lâmina basal do nervo intacta para orientar a regeneração. A síndrome do túnel do carpo representa a mais comum das neuropatologias de aprisionamento provocadas pela compressão crônica dos nervos periféricos, neste caso o nervo mediano, resultando em dor e perda de função. Os pacientes afetados queixam-se de parestesias do polegar, do indicador e do dedo médio. Se mais extensa, pode haver deficiência motora, como fraqueza ou atrofia do músculo tenar (causando a fraqueza de oposição do polegar).

Síndromes de aprisionamento resultam de lesão crônica a um nervo que percorre um túnel ósseo-ligamentoso; a compressão em geral é entre as superfícies ligamentares e ósseas. A fisiopatologia inclui mudanças microvasculares (isquêmicas), edema, deslocamento dos nódulos de Ranvier e alterações estruturais nas membranas ao nível de organelas na bainha de mielina (ou seja, desmielinização segmentar focal) e no axônio. Casos graves de aprisionamento podem resultar em degeneração walleriana dos axônios e alterações fibróticas permanentes na junção neuromuscular que impedem a reinervação. Se os sintomas persistem durante seis meses ou mais após o tratamento não cirúrgico, isso pode ser uma indicação da compressão física contínua do nervo pela banda de tecido que rodeia o pulso, inibindo a regeneração axonal. Essa banda é cortada durante a cirurgia para reduzir a pressão sobre o nervo mediano.

ABORDAGEM À
Lesão axonal

OBJETIVOS

1. Ser capaz de compreender os transtornos decorrentes da compressão crônica dos nervos periféricos.
2. Saber como aliviar a morte neuronal e a atrofia pela aplicação experimental de vários fatores tróficos, como fator de crescimento do nervo.

DEFINIÇÕES

BLOQUEADORES DOS CANAIS DE CÁLCIO TIPO L: Esses bloqueadores inibem os canais de cálcio dependentes de voltagem tipo L. Canais de cálcio tipo L têm grande condutância sustentada, inativam lentamente, são responsáveis pela fase de platô do potencial de ação em algumas células e podem provocar a liberação interna de íons cálcio.

CALPAÍNAS: Enzimas proteolíticas dependentes de cálcio que modulam a função celular. As moléculas do citoesqueleto são o principal substrato para as calpaínas; assim, a ativação de calpaínas causa a degradação do citoesqueleto axonal. Intuitivamente, a inibição da calpaína também pode prevenir a degeneração axonal *in vitro*.

FATORES TRÓFICOS DERIVADOS DE ALVOS: Fatores de crescimento derivados de um alvo de crescimento neuronal almejado; por exemplo, um neurônio-alvo a partir do qual outro neurônio pode fazer sinapse e liberar fatores tróficos derivados do alvo para incentivar o crescimento neural.

MORTE CELULAR RETRÓGRADA: Após a lesão axonal, a morte celular retrógrada é a morte do neurônio associado com o axônio lesionado; normalmente ocorre após a retração do axônio longe do local da lesão.

MORTE CELULAR ANTERÓGRADA: Após lesão axonal, a morte celular anterógrada é a morte do neurônio que faz sinapse com o axônio ferido.

FATOR DE CRESCIMENTO DO NERVO (NGF, de *nerve growth factor***):** Pequena proteína secretada a partir de células-alvo que provoca a diferenciação, a sobrevivência e a manutenção de neurônios simpáticos e sensoriais.

CROMATÓLISE: Degradação de uma substância cromófila, como a cromatina, dentro do corpo da célula nervosa. Normalmente ocorre após dano celular periférico ou exaustão celular.

DISCUSSÃO

A maioria dos danos ao sistema nervoso irá resultar em algum tipo de lesão axonal. Os axônios são especialmente vulneráveis, dada a sua fisiologia alongada e a distância do corpo celular, do qual derivam proteínas para a homeostase e a função (ver Figura 37-1). Quando um axônio é cortado, sua fonte de síntese de proteínas é necessariamente removida, comprometendo o axônio e a bainha de mielina envolvente. Após um traumatismo, existe um mecanismo inerente ativo, o qual provoca a morte do axônio que não é dependente da intervenção de outras células para a degeneração. Esse mecanismo de morte axonal remete à função neuronal básica de transmissão sináptica.

Existem duas fases de entrada de cálcio no axônio após a lesão. A difusão de íons cálcio a partir do meio extracelular ocorre imediatamente, sendo interrompida uma vez que a membrana axonal se sela novamente. O segundo movimento de íons cálcio para dentro da célula precede a degeneração axonal e ocorre pelos canais de íons dependentes de voltagem (canais tipo L) e pela bomba trocadora de sódio--cálcio. A entrada de cálcio pela primeira via é uma consequência da despolarização do axônio; isto é, resulta da perda da capacidade do axônio de manter um potencial de membrana de repouso normal. A degeneração dos axônios sensoriais danificados tem sido atenuada por **bloqueadores dos canais de cálcio tipo L**, que reduzem a entrada de cálcio extracelular no axônio.

A bomba trocadora de sódio-cálcio, a segunda via de entrada de cálcio, funciona em sentido inverso após a lesão axonal. Normalmente, ao permitir o movimento de íons sódio a favor do gradiente de concentração e de potencial através da membrana, leva à produção de trifosfato de adenosina (ATP, de *adenosine triphosphate*), que alimenta a bomba trocadora de sódio-cálcio para remover o cálcio da célula. No entanto, se a membrana torna-se despolarizada por causa da atividade do potencial de ação ou por falha da bomba trocadora, o gradiente de sódio diminui, e a elevada concentração de cálcio extracelular pode acionar a bomba de sódio-cálcio no sentido inverso. O resultado é um aumento maciço na concentração de cálcio dentro do axônio, excedendo o limiar de 200 μm necessário para ativar enzimas ligadas ao cálcio, como **calpaínas**, e possivelmente outros mecanismos. Moléculas do citoesqueleto são os principais substratos enzimáticos de calpaínas; assim, a ativação de

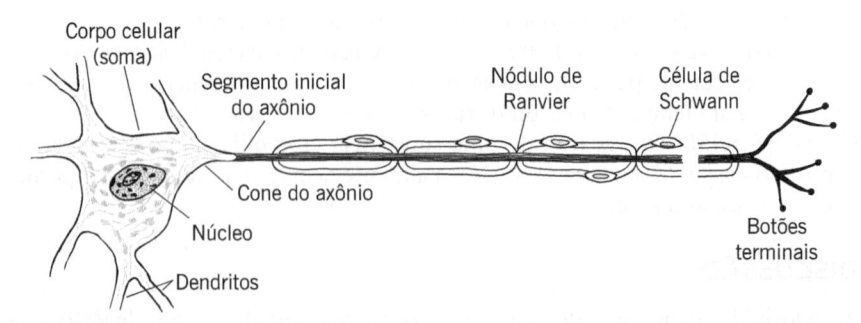

Figura 37-1 Neurônio motor com axônio mielinizado. (*Reproduzida, com permissão, de Ganong's Review of Medical Physiology. 22nd ed. New York: McGraw-Hill; 2005. Página 48, Figura 2-2.*)

calpaínas causa a degradação do citoesqueleto axonal. Intuitivamente, a inibição das calpaínas também pode prevenir a degeneração axonal *in vitro*.

A lesão axonal também pode se estender além do axônio distal ao corte do próprio neurônio. A morte neuronal pode ocorrer por apoptose ou necrose. A morte por apoptose em geral é causada pela perda de **fatores tróficos derivados do alvo** que fornecem suporte para o neurônio, ou pelo influxo intenso de cálcio mencionado anteriormente. Morte celular por necrose rápida ocorre principalmente quando o axônio é danificado muito perto do corpo da célula, em geral devido à combinação de um trauma físico na membrana e no citoesqueleto neuronal, e, novamente, ao influxo de cálcio que resulta da ruptura da membrana axonal. Os neurônios na proximidade da lesão e alguns distantes dela podem ser perdidos por apoptose dias após a lesão. Além da **morte celular retrógrada** de neurônios cujos axônios foram cortados, existe também alguma **morte celular anterógrada** por apoptose dos neurônios conectados aos axônios danificados. A morte neuronal em ambas as formas é, pelo menos em parte, devida à perda do acesso a fatores tróficos.

Suporte trófico para um neurônio pode ser derivado de várias fontes, incluindo neurônios-alvo com os quais este faz sinapse; neurônios que recebem sua sinapse; células de Schwann, astrócitos e oligodendrócitos que têm contato com este neurônio em diferentes pontos, e micróglia que se aglomera em torno de neurônios danificados. Após lesão axonal, um neurônio perde claramente o contato com suas células-alvo e também perde o apoio trófico que o acompanha. Sinapses sobre o soma celular retraem-se e são primeiro substituídas por glia (astrócitos). Uma nova fonte de suporte trófico a partir das células gliais circundantes na área de danos substitui o suporte perdido pelos neurônios eferentes danificados e suas conexões aferentes. Os astrócitos tornam-se reativos em regiões danificadas do sistema nervoso central (SNC). Micróglia também migra para essas regiões, onde sofre mitose e também se torna ativada, produzindo uma variedade de **citocinas** neurotróficas e tóxicas. No SNP, as células de Schwann são ativadas após lesão axonal que conduz a uma rápida acumulação de macrófagos que secretam moléculas tóxicas. Além disso, a morte neuronal e a atrofia podem ser aliviadas pela aplicação experimental de vários fatores tróficos, como NGF. Assim, o consenso dominante é que a perda do suporte trófico resulta da lesão axonal, uma vez que muitos neurônios após lesão axonal morrem ou ficam atróficos.

Neurônios que sobrevivem à lesão axonal sofrem um conjunto de mudanças previsíveis e bem descritas. Muitas dessas alterações estão associadas com o reinício da síntese de proteínas para o crescimento e a regeneração axonal. Anatomicamente, essas grandes alterações no padrão e na quantidade de síntese de proteínas são manifestadas no neurônio como cromatólise, a dispersão das grandes condensações granulares do retículo endoplasmático rugoso acompanhada por alterações na aparência do núcleo. Muitos dos genes subjacentes a essas alterações são regulados positivamente ou negativamente após lesão axonal e são identificados nas seguintes categorias: fatores de transcrição, proteínas associadas ao crescimento, proteínas do citoesqueleto, receptores de fatores de crescimento, fatores de crescimento e citocinas.

> **CORRELAÇÃO COM O CASO CLÍNICO**
> - Ver Casos 37 a 40 (dano e reparo do sistema nervoso).

QUESTÕES DE COMPREENSÃO

Consulte o seguinte caso para responder as perguntas 37.1 a 37.3:
Um adolescente de 17 anos é deixado do lado de fora da emergência por alguns "amigos" depois de ter sido baleado no membro superior. Ele não discute detalhes dos acontecimentos referentes à lesão e não sabe o calibre ou o tipo de projétil que o atingiu. No exame, há uma ferida que atravessa o antebraço proximal, distal à fossa cubital. Há surpreendentemente pouco sangramento a partir da ferida, dada a proximidade da ferida a grandes artérias. Ao exame, no entanto, o paciente não é capaz de fazer a flexão de qualquer um dos dedos, e realiza fraca flexão do pulso. Ele também tem perda sensorial do antebraço e da face palmar do polegar, do indicador e do dedo médio. O médico suspeita que ele tenha uma transecção traumática do nervo mediano.

37.1 A entrada de que íon no axônio distal à transecção irá ativar as enzimas celulares que degradam o citoesqueleto?

    A. Sódio
    B. Cloreto
    C. Magnésio
    D. Cálcio

37.2 Além da degeneração do axônio distal ao local da lesão, todo o nervo proximal à lesão também pode morrer. A ausência de que substância, normalmente transportada para o corpo celular via transporte retrógrado ao longo do axônio, pode ser responsável por essa morte celular?

    A. Proteínas de vesícula de neurotransmissores
    B. Neuropeptídeos não utilizados
    C. ATP
    D. Fatores neurotróficos

37.3 Após a lesão no nervo do SNP, que tipo de células gliais que circundam os neurônios danificados se torna ativo?

    A. Células de Schwann
    B. Astrócitos
    C. Micróglia
    D. Macrófagos

RESPOSTAS

37.1 **D.** O **cálcio** entra no citoplasma axonal após a lesão por dois mecanismos. Inicialmente, ele entra pela ruptura da membrana celular por simples difusão, mas esse método é interrompido quando a membrana veda. O segundo método é por canais de cálcio dependentes de voltagem que se abrem quando o neurônio despolariza pelo corte do corpo celular e via bomba trocadora de sódio-cálcio que corre em sentido inverso nessa condição patológica. O cálcio na célula atinge rapidamente o limiar para a ativação de calpaínas, que começam a degradar proteínas celulares (elementos do citoesqueleto, em particular).

37.2 **D.** Esta morte celular ocorre pela ausência de **fatores neurotróficos** necessários para a sobrevivência do neurônio. Normalmente, um neurônio pode derivar suporte trófico de várias fontes, incluindo a célula que inerva. Suporte trófico é o fornecimento de moléculas pequenas, como o NGF, que são necessárias para a sobrevivência da célula. Quando um neurônio é suprimido de seu fornecimento de fatores tróficos, como é o caso com a lesão axonal, as vias apoptóticas dentro da célula tornam-se ativadas, resultando em morte celular.

37.3 **A. Células de Schwann**, o principal tipo de célula glial do SNP, tornam-se ativadas depois do dano axonal. Quando ativadas, secretam uma variedade de citocinas, algumas das quais podem servir como fatores neurotróficos, que podem prevenir a morte neuronal por apoptose. Elas também secretam citocinas que são quimiotáticas para os macrófagos, que ajudam a remover o axônio danificado, mas não são células gliais. Os astrócitos e a micróglia são ativados ao redor de neurônios danificados no SNC.

DICAS DE NEUROCIÊNCIAS

▶ A síndrome do túnel do carpo é causada pela compressão do nervo mediano no punho. Os sintomas são formigamento e dor do polegar, do indicador e do dedo médio.
▶ A síndrome do túnel do carpo é associada com movimentos repetitivos da mão, hipotireoidismo, diabetes, amiloidose associada à diálise e gravidez.
▶ A morte neuronal por apoptose normalmente é devida à perda de fatores tróficos derivados de alvos ou ao influxo intenso de cálcio especialmente depois da ruptura da membrana axonal.
▶ Tanto os neurônios próximos como os distantes da lesão podem morrer por apoptose dias após a lesão.
▶ A morte neuronal e a atrofia podem ser aliviadas pela aplicação experimental de vários fatores tróficos como o NGF.

REFERÊNCIAS

Kandel ER, Schwarz JH, Jessell TM, Siegelbaum SA, Hudspeth AJ, eds. *Principles of Neural Science.* 5th ed. New York, NY: McGraw-Hill; 2012.

Purves D, Augustine GJ, Fitzpatrick D, Hall WC, eds. *Neuroscience*. 5th ed. Sunderland, MA: Sinauer Associates Inc; 2011.

Squire LR, Berg D, Bloom FE, du Lac S, eds. *Fundamental Neuroscience*. 4th ed. San Diego, CA: Academic Press; 2012.

CASO 38

Um homem caucasiano de 40 anos apresenta-se à unidade de psiquiatria exibindo variações de humor, aumento da irracionalidade, perda excessiva de peso e com uma história recente de tentativa de suicídio. As mudanças no comportamento foram notadas pelos familiares alarmados que insistiam que o paciente deveria consultar um psiquiatra. Essas mudanças bruscas não apresentam bases psicológicas, exceto uma vaga história de que o pai do paciente, com uma crise de meia-idade semelhante, antes de falecer em casa anos mais tarde por uma pneumonia, supostamente tinha um déficit neurológico. O exame neurológico revelou discinesias descontroladas dos membros superiores e inferiores. O paciente relata ter dificuldades para se alimentar e que isso vem piorando. Exames de imagem mostraram degeneração progressiva do estriado, com aumento dos ventrículos laterais e com distância aumentada entre os caudados direito e esquerdo. A análise genética mostrou anormalidade no cromossomo 4 que consiste em uma repetição de poliglutamina em um gene que codifica uma proteína de função desconhecida.

▶ Qual é o diagnóstico mais provável?
▶ Como é a genética molecular relacionada com este distúrbio?
▶ Quais são a patologia celular e a patogênese desta doença?
▶ Quais neurotrofinas têm sido usadas para o tratamento?

RESPOSTAS PARA O CASO 38
Fatores de crescimento do nervo

Resumo: Um homem caucasiano de 40 anos tem déficits neurológicos físicos e comportamentais com uma degeneração apreciável do estriado e uma anomalia genética no cromossomo 4.

- **Diagnóstico mais provável:** Doença de Huntington (DH).
- **Genética molecular:** A DH é uma doença autossômica dominante herdada por 50% dos filhos de pessoa afetada, que expressarão a doença e passarão o gene para a prole seguinte com as mesmas probabilidades. O gene crítico codifica a huntingtina, uma proteína de função desconhecida, e está localizado no cromossomo 4. O gene contém uma repetição de poliglutamina (poliQ) que normalmente tem um comprimento de 5 a 36 aminoácidos, mas é prolongada em indivíduos com DH.
- **Patologia celular e patogênese:** Na verdade, não se conhece como a repetição de poliQ expandida resulta na degeneração neuronal do estriado. Corpos de inclusão anormais têm sido encontrados em neurônios do estriado afetados com coloração para huntingtina, mas se isso é causa ou consequência da morte celular continua a ser explorado. A relação entre a função mitocondrial alterada observada na DH e a patologia também continua a ser estudada.
- **Neurotrofinas:** Fatores neurotróficos derivados do encéfalo são necessários para a atividade correta da sinapse corticostriatal e a sobrevivência dos neurônios GABAérgicos espinhosos médios do estriado que morrem na DH. A neurotrofina 4/5 foi escolhida para o tratamento da DH porque aumenta o suporte de interneurônios, oferecendo proteção para os neurônios espinhosos médios mais vulneráveis. Também, o fator de crescimento de fibroblastos 2 (FGF-2, de *fibroblast growth factor 2*) tem sido alvo porque estimula o desenvolvimento de novos neurônios espinais a partir de células-tronco já presentes no encéfalo.

ABORDAGEM CLÍNICA

A DH é uma doença autossômica dominante neurodegenerativa que em geral se apresenta em indivíduos na faixa de 30 a 40 anos. Pode ocorrer agressividade, ansiedade e movimentos anormais (coreiformes). A doença é marcada por degeneração progressiva do estriado, em geral identificada por ventrículos aumentados e aumento da distância intercaudado na ressonância magnética e na tomografia computadorizada. A perda de células espalha-se em um sentido dorsal medial para lateral ventral, e os neurônios contendo ácido gama-aminobutírico (GABA, de *gamma aminobutiric acid*) do **núcleo caudado em geral são afetados mais cedo** e de forma mais extensa do que os do putame. Neurônios espinhosos médios são os mais afetados, em conjunto com gliose leve a nível celular. Conforme a doença progride para estágios mais avançados, outros núcleos encefálicos, em particular os núcleos da base, são afetados. Atrofia das aferências corticais e perda de células eferentes do globo pálido e da parte reticular da substância negra para o estriado são indicações da DH avançada. Isso se traduz em sinais clínicos de deficiência grave evoluindo mais tarde para morte devido a infecção, pneumonia ou inanição anos após o diagnóstico.

Atualmente não há tratamento eficaz disponível para DH, apenas fármacos para suprimir os sintomas motores e psiquiátricos. Proteção neurotrófica para o estriado tem sido fortemente investigada como um tratamento para a DH. Neurônios do estriado em modelos animais de doenças humanas podem ser resgatados com a aplicação de um número de diferentes fatores de crescimento dos nervos, incluindo fator de crescimento do nervo (NGF, de *nerve growth factor*), BDNF (de brain derived neurotrophic factor), NT-4/5 (de *neurotrophin 4/5*), fator de crescimento fibroblástico básico (β-FGF, de *fibroblast growth factor*), fator transformador do crescimento alfa (TGF-α, de *transforming growth factor alpha*), fator neurotrófico ciliar (CNTF, de *ciliary neurotrophic factor*) e fator neurotrófico derivado da glia (GDNF, de *glial cell-derived neurotrophic factor*). O problema mais importante no desenvolvimento de um tratamento à base de neurotrofina para a DH é o método de aplicação e distribuição de moléculas tróficas no encéfalo; por meio de infusão direta ou da utilização de células geneticamente modificadas.

ABORDAGEM AOS
Fatores de crescimento do nervo

OBJETIVOS

1. Descrever o papel dos fatores de crescimento do nervo na determinação da sobrevida dos neurônios.
2. Descrever os achados patológicos típicos no encéfalo de um paciente com DH.
3. Descrever o papel especulativo dos fatores neurotróficos derivados do encéfalo na DH.

DEFINIÇÕES

MORTE CELULAR ONTOGENÉTICA: Um ciclo de morte neuronal maciça que ocorre durante o desenvolvimento, necessário para uma série de finalidades da maturação neural. Por exemplo, a morte celular ontogenética ocorre para eliminar conexões neurais redundantes e multiplicativas direcionadas ao mesmo destino.

RECEPTORES TRK: Os receptores Trk pertencem à classe de receptores de tirosina-cinase e são os receptores de ligantes em células importantes para muitos fatores de crescimento neurais.

NEURÔNIOS COLINÉRGICOS: Neurônios que sintetizam e liberam acetilcolina, que funciona como um neurotransmissor no sistema nervoso periférico (SNP) e no sistema nervoso central (SNC) durante a comunicação interneuronal.

SUBSTÂNCIA NEGRA: Uma região de células grandes pigmentadas e produtoras de dopamina no mesencéfalo. Essas células têm sido implicadas na doença de Parkinson.
EFEITO DE SUPORTE TRÓFICO AUTÓCRINO: Um neurônio motor com lesão axonal é capaz de conseguir um efeito de suporte trófico autócrino de autoestimulação, produzindo sua própria tirosina-cinase B (TrkB) e BNDF. Esse efeito pode retardar a morte de células dependendo da idade da célula e do local de lesão no axônio.
ACETILCOLINESTERASE: Enzima que remove acetilcolina da fenda sináptica para permitir que ocorra a repolarização. Isso ocorre pela conversão de acetilcolina em colina inativa e acetato de etila por hidrólise. A colina-acetiltransferase sintetiza acetilcolina a partir de colina e acetil-coenzima A (acetil-CoA).

DISCUSSÃO

Os fatores de crescimento do nervo ou fatores tróficos têm um papel bem caracterizado na determinação de quais neurônios sobreviveram até a idade adulta e quais processos axonais os conectaram aos alvos específicos. O fator de crescimento do nervo ou **NGF** foi o primeiro a ser identificado e serviu como um protótipo para os demais. O NGF parece ter um papel em manter as células nervosas vivas (neurônios sensoriais e simpáticos), bem como induzir a apoptose durante o desenvolvimento. Esse fator é secretado principalmente pelos tecidos-alvo inervados pelos neurônios sensoriais simpáticos. Quando os embriões em desenvolvimento são privados de NGF, muitos desses neurônios morrem antes do nascimento. Foi demonstrado *in vitro* que, para a sobrevivência neuronal, é essencial que os axônios façam conexões com êxito com os tecidos que secretam NGF. Além disso, o NGF aplicado em qualquer parte do neurônio, incluindo a extremidade de um axônio, promove a sobrevivência. Além do NGF, existem outros fatores tróficos que têm vários papéis no SNC e no SNP adulto, afetando a sobrevivência neuronal e glial e a plasticidade; esses fatores tróficos são ativos tanto no encéfalo adulto normal como em respostas regenerativas à lesão.

Algumas grandes famílias entre um amplo espectro de moléculas com efeitos neurotróficos são responsáveis pela maior parte dos efeitos funcionais na neuroplasticidade e na regeneração. Fatores como NGF, BDNF, NT-3 e NT-4/5 representam a primeira grande família de fatores de crescimento que atuam centralmente e são estruturalmente relacionados com o NGF. Esses fatores ligam-se aos **receptores Trk** e também têm uma baixa afinidade ao receptor de NGF, p75, que se liga ao NGF e ao BDNF. O TrkA é encontrado em alguns tipos neuronais, em geral neurônios colinérgicos, enquanto o TrkB e o TrkC são amplamente distribuídos por todo o sistema nervoso, encontrados na maioria dos neurônios do SNC. Os receptores do CNTF também são amplamente distribuídos no SNC. A própria molécula é encontrada em células de Schwann em nervos periféricos e é produzida por astrócitos após lesões do SNC. O FGF-2 também tem receptores amplamente distribuídos em neurônios e células gliais, em especial após uma lesão. Os astrócitos são as principais fontes de FGF que promovem a sobrevivência e a proliferação da maior parte das populações de neurônios no SNC em desenvolvimento. O FGF-2 e o fator de crescimento epidérmico (EGF, de *epidermal growth factor*) têm sido especificamente implicados na promoção da divisão e da proliferação de células progenitoras/ células-tronco do SNC. Duas outras famílias de fatores tróficos são TGF-β e GDNF. Essas duas famílias têm efeitos mais superficiais no sistema nervoso. Por exemplo, o GDNF e a neurturina são de origem neuronal, e a persefina é de origem glial. Seus receptores (GFR-α_1, GFR-α_2, RET) são encontrados nos neurônios que respondem a fatores tróficos, como os neurônios dopaminérgicos da **substância negra**. Curiosamente, o GDNF parece ser o mais potente já identificado para promover a sobrevivência e o crescimento de neurônios dopaminérgicos tanto *in vitro* como *in vivo*.

Danos nos nervos periféricos afetam os axônios dos neurônios motores, sensoriais e simpáticos. Esses neurônios em geral sobrevivem a uma lesão axonal, contanto que está esteja a alguma distância do corpo celular, por meio de uma resposta regenerativa maciça. Os neurônios periféricos perdem o contato com seus alvos após lesão axonal e, consequentemente, não recebem mais fatores tróficos derivados do alvo. No entanto, células de suporte, como as células de Schwann, continuam a fornecer fatores tróficos. O NGF sustém os axônios simpáticos, e o CNTF liberado no momento da lesão pode ter um efeito protetor sobre os neurônios motores. Receptores Trk são encontrados em quase todos os axônios sensitivos: neurônios nociceptivos e sensíveis à temperatura têm receptores TrkA e recebem ação do NGF, as grandes fibras proprioceptivas têm TrkC e recebem ação do NT-3, e fibras sensíveis ao tato e sensíveis à vibração fina têm TrkB e recebem ação do BDNF. A produção de TrkB e BDNF nos neurônios motores após lesão tem um **efeito de suporte trófico autócrino**. Como esses receptores e fatores tróficos podem prevenir a morte neuronal pode ser resumido nos seguintes pontos:

- A probabilidade de morte celular em neurônios motores após uma lesão axonal depende da idade da célula e da localização do dano no axônio.
- A lesão do nervo periférico durante o desenvolvimento de sistemas nervosos leva a danos do neurônio motor, mas dano do nervo não causa a morte do neurônio motor.
- Os neurônios motores em adultos perdem colina-acetiltransferase após lesão axonal; esse efeito está ausente durante o desenvolvimento do sistema nervoso.
- Fatores tróficos são eficazes na proteção contra a morte dos neurônios após lesão axonal no sistema nervoso tanto em desenvolvimento como completamente maduro. Os fatores BDNF, GDNF e CNTF são os mais eficazes na prevenção da morte de neurônios motores, e fator de crescimento semelhante à insulina (IGF, de *insulin-like growth factor*), BDNF e NT-3 são os mais eficazes no tratamento da lesão do nervo periférico.

As ações de fatores tróficos não estão restritas ao SNC, nem à promoção da sobrevivência neuronal. A liberação não específica de fatores tróficos provoca efeitos secundários indesejados devido à ampla incorporação dentro do SNC. Assim, para um benefício terapêutico ser alcançado, os fatores precisam ser liberados exatamente aos neurônios que necessitam de proteção. Por enquanto, a manipulação de células secretoras do fator parece ser a melhor opção para a liberação especializada de fatores de crescimento do nervo, embora abordagens cirúrgicas para o tratamento de nervos periféricos danificados ainda sejam relativamente eficazes.

> **CORRELAÇÃO COM O CASO CLÍNICO**
>
> - Ver Casos 37 a 40 (dano e reparo do sistema nervoso).

QUESTÕES DE COMPREENSÃO

38.1 No desenvolvimento do sistema nervoso, de qual fonte os neurônios imaturos recebem o suporte neurotrófico que lhes permite sobreviver para se tornarem neurônios maduros?

  A. Alvos que inervam
  B. Células gliais circundantes
  C. Neurônios vizinhos
  D. Eles mesmos

38.2 Durante qual período de desenvolvimento os neurônios, que recebem suporte trófico dos alvos corretamente inervados, sofrem apoptose e morrem?

  A. Neurulação
  B. Neurogênese
  C. Sinaptogênese
  D. Morte celular ontogenética

38.3 Um paciente de 42 anos teve uma lesão por esmagamento do antebraço esquerdo, enquanto trabalhava em um canteiro de obras. Na avaliação no departamento de emergência, a mão está bem perfundida, mas ele não tem sensação na distribuição do nervo mediano, e a flexão do punho e dos dedos está gravemente limitada. O paciente é diagnosticado com lesão por esmagamento traumático do nervo mediano, tendo sido programada a exploração e a reparação do nervo. Que tipo de neurônios pode produzir seus próprios fatores tróficos e, assim, evitar a morte celular?

  A. Neurônios simpáticos
  B. Neurônios motores
  C. Neurônios proprioceptivos
  D. Neurônios nociceptivos

RESPOSTAS

38.1 **A.** Neurônios imaturos recebem suporte neurotrófico a partir das **células-alvo que inervam**. No sistema nervoso em desenvolvimento, normalmente há redundância no início do desenvolvimento: vários neurônios estenderão axônios em direção a determinado alvo. Quando isso acontecer, um dos neurônios (normalmente o de conexões mais fortes) será selecionado, e os outros vão se degenerar. Esse processo de seleção envolve fatores tróficos secretados pela célula-alvo que permitem a sobrevivência do neurônio. Na ausência desses fatores tróficos, os neurônios não selecionados morrem. Nos neurônios maduros danificados durante a lesão do nervo periférico, o suporte trófico temporário muitas vezes é recebido pelas células gliais, ou é produzido internamente, fazendo os organismos celulares não se degenerarem.

38.2 **D.** O período de **morte celular ontogenética** é um período em que um grande número de neurônios, principalmente neurônios que são redundantes ou que não atingiram seu alvo adequado, sofrem apoptose. Durante esse período, os neurônios que atingiram o alvo apropriado recebem fatores tróficos e, portanto, não sofrem apoptose. No caso de neurônios sensoriais e neurônios do sistema nervoso simpático, o fator trófico que previne a apoptose é o NGF.

38.3 **B.** Fatores tróficos estão disponíveis a partir de uma série de outras fontes além de células-alvo, incluindo as células de Schwann, e no caso de **neurônios motores**, eles mesmos. Os neurônios motores podem secretar seu próprio BDNF, que fornece suporte trófico autócrino.

DICAS DE NEUROCIÊNCIAS

▶ Quando os embriões em desenvolvimento são privados de NGF, muitos neurônios sensoriais e simpáticos morrem antes do nascimento.
▶ Os fatores neurotróficos que são estruturalmente relacionadas com o NGF se ligam ao receptor Trk.
▶ Os neurônios geralmente sobrevivem à lesão axonal contanto que esta seja distante do corpo celular.
▶ A DH é uma condição autossômica dominante, resultante do excesso de repetições de trinucleotídeos CAG no gene Huntington no cromossomo 4.
▶ A DH é propensa a um processo chamado de antecipação, em que as gerações subsequentes são afetadas em idades mais precoces.
▶ O núcleo caudado em geral está atrofiado na DH, com perda de neurônios GABAérgicos.

REFERÊNCIAS

Bear MF, Connors B, Paradiso M, eds. *Neuroscience: Exploring the Brain*. 3rd ed. Baltimore, MD: Lippincott Williams & Wilkins; 2006.

Kandel ER, Schwarz JH, Jessell TM, Siegelbaum SA, Hudspeth AJ, eds. *Principles of Neural Science*. 5th ed. New York, NY: McGraw-Hill; 2012.

Squire LR, Berg D, Bloom FE, du Lac S, eds. *Fundamental Neuroscience*. 4th ed. San Diego, CA: Academic Press; 2012.

CASO 39

Um menino de quatro anos está no parque de diversões, se queixa de dores de cabeça cada vez mais fortes e começa a vomitar. Os pais o levam para o hospital infantil, onde ele é avaliado. A família relata que a criança nasceu de um parto sem complicações, recebeu todas as imunizações e está indo bem na escola. O menino tem apresentado algumas dores de cabeça nos últimos dois meses, mas pensavam que era devido à exposição excessiva aos jogos de videogame. A investigação radiológica revela um tumor encefálico pediátrico com aumento da pressão intracraniana. O médico diz à mãe do menino que ele provavelmente tem um meduloblastoma.

▶ Qual é a parte do encéfalo mais provavelmente afetada?
▶ Qual é a causa mais provável do aumento da pressão intracraniana?

RESPOSTAS PARA O CASO 39
Células-tronco neurais

Resumo: Um menino de quatro anos é avaliado por dores de cabeça há dois meses, com aumento da gravidade e da frequência ao longo das últimas 24 horas, em conjunto com vários episódios de vômitos em projétil. A tomografia computadorizada (TC) mostra hidrocefalia e uma massa lesional densa no cerebelo. Uma imagem por ressonância magnética (RM) com contraste do encéfalo revela uma lesão aumentada, mais provavelmente um meduloblastoma.

- **Parte do encéfalo afetada:** Fossa posterior.
- **Causa mais provável do aumento da pressão intracraniana:** A obstrução do fluxo do líquido cerebrospinal através do quarto ventrículo pelo tumor levou à hidrocefalia obstrutiva, causando aumento da pressão intracraniana e consequentes dores de cabeça e vômitos. A emese ocorre tanto pelo aumento da pressão intracraniana como pela compressão do tumor em uma área do tronco encefálico chamada de área postrema. As dores de cabeça crescentes ocorrem quando a capacidade natural do encéfalo para tamponar o aumento da pressão intracraniana está esgotada, e pequenos aumentos na pressão causam aumento considerável nos sintomas.

ABORDAGEM CLÍNICA

Tumores encefálicos pediátricos estão entre os tumores malignos mais comuns em crianças e têm uma ampla variedade histopatológica. Alguns tumores podem ser removidos cirurgicamente e, com uma ressecção completa, a probabilidade de recorrência é mínima. Além disso, alguns tumores são tratados com êxito com quimioterapia e/ou radioterapia, embora as opções de tratamento sejam limitadas em crianças menores de cinco anos, nas quais a radioterapia leva à disfunção cerebral. No entanto, uma proporção significativa de tumores encefálicos em crianças tem uma histopatologia agressiva altamente indiferenciada e, no momento do diagnóstico, frequentemente mostra células fora dos limites do tumor primário que se infiltraram no encéfalo. Esses tumores continuam a recorrer e são manejados com cirurgias repetidas até que o paciente, em última análise, não é mais tratável. Exemplos desses tumores incluem meduloblastoma (Figura 39-1), astrocitoma anaplásico e ependimoma anaplásico.

CASOS CLÍNICOS EM NEUROCIÊNCIAS 319

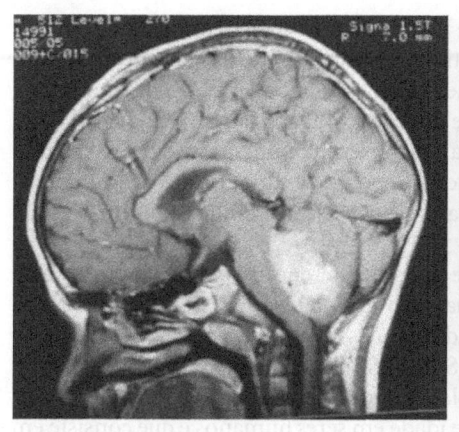

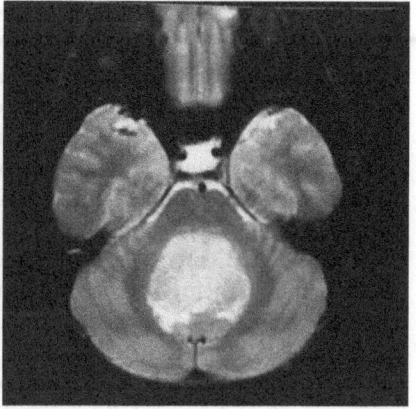

Figura 39-1 Meduloblastoma: Imagem por RM nos planos sagital (*acima*) e axial (*abaixo*), ilustrando o envolvimento do verme cerebelar e a obliteração neoplásica do quarto ventrículo. (*Reproduzida, com permissão, de Adam and Victor's Principles of Neurology. 7th ed. New York: McGraw-Hill; 2000. Página 703, Figura 31-11.*)

ABORDAGEM ÀS
Células-tronco neurais

OBJETIVOS

1. Conhecer as definições dos diferentes tipos de células-tronco.
2. Ser capaz de descrever as várias fontes de células-tronco neurais.
3. Estar ciente das limitações e dos desafios da terapia à base de células-tronco neurais.

DEFINIÇÕES

TOTIPOTENTES: Células-tronco que podem se diferenciar em tipos de células embrionárias e extraembrionárias. Após a fusão entre um óvulo e esperma, células totipotentes são produzidas pelas primeiras divisões do ovo fertilizado.

PLURIPOTENTES: Células-tronco que podem se diferenciar em qualquer tipo de célula no interior das camadas germinativas. Uma célula pluripotente pode se diferenciar em qualquer tipo de célula da mesoderme, da endoderme ou da ectoderme.
MULTIPOTENTES: Células-tronco que podem se diferenciar em qualquer tipo de célula dentro de sua linhagem germinal; por exemplo, uma célula-tronco neural exibe autorrenovação e pode se diferenciar em oligodendrócito, astrócito ou neurônio. Não pode, no entanto, diferenciar-se em um cardiomiócito ou uma célula intestinal.
UNIPOTENTE: Célula progenitora que pode se diferenciar apenas em um tipo de célula, como astrócito ou neurônio, mas não em ambos. Essas células podem se autorrenovar e, portanto, são consideradas células-tronco.
CÉLULAS-TRONCO EMBRIONÁRIAS (CTES): As CTEs são culturas de células derivadas da massa celular interna do blastocisto. Um blastocisto é um estágio embrionário inicial de cerca de 4 a 5 dias de idade em seres humanos e que consiste em 50 a 150 células. As CTEs são pluripotentes.
CÉLULA-TRONCO ADULTA (SOMÁTICA): Uma célula-tronco que é derivada de um feto, uma criança ou um adulto e pode se diferenciar em células que povoam uma linhagem celular germinativa e que são, portanto, consideradas multipotentes.
EPIGENÉTICA: Influências não genéticas que afetam as células. Em geral, são o ambiente em que a célula se encontra, ou a composição em solução *in vitro*.
TRANSFECÇÃO: Processo de inserção de um gene estranho no genoma do hospedeiro de uma célula desejada. A transfecção leva à modificação genética que é estável ou transiente. Os métodos são bioquímicos, físicos e utilização de vírus.

DISCUSSÃO

As células-tronco dão origem a órgãos e mantêm a integridade do tecido e a homeostase do organismo adulto. Existem diferentes tipos de células-tronco, incluindo embrionárias e somáticas (fetais ou derivadas do adulto), a partir dos quais as novas células podem ser desenvolvidas. Uma célula-tronco deve ter as seguintes propriedades funcionais: (1) capacidade de gerar os tipos de células do órgão da qual foi derivada, e (2) "autorrenovação", isto é, capacidade de produzir células-filhas com propriedades idênticas. A capacidade de popular uma região de desenvolvimento ou lesionada com tipos de células adequadas após serem transplantadas é outra característica importante das células-tronco que está bem estabelecida com as células-tronco hematopoiéticas e que aguarda a padronização em outros sistemas de órgãos, incluindo o encéfalo. Há dois protótipos de células-tronco, as **células-tronco embrionárias (CTEs)** e as **células-tronco neurais (CTNs)**.

As CTEs são derivadas da massa celular interna de blastócitos de várias espécies, incluindo as células de origem humana. Elas podem ser totipotentes (com capacidade de gerar todos os tipos de células de um organismo, exceto a placenta), pluripotentes (com capacidade de produzir tipos de células maduras de todas as camadas germinativas diferentes), ou multipotentes (com capacidade de dar origem a todas as células de um órgão). Atualmente, nossa compreensão das CTEs humanas está aumentando e o conhecimento está crescendo com a melhoria das condições de cultura de células, a propagação de longo prazo, a diferenciação controlada e o transplante em modelos animais de doenças humanas. A lista dos vários tipos de células diferenciadas derivadas das CTEs humanas (p. ex., neurônios, cardiomiócitos, hepatócitos) está aumentando continuamente. Espera-se que o acesso ilimitado a células humanas funcionais específicas tenha um papel importante não só na terapêutica de substituição de células, mas também em modelos de doenças e de pesquisa de fármacos.

Em contrapartida às CTEs pluripotentes, as células-tronco somáticas parecem ser multipotentes, ou apenas capazes de gerar os principais tipos de células encontradas em seu tecido de origem. Em geral, **a CTN é capaz de se diferenciar em neurônios, astrócitos e oligodendrócitos**. Células-tronco específicas de tecidos somáticos são os blocos de construção de órgãos durante o desenvolvimento e sobrevivem em microambientes especializados ("nichos de células-tronco"), contribuindo para novas células ao longo da vida.

As CTNs são multipotentes, têm a capacidade de popular uma região em desenvolvimento e/ou repovoar uma região lesionada ou degenerada do sistema nervoso central (SNC) com tipos de células apropriadas, e submeter-se à "autorrenovação", isto é, a capacidade de produzir células-filhas com propriedades idênticas. Elas são muito abundantes durante a embriogênese, com um acentuado declínio logo após o nascimento. No sistema nervoso adulto, as CTNs estão confinadas à **zona subgranular (ZSG)** no giro dentado do hipocampo e à **zona subventricular (ZSV)** que reveste os ventrículos laterais. Neurônios do hipocampo embrionários parecem melhorar a memória e os transtornos de humor como estresse e depressão. Em roedores, neuroblastos nascidos na ZSV migram ao longo do fluxo migratório rostral (FMR) para os bulbos olfatórios, onde se diferenciam em neurônios periglomerulares e granulares. O isolamento de células provenientes de regiões encefálicas, como a amígdala, a substância negra e o córtex, tem incluído células com características de células-tronco *in vitro*.

Morfologicamente, as CTNs compartilham propriedades de astrócitos e glia radial. A principal característica é a presença de um longo processo que se estende radialmente. Embora nenhum marcador definitivo tenha sido sugerido para as CTNs, uma quantidade substancial de trabalho mostra que elas são positivas para nestina, uma proteína de filamento intermediário, e para proteína glial fibrilar ácida (GFAP, de *glial fibrillary acidic protein*), tradicionalmente usada para identificar astrócitos.

As CTNs podem ser geradas a partir de CTEs ou diretamente isoladas a partir do SNC em desenvolvimento (em geral do encéfalo do feto), assim como a partir de regiões neurogênicas do encéfalo adulto (em geral de uma amostra de encéfalo de cadáveres). Historicamente, as primeiras linhagens de CTN estabelecidas foram cultivadas com vírus tumorais para alcançar a imortalização. No entanto, as CTNs que não são geneticamente modificadas também podem se propagar *in vitro* durante longos períodos, utilizando concentrações elevadas de fatores mitógenos, como o fator de crescimento de fibroblastos básico (bFGF, de *basis fibroblast growth factor*) e o fator de crescimento epidérmico (EGF, de *epidermal growth factor*).

O desafio para o tratamento eficaz de tumores encefálicos tem como base a imensa dificuldade de atacar as células invasoras dentro do encéfalo, bem como a liberação de quimioterápicos que atravessem a barreira hematoencefálica para agir nos tumores e nas células tumorais seletivamente. A capacidade única das CTNs de alcançar e estabelecer-se em tumores tem sido demonstrada, mesmo quando transplantadas em vários locais fora do próprio tumor. Essa capacidade tem sido explorada para liberar agentes terapêuticos em vários modelos animais de tumor, com notável eficácia em camundongos, e pode ser promissora para um potencial tratamento em seres humanos. Mais especificamente, camundongos nus foram inoculados com células de glioma e subsequentemente transplantados com CTNs humanas e de murinos em vários locais (intratumoral, hemisfério contralateral, intraventricular e veia da cauda), demonstrando claramente a capacidade das CTNs de migrar para o tumor e se distribuir no interior dele. Curiosamente, algumas CTNs pareceram rastrear as células individuais invasoras do parênquima cerebral fora da massa tumoral. Subsequentemente, as CTNs foram transfectadas com um gene para a citosina-desaminase (CD), uma enzima que converte 5-FC em 5-FU, e posteriormente transplantadas a alguma distância do tumor. Essa técnica conduziu a uma redução de cerca de 80% no peso do tumor.

Apesar da promessa de usar as CTNs para tratar tumores encefálicos, as questões de segurança do paciente devem primeiro ser satisfeitas antes que os ensaios clínicos comecem a ocorrer. Embora as CTNs sejam minimamente imunogênicas, falta ainda determinar se o tecido que recebe os transplantes de CTNs teria que ter um tratamento imunossupressor. Além disso, deveria ser possível rastrear as células transplantadas com imagens, no caso de migrarem para áreas inesperadas fora do encéfalo. Por último, a utilização de células geneticamente modificadas ainda é controversa, e existe a preocupação de que células imortalizadas possam crescer de modo descontrolado e conduzir à formação de tumores.

As **opções de tratamento** para uma massa intracraniana começam com a descompressão da hidrocefalia à beira do leito com um cateter ventricular. Subsequentemente, é realizada uma cirurgia para remover a lesão e obter um diagnóstico histopatológico. Depois do diagnóstico do tecido, um plano pós-operatório com tratamento adjuvante (radiação e/ou quimioterapia) pode ser realizado. Mesmo após a ressecção e o tratamento adjuvante, a maioria dos casos de histologia agressiva tende a recorrer. As opções de tratamento para esses tumores encefálicos recorrentes são limitadas e muitas vezes incluem mais uma cirurgia para diminuir a massa tumoral, porém não se consegue resolver as células tumorais que se infiltraram no encéfalo e que servem como focos para o espalhamento dos tumores primários. O tratamento experimental para tumores encefálicos incuráveis recorrentes pode ser o uso de CTNs. As CTNs têm demonstrado capacidade de migrar para os tumores e as células tumorais em modelos animais, e algumas dessas células mostraram a capacidade de liberar agentes quimioterápicos e diminuir o volume do tumor.

CORRELAÇÃO COM O CASO CLÍNICO

- Ver Casos 37 a 40 (dano e reparo do sistema nervoso), Caso 1 (glioblastoma) e Caso 35 (hérnia uncal).

QUESTÕES DE COMPREENSÃO

39.1 Qual o melhor termo que descreve as CTNs?

A. Totipotentes
B. Pluripotentes
C. Multipotentes
D. Unipotentes

39.2 No encéfalo adulto, em qual dos seguintes locais as CTNs podem ser encontradas?

A. Zona ventricular
B. Zona subgranular
C. Substância branca profunda
D. Mesencéfalo

39.3 Em qual dos seguintes locais o médico pode encontrar uma célula-tronco totipotente?

A. Blastocisto
B. Mesoderme embrionária
C. Zona subventricular no encéfalo humano
D. Músculo esquelético

RESPOSTAS

39.1 **C.** As CTNs são **multipotentes**. Isso significa que elas são capazes de se dividir para formar qualquer uma das células que compõem o encéfalo e o sistema nervoso, mas não de qualquer outro sistema de órgãos. As linhagens de células originadas a partir das CTNs são neurônios, astrócitos e oligodendrócitos. Lembremos que outras células que habitam o SNC e o sistema nervoso periférico (células da micróglia e de Schwann) não são derivadas da neuroectoderme e, por conseguinte, não podem ser geradas a partir das CTNs.

39.2 **B.** No encéfalo adulto, as CTNs estão localizadas em dois lugares diferentes: na **ZSG** no hipocampo e na ZSV dos ventrículos laterais. A ZSG gera neurônios que entram no giro dentado do hipocampo e parecem desempenhar um papel na melhoria da memória e nos transtornos de humor. A ZSV gera neurônios que migram para os bulbos olfatórios em roedores. A zona ventricular é a localização das CTNs no sistema nervoso em desenvolvimento, mas não no sistema nervoso adulto.

39.3 **A.** As CTEs são totipotentes no início do desenvolvimento, na fase de **blastocisto**, mas seu destino começa a ser restringido logo depois disso. Todas as células do blastocisto são idênticas, e qualquer uma delas pode dar origem a qualquer célula no ser humano adulto. No momento em que uma célula se diferencia em mesoderme embrionária, já não tem a capacidade de se diferenciar em células que derivam da endoderme ou da ectoderme. As CTNs na ZSV são multipotentes, pois só podem se tornar células do encéfalo, e não existem células-tronco no tecido muscular.

DICAS DE NEUROCIÊNCIAS

▶ As células-tronco são capazes de se autorrenovar indefinidamente, bem como se diferenciar em vários tipos de células.
▶ As CTEs podem se diferenciar em qualquer célula e, portanto, são pluripotentes.
▶ As CTNs podem se diferenciar em oligodendrócitos, astrócitos ou neurônios e são, portanto, multipotentes.
▶ As células-tronco podem ser geneticamente modificadas para transportar vários genes.

REFERÊNCIAS

Falk A, Frisen J. New neurons in old brains. *Ann Med*. 2005;37:480-486.

Lanza R, Gearhart J, Hogan B. *Essentials of Stem Cell Biology*. Oxford, UK: Elsevier Academic Press; 2006.

Lindvall OL, Kokaia Z, Martinez-Serrano A. Stem cell therapy for human disorders—how to make it work. *Nat Med*. 2004;10:S42-S50.

CASO 40

Um homem afro-americano de 24 anos é levado à emergência médica após um acidente de carro resultando em paralisia de ambos os membros inferiores. Após a estabilização respiratória, são realizadas avaliação de imagem e avaliação neurológica, e a paralisia de ambos os membros inferiores é rapidamente detectada. O paciente também perdeu o controle da bexiga. O exame de imagem mostra um estreitamento com interrupção da medula espinal na região de T11-T12 da coluna vertebral torácica. É feito o diagnóstico de uma lesão medular (LM).

▶ Que áreas são anatomicamente afetadas na lesão da medula espinal?
▶ Quais são as opções de tratamento para o paciente?
▶ O reparo neural é provável para este paciente? Por que sim, ou por que não?

RESPOSTAS PARA O CASO 40
Reparo neural

Resumo: Um homem afro-americano de 24 anos apresenta paralisia nos dois membros inferiores e um estreitamento com ruptura da medula espinal na região de T11-T12 da coluna vertebral torácica.

- **Regiões afetadas da medula espinal:** A LM, também conhecida como mielopatia, resulta em danos aos tratos de substância branca (feixes de fibras mielinizadas) na medula espinal que conduzem sinais sensoriais e motores para o encéfalo. Isso causa perdas segmentares de interneurônios e neurônios motores dentro da substância cinzenta da medula espinal.
- **Opções de tratamento:** Em primeiro lugar, devem ser tomadas todas as precauções para estabilizar a coluna e não agravar a lesão após o trauma. Uma parte significativa das incapacidades em pacientes com LM resulta de insultos sofridos após a lesão inicial. Estudos têm mostrado que alguma função neurológica pode ser recuperada se metilprednisolona for administrada logo após a lesão, e isto é rotineiramente praticado nos Estados Unidos. No entanto, no momento, não existe qualquer tratamento realmente capaz de produzir o reparo neural na medula espinal. A maioria dos tratamentos foca na reabilitação e na aprendizagem de como funcionar com deficiência.
- **O reparo neural é provável?** Enquanto os axônios do sistema nervoso periférico (SNP) apresentam regeneração espontânea, os axônios do sistema nervoso central (SNC) não, tornando improvável a recuperação natural da lesão axonal no SNC, como a LM. O crescimento e a regeneração axonal são um processo colaborativo que envolve tentativas regenerativas feitas pelo próprio axônio e por todo o ambiente em torno dele. Infelizmente, o ambiente do SNC é naturalmente indiferente à regeneração do axônio. Ele é cheio de astrócitos, progenitores de oligodendrócitos e oligodendrócitos, e todos têm a capacidade de inibir a regeneração do axônio. Além disso, o próprio axônio não retém a mesma vitalidade em regeneração que tinha durante o desenvolvimento. Além disso, também existe alguma incompatibilidade entre as moléculas de adesão da superfície celular em axônios e aquelas do ambiente.

ABORDAGEM CLÍNICA

O crescimento e a regeneração axonal são um processo colaborativo que envolve tentativas regenerativas feitas pelo próprio axônio e por todo o ambiente em torno dele. Quando um axônio do SNC é cortado, ele se retrai com sua mielina, muito parecido com o que ocorre no SNP. Da mesma forma, os neurônios do SNC com axônios cortados muitas vezes morrem, em conjunto com seus neurônios pós-sinápticos. No entanto, ao contrário do SNP, os neurônios remanescentes do SNC que sobrevivem se atrofiam, perdendo muitas das enzimas associadas com a produção de neurotransmissores e a função celular. Muitos dos axônios também perdem as conexões sinápticas que os conectam com o corpo celular pela micróglia. Processos astrocitários ocupam rapidamente essas conexões vazias. Além disso, no SNC há pouco recrutamento de macrófagos para remover o axônio degenerado e os restos de mielina, exceto em áreas da lesão onde as células sanguíneas e o plasma mantêm contato. Então, os detritos degenerados são removidos por micróglias que inibem o crescimento e que também estão presentes em números muito pequenos. Assim, os detritos persistem no SNC por muito mais tempo, inibindo a regeneração. Após a micróglia, chegam os progenitores oligodendrócitos, e, em seguida, o local da lesão se enche de astrócitos reativos e células das meninges, onde a lesão então penetra na superfície meníngea. Esses dois últimos tipos de células trabalham em conjunto para produzir uma cicatriz glial. Todos esses tipos celulares desses processos têm propriedades inibidoras da regeneração.

ABORDAGEM AO
Reparo neural

OBJETIVOS

1. Conhecer o efeito do dano ao SNC em mamíferos.
2. Estar ciente das limitações do reparo do SNP.
3. Conhecer os fatores que podem limitar a regeneração.

DEFINIÇÕES

MOLÉCULAS DE ADESÃO: Moléculas que regulam a adesão de células pela interação com as moléculas de uma célula ou superfície oposta. As moléculas de adesão muitas vezes referidas são como receptores, e seus ligantes são referidos como moléculas-alvo.

BAINHA DE LÂMINA BASAL: Uma unidade de célula de Schwann de axônio não danificado está rodeada por uma bainha de lâmina basal composta por colágeno, laminina e fibronectina.

BANDA DE BÜNGNER: A bainha de lâmina basal contém tubos terminais de células de Schwann, que formam a banda de Büngner, a qual permanece intacta no nervo danificado e, salvo ruptura mecânica, estende-se por toda a sequência do nervo desde a lesão até a área do axônio terminal.

FIBROBLASTOS PERINEURAIS: Uma bainha de células que origina o tecido conectivo que se dispersa ao redor de uma lesão neural.

CONE DE CRESCIMENTO: Uma extensão dinâmica do axônio em desenvolvimento que é sustentada por actina, o cone de crescimento é composto de extensões finas conhecidas como filopodia feitas de actina que contêm receptores importantes para a orientação axonal.

INTERLEUCINA-1 (IL-1): Uma citocina secretada por macrófagos invasores durante o reparo de axônios no SNP que induz a produção de fator de crescimento do nervo (NGF, de *nerve growth factor*) pelas células de Schwann; a IL-1 desempenha um papel importante na promoção da sobrevivência de um neurônio após a lesão axonal.

TERMINAÇÃO EDEMACIADA: Resultado do crescimento axonal interrompido por causa do tecido cicatricial formado de fibroblastos, também conhecido como neuroma.

ANTÍGENO 2 NEURÔNIO-GLIA (NG2): Um proteoglicano que inibe o crescimento axonal, liberado por fibroblastos que compõem o tecido cicatricial ao redor de uma lesão neural.

RETIRADA DA INERVAÇÃO POLINEURONAL: Um processo de desenvolvimento neural normal no qual ocorre uma fase inicial de inervações multineuronais dos músculos, seguida de uma retirada dessas conexões, até que cada fibra muscular fique enervada por apenas um axônio. No entanto, a persistência dessa função após o desenvolvimento cria quebras posicionais durante a regeneração após lesão axonal.

DISCUSSÃO

Nos mamíferos, os danos ao SNC normalmente conduzem à incapacitação permanente dos neurônios afetados e, na maioria dos casos, à paralisia. No entanto, a capacidade de regenerar os axônios no SNP e recuperar a maior parte da função perdida após lesão nervosa periférica é mantida nos mamíferos. Em geral, os axônios regeneram-se a uma taxa de cerca de 1 mm por dia. O reparo no SNP raramente é perfeito; questões de orientação do axônio e outros fatores podem limitar a regeneração.

Quando um nervo periférico é danificado, os axônios são desconectados de seu corpo celular e começam a degenerar. Processos das células de Schwann que envolvem os axônios como mielina também começam a se degenerar, e os restos de axônio e mielina são removidos por macrófagos que migram da corrente sanguínea para o nervo em degeneração. As células de Schwann passam por várias mudanças durante esse período, incluindo a secreção de fatores de crescimento do nervo NGF e BDNF estimulada por citocinas liberadas pelos macrófagos; as alterações na superfície da membrana da célula de Schwann, onde as **moléculas de adesão** L1, N-CAM e N-caderina são aumentadas, e as transformações da matriz extracelular das células de Schwann por causa do aumento em tenascina e outros proteoglicanos. Uma unidade de célula de Schwann de axônio não danificado está rodeada por uma **bainha de lâmina basal** composta por colágeno, laminina e fibronectina. Essa bainha contém tubos terminais de células de Schwann que formam a **banda de Büngner**, a qual permanece intacta no nervo danificado, e, salvo ruptura mecânica, estende-se por toda a sequência do nervo desde a lesão até a área de terminação do axônio (Figura 40-1).

A precipitação a partir de lesão do nervo é dependente da natureza da lesão. Uma grande ruptura ou rompimento do nervo leva à aniquilação completa das

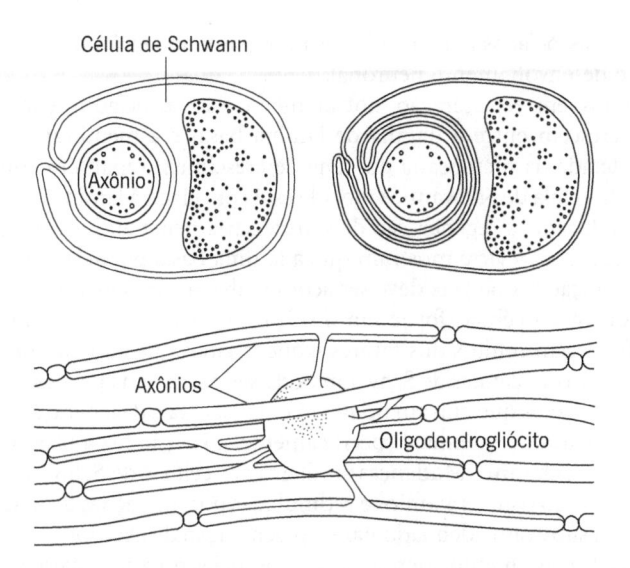

Figura 40-1 Em cima: Relação das células de Schwann com os axônios nos nervos periféricos. Embaixo: Mielinização dos axônios no SNC pelos oligodendrócitos. (*Reproduzida, com permissão, de Ganong's Review of Medical Physiology. 22nd ed. New York: McGraw-Hill; 2005. Página 49, Figura 2-3.*)

células de Schwann, deixando apenas uma faixa de tecido fibrótico. Por outro lado, uma lesão localizada por esmagamento é suficiente para matar o axônio, mas deixa a bainha de lâmina basal intacta. A preservação da continuidade das células de Schwann parece ser essencial para que ocorra a regeneração. No entanto, os danos e o reparo também levam à cicatriz fibroblástica que pode dificultar a regeneração. Portanto, o reparo neural ocorre nesse contexto de colunas de células de Schwann desmielinizadas envoltas em uma bainha de lâmina basal que mudaram suas conformações de superfície e começaram a secretar fatores tróficos, com **fibroblastos perineurais** dispersos ao redor da lesão. Deve-se ressaltar que os nervos regeneram apenas por bainhas de lâmina basal intactas, o que garante que o alvo apropriado seja reinervado.

Durante a primeira hora de lesão, a terminação danificada do axônio se veda, e há formação do **cone de crescimento**. Esta é a resposta estrutural inicial da lesão axonal, muito antes que qualquer molécula seja trocada entre o local da lesão e o corpo da célula. Os axônios têm uma capacidade inerente para formar cones de crescimento de motilidade, sem a produção de novas moléculas. Após um dia ou dois, dependendo de quão longe do corpo celular o axônio foi cortado, ocorrem grandes alterações na expressão de genes e na síntese de proteínas no corpo celular, e novas proteínas do citoesqueleto, como a tubulina, são trazidas para a ponta do axônio. Há um padrão de expressão de proteínas do citoesqueleto (p. ex., tubulina) e de proteínas associadas a microtúbulos no reparo de neurônios que imita e contrasta com o desenvolvimento neuronal.

Os axônios em regeneração normalmente são associados com bandas de Büngner e crescem entre a bainha de lâmina basal e a membrana da célula de Schwann. Metade da membrana do cone de crescimento mantém contato com a membrana da célula de Schwann, e metade está conectada à lâmina basal. Interação célula-célula durante a regeneração deve necessariamente ter lugar entre esses três elementos. Estudos *in vitro* mostram que a lâmina basal por si só não é suficiente para a regeneração axonal; ela deve ser acompanhada por células de Schwann. Isso ocorre porque essas células fornecem o substrato ideal para os axônios em regeneração e fornecem muitos dos fatores tróficos vitais que aumentam o reparo de nervos. A divisão das células de Schwann pode ser promovida pela secreção de citocinas por macrófagos que entram no nervo em resposta à degeneração axonal, para remover os detritos de mielina. Especificamente, a **IL-1** induz a produção de NGF pelas células de Schwann. Mudanças similares em células de Schwann, resultantes de uma desconexão com os axônios e estimuladas por interações de macrófagos, faz elas serem um substrato adequado para a regeneração de axônios.

Os cones de crescimento aderem-se às superfícies próximas para exercer tensão sobre axônios em crescimento. Isso se dá por meio de moléculas de adesão sobre a superfície do cone de crescimento e de interações entre o substrato de moléculas de adesão com os ligantes na matriz extracelular. As moléculas de adesão L1 e N-caderina promovem o crescimento axonal ao longo de células de Schwann, por interações hemofílicas com as moléculas da superfície axonal e as moléculas da matriz e por integrinas ligantes e a matriz extracelular. Essas células de Schwann, separadas do axônio e estimuladas por secreções dos macrófagos, produzirão muitos fatores de crescimento do nervo, os quais desempenham um papel central na melhoria do reparo neural. Outros eventos extracelulares, como inflamação, que provoca a liberação de citocinas, também promovem a regeneração do axônio.

Alguns axônios crescem em um tecido cicatricial de fibroblastos nas regiões de danos nos nervos. O crescimento axonal é interrompido, e forma-se uma **terminação edemaciada**. Essas áreas de tecido cicatricial podem se tornar extremamente sensíveis ao toque leve e podem ficar muito dolorosas. Quanto mais grave o dano, maior a região de tecido cicatricial formada e menor o número de axônios que pode se regenerar. Axônios não se regenerarão por regiões com intensa formação de cicatrizes, a menos que a região danificada seja cirurgicamente removida e substituída por um enxerto de nervo. Essas regiões de tecido cicatricial são muito eficazes na inibição do crescimento axonal devido à falta de suporte trófico e às grandes quantidades de proteoglicanos **NG2** altamente inibidoras do crescimento axonal liberadas por fibroblastos.

O reparo neural é um processo direto devido à especificidade de conexões axonais necessárias durante a regeneração para assegurar o restabelecimento da funcionalidade. Os axônios motores em regeneração devem encontrar seu músculo-alvo, e os axônios sensoriais devem se reconectar com estruturas sensoriais-alvo. Para que isso ocorra, deve haver processos de reconhecimento e de orientação moleculares que permitam o reparo dos neurônios para encontrar seus alvos apropriados. Grande parte dessa especificidade é devida a uma impressão molecular na lâmina basal da placa motora. Moléculas como agrina e s-laminina, que atuam como sinais de encerramento do crescimento do axônio e são encontradas em junções sinápticas, e células de Schwann que envolvem a placa motora permitem que os neurônios em reparo encontrem esses antigos sítios sinápticos desnervados. No entanto, os axônios ainda precisam ser guiados por caminhos formados pelo nervo danificado e suas bandas de Büngner para as imediações do músculo antes que isso ocorra. Uma observação importante de reinervação muscular é que, devido à redução do número de axônios em regeneração, após a retirada da **inervação polineuronal**, cada fibra nervosa acaba inervando mais fibras musculares do que antes, levando a unidades motoras muito maiores. Embora esse mecanismo de reinervação permita que os neurônios em reparo encontrem seus antigos sítios de inervação, garantir que axônios em particular continuem a inervar os mesmos exatos locais que antes é muito mais difícil, e muitos erros posicionais geralmente ocorrem em neurônios que estão se regenerando por causa das bandas de Büngner interrompidas. A reinervação sensorial é menos compreendida; as terminações nervosas regeneradas são bastante diferentes das que existiam antes.

O reparo neural no SNC é uma nova fronteira na ciência experimental, uma vez que esse processo não costuma aparecer na natureza. Isso é devido à não permissividade do SNC, que é, em parte, devida à capacidade de astrócitos, oligodendrócitos e células progenitoras de bloquear o crescimento axonal, e também por causa de fatores intrínsecos ao próprio axônio: a redução da capacidade de crescimento regenerativo em comparação com crescimento durante o desenvolvimento e a incompatibilidade entre as moléculas de adesão da superfície celular dos axônios e do ambiente. Estratégias para superar esses obstáculos de reparo neural incluem a substituição do ambiente indiferente do SNC com vários enxertos, a remoção de células e moléculas inibidoras e os tratamentos destinados a aumentar a capacidade de regeneração dos neurônios.

CORRELAÇÃO COM O CASO CLÍNICO

- Ver Caso 37 (dano axonal), Caso 38 (fatores de crescimento do nervo) e Caso 39 (células-tronco neurais); ver também Casos 5 e 19 (dano na medula espinal).

QUESTÕES DE COMPREENSÃO

Consulte o seguinte caso para responder as perguntas 40.1 a 40.3:
Um homem de 42 anos chega a seu consultório reclamando de dormência na face dorsal da mão e do antebraço, com dificuldade para estender o punho e os dedos

do lado direito. Durante a entrevista médica, ele admite que ficou bêbado e dormiu com o membro superior envolto na parte de trás de uma cadeira de madeira várias noites atrás. Com base em suas suspeitas, você realiza testes adicionais e confirma que ele tem uma neuropatia radial.

40.1 Dada a natureza da lesão do nervo deste paciente, que estrutura deve se estender a partir da extremidade distal do axônio viável até o final do nervo e permitirá a regeneração do nervo?

A. Banda de Büngner
B. Cone de crescimento do axônio
C. Terminação edemaciada
D. Bainha de lâmina basal

40.2 A que taxa o nervo periférico irá regenerar, tendo a estrutura adequada para permitir a regeneração completa?

A. 0,5 mm por dia
B. 1 mm por dia
C. 2 mm por dia
D. 5 mm por dia

40.3 Após a regeneração do nervo motor periférico, qual das seguintes alternativas melhor descreve o padrão de reinervação dos músculos em comparação a antes da lesão do nervo?

A. Cada axônio motor inerva mais músculos.
B. Cada axônio motor inerva menos músculos.
C. Cada axônio motor inerva o mesmo número de músculos.
D. Axônios motores não sofrem regeneração.

RESPOSTAS

40.1 **A.** A **banda de Büngner** é uma estrutura composta de células de Schwann e da bainha de lâmina basal do endoneuro que é usado para envolver o nervo, e permanece intacta após a lesão dos axônios de um nervo periférico. Se essa estrutura não for danificada, ela se estende desde o local da lesão até a extremidade de origem do nervo e serve como uma coluna oca por onde o axônio danificado pode crescer, permitindo, pelo menos, uma regeneração parcial.

40.2 **B.** Em condições ideais, um nervo danificado irá regenerar pela banda de Büngner a uma taxa de cerca de **1 mm por dia** (ou 1 cm por mês).

40.3 **A.** Quando um nervo periférico se regenera, ele o faz de forma incompleta, resultando em um número menor de axônios que atingem o alvo em relação à condição original. Ou seja, **cada axônio motor inerva um número maior de fibras musculares**. Uma vez que cada unidade motora é maior por causa da diminuição do número de axônios, o sistema regenerado tem um menor grau de controle de movimento fino do que o sistema original.

DICAS DE NEUROCIÊNCIAS

▶ Nervos regeneram-se apenas por meio de bainhas de lâmina basal intactas, garantindo que o alvo apropriado seja reinervado.
▶ Axônios em regeneração normalmente são associados com bandas de Büngner e crescem entre a bainha de lâmina basal e a membrana da célula de Schwann.
▶ Após um dia ou dois, dependendo de quão longe do corpo celular o axônio foi cortado, grandes alterações na expressão de genes e na síntese de proteínas ocorrem no corpo celular, e novas proteínas de citoesqueleto, como a tubulina, são trazidas para a ponta do axônio.
▶ Há menos axônios regenerados após a lesão, de modo que cada fibra nervosa inerva mais fibras musculares do que antes, gerando unidades motoras muito maiores.

REFERÊNCIAS

Bear MF, Connors B, Paradiso M, eds. *Neuroscience: Exploring the Brain*. 3rd ed. Baltimore, MD: Lippincott Williams & Wilkins; 2006.

Purves D, Augustine GJ, Fitzpatrick D, Hall WC, eds. *Neuroscience*. 5th ed. Sunderland, MA: Sinauer Associates Inc; 2011.

Squire LR, Berg D, Bloom FE, du Lac S, eds. *Fundamental Neuroscience*. 4th ed. San Diego, CA: Academic Press; 2012.

CASO 41

Um menino destro de 15 anos apresenta-se ao consultório de neurocirurgia para uma avaliação pré-operatória. O paciente descreve uma história de crises parciais complexas. Inicialmente, essas crises eram controladas com medicação, mas ao longo dos últimos anos tornaram-se refratárias ao tratamento clínico. Suas crises aumentaram para mais de seis por dia, apesar da dosagem máxima de medicação e da implantação de um estimulador no nervo vago. Ele estava indo bem em casa e na escola, apesar das crises; no entanto, as altas doses de medicação e o aumento da frequência das crises começaram a afetar seu desenvolvimento cognitivo e psicológico. Ele foi diagnosticado com epilepsia do lobo temporal mesial.

▶ Qual é a importância de o paciente ser destro?
▶ Como os cirurgiões decidem qual hemisfério cerebral é o dominante?

RESPOSTAS PARA O CASO 41
Lateralidade encefálica

Resumo: Um menino destro de 15 anos é submetido à cirurgia para tratamento de epilepsia devido a crises epilépticas refratárias. Por meio de uma combinação de resultados de neuroimagem e eletroencefalograma (EEG), ele tem o diagnóstico de epilepsia do lobo temporal mesial.

- **Significado de o paciente ser destro:** Na maioria dos indivíduos destros (> 95%) e canhotos (70%), o cérebro dominante é o direito. Quinze por cento dos indivíduos canhotos têm dominância equivalente em ambos os hemisférios. É importante saber disso para o planejamento cirúrgico, pois fornece informações sobre a possível função do tecido cerebral que está envolvido na atividade epiléptica.
- **Determinação da dominância do hemisfério cerebral:** Um método para determinar se o hemisfério cerebral dominante de um paciente é o direito ou o esquerdo é o teste de Wada. Nesse teste, o paciente recebe uma injeção de anestésico na artéria carótida direita ou esquerda. Isso isola a função do hemisfério cerebral que não recebe a injeção, permitindo a avaliação da função. O mapeamento pré-operatório ou intraoperatório também é utilizado.

ABORDAGEM CLÍNICA

Neste paciente, o foco epiléptico foi removido cirurgicamente, e ele se recuperou sem complicação. Na consulta com o neurologista, a medicação antiepiléptica pós-operatória foi modificada. Seis meses após a cirurgia, a frequência das crises diminuiu drasticamente e foi possível diminuir de modo significativo sua medicação antiepiléptica. Isso levou a uma melhora de seu funcionamento na escola e de sua qualidade de vida global.

Por meio de mecanismos desconhecidos, as crises parciais complexas originam-se em uma área específica do cérebro e, em seguida, espalham-se para regiões circundantes. Esse foco da atividade neuronal anormal pode ser removido cirurgicamente. A taxa de cessação das crises após a cirurgia é de cerca de 75 a 80%. Este não é o caso das crises epilépticas que começam difusamente no córtex, em que a morbidade associada com a remoção do tecido de cérebro afetado seria alta. Uma opção para o tratamento de epilepsia generalizada seria cortar as conexões inter-hemisféricas, um procedimento conhecido como calosotomia. Até 63% dos pacientes com crises generalizadas tiveram suas crises epilépticas reduzidas com essa intervenção. Ambos os tratamentos cirúrgicos para a epilepsia acentuam as funções lateralizadas dos dois hemisférios cerebrais.

Determinação de candidatos à cirurgia de epilepsia: Primeiro, o paciente deve ser refratário ao tratamento medicamentoso. É importante determinar se o foco das crises epilépticas é difuso ou focal. Lesões focais podem ser passíveis de remoção cirúrgica. É preciso considerar também o local das descargas anormais. Se for de difícil acesso, ou associado a funções essenciais, como o movimento ou a linguagem, a ressecção cirúrgica pode levar a uma morbidade indesejada. Ressecção temporal anteromedial para epilepsia do lobo temporal mesial particularmente tem mostrado bons resultados.

ABORDAGEM À
Lateralidade encefálica

OBJETIVOS

1. Entender as diferenças funcionais entre os dois hemisférios cerebrais.
2. Prever as manifestações de lesão ou doença, dependendo da lateralidade.
3. Conceituar como cada hemisfério cerebral percebe os estímulos.

DEFINIÇÕES

IPSILATERAL: Afeta o mesmo lado.
CONTRALATERAL: Afeta o lado oposto.
CORPO CALOSO: Comissura cerebral de substância branca que conecta os hemisférios esquerdo e direito.
PROSOPAGNOSIA: Uma incapacidade de reconhecer uma pessoa familiar ao olhar para seu rosto.
ANOSOGNOSIA: Negação de uma doença ou deficiência óbvia.
ANOSODIAFORIA: Uma indiferença a uma fraqueza ou debilidade grave, diferente de negação.
NEGLIGÊNCIA: Sensação de que um membro afetado não pertence ao indivíduo.
AGNOSIA AUDITIVA: Uma incapacidade de interpretar sons.
AMUSIA: Um prejuízo para a percepção musical.

DISCUSSÃO

O conceito de que os dois hemisférios cerebrais têm papéis distintos integrados foi descrito pela primeira vez no final de 1800 na obra de Paul Broca sobre as funções de lateralidade da fala. Desde então, os médicos e os cientistas continuaram a caracterizar diferenças na função entre os hemisférios cerebrais direito e esquerdo. **De um modo geral, o hemisfério não dominante tem sido descrito como o lado "artístico" responsável pela função holística, enquanto o lado dominante é a metade mais "científica", lidando com a atenção analítica aos detalhes.** O hemisfério dominante separa estímulos complexos em suas partes mais simples (ao ver uma floresta, foca nas árvores), enquanto o hemisfério não dominante sintetiza as diversas partes em um todo (ao ver as árvores, foca na floresta). Ambos são necessários, e a comunicação entre os hemisférios cerebrais por meio do corpo caloso permite a coordenação sem falhas das funções separadas. As funções lateralizadas do cérebro podem ser categorizadas como função motora, linguagem, música, percepção visual/espacial e capacidade executiva.

A informação motora descendente de um lado do cérebro controla o lado oposto do corpo. Da mesma forma, a maioria das informações sensoriais ascendentes cruza para o lado contralateral do cérebro. A coordenação e a memória de habilidades motoras complexas (p. ex., tocar um instrumento, dançar) parecem ser controladas pelo hemisfério não dominante.

A linguagem, assim como a matemática, é uma atividade sequencial. Ela é lateralizada no hemisfério esquerdo na maioria dos indivíduos. No entanto, 15% dos indivíduos canhotos apresentam controle da linguagem nos dois hemisférios. **O hemisfério cerebral que está no controle da linguagem é o que determina a "dominância".** O hemisfério dominante controla os aspectos não emocionais da linguagem. Isso inclui fala, escrita, leitura, compreensão, nomeação, memória verbal, vocabulário, formação de conceito e estrutura de linguagem (gramática, ortografia, sintaxe). O hemisfério não dominante controla organização, prosódia, linguagem abstrata, interpretação e expressão de humor, além das sutilezas que incluem entonação, conotação, linguagem corporal e expressão facial. **Em uma conversa, o próprio hemisfério dominante está envolvido no conteúdo do discurso, enquanto o hemisfério não dominante está envolvido com o humor e o afeto geral da interação.**

Enquanto o hemisfério não dominante muitas vezes é visto como o lado "artístico", o hemisfério dominante controla o ritmo e a linguagem da música. O hemisfério não dominante contribui para a compreensão musical, e lesões temporais podem causar agnosia auditiva ou amusia.

Os hemisférios dominante e não dominante "enxergam" o mundo externo de forma diferente. Essa diferença pode ser demonstrada pelo reconhecimento facial. Quando o hemisfério dominante percebe uma face, ele vê a linha do cabelo, a boca, o pigmento da pele, mas não pode colocar todas as diferentes peças em um quadro completo, compondo uma face. O hemisfério não dominante, por outro lado, compila essa informação, determinando não só que se trata de uma face, mas também que esta é uma face familiar ou não, e pode considerar o estado de humor expresso pela face.

O hemisfério não dominante é o grande responsável pela percepção do espaço, e por isso é fundamental para a criação e a apreciação da arte. Ele é responsável por conceituar o "quadro completo", incluindo as relações espaciais, o reconhecimento de padrões, as formas geométricas e a estética. Esses elementos percebidos pelo hemisfério não dominante estão presentes todos ao mesmo tempo, em comparação com o hemisfério dominante, que lida com tarefas sequenciais. Na verdade, a memória espacial é armazenada no hemisfério não dominante. O conceito de espaço pessoal é controlado pelo hemisfério dominante, enquanto o espaço extrapessoal reside no hemisfério não dominante. Por exemplo, uma lesão do lobo parietal não dominante pode levar à anosognosia. Pacientes negam debilidades simultâneas, por exemplo, acreditar que não há nada de errado com a metade de seu corpo paralisada. Os pacientes podem até negar que um membro paralisado lhes pertence. A anosognosia tem uma morbidade significativa porque os pacientes têm risco de se machucarem pela falta de reconhecimento de suas limitações.

Funções executivas superiores também são lateralizadas. O hemisfério dominante é responsável pelo pensamento abstrato e racional, pelo raciocínio analítico, pela iniciativa, pela atenção e pelos processos de pensamento lineares. Ele também tem o poder de introspecção e um senso próprio. Isso proporciona a capacidade de reconhecer e respeitar as normas e os comportamentos sociais, permitindo a integração com a sociedade. O hemisfério não dominante é mais intuitivo, relacionado de forma geral com a interação, a situação ou a percepção. Ele também é responsável pela capacidade de sonhar e de ter imagens oníricas complexas e ricas durante o sono.

> **CORRELAÇÃO COM O CASO CLÍNICO**
> - Ver Casos 41 a 49 (cognição).

QUESTÕES DE COMPREENSÃO

41.1 Um homem de 72 anos chega à emergência médica com queixa de fraqueza do membro superior esquerdo. Ele afirma que a fraqueza começou há poucos dias e está ficando cada vez pior. No exame, você nota força 3/5 no membro superior esquerdo distal, força 4/5 na extremidade superior proximal esquerda, e também nota algum achatamento na dobra nasolabial do lado esquerdo e movimentos faciais assimétricos. Após mais perguntas, o paciente relata que caiu ao sair do banho há várias semanas. Com base em suas suspeitas, você solicita uma TC de crânio, que mostra um hematoma subdural crônico. Dada a natureza dos sintomas, que parte do cérebro você espera estar afetada?

   A. Giro pré-central esquerdo
   B. Giro pós-central esquerdo
   C. Giro pré-central direito
   D. Giro pós-central direito

41.2 Um homem canhoto de 67 anos é levado a uma clínica por sua família porque relatam que ele vem falando de forma estranha há vários dias. Dizem que ele costumava ser um orador muito animado, com muitos gestos e mudanças de voz, mas nos últimos dias tem falado em um tom quase completamente monótono, com poucos gestos e poucas expressões faciais. No entanto, ele parece compreender a linguagem corporal e inflexão. Com base nessa descrição dos sintomas, onde o médico esperaria encontrar uma lesão neurológica?

   A. Parte triangular e opercular do giro frontal inferior esquerdo
   B. Parte triangular e opercular do giro frontal inferior direito
   C. Parte posterior do giro temporal superior esquerdo
   D. Parte posterior do giro temporal superior direito

41.3 Um arquiteto destro de 42 anos apresenta-se a uma clínica porque recentemente tem tido vários problemas para executar seu trabalho. Em particular, parece ter problemas com a "grande figura" de seus projetos. Ele pode projetar peças individuais ou um projeto, mas parece que não consegue juntá-los de forma correta como costumava ser capaz de fazer. Se houver uma lesão cerebral responsável por esses sintomas, onde o médico esperaria encontrá-la?

A. Lobo frontal direito
B. Lobo frontal esquerdo
C. Lobo parietal direito
D. Lobo parietal esquerdo

RESPOSTAS

41.1 **C.** A região com maior probabilidade de ser afetada é o **giro pré-central direito**. Este paciente mostra sinais e sintomas de disfunção do sistema motor, e uma lesão que afeta seu córtex motor primário poderia ser responsável por isso. O córtex motor primário situa-se no giro pré-central e no lóbulo paracentral no lado contralateral do corpo. Como sua disfunção é do lado esquerdo, envolvendo a extremidade superior e a face, seria de se esperar que a lesão estivesse localizada no lado oposto do corpo.

41.2 **B.** O local mais provável para a lesão é a **parte triangular e opercular do giro frontal inferior direito**. Este paciente apresenta-se com o que parece ser uma aprosodia produtiva: ele pode entender a entonação e a linguagem corporal, mas não produzi-la. A prosódia é produzida no hemisfério não dominante em áreas análogas às áreas da fala no hemisfério dominante. Como existe uma aprosodia produtiva, podemos esperar que a lesão esteja localizada na área de Broca, apenas no hemisfério não dominante. Mesmo que esse paciente seja canhoto, ainda é provável que seu hemisfério dominante seja o esquerdo (em 70% das pessoas canhotas, o hemisfério dominante é o esquerdo). Então, essa lesão deve estar no lado direito do cérebro.

41.3 **C.** O local mais provável da lesão é o **lobo parietal direito**. Este paciente está com problemas com sua percepção visuoespacial e com o projeto artístico/estético, sendo que ambos são processos do hemisfério não dominante que estão localizados nas áreas parietais ou parieto-occipitais do cérebro. Uma vez que ele é destro, é muito provável que o hemisfério dominante seja o esquerdo, então esperamos que a lesão esteja no lado direito do cérebro.

DICAS DE NEUROCIÊNCIAS

▶ Para a maioria da população, o hemisfério dominante é o direito, como determinado pela destreza manual e pelo local do controle de idioma.
▶ O hemisfério cerebral dominante é analítico, comparado com o hemisfério não dominante, mais holístico.
▶ O corpo caloso facilita a comunicação e a coordenação entre os dois hemisférios distintos.

REFERÊNCIA

Engel J Jr, Wiebe S, French J, et al. Practice parameter: temporal lobe and localized neocortical resections for epilepsy. *Epilepsia*. 2003 Jun;44(6):741-751.

CASO 42

Um paciente de 24 anos apresenta-se à clínica de medicina de família com preocupações sobre uma disfunção sexual recente, incluindo diminuição da libido e impotência. Ele é saudável; contudo, uma revisão completa dos sintomas revela dores de cabeça de início recente há dois meses. Ao exame físico, o médico percebe vários hematomas nos membros superiores, o que, segundo o paciente, é por bater com frequência e tropeçar em objetos. Ao exame do tórax, observa-se um líquido branco leitoso saindo dos mamilos.

▶ Qual é a causa mais provável dos sintomas do paciente?
▶ Qual é o mecanismo das alterações de visão do paciente?

RESPOSTAS PARA O CASO 42
Percepção visual

Resumo: Um paciente de 24 anos apresenta-se com galactorreia, disfunção sexual, diminuição da visão periférica e dores de cabeça de início recente.

- **Causa mais provável dos sintomas do paciente**: Este paciente tem um prolactinoma, um tumor neuroendócrino benigno da adeno-hipófise secretor de prolactina, provavelmente um macroadenoma hipofisário (> 10 mm de diâmetro). Sob condições fisiológicas, a secreção de prolactina causa a produção de leite e a lactação; no entanto, essa ação em geral é inibida pela dopamina. Esse mecanismo de retroalimentação negativa é superado pelo tumor secretor de prolactina. Outros sintomas comuns incluem dores de cabeça e distúrbios visuais.
- **Mecanismo das alterações visuais do paciente**: A glândula hipófise fica em uma depressão óssea na base do crânio chamada de sela túrcica ou "sela turca". Os nervos ópticos e o quiasma óptico estão intimamente associados com a parte superior da hipófise. O alargamento da hipófise comprime os nervos e/ou o quiasma. O envolvimento do quiasma destrói seletivamente as fibras ópticas que transportam informações das hemirretinas nasais, levando à hemianopsia bitemporal.

ABORDAGEM CLÍNICA

Para este paciente, o clínico geral solicita uma ressonância magnética, que revela uma massa hipofisária comprimindo o quiasma óptico. O tratamento médico com agonistas de dopamina é realizado; no entanto, o paciente continua a ter os sintomas visuais e endócrinos. Por conseguinte, ele é submetido a uma ressecção transesfenoidal do tumor. No pós-operatório, os níveis de prolactina normalizam-se, mas o paciente desenvolve diabetes insípido transiente. Ele tem alta do hospital com acompanhamento endócrino e oftalmológico.

Os tumores hipofisários são apenas um tipo de tumor que pode apresentar sintomas visuais. Dependendo da localização tumoral, os sintomas visuais irão diferir. No caso apresentado, as fibras de passagem do quiasma foram comprimidas, levando a uma diminuição na visão periférica. Os sintomas podem melhorar com a remoção da massa tumoral. Se a ressecção do tumor envolve a ressecção do tecido neural responsável pela transmissão da informação visual, a função visual será perdida para sempre. Prolactinomas em geral têm um prognóstico excelente, e muitos pacientes recuperam sua função visual.

ABORDAGEM À
Percepção visual

OBJETIVOS

1. Compreender as vias da aferência visual.
2. Descrever os conceitos básicos de *imprinting* visual.
3. Prever o defeito visual de uma lesão neurológica.

DEFINIÇÕES

HEMIANOPSIA: Um defeito na metade do campo visual.
HEMIANOPSIA BITEMPORAL: Eliminação da aferência visual a partir da metade temporal do campo visual, devido a envolvimento do quiasma óptico.
QUADRANTANOPSIA: Um defeito em um dos quadrantes do campo visual.
AMBLIOPIA: Desenvolvimento inadequado de um olho na infância levando à diminuição da capacidade do olho de ver os detalhes; um "olho preguiçoso".
ESCOTOMA: Uma área de visão diminuída dentro do campo de visão. Isso pode resultar de uma lesão nos neurônios ou nas fibras na via retinocortical.
RIVALIDADE BINOCULAR: Quando diferentes imagens ópticas que caem em pontos correspondentes no mapa da retina são vistas por cada olho, há um deslocamento alternativo das duas imagens e, ocasionalmente, elas são sobrepostas.
DIPLOPIA: "Visão dupla"; um único objeto é percebido como duas imagens, secundário à mesma imagem óptica caindo sobre pontos não correspondentes nos dois olhos. Isso pode ocorrer como resultado de uma disfunção do nervo oculomotor ou disfunção muscular.
RESPOSTA COMPLEXA: Acomodação, convergência e constrição pupilar.
PERIMETRIA: Avaliação do campo visual em que um olho estacionário percebe um alvo de vários tamanhos e intensidades, movido sistematicamente pelo campo visual de cada olho.
HEMIANOPSIA HOMÔNIMA: Um defeito no mesmo lado do campo visual em ambos os olhos.
FUSÃO BINOCULAR: Imagens produzidas pelas retinas esquerda e direita são fundidas em uma única imagem pela projeção na mesma posição no córtex visual. Essa fusão de imagens monoculares permite a inferência de profundidade.
ASTIGMATISMO: Alteração da curvatura da córnea ou da lente conduzindo a um erro de refração que resulta em distorção da imagem sobre a retina.
FÓVEA: Uma depressão na mácula da retina com uma alta concentração de cones, produzindo uma maior acuidade visual e uma maior discriminação de cor.

INCONGRUENTE: Diferenças entre os dois olhos em termos de seus déficits do campo visual.

DISCUSSÃO

A percepção dos campos visuais bilaterais pelos olhos começa com a transdução de comprimentos de onda de energia em sinais elétricos nas células fotorreceptoras da retina (cones – cor, bastonetes – preto e branco). Esses sinais são conduzidos das células bipolares e das células ganglionares para o nervo óptico (nervo craniano II). No quiasma, as fibras nervosas, que conduzem a informação visual a partir da metade nasal de cada retina, cruzam. A partir do quiasma, as vias ópticas levam informações do campo visual contralateral (nasal contralateral e hemirretina temporal ipsilateral). Essas vias fazem sinapse no núcleo geniculado lateral (NGL) do tálamo como um mapa topográfico da metade do campo visual contralateral. A partir do NGL, a informação visual deixa o tálamo pelas radiações ópticas, pela parte retrolenticular da cápsula interna. As radiações ópticas então fazem sinapse no córtex visual primário (córtex estriado/calcarino) em torno do sulco calcarino (zona 17) do lobo occipital. As distintas percepções do mundo a partir de cada olho são combinadas em uma única imagem (fusão binocular), porque as projeções de neurônios da radiação óptica, que correspondem a pontos específicos da retina, fazem sinapse exatamente no mesmo ponto no mapa cortical do campo visual central. Os pontos adjacentes no campo visual fazem sinapses em locais adjacentes no mapa do córtex visual primário. A **fóvea** projeta-se para o córtex estriado posterior; como ela tem maior acuidade, há mais neurônios comprometidos com essa área do mapa. As informações contidas no córtex estriado estão invertidas (de cima para baixo e de frente para trás) em relação ao ambiente visual externo. Portanto, o córtex estriado abaixo da fissura calcarina responde à aferência do campo visual vinda do quadrante superior contralateral.

Um exemplo de inervação cruzada é o reflexo pupilar à luz. Seguindo o trajeto de um estímulo unilateral, algumas das fibras do nervo óptico dirigem-se para o núcleo pré-tectal. Aqui, algumas cruzam na comissura posterior e fazem sinapse nos **núcleos de Edinger-Westphal** bilaterais. O sinal para a constrição da pupila deixa os núcleos de Edinger-Westphal por meio do trato pré-tecto-oculomotor, juntando-se com o nervo oculomotor (nervo craniano III). Com o nervo craniano III, essas fibras fazem sinapse no gânglio ciliar, transmitindo finalmente o sinal para os músculos constritores da pupila bilaterais.

Diferentes áreas do córtex visual têm funções distintas na percepção e na integração visuais. Por exemplo, o córtex visual primário reage às linhas, aos limites lineares e às barras com orientação rotacional específica. O ponto final de uma linha ou um ângulo é percebido pelo córtex pré-estriado. Essa área também responde à forma, ao movimento e à cor. Os neurônios que detectam várias linhas e padrões convergem para neurônios detectores, levando ao reconhecimento de imagem complexa, como a de um objeto ou um rosto familiar. O giro temporal inferior permite a discriminação e a compreensão do significado de formas e cores visuais.

Por exemplo, o giro temporal inferior percebe mãos e rostos, e interpreta e recorda memórias visuais. O lobo parietal posterior permite a apreciação das relações espaciais entre objetos, fornecendo a localização e a navegação do espaço visual.

Essa capacidade de reconhecer as linhas e os ângulos pode ser limitada pela exposição a imagens durante o desenvolvimento inicial do cérebro. Por exemplo, em crianças com estrabismo (olhos cruzados) ou astigmatismo, o ângulo de distorção do olho não irá conduzir à estimulação da área apropriada da retina, transmitindo sinais visuais conflitantes para o córtex. Isso pode conduzir a uma condição conhecida como ambliopia, em que um olho é favorecido pelo cérebro e o outro olho é ignorado, a fim de bloquear as informações contraditórias. Portanto, o córtex visual que responde ao olho não favorecido não se desenvolve de forma adequada. Estudos em modelos animais mostram que a exposição a linhas de uma única orientação leva ao desenvolvimento cortical apenas de células que respondem às linhas dessa orientação em particular.

O **colículo superior** também está envolvido no rastreamento (respostas ao estímulo em movimento), na orientação e nos movimentos oculares sacádicos. Ele recebe a aferência topográfica do trato óptico ipsilateral e do córtex visual, e a projeta para o tálamo. Na hidrocefalia, impactos sobre o colículo superior causam a **síndrome de Parinaud** (sinal do "sol poente").

Entender as vias visuais permite estimar a localização da lesão que provoca certos sintomas. Por exemplo, uma lesão distal ao quiasma óptico (p. ex., nervo óptico, ou retina) leva a sintomas só no olho afetado. No caso do paciente que estamos discutindo neste capítulo, lesões no quiasma óptico levam à hemianopsia bitemporal. Após o cruzamento de fibras no quiasma, cada trato óptico contém aferência apenas a partir da metade do campo visual contralateral, percebida na hemirretina ipsilateral de ambos os olhos. Portanto, uma lesão dos tratos ópticos leva a uma hemianopsia homônima incongruente. Lesões de radiação óptica levam à quadrantanopsia bilateral. Uma lesão da radiação óptica temporal conduz a um déficit de campo visual superior contralateral, enquanto uma lesão da radiação no lobo parietal leva a um déficit no campo visual inferior contralateral. Um resultado semelhante ocorre por dano no córtex visual primário. Por exemplo, dano unilateral no córtex visual primário inferior à fissura calcarina (que recebe aferência da hemirretina contralateral inferior) leva à perda de visão do campo visual superior. Lesões do córtex visual primário e das radiações geralmente poupam a área macular. Essa área é danificada por lesões posteriores e conduz a uma hemianopsia homônima do campo visual central.

Opções de tratamento para prolactinoma: Como normalmente a dopamina inibe a secreção de prolactina, os prolactinomas podem ser tratados com agonistas da dopamina, como bromocriptina ou cabergolina. A radioterapia tem um papel limitado no tratamento de prolactinoma. Se a terapia medicamentosa não for suficiente para restaurar a função hipofisária normal, ou for mal tolerada, ou se os sintomas e o tamanho do tumor persistirem ou aumentarem, o paciente deve considerar uma adenomectomia hipofisária transesfenoidal. Infelizmente, um grande número desses tumores tem recidiva (20 a 50%).

> **CORRELAÇÃO COM O CASO CLÍNICO**
> - Ver Casos 41 a 49 (cognição), Caso 23 (tumor de sela túrcica) e Caso 29 (acromegalia).

QUESTÕES DE COMPREENSÃO

42.1 Uma paciente de 27 anos chega ao serviço de emergência após uma queda de um prédio de cinco andares. Ela não responde a comandos, e ao exame observa-se que sua pupila esquerda responde adequadamente à luz em qualquer um dos olhos, mas a direita está dilatada ao máximo e não reage à luz em qualquer um dos olhos. Qual estrutura do tronco encefálico contém os corpos celulares do nervo rompido, resultando nesse fenômeno?

   A. Colículo superior
   B. Núcleo troclear
   C. Núcleo oculomotor
   D. Núcleo de Edinger-Westphal

42.2 Uma paciente de 57 anos chega a seu consultório para acompanhamento regular do glaucoma. Ela vem utilizando todos os medicamentos prescritos e não tem notado qualquer alteração na visão desde a última visita. Você verifica a pressão ocular, que está um pouco elevada, e ao exame de fundo de olho nota que existem danos adicionais no nervo óptico. Os axônios nesse nervo, que se originam de células ganglionares da retina, fazem sinapse em que núcleo talâmico?

   A. Núcleo geniculado medial
   B. NGL
   C. Núcleo dorsomedial
   D. Núcleo ventral posteromedial

42.3 Você atende uma criança de dois meses de idade na clínica com um hemangioma crescente na pálpebra superior. Neste momento não está sangrando e não parece estar obstruindo a visão, mas os pais observam que aumentou de tamanho em cerca de 50% nas últimas semanas. Você está preocupado que, se o tumor crescer mais, vai começar a obstruir a visão nesse olho. Então, imediatamente você encaminha o paciente para a cirurgia plástica para uma avaliação e remoção da lesão. Que complicação ocular irreversível você está tentando evitar ao remover prontamente o tumor?

   A. Ambliopia
   B. Estrabismo
   C. Astigmatismo
   D. Miopia

RESPOSTAS

42.1 **D.** A ruptura no nervo cujos corpos celulares estão no **núcleo de Edinger-Westphal** seria responsável pelos sintomas. Esta paciente tem uma "pupila dilatada fixa", que é um sinal de herniação encefálica transtentorial. Isso ocorre provavelmente a partir do aumento da pressão intracraniana devido a uma hemorragia intracraniana sofrida pela queda. O *uncus* hernia para baixo, comprimindo, entre outras estruturas, o nervo oculomotor, o qual leva as fibras parassimpáticas a partir do núcleo de Edinger-Westphal para o músculo esfíncter da íris. Interrupção dessas fibras resulta em inervação simpática sem oposição para o músculo dilatador da pupila, resultando em uma pupila maximamente dilatada que não reage à luz.

42.2 **B.** O **núcleo geniculado lateral (NGL)** é o relé do tálamo para a visão. Cada núcleo recebe informações do campo visual contralateral (fibras temporal ipsilateral e nasal contralateral) de uma maneira orientada somatotopicamente. Esse núcleo está envolvido em algum processamento de imagem, e então se projeta para o córtex estriado (córtex visual primário), mantendo sua organização somatotópica. O núcleo geniculado medial é o relé do tálamo para o som.

42.3 **A.** A preocupação com esse tumor é que, se continuar a aumentar de tamanho, irá bloquear a visão no olho da criança, o que irá resultar em **ambliopia**. Quando o córtex visual em desenvolvimento não recebe informações de um dos olhos por causa de um defeito na via visual, ele começa a ignorar a aferência daquele olho, uma vez que entra em conflito com o que o outro olho vê. Em uma criança como esta, a privação por períodos curtos de uma semana já pode tornar esse processo irreversível. Embora estruturalmente o sistema visual funcione, nunca haverá qualquer percepção consciente da visão do olho afetado.

DICAS DE NEUROCIÊNCIAS

▶ As informações contidas no córtex estriado estão localizadas de cima para baixo e de frente para trás em relação ao ambiente visual externo.
▶ As lesões distais ao quiasma óptico levam a sintomas em apenas um olho.
▶ Exemplos de inervação cruzada incluem o reflexo pupilar à luz e o rastreamento.

REFERÊNCIAS

Bear MF, Connors B, Paradiso M, eds. *Neuroscience: Exploring the Brain*. 3rd ed. Baltimore, MD: Lippincott Williams & Wilkins; 2006.

Kandel ER, Schwarz JH, Jessell TM, Siegelbaum SA, Hudspeth AJ, eds. *Principles of Neural Science*. 5th ed. New York, NY: McGraw-Hill; 2012.

Squire LR, Berg D, Bloom FE, du Lac S, eds. *Fundamental Neuroscience*. 4th ed. San Diego, CA: Academic Press; 2012.

CASO 43

Um homem destro de 67 anos retorna à enfermaria de neurologia com sua esposa para um acompanhamento médico após um acidente vascular encefálico (AVE) da artéria cerebral média (ACM) à direita. A esposa diz que ele vem se recuperando bem; no entanto, ele tem alguns comportamentos que a deixam preocupada. Por exemplo, ela deve estar de pé ao seu lado direito para que ele a reconheça. Quando ele come, só come a comida do lado direito do prato. Olhando para o paciente, você percebe que ele só está barbeado do lado direito do rosto. O exame físico é notável por um desvio facial à esquerda, força grau 2 do membro superior esquerdo, e grau 3 do membro inferior esquerdo. Quando você chama o paciente pelo nome se posicionando à sua esquerda, ele vira a cabeça para a direita. Ele não pisca a estímulos ameaçadores do lado esquerdo. É solicitado ao paciente fazer um desenho de um relógio e ele só é capaz de reproduzir o lado direito.

▶ Qual é a razão para o comportamento deste paciente?
▶ Que outros sintomas com frequência são vistos em um AVE da ACM à direita?
▶ Que outros testes podem ser usados para induzir o aparecimento destes sintomas?

RESPOSTAS PARA O CASO 43
Cognição espacial

Resumo: Um homem destro de 67 anos apresenta-se com negligência do lado esquerdo após um AVE na ACM direita.

- **Motivo para o comportamento do paciente:** Heminegligência, que é mais comum em pacientes com lesões cerebrais à direita (33 a 85%) do que à esquerda (0 a 24%).
- **Outros sintomas observados em um AVE da ACM à direita:** Déficits motores, incluindo fraqueza da face e do membro superior mais do que do membro inferior. Tal como acontece com 95% da população destra, as áreas de Broca e de Wernicke parecem estar no lado esquerdo neste paciente e não são, portanto, afetadas pelo AVE. Outras alterações de linguagem incluem problemas com prosódia e sinais não verbais (ver Caso 46 sobre distúrbios de linguagem), comportamento e atenção (p. ex., a extinção), disfunção autonômica e hemianopsia.
- **Testes para desencadear os sintomas da negligência:** Quando os pacientes são solicitados a fazer a bissetriz de uma linha, eles o fazem muito mais à direita do centro. Se você mostrar uma foto ou um desenho para os pacientes e pedir-lhes para copiar a imagem, eles podem copiar apenas a metade direita da imagem, ou transferir toda a imagem para o lado direito do papel. Pode-se também pedir ao paciente para identificar verbalmente objetos no campo negligenciado da visão. Quando solicitados a identificar os membros do lado direito, os pacientes podem não ser capazes de reconhecê-los como seus próprios membros.

ABORDAGEM CLÍNICA

Os AVEs fornecem informações importantes sobre o funcionamento do cérebro em condições normais, bem como em circunstâncias patológicas. Neste caso, o AVE elucidou a importância do lado direito do cérebro na cognição espacial global. Em geral, para a maioria dos pacientes, a disfunção visuoespacial após o AVE se resolve. Para os restantes 10 a 20% dos pacientes que têm dificuldades com duração superior a três meses, a reabilitação e a segurança são as questões mais preocupantes. A fraqueza motora secundária ao AVE é agravada pelas dificuldades de participação na reabilitação. Por exemplo, para fazer o paciente praticar exercício de fortalecimento dos músculos do membro superior direito, ele deve primeiro acreditar que tem esse membro superior direito para mover.

ABORDAGEM À
Cognição espacial

OBJETIVOS

1. Conhecer a neuroanatomia envolvida na cognição espacial.
2. Prever como as lesões nessas áreas levam a desafios na cognição espacial.
3. Estar familiarizado com a terminologia e os distúrbios de cognição espacial.

DEFINIÇÕES

EXTINÇÃO: Desatenção a um estímulo quando dois estímulos são apresentados simultaneamente.
(HEMI)NEGLIGÊNCIA VISUAL: Não dar a devida atenção ao ambiente externo.
HEMIDESATENÇÃO: Não dar a devida atenção a um lado do espaço pessoal.
APRAXIA DE CONSTRUÇÃO: Incapacidade de sintetizar e compreender partes distintas como um todo.
APRAXIA DE VESTIR: Incapacidade de gerenciar aspectos espaciais de vestir-se; uma manifestação de hemidesatenção.
PROSOPAGNOSIA: Incapacidade de identificar um rosto familiar, sem danos no sistema nervoso visual.
AGNOSIA: Incapacidade de reconhecer e identificar objetos ou pessoas, apesar de memória intacta, conhecimento dos objetos ou das pessoas e função sensorial intacta; geralmente limitada a sentidos específicos.
ALESTESIA: Atribuição consistente de estimulação sensorial de um lado a uma estimulação dada do outro lado.
APRAXIA IDEACIONAL: Uma sucessão inadequada de eventos (p. ex., beber de um copo vazio e depois enchê-lo).

DISCUSSÃO

Na maioria da população, **o hemisfério não dominante é responsável pela composição e pela percepção das relações espaciais.** Isso inclui a síntese de diversas partes de uma imagem visual em um todo, bem como a percepção de desenhos geométricos e padrões estéticos. **Apraxia construtiva descreve a incapacidade para sintetizar partes distintas em uma imagem inteira.** Uma lesão cortical ou subcortical do prosencéfalo pode ter esse resultado.

A função do hemisfério não dominante inclui a interpretação do espaço extrapessoal. **A autoconsciência em termos de espaço pessoal e de conceito do próprio** corpo encontra-se no lobo parietal dominante. Uma lesão nessa área leva à confusão de esquerda vs. direita e a uma incapacidade de identificar partes do corpo. Isso está relacionado com a função do lobo parietal posterior na localização espacial dos estímulos, que permite o reconhecimento de relações espaciais do indivíduo para um objeto, ou entre objetos. Sem essa análise essencial de informação visuoespacial, o indivíduo não pode orientar a si ou os objetos, nem pode trafegar no espaço de forma adequada, devido a uma incapacidade de interpretar relações espaciais. O colículo superior também está envolvido na percepção da localização de um objeto. Estudos em cérebro dividido sugerem que a função do colículo superior seja bilateral.

O **lobo parietal posterior foca a atenção visual** em um estímulo de interesse particular. A negligência do lado direito, secundária a uma agressão ao lado esquerdo do cérebro, em geral é acompanhada por uma afasia e, portanto, pode ser difícil de detectar.

A negligência, embora geralmente possa ser secundária a uma lesão do lobo parietal, também pode resultar de lesões ao lobo frontal, ao tálamo ou ao núcleo caudado. A síndrome de heminegligência como no exemplo apresentado tem várias formas, mas pode consistir em heminegligência, hemidesatenção, extinção visual, alestesia, anosognosia, anosodiaforia, não pertencer a si, defeitos de campo visual e paresia do olhar.

Negligência motora refere-se à subutilização do lado do corpo contralateral ao insulto cerebral. Isso pode ser confundido com hemiparesia. Com cuidado extraordinário do médico, o paciente pode ser encorajado a demonstrar função. Independentemente disso, no exame o lado afetado mostra diminuição de retirada e uma falta de movimentos rotineiros, como o reposicionamento de um membro quando em uma posição desconfortável. Da mesma forma, quando o paciente cai em direção ao lado afetado, não há qualquer esforço reflexo para se proteger contra lesões. As tentativas de recuperação podem ser bem-sucedidas, e um estudo recente indicou que a ativação do membro e o uso de pistas podem conduzir a uma redução na negligência visual unilateral.

Lesões temporais occipitais bilaterais resultam em agnosia visual. Como o córtex visual primário está intacto, o paciente tem campos e acuidade visuais normais; no entanto, quando um objeto conhecido é apresentado visualmente, ele não pode ser identificado. O objeto pode ser verbalizado quando apresentado por outras modalidades sensoriais, como tátil, auditiva ou olfativa. Lesões occipitotemporais também podem levar à agnosia ambiental.

CORRELAÇÃO COM O CASO CLÍNICO

- Ver Casos 41 a 49 (cognição).

QUESTÕES DE COMPREENSÃO

43.1 Uma paciente de 67 anos é levada à clínica porque começou recentemente a se comportar de forma muito estranha. Ela se tornou muito desajeitada, derrubando objetos ao tentar colocá-los no lugar e tropeçando em objetos que sempre estiveram no mesmo lugar em sua casa durante anos. No exame, você nota ainda que, quando solicita à paciente para realizar uma ação com a mão esquerda, ela usa de forma imprevisível a mão direita, e o mesmo ocorre quando solicita para usar a mão direita. Dado esse conjunto de sintomas, em que parte do encéfalo você esperaria encontrar uma lesão?

A. Lobo parietal não dominante
B. Lobo parietal dominante
C. Lobo temporal não dominante
D. Lobo temporal dominante

43.2 Um homem de 57 anos é levado à sala de emergência devido à fraqueza e à perda de sensibilidade do lado esquerdo do corpo de início agudo. No exame, ele pode mover o lado direito do corpo sem dificuldade para comandar, mas não pode mover o lado esquerdo, e nega sentir qualquer estímulo de dor ou tato no lado esquerdo. Além disso, quando é apresentada sua própria mão esquerda, o paciente nega que seja sua e nega que haja algo de errado com ele. Ainda, ele não responde a menos que você esteja em pé ao seu lado direito. Você suspeita que ele tenha tido um AVE agudo, o que é confirmado por um exame de neuroimagem. Qual área do encéfalo mais provavelmente afetada pela lesão causa essa inabilidade do paciente em reconhecer a própria mão?

A. Lobo parietal não dominante
B. Lobo parietal dominante
C. Lobo frontal não dominante
D. Lobo frontal dominante

43.3 Um homem de 54 anos apresenta-se a sua clínica com a queixa de que está "perdendo a cabeça". Recentemente, começou a ficar cada vez menos capaz de identificar objetos pelo olhar, embora não tenha qualquer dificuldade em enxergar ou descrever como os objetos se parecem. No exame você descobre que de fato ele não é capaz de nomear objetos apenas com estímulo visual, mas quando o paciente toca o objeto, ele não tem qualquer dificuldade em nomeá--lo. Em que parte do encéfalo se localizaria a lesão responsável por causar esses sintomas?

A. Região occipitotemporal do hemisfério dominante
B. Região occipitotemporal do hemisfério não dominante
C. Região occipitotemporal bilateral
D. Lobo occipital bilateral

RESPOSTAS

43.1 **B.** Os déficits na percepção visuoespacial são atribuídos a lesões no **lobo parietal dominante**. Lesões no lobo parietal não dominante são mais comumente associadas com uma síndrome de heminegligência contralateral.

43.2 **A.** Síndromes de heminegligência (quando o paciente não consegue reconhecer nem responder a estímulos que estão vindo da metade direita ou esquerda de seu corpo ou do campo visual) ocorrem a partir de lesões no lobo parietal contralateral, e ocorrem mais frequentemente com lesões no **lobo parietal não dominante** do que no lobo parietal dominante. Este paciente pode ainda ter alguma paralisia do lado esquerdo e anestesia, embora seja muito difícil de diagnosticar devido a uma síndrome de negligência.

43.3 **C.** Este homem apresenta agnosia visual, uma incapacidade para reconhecer objetos com base na visão, que é causada por uma lesão na **região occipito-temporal bilateral** que interrompe a comunicação entre o córtex visual e o córtex de associação em que os objetos são identificados. Se a lesão for unilateral, o objeto ainda pode ser identificado se for visualizado no campo visual ipsilateral (que se projeta para o cérebro contralateral, onde não há lesão). A visão permanece intacta, mas nenhuma informação chega ao córtex de associação; assim, identificar o objeto torna-se impossível. A comunicação entre outros córtices sensoriais e a área de associação estão intactas; por isso, quando o objeto é apresentado com os estímulos de uma modalidade diferente, ele pode ser reconhecido.

DICAS DE NEUROCIÊNCIAS

▶ Percepção e composição espacial geralmente são o trabalho complexo do hemisfério não dominante.
▶ Perturbações no processamento espacial levam a uma incapacidade significativa com manifestações variadas.
▶ A atenção é uma parte importante da cognição espacial e é, na maior parte, controlada pelo lobo parietal posterior.

REFERÊNCIAS

Bailey MJ, Riddoch MJ, Crome P. Treatment of visual neglect in elderly patients with stroke: a singlesubject series using either a scanning and cueing strategy or a left-limb activation strategy. *Phys Ther.* August 2002;82(8):782-797.

Mort DJ, Malhotra P, Mannan SK, et al. The anatomy of visual neglect. *Brain.* September 2003; 126(9);1986-1997.

CASO 44

Um homem de 72 anos apresenta-se à sala de emergência após um episódio de início súbito de dor de cabeça, fraqueza e incapacidade de falar. Sua família diz que duas horas atrás ele estava no quintal fazendo jardinagem quando se queixou de uma dor de cabeça intensa. Ele começou a sentir fraqueza no lado direito do corpo até que não pode mais responder verbalmente a sua família. Sua filha afirma que ele tem história de colesterol alto e pressão arterial elevada. O paciente é destro. No exame, ele tem um desvio facial à esquerda, desvio do olhar para a direita e não move espontaneamente o membro superior esquerdo. Quando acordado, não segue comandos e não se comunica com o médico ou com seus familiares. O médico diagnostica o paciente como tendo um acidente vascular encefálico (AVE).

▶ Que artéria mais provavelmente está afetada neste paciente?
▶ Quais são as opções de tratamento para este paciente?

RESPOSTAS PARA O CASO 44
Distúrbios de linguagem

Resumo: Um homem destro de 72 anos apresenta-se com hemiplegia súbita e afasia global e é diagnosticado com um AVE.

- **Artéria provavelmente afetada:** Conforme já mencionado, este paciente sofreu um AVE isquêmico da **artéria cerebral média (ACM)**. A oclusão no tronco deste vaso leva a hemiparesia contralateral, afasia global e desvio do olho ipsilateral (secundária à lesão ao centro do olhar lateral). Em 70 a 90% das pessoas destras, o hemisfério cerebral esquerdo controla a linguagem.
- **Opções de tratamento para o AVE de ACM:** Em pacientes com níveis reduzidos de consciência, é preciso primeiro garantir que a via aérea esteja protegida. O controle da pressão arterial é importante para manter a perfusão ao encéfalo, e os parâmetros dependem de se o paciente é um candidato para o tratamento com ativador do plasminogênio tecidual (tPA, de *tissue plasminogen activator*). O tratamento com tPA tem maior sucesso se for administrado dentro de três horas a partir do início dos sintomas. É importante monitorar o edema cerebral e o consequente aumento da pressão intracerebral. O tratamento com manitol ou hiperventilação pode ser necessário.

ABORDAGEM CLÍNICA

A morte por AVE continua sendo a terceira maior causa de mortalidade nos Estados Unidos, com uma incidência de 750.000 novos casos a cada ano. Para quase 80% das pessoas que sobrevivem ao insulto inicial, a morbidade é significativa, sendo o AVE a principal causa de incapacidade neurológica de longo prazo. O vaso mais comum a ser afetado é a ACM. Os centros de linguagem do cérebro são irrigados por esse vaso. Sua oclusão leva a dificuldades na fala e/ou na interpretação da linguagem. Na verdade, a causa mais comum de afasia é o AVE.

ABORDAGEM AOS
Distúrbios de linguagem

OBJETIVOS

1. Compreender a neuroanatomia da linguagem.
2. Estar familiarizado com os vários distúrbios de linguagem.
3. Estar familiarizado com a terminologia da fala, da linguagem e os distúrbios resultantes.

DEFINIÇÕES

AGNOSIA AFETIVA: Incapacidade de perceber ou compreender a entonação emocional da expressão, que ocorre como resultado de uma lesão na região temporoparietal direita.
AGRAFIA: Incapacidade adquirida de escrever ou de expressar-se na língua escrita; pode ocorrer sem afasia, mas geralmente é vista em associação.
ALEXIA: Completa incapacidade adquirida de reconhecer ou compreender a linguagem escrita, vista em associação com a afasia.
ANOMIA: Dificuldade de encontrar as palavras ou incapacidade de nomear um objeto. O paciente afetado pode descrever a função do objeto, em vez de fornecer o nome. O paciente pode reconhecer o nome do objeto quando fornecido a ele.
ANOSOGNOSIA: O paciente desconhece sua deficiência.
AFASIA: Falta adquirida de compreensão ou expressão da linguagem, o que pode incluir a fala, a escrita ou a assinatura.
APRAXIA: Função muscular normal, mas uma incapacidade de coordenar os movimentos voluntários, como na formação de um discurso.
APROSODIA: Falta de entonação ou emoção na fala. Ocorre como resultado de uma lesão no hemisfério direito (temporoparietal) e nos núcleos da base, ou na doença de Parkinson.
AGNOSIA AUDITIVA: Perda da capacidade de interpretar estímulos auditivos, apesar de ter conhecimento das características dos estímulos. Por exemplo, pode-se saber o que é um carro e como se parece, mas quando se apresenta o som do carro, ele não pode ser identificado.
ÁREA DE BROCA: Dano nesta área, no lobo frontal inferior, leva a uma incapacidade de formular um discurso, porém a compreensão permanece intacta (afasia expressiva).
DISARTRIA: Fraqueza dos músculos necessários para a produção da fala, ou danos às funções encefálicas inferiores que controlam a fala.
DISLEXIA: Distúrbio do desenvolvimento da percepção da linguagem escrita.
DISFAGIA: Dificuldade em engolir.
DISPRAXIA: Incapacidade de organizar o movimento.
AFASIA COM JARGÃO: Frases sem sentido, cheias de neologismos, arranjo incoerente do padrão das palavras, ou uma combinação de ambos.
DISTORÇÕES NEOLOGÍSTICAS: Um neologismo é um termo ou frase recentemente criado. Na doença neurológica, isso pode incluir palavras em que a definição só é conhecida pelo paciente.
ERROS PARAFÁSICOS: Em vez da palavra desejada, o paciente produz a palavra errada ou sons errados (substituição ou adição de sons, sílabas ou palavras inapropriadas) na tentativa de falar. Inclui neologismo literal (fonológico) e semântico (verbal).
ÁREA DE WERNICKE: Dano nesta área no lobo temporal superior leva a uma incapacidade de compreender a linguagem (afasia fluente/receptiva).

DISCUSSÃO

A comunicação interpessoal é essencial para uma existência independente. Os distúrbios de linguagem limitam a capacidade do paciente para se comunicar e, por conseguinte, causam uma morbidade significativa. Esses distúrbios ocorrem como resultado de problemas mecânicos ou cognitivos e podem ser receptivos (aferência) ou expressivos (eferência). As principais áreas de compreensão e de composição de linguagem são as áreas de Wernicke e de Broca, respectivamente. Estruturas encefálicas mais profundas, incluindo o tálamo, também parecem estar fortemente envolvidas.

Os lobos temporais superior direito e esquerdo (área auditiva primária) recebem aferência auditiva do oitavo nervo craniano (vestibular). Lesões bilaterais nessas áreas levam à surdez cortical. Os pacientes com surdez cortical são capazes de "ouvir" o som (sinais apropriados chegam ao tálamo e à amígdala), mas esses sons não podem ser processados e, portanto, os pacientes não podem perceber ou compreender os sons ou a língua. Essa agnosia auditiva ocorre por uma desconexão entre as áreas auditivas primárias bilaterais e as áreas de associação auditiva. Pacientes com agnosia auditiva global não podem transferir estímulos auditivos externos para a área de Wernicke para a compreensão da linguagem e, como resultado, ainda são capazes de falar, mas não conseguem perceber seu próprio discurso.

Exemplos de problemas mecânicos incluem danos na anatomia necessária para a formação da fala e danos nos nervos que inervam a musculatura. Por exemplo, intubação prolongada pode ferir as cordas vocais, levando à dificuldade na fonação. A esclerose lateral amiotrófica ou doença de Lou Gehrig causa uma degeneração seletiva dos neurônios motores do sistema nervoso central que controlam os músculos voluntários. Por isso, muitos pacientes apresentam uma "fala grossa" secundária à fraqueza dos músculos necessários para falar. Esse tipo de distúrbio de linguagem é referido como disartria. Outras causas de disartria incluem lesão cerebral no córtex motor (AVE, trauma, tumores, paralisia cerebral), distúrbios do desenvolvimento (dispraxia, disfonia espasmódica) e outras doenças neurodegenerativas (doença de Parkinson, doença de Huntington, esclerose múltipla).

Um conhecimento significativo sobre a função de certas regiões do cérebro foi adquirido devido à observação de pacientes com AVE. As limitações de um paciente depois de um AVE podem ser correlacionadas com a área do cérebro afetada por um incidente isquêmico. **Um infarto** do lobo frontal inferior dominante (ínsula e opérculo frontoparietal, **área de Broca**) **leva a uma afasia expressiva ou motora**. Se o paciente tem uma afasia de Broca secundária a AVE, muitas vezes ela será acompanhada por uma fraqueza motora devido ao fato de a área de Broca e a região motora serem adjacentes. Na afasia de Broca, o paciente é capaz de entender a linguagem; no entanto, tem grande dificuldade em produzir a linguagem. Esses pacientes falam frases curtas, sem entonação, usando "discurso telegráfico" ou sem gramática. Por exemplo, se uma paciente quer dizer "Eu gostaria de jantar fora na sexta-feira", ela em vez disso pode dizer: "Comer jantar". A incapacidade de contextualizar essas duas palavras faz ser difícil de transmitir o significado da frase. Os pacientes com afasia de Broca podem ouvir e compreender os impedimentos de sua própria fala e, portanto, podem tornar-se frustrados com a incapacidade de se comunicar de forma eficaz. Se as áreas da fala emocional-melódica frontal-temporal à direita são funcionais, o paciente pode manter a capacidade de blasfemar e cantar. Lesões profundas frontais ou no giro do cíngulo levam à perda da prosódia.

Danos à área de Wernicke (regiões temporal posterior, parietal inferior e occipitotemporal lateral) levam a uma **afasia fluente ou receptiva**. Isso pode resultar da oclusão da divisão inferior da bifurcação da ACM ou de um de seus ramos. O paciente cria discurso facilmente e com inflexão; no entanto, a sequência de palavras não tem significado. Essas sequências de palavras sem sentido podem incluir distorções neologísticas e fonéticas, substituição de sons e palavras, confusão de informação semântica e fonética, perseveração e perda de pausas da conversação normal. A estrutura da linguagem (p. ex., gramática) permanece intacta. Em vez de dizer: "Eu gostaria de jantar fora na sexta-feira", pacientes com afasia de Wernicke diriam, em uma frase, "Você vê com sementes no dia a dia que eu queria que você soubesse que eu gosto de requebrar para comer o mingau então o que você vê". Isso pode deteriorar-se em afasia com jargão. Infelizmente, os pacientes com afasia de Wernicke não podem compreender seu próprio discurso e, como resultado, não têm conhecimento de suas próprias limitações.

A informação é transmitida da área de Wernicke para área de Broca pelo fascículo arqueado. As lesões envolvendo o giro supramarginal, o giro angular, a ínsula, o córtex auditivo ou o lobo temporal esquerdo podem danificar essas fibras axonais que conectam as duas regiões. Isso leva à afasia de condução, em que os pacientes não podem repetir palavras ou ler em voz alta e têm dificuldade em nomear objetos. A capacidade de compreender a linguagem (oral e escrita) permanece intacta. Esses pacientes entendem que têm alguma dificuldade com a linguagem e tentarão se autocorrigir se cometerem um erro.

Enquanto que na afasia de condução as áreas de linguagem são separadas entre si, **na afasia transcortical as áreas da fala são conectadas umas às outras, mas não para o resto do eixo cerebral.** Esse isolamento da área da fala ocorre devido a isquemia do córtex circundante, desconectando o processo de linguagem de qualquer associação ou interpretação significativa por funções cerebrais superiores. O paciente tem a capacidade de criar e absorver linguagem; no entanto, por causa da desconexão, ele ou ela não tem nada a dizer e não pode interpretar o que é dito. O paciente tem a capacidade de gerar respostas automáticas por meio de frases, orações, ou músicas previamente aprendidas.

Tal como no caso do exemplo inicial, o dano de ambas as áreas de Broca e de Wernicke leva a uma afasia global. Afasia global significa que o paciente não pode entender nem formular linguagem significativa. Esta é uma condição devastadora, na qual o paciente não tem meios para se comunicar com o mundo exterior, nem pode o mundo se comunicar com o paciente. Geralmente, os pacientes com afasia global também têm uma hemiplegia correspondente.

Todos os exemplos apresentados em geral resultam de um insulto ao hemisfério dominante para a linguagem (o esquerdo, para a maioria da população). Distúrbios de linguagem também ocorrem com dano no hemisfério direito ou não dominante. Por exemplo, pacientes com lesões na área de linguagem à direita podem ter dificuldade em organizar seu discurso, o que leva a dificuldades na comunicação. Da mesma forma, transtornos de raciocínio levam a uma incapacidade de entender a linguagem abstrata (parábolas, sarcasmo, metáforas, humor) e pragmática (entonação, linguagem corporal, expressão facial). Finalmente, o julgamento social pode ser prejudicado, levando o paciente a dizer coisas inadequadas, sem ter a percepção de tê-las dito.

> **CORRELAÇÃO COM O CASO CLÍNICO**
> - Ver Casos 41 a 49 (cognição).

QUESTÕES DE COMPREENSÃO

44.1 Uma paciente destra de 56 anos apresenta-se à clínica por causa de dificuldade de falar. Ao longo dos últimos meses, ela teve dificuldade crescente em se expressar. Ela sabe o que quer dizer, mas só pode se expressar em frases curtas sem gramática. Ela é capaz de compreender o que os outros estão dizendo e parece muito frustrada com sua inabilidade para falar corretamente. Uma lesão em qual área encefálica é mais responsável por esses achados?

A. Parte opercular e triangular do giro frontal inferior dominante
B. Parte opercular e triangular do giro frontal inferior não dominante
C. Parte posterior do giro temporal superior dominante
D. Parte posterior do giro temporal superior não dominante

44.2 Um paciente canhoto de 42 anos é levado à clínica por sua família por causa de seu discurso bizarro. Os familiares afirmam que dois dias atrás de repente ele começou a falar em frases que não fazem qualquer sentido e parece não entender o que estão dizendo. No exame, o paciente fala com facilidade e seu discurso parece ter estrutura normal e entonação, mas as combinações de palavras simplesmente não fazem sentido. Ele também é completamente incapaz de acompanhar qualquer comando que o médico lhe diz. Danos em que área do encéfalo muito provavelmente são responsáveis por esses resultados?

A. Parte opercular e triangular do giro frontal inferior direito
B. Parte opercular e triangular do giro frontal inferior esquerdo
C. Parte posterior do giro temporal superior direito
D. Parte posterior do giro temporal superior esquerdo

44.3 Uma paciente de 56 anos chega a sua clínica queixando-se de dificuldades com a fala. Mais notavelmente, ela diz que não consegue ler em voz alta, e também, ocasionalmente, tem dificuldade de nomear objetos. Você faz uma avaliação completa da fala e, além das queixas relatadas, nota que ela não pode repetir palavras ou frases que você pergunta a ela, e também que substitui palavras com palavras incorretas que soam de modo similar. Com base nesses resultados, uma lesão em que local mais provavelmente é a responsável pelos sintomas?

A. Fascículo arqueado não dominante
B. Fascículo arqueado dominante
C. Parte opercular e triangular do giro frontal inferior dominante
D. Parte posterior do giro temporal superior dominante

RESPOSTAS

44.1 **A.** A lesão mais provavelmente está na **parte opercular e triangular do giro frontal inferior dominante**. Esta paciente está apresentando uma afasia de Broca, também conhecida como afasia produtiva. Ela é capaz de entender a fala, mas tem dificuldade em produzi-la. Como pode entender seu próprio discurso, ela é capaz de reconhecer que é deficiente, o que em geral provoca uma grande frustração nesses pacientes. A área de Broca está localizada no giro frontal inferior do hemisfério dominante, ao lado do córtex motor responsável por controlar os órgãos da fala.

44.2 **D.** Este paciente está apresentando uma afasia de Wernicke (afasia fluente ou receptiva) causada por uma lesão na área de Wernicke, que está localizada na **parte posterior do giro temporal superior do hemisfério dominante** (o da **esquerda** neste paciente). Essa área é responsável pela compreensão da fala e pela geração da fala compreensível. Danos nessa área resultam em uma afasia em que o paciente não tem qualquer problema em criar a fala (que é fluente), mas simplesmente não faz sentido. Embora esse paciente seja canhoto, ainda há uma probabilidade de 70% de que ele tenha o hemisfério esquerdo dominante.

44.3 **B.** Esta paciente está apresentando uma afasia de condução secundária a uma lesão no **fascículo arqueado dominante**, o trato de fibras que conecta as áreas de Wernicke e de Broca. Como esse distúrbio afeta a comunicação entre as áreas de Wernicke e de Broca, achados comuns incluem dificuldades com a leitura em voz alta e a incapacidade de repetir palavras e frases.

DICAS DE NEUROCIÊNCIAS

▶ Em 70 a 90% das pessoas destras, o hemisfério cerebral esquerdo controla a linguagem.
▶ A área de Broca (lobo frontal inferior) e a área de Wernicke (lobo temporal posterior) têm funções diferentes (eferências vs. compreensão), porém integradas e essenciais.
▶ O hemisfério não dominante contribui para as nuances da linguagem, tais como entonação e emoção.

REFERÊNCIAS

Antonucci SM, Beeson PM, Rapcsak SZ. Anomia in patients with left inferior temporal lobe lesions. *Aphasiology.* 2004;18(5-7):543-554.

Carandang R, Seshadri S, Beiser A, et al. Trends in incidence, lifetime risk, severity, and 30-day mortality of stroke over the past 50 years. *JAMA.* 2006 Dec 27;296(24):2939-2946.

Delazer M, Semenza C, Reiner M, Hofer R, Benke T. Anomia for people names in DAT: evidence for semantic and post-semantic impairments. *Neuropsychologia.* 2003;41(12):1593-1598.

CASO 45

Uma paciente de 67 anos é levada à clínica de neurologia por seu marido por aumento de episódios de esquecimento. O marido afirma que, ao longo dos últimos anos, ela está tendo dificuldade de lembrar o local de seus pertences e os nomes de amigos, e até mesmo se perdeu várias vezes no bairro onde viveram durante as últimas duas décadas. A paciente sofre de osteoartrite, mas usa apenas ibuprofeno, e no mais é saudável.

A paciente está alerta e orientada quanto à pessoa e parcialmente quanto ao espaço (pode nomear o estado, mas não consegue lembrar da cidade). Ela está um pouco desarrumada. Um exame neurológico minucioso revela ausência de déficits focais; no entanto, a paciente às vezes tem dificuldade em seguir os comandos. Ela acerta 12 dos 30 pontos no exame do estado mental (minimental). A cópia dos pentágonos entrelaçados é a seguinte:

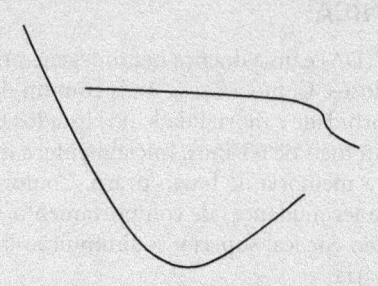

O restante de seu exame físico é normal. Exames laboratoriais de rotina mostram hiperlipidemia leve, mas o hemograma completo, a cobalamina, os níveis das enzimas hepáticas, os níveis de cortisol no sangue e os níveis do hormônio estimulante da tireoide e da reagina plasmática rápida (RPR, de *rapid plasma reagin*) são todos normais. A tomografia computadorizada (TC) de crânio revela atrofia cerebral difusa com dilatação da fissura peri-hipocampal. A paciente começa a ser tratada com uma combinação de intervenções médicas e comportamentais.

▶ Qual é o diagnóstico mais provável?
▶ Quais são as lesões corticais associadas a essa doença?
▶ Quais são as opções de tratamento para essa condição?

RESPOSTAS PARA O CASO 45
Memória

Resumo: Uma paciente saudável de 67 anos apresenta-se com vários anos de perda progressiva da memória.

- **Diagnóstico mais provável:** Doença de Alzheimer
- **Lesões corticais da doença de Alzheimer:** Incluem emaranhados neurofibrilares e placas senis, ocorrendo principalmente no lobo temporal medial.
- **Opções de tratamento:** Modificação comportamental e medicação psicotrópica procuram interceder nas manifestações clínicas da doença de Alzheimer. Os inibidores da colinesterase tentam combater a fisiopatologia da diminuição da acetilcolina cerebral. Antagonistas do N-metil-D-aspartato são utilizados na fase final da doença. Antidepressivos ajudam significativamente com correspondentes distúrbios do humor. Outras modalidades de tratamento em investigação incluem modificadores do receptor de estrogênio, anti-inflamatórios, sequestradores de radicais livres e certos antibióticos.

ABORDAGEM CLÍNICA

A doença de Alzheimer (DA) é uma doença neurodegenerativa progressiva que afeta principalmente os idosos. Como a causa mais comum de demência, é uma das principais causas de morbidade e mortalidade nos Estados Unidos. Afeta homens e mulheres, a maioria com mais de 60 anos. Inicialmente, a memória de curto prazo é afetada mais do que a memória de longo prazo. Conforme a doença progride, os pacientes começam a ter mudanças de comportamento, sintomas psiquiátricos, dificuldade com a função cortical superior e diminuição da capacidade de cuidar de atividades da vida diária.

DA é um diagnóstico clínico; portanto, é importante afastar qualquer causa tratável de demência. Não há cura para a DA. **Outras causas de demência incluem** demência vascular ou multi-infarto, agentes farmacológicos, HIV, *delirium*, demência de corpos de Lewy, síndrome de Pick, traumatismo craniano, doença de Huntington, doença de Parkinson, hidrocefalia de pressão normal, demência frontotemporal, doença de Lyme, neurossífilis, doenças relacionada com príon, doenças da tireoide e doença de Wilson. Os depósitos de amiloide formam placas senis no encéfalo, o que é típico da DA.

Os tratamentos atuais procuram impedir ou retardar a progressão da doença, mas até o momento com pouco sucesso.

ABORDAGEM À
Memória

OBJETIVOS

1. Conhecer a terminologia referente à memória.
2. Compreender o circuito cerebral da memória.
3. Compreender as síndromes amnésicas.

DEFINIÇÕES

MEMÓRIA IMEDIATA: Capacidade de repetir um pequeno conjunto de números ou palavras; pode durar cerca de segundos.
MEMÓRIA DECLARATIVA DE CURTO PRAZO (RECENTE): Contém sete ou menos peças de informação ao mesmo tempo e é facilmente rompida pela distração; pode durar de alguns segundos a minutos.
MEMÓRIA DECLARATIVA DE LONGO PRAZO (REMOTA): Contém informações explícitas sobre os fatos; por exemplo, memórias distantes pessoais ou públicas, recitar verbos, completar uma tabela de multiplicação.
MEMÓRIA DE PROCEDIMENTO DE LONGO PRAZO: Envolvida em ações que melhoram com a repetição; por exemplo, andar de bicicleta, tocar um instrumento musical, fazer crochê; de forma inconsciente (ou seja, automática).
AMNÉSIA ANTERÓGRADA: Incapacidade de reter novas informações pela conversão de memórias de curto prazo em memórias de longo prazo.
AMNÉSIA RETRÓGRADA: Incapacidade de recordar acontecimentos ocorridos antes do início da amnésia; pode ser classificada temporalmente (ou seja, os eventos distantes são mais fáceis de recordar que os mais recentes).
CONSOLIDAÇÃO: Refere-se à conversão da memória de curto prazo na memória de longo prazo.
POTENCIAÇÃO DE LONGA DURAÇÃO (LTP, de *long-term potentiation*): Processo molecular que fortalece grupos de sinapses utilizadas repetidamente.
HIPOCAMPO: Localizado no lobo temporal medial; vem da palavra grega utilizada para cavalo-marinho; responsável pela consolidação da memória.

DISCUSSÃO

O circuito neural da memória inclui o sistema temporal medial (hipocampo e córtex entorrinal direito e esquerdo) e o sistema diencefálico medial (núcleos mediodorsais do tálamo, corpos mamilares, tratos mamilotalâmicos). A memória de trabalho ou memória declarativa de curto prazo é armazenada no córtex pré-frontal. A conversão em memória declarativa de longo prazo usa ambos os sistemas, temporal e diencefálico. Memórias de longo prazo são armazenadas de forma difusa em todo o córtex, mais provavelmente nas áreas responsáveis pela percepção do estímulo inicial. O hipocampo não parece desempenhar um papel na memória de curto prazo, na memória de procedimento ou no armazenamento final da memória. Ele é necessário para a consolidação da memória declarativa. O cerebelo integra memória de procedimento, que é então transmitida para os núcleos da base para o armazenamento e a coordenação.

A fisiologia mais provável de formação de memórias envolve a LTP, que é apenas uma maneira pela qual as memórias são formadas, mas parece desempenhar um papel significativo. Estudos têm demonstrado que os neurônios do hipocampo, quando estimulados regularmente, convertem este nível constante de estimulação pré-sináptica em uma resposta pós-sináptica maior. A LTP de um neurônio particular pode variar dependendo da localização anatômica e da idade. Os mecanismos específicos que detalham como a LTP leva à formação de memória ainda não foram elucidados.

A memória declarativa segue uma via em particular através do hipocampo. Estruturas importantes a serem observadas incluem giro denteado, CA1, CA2, CA3, subiculum e córtex entorrinal (parte do giro para-hipocampal). A memória começa como um estímulo percebido pelo córtex sensitivo. Essas informações são transmitidas pelos neurônios do córtex entorrinal (aferência do hipocampo), que atravessam o subiculum e o giro denteado (via perforante) para fazerem sinapse no giro denteado. A "memória", em seguida, é transmitida para CA3 (pelas fibras musgosas), então para CA1 (pelas colaterais de Schaffer) e daí para o subiculum. O subiculum (eferência do hipocampo) projeta axônios via fórnice para o hipotálamo e os corpos mamilares, ou retorna para o córtex entorrinal. Nesse ponto, o córtex entorrinal retransmite as informações de volta para o córtex sensorial.

O rompimento dessa via leva a uma incapacidade de consolidar novas memórias, enquanto memórias distantes permanecem intactas. O exemplo clínico mais famoso de lesão hipocampal é do paciente HM. Em 25 de agosto de 1953, HM foi submetido à ressecção dos lobos temporais mediais, para o tratamento de uma epilepsia refratária. Isso incluiu a remoção da formação hipocampal, da amígdala e dos córtices entorrinal e perirrinal. A partir dessa data, HM já não foi mais capaz de armazenar novas memórias declarativas no córtex com memória de longo prazo. Ele também sofria de amnésia retrógrada moderada temporalmente graduada. HM era capaz de adquirir novas habilidades motoras (ou seja, de formar novas memórias de procedimento). No entanto, não conseguia se lembrar de que tinha aprendido tais habilidades. Portanto, HM demonstra o resultado de lesões bilaterais do sistema temporal medial ou diencefálico medial: amnésia anterógrada com amnésia retrógrada temporalmente graduada, memória de curto prazo e de procedimento intactas, e identidade pessoal intacta.

As doenças mais comuns do hipocampo incluem DA e epilepsia. A DA afeta gravemente CA1, interrompendo a formação da memória. O hipocampo também é particularmente sensível à isquemia global.

> **CORRELAÇÃO COM O CASO CLÍNICO**
> - Ver Casos 41 a 49 (cognição) e Casos 5 e 14 (Doença de Alzheimer).

QUESTÕES DE COMPREENSÃO

Consulte o seguinte caso para responder as perguntas 45.1 e 45.2:
Um homem de 26 anos é trazido à sua clínica devido à amnésia anterógrada de várias semanas após um acidente de automóvel. Durante o acidente, ele foi ejetado de seu veículo e depois permaneceu na unidade de terapia intensiva por várias semanas. Você solicita uma ressonância magnética, que mostra uma lesão bilateral nos lobos temporais mediais na área do hipocampo.

45.1 Qual dos seguintes processos mais provavelmente está interrompido devido a essas lesões?

  A. Memória de curto prazo
  B. Armazenamento de memórias de longo prazo
  C. Recuperação de memórias de longo prazo
  D. Armazenamento de memória de procedimento

45.2 Qual processo neurofisiológico é extremamente importante para armazenar novas memórias?

  A Potenciação de curta duração
  B. Neurotransmissão ionotrópica
  C. Potenciação de longa duração
  D. Neurotransmissão metabotrópica

45.3 Uma paciente de 33 anos chega ao consultório médico para um seguimento após um ferimento na cabeça relativamente grave que ela sofreu no trabalho há vários meses. No geral, ela parece estar bem, mas diz que tem notado "algo meio estranho". Recentemente ela vem tentando aprender a tricotar para ajudar a passar o tempo, já que ainda não está bem o suficiente para voltar ao trabalho, mas está tendo muitos problemas para fazer isso. Ela diz que costumava ser muito boa com as mãos, mas que cada vez que pega as agulhas é como se fosse a primeira vez. Ela quer saber se isso poderia estar relacionado à sua lesão. Qual estrutura envolvida no armazenamento de memória de procedimento mais provavelmente tenha sido danificada para causar esse problema?

A. Cerebelo
B. Hipocampos
C. Córtex pré-frontal
D. Corpos mamilares

45.4 Uma paciente de 26 anos está sendo avaliada para a seleção da entrada na força aérea. Ela possui função cognitiva normal, e o teste laboratorial mostra homozigose para o alelo apolipoproteína E4. No futuro, essa pessoa é mais propensa a desenvolver qual das seguintes doenças/distúrbios?

A. Doença de Alzheimer
B. Diabetes melito
C. Hiperlipidemia familiar
D. Miocardiopatia hipertrófica
E. Menopausa precoce

RESPOSTAS

45.1 **B.** A função do hipocampo está relacionada com a **consolidação da memória de longo prazo**, ou com a transição da memória de curto prazo para a de longo prazo. A memória de curto prazo envolve o córtex pré-frontal, e a de longo prazo parece ser armazenada de forma difusa em todo o córtex, mas o hipocampo é parte integrante no processo de transição entre as duas. Devido à localização da lesão neste paciente, ele pode recordar das memórias de longo prazo formadas antes do acidente sem dificuldade, e tem uma memória de curto prazo perfeitamente funcional. Sua deficiência é a incapacidade de armazenar suas memórias de curto prazo como memórias de longo prazo.

45.2 **C.** A **potenciação de longa duração**, em que um dado estímulo faz um neurônio pós-sináptico alterar o modo como responde ao estímulo por um longo período (ou permanentemente), é muito importante para o armazenamento da memória de longo prazo. A LTP envolve a neurotransmissão metabotrópica, que altera a expressão do gene na célula-alvo, mas essa neurotransmissão não é suficiente por si só. O mecanismo pelo qual a LTP resulta em armazenamento da memória ainda não foi especificamente determinado.

45.3 **A.** O **cerebelo** desempenha um papel muito importante na aprendizagem de nova memória de procedimento. A outra estrutura que parece estar altamente envolvida na formação da memória e na recuperação estrutural são os núcleos da base. O hipocampo e os corpos mamilares estão envolvidos no processo de consolidação da memória declarativa, e o córtex pré-frontal está envolvido na memória de curto prazo.

45.4 **A.** A **DA** tem uma forte predisposição familiar. Cerca de um terço dos indivíduos afetados tem história familiar. O início é classificado como tendo uma manifestação precoce ou tardia. O início precoce foi definido como apresentar as manifestações clínicas antes de 60 anos e está associado a mutações no gene da proteína precursora amiloide (APP, de *amyloid precursor protein*), no gene da presenilina-1 (cromossomo 14) e no gene da presenilina-2 (cromossomo 1). A DA de início tardio está associada com o alelo E4 do gene da apolipoproteína, embora o mecanismo seja desconhecido.

> ### DICAS DE NEUROCIÊNCIAS
>
> ▶ O circuito neural da memória declarativa inclui os sistemas temporal medial e diencefálico medial.
> ▶ O cerebelo e os núcleos da base integram, armazenam e coordenam a memória de procedimento.
> ▶ À medida que as memórias antigas são armazenadas de forma difusa no córtex, uma perturbação da via do hipocampo conduz a uma incapacidade de consolidar novas memórias, enquanto memórias antigas permanecem intactas.
> ▶ A LTP desempenha um papel significativo, mas ainda não definido, na formação da memória.

REFERÊNCIAS

Bear MF, Connors B, Paradiso M, eds. *Neuroscience: Exploring the Brain*. 3rd ed. Baltimore, MD: Lippincott Williams & Wilkins; 2006.

Kandel ER, Schwarz JH, Jessell TM, Siegelbaum SA, Hudspeth AJ, eds. *Principles of Neural Science*. 5th ed. New York, NY: McGraw-Hill; 2012.

Squire LR, Berg D, Bloom FE, du Lac S, eds. *Fundamental Neuroscience*. 4th ed. San Diego, CA:Academic Press; 2012.

CASO 46

Um paciente destro de 32 anos tem história de crises epilépticas atônicas (*drop attacks*) desde a infância. Ele se apresenta à clínica de neurocirurgia para uma avaliação pré-operatória. Suas crises têm sido manejadas com várias doses elevadas de medicação sem sucesso, e ele continua a ter vários "*drop attacks*" por dia. O paciente tem que usar um capacete em todos os momentos. Ele tem história de múltiplas ocasiões em que não estava usando o capacete e sofreu uma crise atônica, ferindo gravemente a cabeça e o corpo. Atualmente, foi solicitada uma calosotomia para tentar diminuir a frequência de suas crises atônicas.

▶ Qual é a finalidade do corpo caloso?
▶ Quais as complicações que podem ocorrer com a calosotomia?

RESPOSTAS PARA O CASO 46
Síndromes de desconexão

Resumo: Um homem de 32 anos destro com crises atônicas refratárias se prepara para uma calosotomia.

- **Finalidade do corpo caloso:** Comunicação entre os hemisférios cerebrais direito e esquerdo.
- **Complicações da calosotomia: Sinais e sintomas agudos de desconexão.** Imediatamente após uma calosotomia, os pacientes podem apresentar sinais e sintomas agudos da falta de comunicação entre os dois hemisférios. Por exemplo, os pacientes podem sofrer de acinesia leve ou movimentos de concorrência entre as duas mãos. Na verdade, alguns pacientes ficam surpresos com as ações intencionais e independentes de uma mão esquerda "alienígena". No exame, respostas de Babinski bilaterais indicam danos no encéfalo. Edema cerebral pode ocorrer secundário à retração no encéfalo para chegar ao local da cirurgia. Em pacientes com a fala e a lateralidade armazenadas em hemisférios opostos, a calosotomia completa pode levar a dificuldades na produção da fala espontânea.

ABORDAGEM CLÍNICA

A calosotomia é mais eficaz para o tratamento de crises atônicas, crises tônico-clônicas e crises tônicas. A resposta ao tratamento é elevada, com uma diminuição de até 80% na frequência das crises após calosotomia parcial. O foco anormal de origem das crises permanecerá; no entanto, atividade elétrica anormal não será capaz de generalizar para a outra metade do cérebro. Isso leva a uma diminuição não só na frequência, mas também na gravidade das crises epilépticas. Em longo prazo, os sinais e os sintomas de desconexão por calosotomia são indistinguíveis dos indivíduos com circuitos intactos, com exceção de certos problemas de memória e respostas em situações especiais de testes de lateralização. A falta de comunicação inter-hemisférica não parece afetar a vida cotidiana. Por exemplo, a especialização hemisférica e a inibição da transferência inter-hemisférica podem ser demonstradas quando um indivíduo destro recebe um objeto familiar em sua mão esquerda (grafestesia) e não pode nomeá-lo. Aparentemente, os pacientes com o cérebro dividido são capazes de compensar essas deficiências por meio de truques para acionar o hemisfério oposto. Por exemplo, como o hemisfério direito pode reconhecer palavras individuais, um paciente pode dizer em voz alta o nome de um objeto, a fim de facilitar o reconhecimento com a mão esquerda.

ABORDAGEM ÀS
Síndromes de desconexão

OBJETIVOS

1. Ser capaz de identificar diferentes tipos de sinais e síndromes de desconexão.
2. Conhecer os testes que podem ser executados para isolar a função de qualquer um dos hemisférios cerebrais.

DEFINIÇÕES

ACINESIA: "Congelamento" dos movimentos do corpo; dificuldade em iniciar ou manter um movimento do corpo.
AGENESIA DO CORPO CALOSO: Falta congênita de neurônios de conexão inter-hemisférica.
RESPOSTA DE BABINSKI: Um estímulo tátil firme aplicado à sola lateral do pé a partir do calcanhar até a almofada do pé leva à extensão do hálux e à separação dos dedos do pé. É normal em crianças com menos de dois anos. Em adultos, é um sinal de lesão encefálica ou medular.
GRAFESTESIA: Capacidade tátil de reconhecer letras escritas na pele.
ANOSMIA VERBAL: Incapacidade de nomear cheiros apresentados apenas à narina direita; no entanto, a mão esquerda pode usar informações táteis para encontrar o objeto correspondente.
HEMIANOPSIA DUPLA: Incapacidade de indicar o lado de um estímulo visual com a mão contralateral.
ANOMIA UNILATERAL: Incapacidade de nomear um objeto com estímulo puramente tátil. O objeto pode ser nomeado quando colocado na mão direita.
AGRAFIA UNILATERAL: Incapacidade de escrever com a mão esquerda, enquanto escreve bem com a mão direita, ou vice-versa.
APRAXIA UNILATERAL: Incapacidade de executar um comando verbal com a mão esquerda que é facilmente realizado pela mão direita, ou vice-versa.
APRAXIA DE CONSTRUÇÃO UNILATERAL: Incapacidade da mão direita de executar tarefas que requerem habilidades de cognição espacial do hemisfério direito. Exemplos incluem copiar formas geométricas e completar cálculos matemáticos que exigem anotar as etapas de procedimento.

DISCUSSÃO

Sinais e síndromes de desconexão cortical são secundários a lesões na substância branca subcortical que liga duas regiões do encéfalo. Podem ser classificados como intra-hemisféricos ou inter-hemisféricos.

Síndromes de desconexão intra-hemisféricas envolvem danos às conexões na substância branca profunda entre estruturas dentro do mesmo hemisfério. No hemisfério dominante, isso pode incluir estruturas envolvidas na linguagem. O fascículo arqueado conecta as áreas da fala de Wernicke e de Broca. O rompimento dessa conexão leva à retenção da fala fluente (embora com disfagia) e da compreensão; no entanto, os pacientes têm dificuldade com a repetição. Isso é referido como uma afasia de condução, em que a informação recebida na **área de Wernicke** não pode ser transferida para a **área de Broca**. Danos na substância branca que liga o córtex auditivo primário com as áreas de associação auditiva levam a uma surdez pura à palavra. O paciente pode "ouvir" (isto é, os mecanismos físicos e neuronais para conduzir estímulos auditivos do ouvido até o córtex auditivo primário estão intactos), e os exames de audiometria são normais. No entanto, o paciente não será capaz de perceber e processar a informação, tornando-o funcionalmente surdo. Um paciente com surdez pura à palavra tem compreensão de expressão prejudicada, mas é capaz de produzir a fala e compreender a linguagem escrita normalmente.

Outro distúrbio de linguagem envolve o aparelho motor utilizado para a produção da fala. Apraxia das áreas bucal e lingual pode ocorrer secundária à desconexão entre as áreas de associação do córtex motor na região subcortical. Os sinais incluem fraqueza braquifacial à direita e apraxia da língua, dos lábios e dos movimentos dos membros à esquerda.

Três estruturas principais permitem a comunicação entre os hemisférios cerebrais: a comissura anterior (sistema olfativo e límbico), a comissura do hipocampo (sistema límbico) e o corpo caloso (processamento cortical hemisférico). Desconexão inter-hemisférica resulta de uma lesão no corpo caloso. Um exemplo de um sintoma que pode ser visto no paciente neste caso durante o período pós-operatório agudo é a apraxia da mão esquerda a comandos verbais. Isso ocorre devido à desconexão entre a região motora direita e a área de linguagem esquerda. Ao contrário de lesões unilaterais, a síndrome de desconexão aguda não inclui sintomas como heminegligência e afasia. Na verdade, após alguns meses, a maioria dos pacientes parece normal, tanto em interações sociais iniciais quanto nos exames neurológicos de rotina. Os pacientes parecem sofrer déficits sutis de memória, linguagem e personalidade. Ainda assim, os pacientes com o cérebro dividido fornecem um importante exemplo da plasticidade cerebral. Por exemplo, inicialmente a apraxia à esquerda aos comandos verbais é uma manifestação de má compreensão da linguagem do hemisfério direito. Como há um aumento contralateral na compreensão da linguagem e um aumento ipsilateral no controle motor, a apraxia à esquerda melhora.

A agenesia do corpo caloso, quando acompanhada por outros defeitos encefálicos, causa sintomas graves (crises epilépticas, deficiência intelectual, hidrocefalia, espasticidade). Há, no entanto, alguns indivíduos com agenesia isolada do corpo caloso que têm inteligência normal e cujos déficits só são percebidos mediante exercícios que exigem adequação dos padrões visuais. Muitos dos pacientes minimamente afetados com agenesia do corpo caloso não manifestam os sinais de desconexão, enquanto os indivíduos mais velhos com calosotomia manifestam esses sinais.

Vários testes podem ser realizados para isolar a função de qualquer um dos hemisférios. Por exemplo, quando um paciente com cérebro dividido vê um retrato quimérico, uma imagem é enviada para o lado esquerdo do cérebro e outra imagem distinta é enviada para o lado direito. Quando é solicitado ao paciente para apontar para a figura inteira, ele em geral escolhe a imagem enviada para o hemisfério direito (reconhecimento facial); no entanto, quando solicitado a escolher verbalmente a imagem, o paciente vai falar da imagem que foi enviada para o hemisfério esquerdo (dominância da fala). A localização do objeto também não é afetada, pois o colículo superior tem aferências bilaterais para localização espacial. A aferência estereognóstica de um lado só é percebida pelo hemisfério contralateral. Para um paciente com síndrome de desconexão inter-hemisférica, um objeto na mão esquerda só pode ser percebido pelo hemisfério direito, mas não pode ser nomeado. Quando palavras diferentes são apresentadas em cada um dos ouvidos, a via ipsilateral do ouvido esquerdo é suprimida pelo ouvido direito dominante contralateral, então o paciente repete a palavra apresentada no ouvido direito.

> **CORRELAÇÃO COM O CASO CLÍNICO**
> - Ver Casos 41 a 49 (cognição).

QUESTÕES DE COMPREENSÃO

46.1 Uma menina de 13 anos tem epilepsia generalizada refratária grave. Ela tem crises tônico-clônicas diárias que não respondem ao tratamento com doses terapêuticas de muitos fármacos antiepilépticos diferentes. Em um esforço para controlar suas crises, sua família está considerando a cirurgia para o tratamento da epilepsia. Qual a estrutura, que normalmente permite a comunicação cortical inter-hemisférica, pode ser cauterizada para ajudar a controlar as crises epilépticas em casos extremos como este?

   A. Comissura anterior
   B. Corpo caloso
   C. Comissura hipocampal
   D. Comissura posterior

46.2 Um homem de 62 anos é levado ao consultório do médico de família devido a um comportamento estranho de início abrupto. De acordo com sua esposa, um dia antes ele simplesmente parou de responder quando ela falava com ele. No exame, o paciente responde a sons em sua direção, pode ler e entender perfeitamente e pode falar de forma compreensível sem qualquer problema. O único déficit parece ser na compreensão da fala. Qual o termo que melhor descreve o déficit deste paciente?

A. Afasia de Wernicke
B. Afasia global
C. Surdez pura à palavra
D. Surdez cortical

46.3 Um homem de 57 anos apresenta-se à clínica médica com algumas dificuldades na fala, principalmente quando se trata de leitura em voz alta e repetição das palavras. O médico solicita uma ressonância magnética, que mostra uma lesão na área do fascículo arqueado. Uma lesão nessa área pode resultar em que déficit relacionado à fala?

A. Afasia produtiva
B. Afasia receptiva
C. Afasia transcortical
D. Afasia condutiva

RESPOSTAS

46.1 **B**. O **corpo caloso** é um feixe de substância branca que no cérebro normal serve como a principal comunicação entre os hemisférios cerebrais e está envolvido no processamento cortical inter-hemisférico. Ele pode ser seccionado para ajudar a controlar uma epilepsia grave, com resultados bastante positivos em pacientes com crises incapacitantes. A comissura anterior e a comissura do hipocampo estão envolvidas no sistema límbico, e a comissura posterior está envolvida no reflexo pupilar à luz.

46.2 **C**. Este paciente tem o que é conhecido como **surdez pura à palavra**, que é causada por um dano na substância branca que conecta o córtex auditivo primário, localizado no giro temporal transversal de Heschl, à área de Wernicke, localizada na parte posterior do giro temporal superior. Esse dano inibe a chegada de informações sobre a fala ouvida no centro de compreensão na área de Wernicke, fazendo o paciente ser funcionalmente surdo quando se trata de fala. Entretanto, o paciente pode ouvir virando a face em direção ao ruído e pode compreender palavras escritas, porque as conexões entre o córtex visual e a área de Wernicke estão intactas. Na surdez cortical, lesões no córtex auditivo bilateral tornam os pacientes surdos, embora as estruturas cerebrais inferiores respondam ao som, e os pacientes afásicos têm dificuldade de gerar fala.

46.3 **D**. O fascículo arqueado conecta as áreas de Wernicke e de Broca, e uma lesão resulta na conhecida **afasia de condução**. As manifestações primárias são dificuldades em repetir palavras e ler em voz alta, porque a compreensão das palavras na área de Wernicke não pode ser comunicada à área de Broca para a geração de fala.

> ### DICAS DE NEUROCIÊNCIAS
>
> ▶ Os sinais e as síndromes de desconexão cortical são devidos a lesões na substância branca subcortical que liga duas regiões do cérebro.
> ▶ A desconexão inter-hemisférica resulta de uma lesão do corpo caloso.
> ▶ Pacientes com uma calosotomia parecem normais em interações sociais iniciais, e somente exames neurológicos específicos podem produzir os sinais de desconexão.

REFERÊNCIAS

Bear MF, Connors B, Paradiso M, eds. *Neuroscience: Exploring the Brain*. 3rd ed. Baltimore, MD: Lippincott Williams & Wilkins; 2006.

Kandel ER, Schwarz JH, Jessell TM, Siegelbaum SA, Hudspeth AJ, eds. *Principles of Neural Science*. 5th ed. New York, NY: McGraw-Hill; 2012.

Squire LR, Berg D, Bloom FE, du Lac S, eds. *Fundamental Neuroscience*. 4th ed. San Diego, CA: Academic Press; 2012.

CASO 47

Um homem de 23 anos é levado à clínica médica por sua mãe. Ela afirma que ele não tem se comportado normalmente como de costume desde que teve um ferimento na cabeça durante a guerra. Anteriormente era uma pessoa educada e calma, e agora está mal-humorado e faz comentários inadequados com frequência. Como resultado, o paciente não tem conseguido manter um emprego estável e afastou muitos de seus amigos. Ela diz ter notado que tarefas simples começaram a ser mais frustrantes para ele ultimamente; no mais, não parece ter mudado desde sua lesão.
No exame, o paciente tem uma cicatriz na testa direita. Seu exame neurológico é normal com exceção de perseveração no teste de função cerebelar.

▶ Qual é a área encefálica que provavelmente foi lesionada, ocasionando os sintomas neste paciente?
▶ Por que o paciente apresenta alterações de personalidade?
▶ Como o paciente responde quando confrontado com uma tarefa nova?

RESPOSTAS PARA O CASO 47
Função executiva

Resumo: Um paciente de 23 anos com uma lesão encefálica pós-traumática se apresenta com sintomas de desinibição e mudança de personalidade.

- **Região do cérebro provavelmente lesionada:** Os lobos frontais, o local da função cognitiva executiva, são as áreas que mais provavelmente tenham sido danificadas. Eles estão comumente envolvidos na lesão encefálica traumática (LET), devido à localização e ao tamanho. Da mesma forma, a asa do esfenoide e a órbita do crânio danificam o cérebro quando pressionadas com força sobre o tecido.
- **Causa mais provável dos sintomas do paciente:** Os lobos frontais são responsáveis pela função cognitiva executiva e são considerados a fonte da personalidade e do controle emocional. Pacientes com síndrome disexecutiva têm dificuldade em ambientes sociais que exigem processos de pensamento intrincados e nuances intuitivas.
- **Quando o paciente é confrontado com uma tarefa nova:** O sistema executivo facilita a aprendizagem, com as ações e a resolução de problemas sendo realizadas com menos esforço com a repetição. Os lobos frontais também funcionam na conceituação de problemas abstratos e seguem com um plano complexo, predeterminado. A incapacidade de se adaptar a novas situações e interações combinada com uma desinibição do controle emocional e normas sociais pode levar os pacientes com danos no lobo frontal a se tornarem facilmente enfurecidos.

ABORDAGEM CLÍNICA
Os sintomas apresentados pelo paciente sugerem que ele tem uma lesão no lobo frontal. As lesões nos lobos frontais são conhecidas por causar agressividade em pacientes (ou seja, fenômeno de Phineas Gage) e dificultar a realização de funções executivas. Essas funções incluem comportamentos como o planejamento de tarefas em várias etapas, a capacidade de mudança rápida para um modo mental adequado, a capacidade de resistir a distrações ou impulsos internos, a antecipação, a análise lógica, a memória de trabalho, a execução de multitarefa e a tomada de decisão.

ABORDAGEM À
Função executiva

OBJETIVOS
1. Ser capaz de definir o papel dos lobos frontais na função cognitiva superior.
2. Compreender os sintomas comuns associados com as lesões do lobo frontal e a LET.
3. Estar familiarizado com os mecanismos dos testes da função executiva.

DEFINIÇÕES
PERSEVERAÇÃO: Repetição persistente de uma atividade, palavra, frase, ou movimento, sem qualquer estímulo aparente para tanto.

GOLPE/CONTRAGOLPE: Contusões no local de impacto (golpe) e no lado oposto (contragolpe) do cérebro.
TESTE DE THURSTONE (FLUÊNCIA DE LETRAS, GERAÇÃO DE PALAVRAS): Peça ao paciente para gerar o maior número de palavras possível iniciando com a letra F em 1 minuto. A pontuação normal para um nativo na língua inglesa com ensino médio pelo menos é de oito palavras ou mais.
SÉRIE DE 7S: Contagem regressiva desde 100 de 7 em 7. Testa a concentração e a memória. Soletrar a palavra "mundo" de trás para frente comumente é usado como um substituto para os pacientes que não podem realizar cálculos de 7.
TESTE DOS DÍGITOS: Também uma medida de atenção e concentração. A quantidade normal é de sete dígitos para frente e cinco dígitos para trás. Uma quantidade de dígitos anormal é o déficit neuropsicológico mais comum em pacientes com traumatismo craniano.

DISCUSSÃO

O **lobo frontal** é uma área no cérebro de mamíferos localizada na parte frontal de cada hemisfério cerebral. Os lobos frontais são posicionados anteriormente aos lobos parietais, e os lobos temporais estão localizados embaixo e atrás dos lobos frontais. No cérebro humano, o giro pré-central e o tecido cortical relacionado que se dobra em sulco central compreendem o córtex motor primário, que controla os movimentos voluntários de partes específicas do corpo associadas com áreas do giro. Os lobos frontais desempenham um papel no controle dos impulsos, no julgamento, na produção de linguagem, na memória de trabalho, na função motora, no comportamento sexual, na socialização e na espontaneidade. Eles auxiliam no planejamento, na coordenação, no controle e na execução de comportamento. As pessoas que têm lobos frontais danificados podem ter problemas com esses aspectos da função cognitiva, sendo, por vezes, impulsivas, com prejuízo em sua capacidade de planejar e executar sequências complexas de ações, e talvez persistentes em uma ação ou um padrão de comportamento que deveria ser mudado.

As funções executivas do lobo frontal envolvem o pensamento abstrato, a aquisição de regra, a resolução de problemas, o planejamento, a flexibilidade cognitiva, a seleção de informações sensoriais relevantes, a iniciativa, o monitoramento do comportamento por meio de julgamento e controle de impulsos, a função motora, a memória executiva, a linguagem, o comportamento sexual e a tomada de decisões. **Permitem a adaptação a novos ambientes e a aquisição de novas habilidades ou maneiras de pensar.** Isso inclui a percepção e a correção de erros, permitindo a um indivíduo enfrentar situações perigosas ou tecnicamente difíceis. Importante no funcionamento social, a cognição executiva permite a **supressão de respostas habituais fortes ou tentações.**

O sistema executivo organiza e prioriza recursos cognitivos de modo a permitir a conceituação complexa de problemas abstratos e a execução de planos e ações detalhados. Ele é necessário para a previsão ou o planejamento temporal, para a análise crítica de regras, limitações e capacidades, para o foco na realização de metas, e para a reflexão com o objetivo de resolução de problemas e adaptação. Para situações já vistas previamente, um paciente com síndrome disexecutiva pode contar com respostas físicas e psicológicas automáticas aprendidas. Em situações novas, no entanto, o paciente não tem essas respostas automáticas para organizar seus pensamentos, a fim de lidar com as novas circunstâncias. Os pacientes são incapazes de chegar a determinado objetivo devido à incapacidade de planejar e executar as pequenas etapas individuais para alcançar o fim desejado. O resultado é que o paciente é visto como apático e facilmente distraído. Isso também pode ser frustrante para o paciente, o que pode levar a explosões de raiva.

Podem ocorrer danos aos lobos frontais, devido a lesão traumática, lesões de massa, doença cerebrovascular e degenerativa, ou infecção. Por exemplo, os lobos frontais são afetados pelo envelhecimento normal e por processos degenerativos patológicos, como a esclerose múltipla, a doença de Huntington e a doença de Alzheimer. Doença cerebrovascular, como a oclusão ou hemorragia da artéria comunicante anterior, também pode levar a danos dos lobos frontais. O neurotransmissor dominante no lobo frontal é a dopamina. Os baixos níveis de dopamina muitas vezes apresentam-se como uma perturbação do funcionamento do lobo frontal, como na esquizofrenia.

O exemplo mais citado de um paciente com síndrome disexecutiva é o de Phineas Gage. O Sr. Gage teve ferimentos no córtex pré-frontal (CPF) devido a um acidente de construção de uma estrada de ferro em 1848, quando um calcamento de ferro de 1.1-m e 6 kg penetrou por debaixo do osso da bochecha esquerda, atravessando para fora através da parte superior da cabeça. O Sr. Gage passou de um homem eficiente a um indivíduo impulsivo, com incapacidade de planejar e realizar metas produtivas. **Enquanto a inteligência permanece intacta, os pacientes com danos no lobo frontal mostram dificuldade com o controle emocional, a interação social e a memória.** Essa desinibição é atribuída a uma desconexão entre o CPF e o sistema nervoso visceral. Sem uma "advertência" para alertar o indivíduo sobre uma situação perigosa, indesejável ou sensível, a tomada de decisões executivas é gravemente prejudicada. Como tal, a cognição executiva não age no sentido de nos informar sobre quais comportamentos são adequados, mas sim no sentido de nos deter de interações inapropriadas. A dificuldade em interpretar os estímulos ambientais contribui para a disfunção social e o prejuízo na aprendizagem descritos anteriormente (retroalimentação para orientar o comportamento).

As dificuldades no controle de impulso que levam à disfunção social também podem se manifestar como o comportamento de utilização. Por exemplo, sem instrução ou razão, os pacientes podem ser obrigados a usar os objetos do cotidiano que estão dentro de seu campo visual. Por exemplo, se um paciente vê uma escova de dente na sua frente, ele começa a escovar os dentes, e o faz repetidamente, mesmo que já tenha escovado os dentes. Quando questionado por que está usando esse objeto sem propósito, o paciente tende a confabular. Os pacientes também podem perseverar na fala e na ação.

A espontaneidade também parece se originar nos lobos frontais. Pacientes com lesões no lobo frontal têm a expressão facial limitada e podem ter tanto um aumento (frontal direito em um indivíduo destro) quanto uma diminuição da espontaneidade da fala (frontal esquerdo). Os pacientes também podem ter déficits de memória declarativa ou memória para ordem temporal de eventos. A memória de trabalho e a atenção são muitas vezes prejudicadas. Isso contrasta com os déficits de memória declarativa encontrados no dano hipocampal.

> **CORRELAÇÃO COM O CASO CLÍNICO**
> - Ver Casos 41 a 49 (cognição).

QUESTÕES DE COMPREENSÃO

Consulte o seguinte caso para responder as perguntas 47.1 e 47.2:
Um homem de 29 anos está internado devido a um acidente de moto em que foi lançado de sua moto sem capacete e sofreu um ferimento na cabeça. Após várias semanas de sedação e intubação na unidade de tratamento intensivo, ele se recupera fisicamente o suficiente para ser enviado para casa com sua família. Eles relatam, no entanto, que sua personalidade mudou desde o acidente, e querem saber se a lesão na cabeça pode ser responsável por isso.

47.1 A família do paciente relata que, antes do acidente, ele era muito organizado e sabia o que queria da vida. Agora, só fica sentado, realmente não se importa com nada, "permite que as pessoas passem por cima dele", e é completamente incapaz de planejar qualquer coisa. Dano em que região do cérebro deste homem poderia ser responsável por esses sintomas?

   A. Córtex frontal dorsolateral
   B. Córtex orbitofrontal
   C. Córtex parieto-occipital
   D. Córtex occipitotemporal

47.2 A família do paciente relata que, antes do acidente, ele era uma pessoa um pouco reservada, bem-comportada, muito confiável e segura. Desde o acidente, ele se comporta de forma muito inadequada, fugindo de responsabilidades e trocando de uma atividade para outra. Dizem que ele não parece mais ter qualquer tipo de filtro interno, e não parece se importar com as normas sociais – faz o que quer, quando quer. Dano em que região do cérebro poderia explicar esses sintomas?

   A. Córtex frontal dorsolateral
   B. Córtex orbitofrontal
   C. Córtex parieto-occipital
   D. Córtex occipitotemporal

47.3 O médico vê um paciente em um hospital psiquiátrico em regime de internação que foi "tratado" para esquizofrenia com uma lobotomia frontal anos atrás. Ele é muito calmo, mostra muito pouca emoção e é relativamente desinteressado no que está acontecendo ao seu redor. Além desses achados, em qual processo é mais provável que ele tenha déficits?

   A. Processamento visuoespacial
   B. Produção de linguagem
   C. Aprendizagem motora
   D. Resolução de novos problemas

RESPOSTAS

47.1 **A.** O **córtex frontal dorsolateral** está associado com o planejamento e a formação de estratégia, e lesões nesse local costumam causar apatia, falta de capacidade de planejamento e comportamento excessivamente passivo, como se vê neste paciente. Os lobos frontais, em geral, estão envolvidos na função executiva, que consiste em, entre outras coisas, planejamento, resolução de problemas, pensamento abstrato, bom senso e inibição comportamental.

47.2 **B.** Este homem tem uma lesão no **córtex orbitofrontal**, que está associado com a inibição do comportamento. Pacientes com lesões nessa área normalmente se comportam mal em situações sociais e, muitas vezes, envolvem-se em comportamento hipersexual, abuso de álcool e drogas, e podem se envolver compulsivamente em jogos.

47.3 **D.** Seria de se esperar que este paciente, que teve uma lobotomia frontal, tivesse déficits em funções executivas, como a **resolução de novos problemas**. Os pacientes com disfunção do lobo frontal muitas vezes podem lidar com problemas que já tenham tido antes, pois podem contar com o comportamento aprendido a partir de experiências anteriores. Quando confrontados com uma situação nova, no entanto, eles têm grande dificuldade em resolver problemas e planejar o que fazer.

DICAS DE NEUROCIÊNCIAS

▶ A função executiva dos lobos frontais coordena habilidades adaptativas e de resolução de problemas quando apresentada a uma nova situação.
▶ Os lobos frontais permitem avisos de normas sociais, permitindo a supressão de fortes respostas habituais ou tentações.
▶ A LET envolvendo o lobo frontal leva a problemas com o controle emocional, a interação social e a memória, apesar do fato de a inteligência não ser afetada.

REFERÊNCIAS

Adolphs R, Tranel D, Damasio AR. The human amygdala in social judgment. *Nature*. Jun 4 1998; 393(6684):470-474.

Saver JL, Damasio AR. Preserved access and processing of social knowledge in a patient with acquired sociopathy caused by ventromedial frontal damage. *Neuropsychologia*. 1991;29(12):1241-1249.

CASO 48

Um homem de 19 anos que sofreu um acidente com sua motocicleta é levado à emergência por paramédicos. Ele não consegue se lembrar do acidente, mas diz que não estava usando capacete. O paciente está alerta e orientado, queixando-se de náuseas e vômitos, e apresenta uma contusão no lado esquerdo do couro cabeludo, uma laceração e uma fratura óssea subjacente. Você envia o paciente para realizar uma tomografia computadorizada (TC) de crânio e solicita uma avaliação neurocirúrgica urgente. Enquanto espera na sala de cirurgia, o paciente torna-se mais difícil de despertar e mantém-se confuso. Com base na apresentação, você faz o diagnóstico de um hematoma epidural (HED).

▶ Qual artéria é suscetível de ser afetada levando ao HED?
▶ Qual a explicação mais provável para os sintomas do paciente?
▶ O que a TC de crânio do paciente provavelmente revela?

RESPOSTAS PARA O CASO 48
Consciência

Resumo: Um homem de 19 anos, depois de um acidente de motocicleta sem capacete, apresenta-se com traumatismo craniano e diminuição do nível de consciência. Ele está com amnésia do acidente, tem um período de lucidez, mas em seguida, após a TC de crânio, torna-se obnubilado. A TC revela um HED.

- **Artéria afetada:** A **artéria meníngea média** percorre a superfície da dura-máter, e a ruptura dessa artéria conduz ao aprisionamento de sangue entre a dura-máter e o crânio, o que é conhecido como HED.
- **Causa mais provável dos sintomas deste paciente:** Apesar de não ocorrer em todos os pacientes com HED (< 20%), há uma janela de lucidez clássica, em que o paciente está alerta, mas, em seguida, rapidamente deteriora.
- **A TC de crânio do paciente provavelmente revela:** Um HED, com uma fratura de crânio aberta e deprimida. O achado clássico de um HED é uma lesão biconvexa ou lenticular, extra-axial, homogênea, geralmente limitada pelas linhas de sutura. Isso contrasta com um hematoma subdural, que segue a convexidade do cérebro.

ABORDAGEM CLÍNICA

Traumatismo cranioencefálico e o resultante aumento da pressão intracraniana (PIC) podem levar a mudanças no nível de consciência do paciente. No HED, assim como em outras lesões ocupando o espaço supratentorial, uma pressão é exercida sobre o encéfalo, conduzindo a desvio da linha média. O HED comumente resulta de laceração da artéria meníngea média. Se a PIC continua a aumentar, ocorre hemiparesia contralateral e dilatação da pupila ipsilateral (secundária a herniação subfalcina e compressão do terceiro nervo craniano). Sem intervenção, isso pode progredir para uma postura flexora e depois extensora, e os pacientes podem apresentar uma resposta de Cushing: hipertensão, bradicardia e ampliação da pressão de pulso. A mortalidade de HED pode variar de 5 a 50%, dependendo da apresentação do paciente (escala de coma de Glasgow), da progressão e de outros fatores, incluindo a idade, a localização (p. ex., na fossa posterior vs. temporal) e o tamanho da lesão. Uma excelente recuperação está prevista para os pacientes com um nível de consciência normal no pré-operatório, e um aumento da mortalidade está previsto para os pacientes obnubilados (10%) e comatosos (20%).

ABORDAGEM À
Consciência

OBJETIVOS
1. Conhecer a definição de consciência.
2. Saber como avaliar a consciência.
3. Compreender a relação neuroanatômica entre o aumento da PIC e a diminuição do nível de consciência.

DEFINIÇÕES

CONSCIÊNCIA: Conhecimento de si e do ambiente (referido como o conteúdo da consciência) e a facilidade de despertar (referida como nível de consciência).
OBNUBILADO: Entorpecido ou embotado.
ESTUPOR: Sensações ou sensibilidade reduzidas.
ESTADO VEGETATIVO PERSISTENTE: Vigília sem consciência, com os ciclos de sono/vigília intactos.
COMA: Estado sem despertar, seja por estímulos externos ou necessidades internas, ausência de ciclos de sono/vigília.
SÍNDROME DO ENCARCERAMENTO: Paralisia dos músculos voluntários, exceto dos movimentos oculares, sem qualquer perturbação de consciência.
REFLEXO OCULOCEFÁLICO (REFLEXO DO OLHO DE BONECA): Movimento conjugado dos olhos oposto à movimentação da cabeça, a fim de manter o olhar para frente durante a rotação do pescoço. Lesões de tronco encefálico levam a ausência ou assimetria dos movimentos oculares.
REFLEXO CALÓRICO: Água gelada colocada no conduto auditivo externo leva a um desvio conjugado do olho, lento e ipsilateral.
"BOBBING" OCULAR: Movimento ocular rápido para baixo, conjugado e bilateral, seguido de um retorno lento para a posição na linha média.

DISCUSSÃO

A consciência envolve a capacidade de estar acordado, alerta e consciente. Como a consciência, o despertar não é um conceito de tudo-ou-nada, mas sim que varia da desatenção ao estupor e à obnubilação. A consciência é um processo complexo, centrado em torno do sistema ativador reticular (SAR). **O SAR é uma porção da ponte rostral (zona tegmental paramediana), caudalmente contínua com a medula espinal e rostral com o subtálamo, o hipotálamo e os núcleos talâmicos.** A consciência depende de conexões diencefálicas intactas com o SAR. Os neurônios ascendentes colinérgicos do SAR que se projetam para o tálamo agem como um interruptor liga-desliga (*on-off*), determinando se a informação ascendente chega ao córtex e se a informação descendente é igualmente transmitida. As vias de acetilcolina sensibilizam os neurônios do tálamo, permitindo a aferência sensorial. Isso conduz a um estado de "despertar".

Perturbações da consciência têm várias etiologias, incluindo lesão traumática, distúrbios metabólicos e psiquiátricos, infarto/hemorragia, distúrbios do tronco encefálico, etiologias neoplásicas e toxinas. O coma resulta de uma lesão bilateral ou de lesões nos hemisférios cerebrais, no tálamo, no hipotálamo e/ou no SAR. Conforme descrito neste caso, aumentos na PIC podem levar a hérnia tentorial e compressão do SAR do tronco encefálico. O coma geralmente é causado por lesões rostrais ao nível da ponte.

A **escala de coma de Glasgow** (**GCS**, de *Glasgow coma scale*), que é um sistema de pontuação do exame físico validado para avaliar os níveis de consciência, demonstra ser preditiva de prognóstico após uma lesão neurológica. Ela é determinada por três categorias: olho (O), verbal (V) e motor (M). Os testes são classificados como se segue, com escores totais que variam de 3 a 15:

- **Olho**
- Abre de forma espontânea (4), abre ao som (3), abre à dor (2), não abre (1).
- **Verbal**
- Responsivo e adequado (5), confuso (4), ininteligível (3), geme à dor (2), em silêncio (1).
- **Motor**
- Segue comandos (6), localiza a dor (5), retira da dor (4), resposta em decorticação ou flexora (3), resposta em descerebração ou extensora (2), nenhum movimento (1).

A GCS define arbitrariamente o coma como incapacidade de abrir os olhos em resposta ao comando verbal (E2), resposta flexora fraca (M4), emissão de sons irreconhecíveis apenas em resposta à dor (V2).

O exame oftalmológico fornece informação importante sobre a origem da diminuição da consciência. Em um insulto nos hemisférios bilaterais, o exame pupilar e de resposta oculocefálica é normal. Como mencionado neste caso, lesões de massa supratentoriais levam à compressão do tronco encefálico secundária e a uma pupila midriática não reativa no mesmo lado da lesão. Lesões de tronco encefálico levam a respostas oculocefálicas anormais. Pacientes com distúrbios metabólicos têm pupilas normais. Uma formação reticular pontina intacta permite que o paciente pisque, espontaneamente ou em resposta a estímulos. Movimentos oculares itinerantes ocorrem com núcleos e conexões do terceiro nervo intactos, ou seja, o insulto provavelmente é tóxico/metabólico ou bi-hemisférico. Crises epilépticas apresentam-se com o desvio contralateral do olhar conjugado. Lesões pontinas agudas levam ao "*bobbing*" ocular. Ausência de resposta oculocefálica indica a progressão para realizar a avaliação do reflexo calórico.

O núcleo rubro é importante para a localização de uma lesão que afeta a consciência. A eferência do núcleo rubro reforça a flexão contra a gravidade da extremidade superior. Quando isso é perdido, a falta de regulação da eferência pelos tratos vestibulospinal e reticulospinal reforça a extensão das extremidades. Se o paciente tem uma lesão de neurônios motores superiores acima do núcleo rubro, ele terá uma postura flexora ou decorticada. Ao receber um estímulo doloroso, o paciente terá flexão do membro superior com pronação do antebraço e extensão dos membros inferiores com inversão do pé. Com as lesões abaixo do nível do núcleo rubro, mas acima do nível dos núcleos vestibulospinal e reticulospinal, ele terá uma postura descerebrada. Postura descerebrada é a extensão e a pronação dos membros superiores com extensão dos membros inferiores. Com uma lesão do bulbo, o trato corticospinal descendente é interrompido, levando a flacidez aguda.

CORRELAÇÃO COM O CASO CLÍNICO
- Ver Casos 41 a 49 (cognição).

QUESTÕES DE COMPREENSÃO

48.1 Uma paciente de 32 anos é levada à emergência pelos paramédicos após um acidente de automóvel com capotagem, em que ela estava presa no carro e teve de ser retirada com ferramenta hidráulica de resgate. Na chegada à emergência, ela está completamente indiferente e tem uma pontuação na GCS de 4. Qual(is) estrutura(s) normal(is) do sistema nervoso central é/são necessária(s) para a manutenção da consciência?

   A. Córtex cerebral
   B. SAR
   C. Medula espinal
   D. Córtex cerebral e SAR

48.2 Você está examinando um paciente em coma na unidade de tratamento intensivo. Seu primeiro item do exame são os reflexos básicos de tronco encefálico, e você começa com os reflexos pupilares. Brilhando uma luz em qualquer um dos olhos, as respostas do paciente são iguais, constrição pupilar direta e consensual. Com base somente nessa constatação, onde você iria localizar a lesão que está causando o coma?

   A. Lesão cortical difusa
   B. Danos no mesencéfalo
   C. Danos na ponte
   D. Danos no bulbo

48.3 Você está examinando um paciente irresponsivo, levado à emergência pelo serviço médico de emergência. Quando aplicado um estímulo doloroso, o paciente responde flexionando todas as extremidades (postura decorticada, com escore 2 na seção motora da GCS). Essa resposta indica uma eferência motora direcionada para qual nível do sistema nervoso?

   A. Córtex cerebral
   B. Núcleo rubro

C. Formação reticular pontina
D. Núcleos vestibulares

RESPOSTAS

48.1 **D.** A consciência depende da interação entre **o córtex cerebral e o SAR** intactos, e danos em uma dessas estruturas ou em ambas ou nas comunicações entre elas podem causar perda da consciência ou coma. O SAR serve como um portão que determina se a aferência sensorial é ou não retransmitida para o córtex; assim, sem ele, não há informações para o córtex, tornando-o incapaz de interagir com o mundo exterior. Lesões difusas do córtex com um SAR intacto também podem causar coma, porque, embora a informação possa atingir o córtex, ela não pode ser processada.

48.2 **A.** Por causa da variedade de sintomas deste paciente, parece que há múltiplas lesões responsáveis por **dano cortical difuso**. Reflexos pupilares intactos indicam mesencéfalo e tronco encefálico intactos e em funcionamento. O reflexo depende de estruturas intactas no colículo superior e no complexo oculomotor, sendo que ambos residem no mesencéfalo. Neste paciente, disfunção cortical difusa é a causa provável, possivelmente a partir de uma lesão hipóxico-isquêmica no córtex ou uma encefalopatia metabólica.

48.3 **B.** A eferência motora do **núcleo rubro** através do trato rubrospinal estimula a flexão contra a gravidade das extremidades. Interrupção do controle motor descendente entre o córtex e o núcleo rubro faz ela ser a eferência motora primária, resultando em postura decorticada (flexora). Interrupção do controle motor abaixo do nível do núcleo rubro leva a eferência motora a ser conduzida pelos tratos reticulospinais e vestibulospinais, que estimulam os extensores, resultando em postura descerebrada (extensora).

DICAS DE NEUROCIÊNCIAS

▶ Uma parte da ponte rostral, o SAR desempenha um papel fundamental na consciência, agindo como um interruptor liga-desliga (on-off) entre a medula espinal e o tálamo.
▶ A GCS é uma avaliação validada para consciência e função neurológica em pacientes com lesão cerebral.
▶ Lesões rostral ou caudal ao núcleo rubro resultam em postura decorticada ou descerebrada.

REFERÊNCIA

Bateman DE. Neurological assessment of coma. *J Neurol Neurosurg Psychiatry*. September 2001;71 (suppl 1):i13-i17.

CASO 49

Uma paciente de 47 anos chega ao pronto-socorro queixando-se de fortes dores de cabeça, rigidez na nuca, náuseas e vômitos durante as últimas seis horas. O marido da paciente diz que ela estava reclamando de dor de cabeça, a pior que já teve, por cerca de quatro horas. A paciente não teve problemas de saúde anteriormente. Agora, ela está orientada quanto à pessoa e ao lugar e só está um pouco sonolenta. Sua pressão arterial é de 130/70 mmHg, sua frequência cardíaca é de 85 batimentos por minuto, e sua frequência respiratória é de 16 respirações por minuto.

- Qual é o diagnóstico mais provável?
- Qual é a causa mais comum de sua condição?
- Quais são os fatores de risco para sua condição?
- Que doença renal pode estar presente nesta paciente?

RESPOSTAS PARA O CASO 49
Hemorragia intracerebral e aumento da pressão intracraniana

Resumo: Uma paciente de 47 anos tem uma história de forte dor de cabeça, hipertensão, rigidez na nuca e letargia. Foi programada a clipagem do aneurisma.

- **Diagnóstico mais provável:** Hemorragia subaracnóidea.
- **Causa mais comum:** Aneurisma sacular roto das artérias cerebrais (polígono de Willis).
- **Causas/fatores de risco:** Traumatismo craniano, ruptura de aneurisma, malformação arteriovenosa rompida, hipertensão, doença renal policística, coarctação da aorta, displasia fibromuscular, sexo feminino, tabagismo, abuso de cocaína e contraceptivos orais.
- **Doença renal possível:** Doença renal policística autossômica dominante pode estar presente em pacientes com aneurismas saculares. Pacientes com doença renal policística também podem ter cistos em outras partes do corpo, incluindo o polígono de Willis.

ABORDAGEM CLÍNICA

Os sintomas da pior dor de cabeça da vida de alguém, rigidez na nuca e/ou déficits neurológicos são altamente sugestivos de hemorragia subaracnóidea. A causa mais comum é a ruptura de um aneurisma no polígono de Willis. Os pacientes com doença renal policística autossômica dominante podem ter defeitos saculares dos vasos cerebrais.

A prevalência de aneurismas intracranianos é de cerca de 5% na população em geral. Aneurisma intracraniano é a causa mais comum de hemorragia intracraniana e responde por 75% de todas as hemorragias subaracnóideas. Um terço dos pacientes não sobrevive ao sangramento agudo inicial. Os fatores de risco são sexo feminino, predisposição genética, hipertensão, gravidez, doença renal policística, abuso de cocaína e alterações vasculares (ou seja, malformação arteriovenosa). A localização mais comum de aneurisma é a junção da artéria cerebral anterior e da artéria comunicante anterior. O tamanho varia entre pequenos (< 12 mm), grandes (12 a 24 mm) e gigantes (> 24 mm). Cerca de 80% dos aneurismas são classificados como pequenos, e o risco de ruptura varia de 0,14 a 1,10% ao ano para aneurismas menores. O risco de ruptura aumenta proporcionalmente com o tamanho do aneurisma. A fisiopatologia da ruptura do aneurisma envolve o aumento da pressão intracraniana (PIC) pelo extravasamento do sangue arterial, o que reduz a pressão de perfusão cerebral (PPC) e o fluxo sanguíneo cerebral (FSC) e, finalmente, faz o paciente perder a consciência.

As três principais causas de mortalidade e morbidade são o sangramento inicial, o ressangramento e o vasoespasmo. Outros fatores incluem complicações cirúrgicas, hidrocefalia e disfunção neurológica.

Ataque intenso e repentino de dor de cabeça ocorre em 90% dos pacientes e é o sintoma mais comum. Pode ocorrer uma breve perda de consciência. Os sintomas são semelhantes aos da meningite; por exemplo, pode haver rigidez na nuca, náuseas, vômitos e fotofobia. Além disso, os déficits sensoriais e motores podem acompanhar os outros sinais e sintomas. Exames de neuroimagem, tomografia computadorizada (TC) ou ressonância magnética (RM) são usados para confirmar o diagnóstico. A abordagem clínica inclui exames de imagem ou acompanhamento de sinais clínicos para determinar se há sangramento arterial em curso do aneurisma roto.

A intervenção cirúrgica mais comum é "clipagem" ou ligamento do aneurisma. Uma abordagem coordenada pelo neurocirurgião e pelo anestesista é necessária para fornecer o tratamento mais seguro para o paciente, e várias técnicas anestésicas podem ser utilizadas para otimizar as condições operatórias para o cirurgião. O desafio no manejo anestésico dessa cirurgia é garantir o FSC adequado. Compreender a neurofisiologia, o procedimento cirúrgico e os efeitos da anestesia são essenciais para a cirurgia de clipagem de um aneurisma. Há relativamente pouco tempo, em 1995, a FDA aprovou a embolização endovascular de aneurismas intracranianos com bobinas de metal, mas isso não é uma opção de tratamento em todos os aneurismas.

Em recém-nascidos, a hemorragia intraventricular é uma complicação comum da prematuridade, que ocorre mais comumente em crianças nascidas antes de completar 32 semanas de gestação. O sangramento se dá na matriz germinativa, que é propensa a sangrar devido a seus vasos sanguíneos com paredes finas.

ABORDAGEM À
Hemorragia intracerebral e ao aumento da pressão intracraniana

OBJETIVOS
1. Descrever os fatores determinantes do FSC.
2. Saber como diminuir a PIC.

DEFINIÇÕES
PRESSÃO DE PERFUSÃO CEREBRAL: Calculada pela fórmula:

$$PPC = PAM - PIC$$

em que PAM é a pressão arterial média e PIC é a pressão intracraniana.

INDUÇÃO ANESTÉSICA: Período entre a entrada do paciente na sala de cirurgia e a incisão cirúrgica. A indução consiste na administração de medicamentos para anestesiar o paciente, na intubação da traqueia e na colocação de todos os monitores invasivos.

DIURESE OSMÓTICA: Administração de manitol para reduzir o volume extracelular, o que melhora as condições cirúrgicas por produzir uma condição de um encéfalo "relaxado".

DISCUSSÃO

O **FSC** médio é de 40 a 50 mL por 100 g de tecido encefálico por minuto. O encéfalo recebe 15% do débito cardíaco devido à taxa metabólica cerebral de oxigênio ($CMRO_2$, de *cerebral metabolic rate of oxygen*) relativamente elevada e à incapacidade do encéfalo de armazenar oxigênio. A substância cinzenta tem um fluxo sanguíneo maior do que a substância branca. O FSC é determinado por uma série de fatores: a $CMRO_2$, a PPC, os níveis de dióxido de carbono ($PaCO_2$) e oxigênio (PaO_2) arteriais e de anestésicos intravenosos e inalatórios (ambos). O FSC é autorregulado; em uma PAM entre 50 e 150 mmHg, o FSC é constante, independentemente da PPC. Anestésicos inalatórios (voláteis) causam vasodilatação cerebral e um aumento do FSC. Por outro lado, os agentes anestésicos intravenosos (p. ex., propofol, etomidato e barbitúricos) causam vasoconstrição cerebral, o que reduz o FSC. Os opioides têm um efeito mínimo sobre o FSC. O FSC também pode ser interrompido por isquemia cerebral, tumores, hipoxia, hipercapnia e edema.

A $CMRO_2$ é um fator crítico para determinar isquemia cerebral. A taxa é de 3 a 3,8 mL O_2 por 100 g de tecido encefálico por minuto. O encéfalo tem uma demanda de energia muito alta, respondendo por 20% do consumo de oxigênio do corpo. Se o consumo de oxigênio é alto e a perfusão sanguínea é baixa, o risco de isquemia é alto. A $CMRO_2$ está diretamente relacionada com o FSC, e as mudanças são proporcionais. Agentes anestésicos intravenosos (exceto cetamina) e anestésicos inalatórios (voláteis) diminuem a $CMRO_2$. No entanto, os agentes intravenosos diminuem ainda mais o FSC por vasoconstrição, enquanto os anestésicos voláteis aumentam o FSC por vasodilatação. A temperatura também afeta a $CMRO_2$ diminuindo o FSC em 7% a cada decréscimo de 1°C.

A **PPC** é a diferença entre a PAM e a PIC, e normalmente é de 50 mmHg. Há uma autorregulação para manter o FSC estável durante amplas variações de PPC (50 a 150 mmHg). O tempo de resposta de adaptação às alterações na PPC é de cerca de 1 a 3 minutos.

A curva desvia-se à esquerda durante a anestesia (FSC mantido durante PPC baixa), o que permite ao paciente tolerar melhor a hipotensão durante a anestesia. Hipertensão arterial crônica desloca a curva para a direita, o que torna os pacientes propensos à isquemia cerebral em uma PPC mais elevada do que o normal. A autorregulação do FSC é alterada por traumatismo craniano e patologia intracraniana, como uma massa cerebral.

A **PIC** normalmente é de 10 mmHg. Uma PIC sustentada superior a 15 mmHg é considerada aumento da PIC. À medida que a PIC aumenta, há uma redução na PPC, o que diminui o FSC, podendo resultar em isquemia cerebral regional e/ou global. O encéfalo está confinado dentro do crânio, e a cavidade intracraniana compreende em volume 80% de tecido cerebral, 10% de sangue e 10% de líquido cerebrospinal (LCS). Se o volume de qualquer um dos componentes da cavidade intracraniana aumenta, o volume de outros dois deve ser reduzido para evitar um aumento da PIC.

Neste caso, o sangramento a partir de um aneurisma roto resulta em um aumento do volume de sangue cerebral (VSC). Inicialmente, à medida que a PIC aumenta, o LCS desloca-se para o canal medular para acomodar o aumento de pressão. Quando o canal medular enche o máximo de sua capacidade, uma pequena mudança no volume intracraniano provoca um aumento exponencial da PIC, levando a isquemia e edema. A manutenção ou a redução da PIC é desejável durante a neuroanestesia porque é um componente crucial na determinação da PPC.

O **dióxido de carbono** afeta fortemente o encéfalo. Entre 20 e 80 mmHg, um aumento na $PaCO_2$ causa um aumento no FSC. Para cada aumento de Hg de 1 mm, há um aumento no FSC de 1 mL/100 g/min. Hipercarbia provoca vasodilatação e aumento no VSC devido ao efeito sobre o pH do LCS. Hipocarbia diminui o FSC resultando em uma diminuição do VSC e da PIC. Hiperventilação moderada com uma $PaCO_2$ de 30 a 35 mmHg é eficaz para a diminuição da PIC. Abaixo de 30 mmHg, os riscos de efeitos sistêmicos da hipocarbia são maiores que os benefícios. Os efeitos da hiperventilação diminuem após seis horas. A capacidade do anestesista de manipular a $PaCO_2$ pela mudança da ventilação é um aspecto importante do manejo intraoperatório que pode afetar diretamente as condições técnicas do cirurgião.

Hipoxia (PaO_2 < 50 mmHg) resulta em um aumento no FSC e no VSC secundário à vasodilatação abrupta.

Os **anestésicos** influenciam o FSC. Todos os anestésicos voláteis (inalatórios) aumentam o FSC e diminuem a $CMRO_2$. Agentes de indução intravenosos, com exceção da cetamina, diminuem o FSC, a $CMRO_2$ e a PIC. Os opioides diminuem o FSC e têm pouco efeito sobre a PIC, mas podem causar depressão respiratória e hipercapnia, que é um potente vasodilatador cerebral. Agentes bloqueadores neuromusculares não têm efeito sobre a PIC, com a possível exceção da succinilcolina, que teoricamente aumenta a PIC.

Maneiras de se reduzir a PIC:

- Elevação da cabeça
- Hiperventilação
- Drenagem do LCS
- Diurese osmótica
- Corticosteroides
- Redução do FSC (pelo uso de barbitúricos ou propofol)
- Evitar a vasodilatação cerebral (evitar anestésicos inalatórios voláteis)

Sinais e sintomas de aumento da PIC:

- Náuseas/vômitos
- Hipertensão
- Bradicardia

- Mudanças de personalidade
- Alteração dos níveis de consciência
- Alteração da respiração
- Papiledema

> **CORRELAÇÃO COM O CASO CLÍNICO**
>
> - Ver Caso 1 (glioblastoma), Caso 35 (hérnia uncal), Caso 39 (meduloblastoma), Caso 41 (lateralidade encefálica), Caso 42 (percepção visual), Caso 43 (cognição espacial), Caso 44 (distúrbio de linguagem), Caso 45 (memória), Caso 46 (síndrome de desconexão), Caso 47 (função executiva) e Caso 48 (consciência).

QUESTÕES DE COMPREENSÃO

49.1 Uma paciente de 38 anos de repente tem a pior dor de cabeça da sua vida e, em seguida, desenvolve tonturas, rigidez na nuca e vômito. A TC mostra um aumento do espaço subaracnóideo, consistente com hemorragia subaracnóidea. Qual das seguintes é a etiologia mais provável?

   A. Trombocitopenia congênita
   B. Coagulopatia
   C. Fraqueza em pontos de ramificação das artérias cerebrais
   D. Doença hipertensiva

49.2 Um paciente de 62 anos desenvolve hipertensão acelerada, e a preocupação é o FSC excessivo. No entanto, a autorregulação do FSC mantém constante o fluxo de sangue para o encéfalo. Qual das seguintes opções é conhecida por causar vasoconstrição e reduzir o FSC?

   A. Elevada concentração sérica de sódio
   B. Baixo nível de oxigênio arterial
   C. Baixo nível de dióxido de carbono arterial
   D. Baixo nível de glicose no soro

49.3 Uma paciente de 70 anos apresenta-se com um quadro de cegueira súbita do olho direito e dor intensa no maxilar. Ela não tem qualquer outra dor ou déficit neurológico. A cegueira tem a duração de 20 minutos e depois melhora. Dados laboratoriais revelam hemoglobina de 12 g/dL, contagem de plaquetas de 150 × 10^3/μL e VSG de 110 mm/h. Qual das seguintes alternativas mais provavelmente estabelecerá o diagnóstico?

   A. TC de crânio
   B. RM de encéfalo

C. Teste de anticorpos antinucleares
D. Biópsia da artéria temporal
E. Angiografia das artérias cerebrais

RESPOSTAS

49.1 **C.** A causa mais comum de hemorragia subaracnóidea é um aneurisma sacular roto. Esses aneurismas ocorrem devido à **fraqueza na bifurcação das artérias cerebrais**; as artérias cerebrais têm maior risco, porque possuem uma adventícia muito fina e não têm lâmina elástica externa. Aneurismas saculares geralmente ocorrem nos locais de ramificação das grandes artérias cerebrais na porção anterior do polígono de Willis.

49.2 **C.** Elevados níveis de oxigênio arterial, ou **baixos níveis de dióxido de carbono**, levam a vasoconstrição cerebral e diminuição do FSC. Esse fenômeno é usado para promover a hiperventilação em pacientes com acidentes vasculares encefálicos, o que diminui a PIC e, por conseguinte, reduz o risco de danos encefálicos adicionais.

49.3 **D.** Esta paciente provavelmente tem artrite temporal. Os sintomas de dor na mandíbula, em especial durante uma refeição, cegueira indolor unilateral na ausência de outros sintomas neurológicos e VSG extremamente alto (normalmente acima de 90 mm/h) são quase diagnósticos. A **biópsia da artéria temporal** confirma o diagnóstico. O tratamento com corticosteroides pode prevenir a cegueira permanente.

DICAS DE NEUROCIÊNCIAS

▶ A causa mais comum de hemorragia subaracnóidea é a ruptura de um aneurisma sacular.
▶ Um paciente com uma hemorragia subaracnóidea muitas vezes se queixa de estar com "a pior dor de cabeça da sua vida".
▶ A hiperventilação e a hipocarbia causam vasoconstrição e diminuição da PIC.
▶ A hemorragia intraventricular é uma complicação comum em recém-nascidos prematuros, sendo originada a partir da matriz germinal.

REFERÊNCIAS

International Study of Unruptured Intracranial Aneurysms investigators. Unruptured intracranial aneurysms—risk of rupture and risks of surgical intervention. *N Engl J Med.* 1998;339:1725-1733.

Matta BF, Mayberg TS, Lam AM. Direct cerebrovasodilatory effects of halothane, isoflurane, and desflurane during propofol-induced isoelectric electroencephalogram in humans. *Anesthesiology.* 1995;83(5): 980-985.

The Brain Tumor Foundation. The American Association of Neurological Surgeons. The Joint Section on Neurotrauma and Critical Care: Hyperventilation. *J Neurotrauma.* 2000;17(6-7):513-520.

SEÇÃO III

Lista de casos

- Lista por número do caso
- Lista por assunto (em ordem alfabética)

LISTA POR NÚMERO DO CASO

Nº DO CASO	ASSUNTO	PÁGINA
1	Tipos celulares do sistema nervoso	8
2	Neurônio	16
3	Propriedades elétricas dos neurônios e potencial de repouso da membrana	24
4	Bainha de mielina e potencial de ação	32
5	Sinapses	42
6	Integração sináptica	50
7	Tipos de neurotransmissores	58
8	Liberação de neurotransmissores	66
9	Receptores de neurotransmissores	74
10	Junção neuromuscular	82
11	Desenvolvimento do sistema nervoso central	90
12	Desenvolvimento do sistema nervoso periférico	98
13	Neurulação	104
14	Neurogênese	112
15	Determinação do destino celular	120
16	Migração neuronal	128
17	Formação do córtex cerebral	134
18	Propriocepção	142
19	Via espinotalâmica	152
20	Nocicepção	162
21	Olfação	170
22	Audição	178
23	Visão	188
24	Controle do movimento	198
25	Núcleos da base	208
26	Cerebelo	216
27	Movimentos oculares	226
28	Funções regulatórias do hipotálamo	234
29	Eixo neuroendócrino	242
30	Termorregulação	250
31	Sistema nervoso simpático	258
32	Sistema nervoso parassimpático	266
33	Sono e sistema límbico	274
34	Sistema ativador reticular	282
35	Controle neural da respiração	290
36	Adição	296
37	Lesão axonal	302
38	Fatores de crescimento do nervo	310
39	Células-tronco neurais	318
40	Reparo neural	326
41	Lateralidade encefálica	336
42	Percepção visual	342
43	Cognição espacial	350
44	Distúrbios de linguagem	356
45	Memória	364
46	Síndromes de desconexão	372
47	Função executiva	380
48	Consciência	386
49	Hemorragia intracerebral e aumento da pressão intracraniana	392

LISTA POR ASSUNTO (EM ORDEM ALFABÉTICA)

nº DO CASO	ASSUNTO	PÁGINA
36	Adição	296
22	Audição	178
4	Bainha de mielina e potencial de ação	32
39	Células-tronco neurais	318
26	Cerebelo	216
43	Cognição espacial	350
48	Consciência	386
24	Controle do movimento	198
35	Controle neural da respiração	290
11	Desenvolvimento do sistema nervoso central	90
12	Desenvolvimento do sistema nervoso periférico	98
15	Determinação do destino celular	120
44	Distúrbios de linguagem	356
29	Eixo neuroendócrino	242
38	Fatores de crescimento do nervo	310
17	Formação do córtex cerebral	134
47	Função executiva	380
28	Funções regulatórias do hipotálamo	234
49	Hemorragia intracerebral e aumento da pressão intracraniana	392
6	Integração sináptica	50
10	Junção neuromuscular	82
41	Lateralidade encefálica	336
37	Lesão axonal	302
8	Liberação de neurotransmissores	66
45	Memória	364
16	Migração neuronal	128
27	Movimentos oculares	226
14	Neurogênese	112
2	Neurônio	16
13	Neurulação	104
20	Nocicepção	162
25	Núcleos da base	208
21	Olfação	170
42	Percepção visual	342
3	Propriedades elétricas dos neurônios e potencial de repouso da membrana	24
18	Propriocepção	142
9	Receptores de neurotransmissores	74
40	Reparo neural	326
5	Sinapses	42
46	Síndromes de desconexão	372
34	Sistema ativador reticular	282
32	Sistema nervoso parassimpático	266
31	Sistema nervoso simpático	258
33	Sono e sistema límbico	274
30	Termorregulação	250
1	Tipos celulares do sistema nervoso	8
7	Tipos de neurotransmissores	58
19	Via espinotalâmica	152
23	Visão	188

ÍNDICE

Nota: Número da página seguido por *f* ou *t* indica figuras ou tabelas, respectivamente

A

acetil-coenzima A, 63-64
acetilcolina (ACh), 42, 59-61, 60f, 74, 260-261, 263, 270-271
acetilcolinesterase, 83-84, 86-87, 311-312
ACh. *Ver* acetilcolina
acidente vascular encefálico. *Ver* distúrbios de linguagem; acidente vascular encefálico isquêmico do lado esquerdo; artéria cerebral média; acidente vascular encefálico da artéria cerebral média (ACM) direita
acidente vascular encefálico (AVE), 355
acidente vascular encefálico da artéria cerebral média (ACM) direita, 349, 350-351
ácido gama-aminobutírico (GABA), 52-55, 59-61, 210
ácido valproico, 105-106
acinesia, 212-213, 373
ACM. *Ver* artéria cerebral média; acidente vascular encefálico da artéria cerebral média (ACM) direita
ACPI. *Ver* artéria cerebelar posterior inferior
acromegalia, 241
    abordagem clínica e, 242-243
    discussão, 243-246
ACTH. *Ver* hormônio adrenocorticotrófico
acuidade visual, 189-193
adenilato-ciclase, 78-79
adenoma hipofisário, 187
ADH. *Ver* hormônio antidiurético
adição
    abordagem clínica e, 296
    discussão, 297-299
afasia, 357-359
afasia com jargão, 357
afasia de condução, 359, 376
afasia de recepção, 359
afasia fluente, 359
afasia global, 359
afasia transcortical, 359
aferentes do fuso muscular, 144-145

agenesia do corpo caloso, 373
agnosia, 351-353
agnosia afetiva, 357
agnosia auditiva, 337, 357
agnosia olfatória, 171-172
agnosia visual, 352-353
agrafia, 357
agrafia unilateral, 373
álcool, 289, 290, 298-299. *Ver também* síndrome alcoólica fetal
    cerebelo e, 215-221
alestesia, 351-352
alexia, 357
alfa-sinucleína, 120
ambliopia, 343-344, 347
amígdala, 171-174, 202-203, 259, 267-268, 276-277
amígdala corticomedial, 172-173
amiloide
    hipótese, 43
    placa, 42, 112
aminoglicosídeos, 178
amnésia anterógrada, 365-366
amnésia retrógrada, 365-366
amusia, 337
analgesia, 162, 165-166
analgesia endógena, 165-166
anedonia, 298-299
anel, 82-83
anencefalia, 106-107
anestesia, 164-165
anestesia em sela, 82-83
aneurisma, 392-394, 397
anisocoria, 257
anomia, 357
anomia unilateral, 373
anosmia, 171-174
anosmia verbal, 373
anosodiaforia, 337
anosognosia, 337, 338, 357
anticolinesterásicos, 75-76
antígeno leucocitário humano (HLA), 274-276
antígeno neurônio-glia 2 (NG2), 327-328, 330-331
aparelho de Golgi, 62

apneia, 292-293
apoptose, 122
apraxia, 357, 374-375
apraxia de construção, 351-352
apraxia de construção unilateral, 373
apraxia de vestir, 351-352
apraxia ideacional, 351-352
apraxia unilateral, 373
aprosodia, 357
área de Broca, 357-358, 360-361, 374-376
área de Wernicke, 359-361, 374-376
área motora suplementar, 199-200
área pré-óptica, 251-252
área pré-tectal, 190-191
área tegmental ventral (ATV), 210, 297
artéria cerebelar posterior inferior (ACPI), 158-159
artéria cerebral média (ACM), 356
artéria hipofisária superior, 243-244
artéria meníngea média, 386
artérias carótidas internas, 260-261
arterite temporal, 397
assinergia, 219-220
astereognosia, 143-144
astigmatismo, 343-344
astrocitomas, 8-10, 9t
astrócitos, 11-13
ataxia, 216-218, 219-220
ataxia da fala, 219-220
ataxia de Friedreich, 141, 148-149
    abordagem clínica, 143-144
    discussão, 143-147
    propriocepção e, 143-147
    receptores de pressão e de tato e, 144-145, 144t
ataxias hereditárias autossômicas recessivas, 143-143
atetose, 209
ativador do plasminogênio tecidual (tPA), 356
atonia do sono REM, 285-286
ATV. *Ver* área tegmental ventral
audição, 177
    abordagem clínica e, 178
    discussão, 179-183, 182f
auditivo externo, 179
AVE. *Ver* acidente vascular encefálico
AVE isquêmico à esquerda, 197
    abordagem clínica, 198-199
    controle de movimento e, 198-204, 200f
    discussão, 199-204
    vias do neurônio motor superior e, 200f
axônio, 17-19, 304f, 329f
    cone do axônio, 18-19, 33-35
    crescimento e regeneração, 326-328, 328-331, 329f
    mielinizado pré-ganglionar, 259

axônios pré-ganglionares mielinizados, 259

B

baclofeno, 296
bainha da lâmina basal, 327-329
bainha de mielina, 2, 18-19
    geração de, 33-35
    potenciais de ação e, 32-37, 35f, 37f
banda de Bungner, 327-333
barbitúrico, 298-299
barreira hematoencefálica, 11-12
bastonetes, 189-191
benzodiazepínicos, 42, 298-299
β-endorfina, 165-166
bexiga, 266-268
bigorna, 179
bloqueadores dos canais de cálcio do tipo L, 303-305
BMPs. *Ver* proteínas morfogenéticas ósseas
bobbing ocular, 387
bomba de Na$^+$/ K$^+$-ATPase, 30
bomba de sódio e potássio, 27-28, 30
botão sináptico, 43-44, 83-84
botulismo, 65-66, 70, 71
bradicinesia, 58, 208
Broca, Paul, 337
bulbo, 200f, 259
bulbo lateral, 158-159
bulbo olfatório, 170-171, 172f
buprenorfina, 296, 297

C

Ca^{2+}. *Ver* íon cálcio
cálcio, 307
    bloqueadores dos canais de cálcio do tipo L, 303-305
calosotomia, 336, 371-372
calpaínas, 303-305
camada de células de Purkinje, 216-218
camada granular, 217-218
camada molecular, 217-218
camada ventricular, 93f
campo nasal, 192f
campo receptivo, 189-190
campo temporal, 192f
campo visual, 200f
campo visual binocular, 191-193
campo visual monocular, 191-193
campos oculares frontais, 199-200, 227-228
campos visuais parietais, 227-228
canais de potássio dependentes de ligante, 78-79
canais de potássio dependentes de voltagem, 39-40
canais de repouso, 26-27

canais de sódio dependentes de ligante, 78-79
canais de sódio dependentes de voltagem, 38-39
canais semicirculares, 228-229
canal iônico dependente de voltagem, 78-79
cápsula interna, membro posterior da, 200f, 201-202
carcinoma de células escamosas, 258
cataplexia, 274-275
catecolamina, 58-61
catecol-O-metil-transferase (COMT), 58
cauda equina, 82-83, 87
CCNs. *Ver* células da crista neural
cegueira para cores, 194
células amácrinas, 190-191
células bipolares, 190-191
células ciliadas, internas e externas, 180-181
células cromafins, 101-102
células da crista neural (CCNs), 98-101
células da crista neural cranial, 100-101
células de Betz, 199-202
células de Merkel, 144-145, 144t
células de Purkinje, 219-220
células de Schwann, 8-11, 18-19, 39-40, 307, 328-329, 329f
  bainha de mielina e, 33-35
células do gânglio espiral, 180-181
células ganglionares, 98, 101-102, 190-191
células gliais, 8-11
  radiais, 129
células horizontais, 190-191
células M, 190-191
células mitrais, 170-171
células P, 190-191
células progenitoras, 113-115
células progenitoras neurais, 125-126
células-tronco. *Ver também* tipo específico
  definições relacionadas com, 319-321
  discussão, 320-323
  propriedades funcionais de, 320-321
células-tronco adultas (somáticas), 320-321
células-tronco embrionárias (CTEs), 320-321, 323-324
células-tronco neurais (CTNs), 320-321, 321-323
centro da atenção, 283-284
centro da saciedade, 277-278
centro de micção cerebral, 266-267
cerebelo, 368-369
  abordagem clínica, 216-217
  álcool e, 215-221
  anatomia, 220-221
  discussão, 217-221
  sintomas cerebelares à direita, 221-222
cinesina, 21-22

cingulotomia, 164-165
circuito cingulado anterior, 265
circuito de Papez, 216-217
citocinas, 305-306
citoesqueleto, 17-18
clatrina, 68
clonidina, 296
Clostridium botulinum, 66
$CMRO_2$. *Ver* taxa metabólica cerebral de oxigênio
CNTF. *Ver* fator neurotrófico ciliar
cóclea, 180-181
cognição espacial
  abordagem clínica, 350-351
  ACM e, 349-351
  discussão, 351-353
colículo inferior, 181-183, 182f
colículos superiores, 154-155, 190-191, 192f, 210, 228-229, 345-346
colina-acetiltransferase, 63-64
colo descendente, 268-270
coluna de células interomediolateral, 259
coluna dorsal, 155f
colunas posteriores, 143-143
coma, 387, 388
comissura anterior, 374-375
comissura branca ventral, 146-147, 153-155, 201-202
comissura hipocampal, 374-375
competência, 92-93, 122
complexo ventrobasal, 154-155
complexo olivar superior, 182f
complexo pré-Bötzinger, 291-294
comportamento de utilização, 382
COMT. *Ver* catecol-O-metil-transferase
condução saltatória, 2, 33-35, 37f
cone de crescimento, 136-137, 327-330
cones, 189-191, 194
conexinas, 45
conexões talamocorticais recíprocas, 173-174
conexons, 45
consciência
  abordagem clínica, 386
  definição, 387
  discussão, 387-390
consolidação, 365-366, 368-369
constante de comprimento, 52-53
constante de tempo, 52-53
controle de movimento
  abordagem clínica, 198-199
  discussão, 199-204
  vias do neurônio motor superior e, 200f
convergência, 226-227
corda do tímpano, 268-270

cordina, 92-93
coreia, 209
córnea, 188
corno dorsal, 153-154
corpo caloso, 337, 374-376
corpo celular, 18-19
corpo cerebelar, 218-219
corpo geniculado lateral, 192 s
corpo mamilar, 216-217, 235-236
corpos de Lewy, 58, 120
corpúsculo de Pacini, 143-144, 144t
corpúsculos de Meissner, 143-145, 144t, 148-149
corpúsculos de Ruffini, 143-145, 144t
córtex auditivo, 181-183, 182f
córtex calcarino esquerdo, 192
córtex cerebelar, 217-218
córtex cerebral, 259, 267-268
    dor e, 163-165
    formação, 134-138
    zonas de citoarquitetura, 139f, 139f
córtex cingulado, 259, 268-269
córtex entorrinal, 170-174
córtex estriado, 191-193
córtex frontal dorsolateral, 384
córtex motor, 200f
córtex motor primário, 199-200
córtex motor secundário, 199-200
córtex olfatório primário, 171-172
córtex orbitofrontal, 384
córtex orbitofrontal lateral, 173-174
córtex piriforme, 172-173
córtex pré-frontal, 259, 268-269
córtex pré-frontal medial, 202-203
córtex pré-motor, 199-200, 291-292
córtex sensoriomotor, 201-203
córtex somatossensorial primário, 145-146, 154-155
córtex visual primário, 190-191
córtices do hipocampo, 259, 268-269
corticosteroides, 32
craniorraquisquise, 107-108
craniossacral, 267-268
craniotomia transesfenoidal, 188
CRH. *Ver* hormônio liberador de corticotrofina
crises atônicas, 371, 372
crises tônicas, 372
crises tônico-clônicas, 372
cristalino, 188
cromatólise, 303-306
cromossomo 4, 309-311
crus cerebri, 201-202
CTEs. *Ver* células-tronco embrionárias
CTNs. *Ver* células-tronco neurais
culmen, 220-221

cuneus, 190-191

D

DA. *Ver* doença de Alzheimer
dB. *Ver* decibel
de sangue quente, 251-252
decibel (dB), 179, 180-181
declive, 220-221
decussação motora, 200f
decussação tegmental dorsal, 202-203
decussação tegmental ventral, 202-203
defeito do tubo neural (DTN), 104-110
deficiência intelectual, SAF e, 90-91
déficit motor progressivo, 82-83
degeneração atrófica, 83-85
degeneração cerebelar alcoólica, 215
degradação mediada por acetilcolinesterase, 63-64
demência, 111, 116-118, 212-213, 364. *Ver também* doença de Alzheimer; doença de Huntington
    abordagem clínica, 112-115
    discussão, 113-116
    neurogênese, 112-116
dendritos, 17-19, 21-22
depressão, 212-213
dermátomo, 153-155
desidratação, 250
desinibição, 209
desmielinização, 32, 143-143
despolarização, 38-39
despolarização rápida, 38-39
destino cortical, 136-137
destro, 336
determinação do destino, 136-137
determinação do destino celular, 135-136
determinação extrínseca, 122, 125-126
determinação intrínseca, 122
DH. *Ver* doença de Huntington
diabetes insípido (DI), 233, 237-238
    vasopressina e, 234
diafragma, 291-292
diastematomielia, 106-107
diencéfalo, 91
diferenciação, 91
dígitos, 380-381
dineína, 21-22
dinorfina, 165-166
dióxido de carbono, 292-293, 395-396
diplopia. *Ver* visão dupla
disartria, 357-358
dissectomia lombar, 82-83
discinesia tardia, 212-213
disco intervertebral, 81-83

ÍNDICE **407**

disdiadococinesia, 217-220
disfagia, 357
disfunção olfativa pós-traumática, 169
　abordagem clínica, 170-171
　discussão, 171-174
dislexia, 357
dismetria, 217-220
dismorfia, 90-91
disosmia, 171-172
dispraxia, 357
disrafismos espinais, 104-105
distorções neologísticas, 357
distúrbios de linguagem, 355
　abordagem clínica, 356
　definições relacionadas com, 357-358
　discussão, 357-360
diurese osmótica, 393-394
dobras de junção, 83-84
doença de Alzheimer (DA), 41-43, 48, 112, 368-369. *Ver também* memória
　abordagem clínica e, 112-115, 364
　discussão, 113-116
　imagens, 114f
　neurofilamentos e, 18-19
　neurogênese, 112-116
doença de Hirschsprung, 97-98, 102
doença de Huntington (DH), 112, 212-213, 309
　abordagem clínica, 310-312
　discussão, 312-314
doença de Lou Gehrig. *Ver* esclerose lateral amiotrófica
doença de Parkinson (DP), 58, 112, 119, 126, 207
　abordagem clínica, 120-122
　caracterização de, 212-213
　determinação do destino da célula e, 120-125
　discussão, 122-124-125
　mecanismos moleculares, 120-122
　opções de tratamento, 124-125
　patologia dos núcleos da base em, 120, 121f, 208-213, 211f
doença renal policística, 392
dominância cerebral hemisférica, 336
dopamina, 58, 63, 210, 299-300
dor, 151-157, 153f
　analgesia endógena e, 165-166
　córtex cerebral e, 163-165
　fantasma, 163
　lenta e rápida, 163
　profunda e visceral, 163
　radicular, 163-166
　referida, 163-165, 167
dor fantasma, 163
dor lenta, 163
dor profunda, 163

dor radicular, 163-166
dor rápida, 163
dor referida, 163-165, 167
dor visceral, 163
DP. *Ver* doença de Parkinson
DTN. *Ver* defeito do tubo neural
ducto coclear, 184-185

E

ECP. *Ver* estimulação cerebral profunda
ectoderme, 91
efeito de suporte trófico autócrino, 311-314
eferentes, 210
eixo neuroendócrino
　abordagem clínica, 242-243
　discussão, 243-246
eixo periaquedutal, 165-166
eixo periventricular, 165-166
ejeção do leite, 277-278
ELA. *Ver* esclerose lateral amiotrófica
EM. *Ver* esclerose múltipla
emaranhados fibrilares, 112
emaranhados neurofibrilares, 42
embolia, 198-199
eminência média, 243-244
encefalina, 59-60, 165-166
encefalite letárgica, 58
encéfalo. *Ver também* anatomia ou desordens específicas do
　astrocitomas, 8-10, 9t
　barreira hematoencefálica, 11-12
　desenvolvimento do SNC, 91
　ECP, 124-125
　HPE e, 133-138
　LET, 379, 380
　LIS e, 128
　oligodendrogliomas, 8-10
　tumores, 7-13
　tumores pediátricos em, 317-319, 322-323
encefalocele, 106-107
endoderme, 91
endolinfa, 180-181
epêndima, 93f
Epi. *Ver* epinefrina
epigenética, 320-321
epilepsia
　abordagem clínica, 336
　lateralidade encefálica e, 336-339
　lobo temporal medial, 335, 336
epilepsia do lobo temporal medial, 335, 336
epinefrina (Epi), 59-61, 260-261
epitélio olfatório, 171-172, 172f
equação de Nernst, 26-27, 30

equação Goldman-Hodgkin-Katz, 26-28
eretores do pelo, 252-253
erros parafásicos, 357-358
escala de coma de Glasgow (GCS), 388
escala média, 180-181
escala timpânica, 180-181
escala vestibular, 180-181
esclerose lateral amiotrófica (ELA), 15-16, 21-22, 112, 357-358
esclerose múltipla (EM), 2, 31-34, 39-40, 265
    abordagem clínica, 32-34
    bexiga e, 266-268
    terminologia, 2-3
escotoma, 189-190, 343-344
escotoma central, 191-193
esfíncter uretral externo, 266-267
esfíncter uretral interno, 266-267
espaço subaracnóideo, 8-10, 12-13
especificação do alvo, 123-124
especificação/determinação do destino, 122
espinha bífida, 106-108
    aberta, 104-105
    oculta, 104-106
espinocerebelo, 217-218
espontaneidade, 382
esquecimento, 212-213
estado vegetativo persistente, 387
estereocílios, 180-181
estimulação cerebral profunda (ECP), 124-125
estria acústica, 181-183
estria acústica dorsal, 181-183
estria acústica intermediária, 181-183
estria acústica ventral, 181-183
estria lateral, 172-173
estriado, 58, 209-210, 213-214
estriado ventral, 297
estribo, 179
estupor, 387
exame de estado mental (minimental), 363
exocitose, 45
exocitose dependente de cálcio, 48
exotoxina botulínica, 66
explosões vocais, 212-213
extinção, 351-352

F

fala arrastada, 274-275
fasciculações, 15, 16, 83-85
fascículo arqueado dominante, 360-361
fascículo cuneado, 145-146
fascículo cuneiforme, 153f
fascículo grácil, 145-146, 153f
fascículo dorsolateral, 165-166
fascículo longitudinal medial (FLM), 2, 32, 202-203, 228-229
fascículo posterolateral, 154-155
fase blastocística, 323-324
fase hiperpolarizante, 35f
fator de crescimento de fibroblastos (FGF), 92-93
fator de crescimento do nervo (NGF), 112, 123-124, 303-304, 305-306
    abordagem clínica, 310-312
    discussão, 312-314
fator de crescimento semelhante à insulina 1 (IGF-1), 242-243
fator inibidor da prolactina (PIF), 243-245
fator neurotrófico, 307, 312-313
    hipótese, 123-124
fator neurotrófico ciliar (CNTF), 312-313
fator neurotrófico derivado da glia (GDNF), 98, 312-313
fator permissivo, 129
fator trófico, 122, 313-315
fatores de atração, 136-137
fatores indutores, 92-93
fatores tróficos derivado do alvo, 303-305
febre, 253-254
feixe prosencefálico medial (FPM), 300
fenda sináptica, 43-44, 44f, 47-48, 83-84, 86-87
fenótipo, 122
FGF. *Ver* fator de crescimento de fibroblastos
fibras arqueadas dorsais, 145-146
fibras arqueadas internas, 145-146
fibras corticorreticulares, 202-203
fibras corticospinais laterais não cruzadas, 200f
fibras musgosas, 217-220
fibras pupilares, 192f
fibras simpáticas pós-ganglionares não mielinizadas, 260-261
fibras trepadeiras, 219-222
fibras trepadeiras excitatórias, 221-222
fibrilação atrial, 289, 290
fibrilações, 83-85
fibroblastos perineurais, 327-329
filamentos intermediários, 18-19
filtragem das informações, 286-287
fissura calcarina, 190-191
fissura orbital inferior, 268-270
fissura orbital superior, 268-270
fissura peri-hipocampal, 363
FLM. *Ver* fascículo longitudinal medial
flóculo, 218-219
fluxo sanguíneo cerebral (FSC), 392, 394-395
folato, 104-108
folia, 217-218
folistatina, 92-93
folium tuber, 220-221

forame jugular, 268-270
força inibitória, 291-292
formação reticular, 153-155, 219-220, 259, 267-268
formação reticular bulbar, 284-285
formação reticular pontina paramediana (FRPP), 228-229
fossa posterior, 318-319
fossa pterigopalatina, 268-270
fotorreceptores, 189-190
fóvea, 343-345
fóvea central, 189-190
FPM. Ver feixe prosencefálico medial
fragmentação proneural, 115-116
frataxina, 143-143
fratura de Chance, 49
FRPP. Ver formação reticular pontina paramediana
FSC. Ver fluxo sanguíneo cerebral
FSH. Ver hormônio folículo-estimulante
função executiva
   abordagem clínica, 380
   discussão, 380-382
funções de comportamento, 277-278
funções viscerais, 275-276
funículo anterolateral, 154-155
fusão binocular, 343-344

G

GABA. Ver ácido gama-aminobutírico
Gage, Phineas, 382
gânglio celíaco, 260-261
gânglio cervical superior, 259, 260-262
gânglio ciliar, 268-270
gânglio geniculado, 268-270
gânglio mesentérico inferior, 260-261
gânglio mesentérico superior, 260-261
gânglio paravertebral, 259, 260-261
gânglio pré-vertebral, 259, 260-261
gânglio pterigopalatino, 268-270
gânglio submandibular, 268-270
gânglio torácico superior, 260-261
gânglio trigeminal, 158-159
gangliogliomas, 8-10
gás sarin, 86-87
gating, 25-26
GBM. Ver glioblastoma multiforme
GCS. Ver escala de coma de Glasgow
GDNF. Ver fator neurotrófico derivado da glia
gene *Hox*, 94-95, 117-118
gene proneural, 113-115, 117-118
gene *XLIS*, 129
genes *Wnt*, 117-118
GH. Ver hormônio do crescimento

GHRH. Ver hormônio liberador do hormônio do crescimento
giro frontal inferior, 360-361
giro frontal inferior direito, 339-340
giro frontal médio, 199-200
giro lingual, 191-193
giro pós-central, 154-155, 199-200
giro pré-central, 199-200
giro pré-central direito, 339-340
giro temporal superior, 360-361
giro temporal transversal de Heschl, 184-185
glândula, 259, 267-268
   hipófise, 342
   lacrimal, 260-261
   parótida, 268-270
   salivar, 260-261
   sudorípara, 260-261
glândula parótida, 268-270
glândulas lacrimais, 260-261
glândulas salivares, 260-261
glândulas sudoríparas, 260-261
glicina, 59-61, 63-64, 201-202
glicoproteínas laminina sinápticas, 46-47
glioblastoma multiforme (GBM), 7-9, 13
gliose, 143-143
globo pálido, 209-210, 211f, 214
globo pálido interno (GP_i), 58
glutamato, 52-53, 59-61
GnRH. Ver hormônio liberador de gonadotrofina
Golgi, Camillo, 18-19
golpe/contragolpe, 380-381
GP_i. Ver globo pálido interno
gradiente eletroquímico, 25-26
grafestesia, 373
GRD. Ver grupo respiratório dorsal
grupo respiratório bulbar dorsal (GRD), 291-292
grupo respiratório ventral (GRV), 291-292
GRV. Ver grupo respiratório ventral

H

haloperidol, 208
HED. Ver hematoma epidural
helicotrema, 180-181
hematoma epidural (HED), 385, 386
hematoma subdural, 290
hemianopsia, 189-190, 343-344
hemianopsia bitemporal, 187, 189-193, 34-35
hemianopsia dupla, 373
hemianopsia homônima, 189-194, 343-344
hemibalismo, 209, 211-212
hemidesatenção, 351-352
(hemi)negligência visual, 351-352

hemisfério não dominante, 351-352
hemisférios cerebelares, 218-219
hemorragia intracerebral, 391
    abordagem clínica, 392-394
    discussão, 394-396
hemorragia intracraniana, 290
hemorragia subaracnóidea, 391, 392
hérnia de disco. *Ver também* hérnia de disco
    lombar da medula espinal cervical
    superior, 151-157
hérnia de disco cervical, 151-157
hérnia de disco lombar, 81-83
herniação uncal, 289, 290
heroína, 295
    síndrome de abstinência, 296
herpes-zóster, 161
    abordagem clínica, 162-163
    discussão, 163-166
hertz (Hz), 179-181
hidrocefalia, 106-107
hiperestesia, 163-165
hiperosmia, 171-174
hiperpneia, 292-293
hiperpolarização, 29-30
hiper-reflexia, 50-52
hipertensão, 289
hipertermia, 249
    abordagem clínica, 250
    discussão, 251-254
hipestesia, 163
hipocampo, 275-277, 365-367
hipocretina, 274-275
hipófise, 342
hipopneia, 292-293
hipotálamo anterior, 255-256
hipotálamo, 259, 267-269
    abordagem clínica e, 234
    anatomia, 236f
    anterior e posterior, 255-256
    discussão, 235-238
    funções, 276-277-277-278
    funções de regulação, 234-237-238
    lateral, 279-280
    posterior dorsomedial, 253-254
    termorregulação e, 251-252
hipotálamo lateral, 279-280
hipotálamo posterior, 255-256
hipotálamo posterior dorsomedial, 253-254
hipotermia, 252-253
hipótese colinérgica, 42
hipótese quimioespecífica, 137-138
hipoxia, 395-396
HLA. *Ver* antígeno leucocitário humano
holoprosencefalia (HPE), 133, 138, 140
    abordagem clínica, 134-136
    alobar, 134
    denominador comum de, 135-136
    discussão, 136-138
    encéfalo e, 133-138
    formação e córtex cerebral, 134-138
    lobar, 134
    semilobar, 134
    tipos de, 134
homeotérmico, 251-252
homúnculo, 198-200
hormônio adrenocorticotrófico (ACTH), 243-245
hormônio antidiurético (ADH), 234, 275-276
hormônio do crescimento (GH), 243-245
hormônio estimulante da tireoide (TSH),
    243-245, 253-254
hormônio folículo-estimulante (FSH), 243-245
hormônio libeador de gonadotrofina (GnRH),
    235-236, 244-245
hormônio liberador de corticotrofina (CRH),
    235-236, 244-245
hormônio liberador de prolactina, 235-236
hormônio liberador de tireotrofina (TRH),
    235-236, 244-245, 252-253
hormônio liberador do hormônio do
    crescimento (GHRH), 235-236, 244-245
hormônio luteinizante (LH), 243-245
HPE. *Ver* holoprosencefalia
Hz. *Ver* hertz

I

IGF-1. *Ver* fator de crescimento semelhante à
    insulina 1
imunoglobulina, 32
incongruente, 343-344
incontinência, 265-267
indução anestésica, 393-394
inervação dos músculos oculares, 200f
infarto. *Ver* AVE isquêmico à esquerda; acidente
    vascular encefálico da artéria cerebral
    média (ACM) direita
infiltrado de linfócitos perivasculares, 32
inibição lateral, 113-115, 117-118
inibidores colinérgicos, 364
iniciação, 130-131
instabilidade postural, 212-213
instrução, 100-101
insulto inicial de desenvolvimento, 89
integração neuronal, 53-54
integrina, 130-131
interferon beta, 32
interleucina 1, 327-328
interneurônios, 19-20

iodopsina, 189-190
íon
    canais, 25-26, 78-79
    concentração, 26-27, 26t
íon cálcio (Ca^{2+}), 67-68, 71, 304-305
ipsilateral, 337
irritabilidade, 212-213

J

janela oval, 179
janela redonda, 179
JNM. *Ver* junção neuromuscular
joelho da cápsula interna, 200f
junção neuromuscular (JNM), 74, 83-84, 84f, 200-201
junções comunicantes, 44

L

labirinto membranoso, 180-181
labirinto ósseo, 180-181
lâmina crivosa, 170-171, 172f, 174-175
lâmina espiral, 180-181
lateralidade encefálica
    abordagem clínica e, 336
    discussão, 337-339
    epilepsia e, 336-339
L-dopa, 58, 60-61, 63
lemnisco espinal, 143-144
lemnisco lateral, 182f
lemnisco medial, decussação de, 145-146
lemnisco trigeminal ventral, 155-156
lesão axonal
    abordagem clínica e, 302
    discussão, 303-306
    íons cálcio e, 304-305
    neurônio motor e, 304-305
lesão occipitotemporal bilateral, 352-353, 354
lesões bulbares, 292-293
lesões da medula espinal (LMEs), 49-52, 325
    abordagem clínica, 326-328
    hérnia da medula espinal cervical, 151-157
    reparo neural e, 327-331
lesões pontinas, 292-293
leucotomia pré-frontal, 163
levodopa, 208
levodopa-carbidopa, 58
LH. *Ver* hormônio luteinizante
ligantes, 129
limiar, 33-35, 35f
língula, 220-221
linha de Gennari, 191-193
linha média dos núcleos da rafe, 165-166
LIS1, 128-129

lisossomos, 18-19
lisencefalia (LIS), 127, 132
    abordagem clínica, 128-129
    aparência do encéfalo em, 128
    discussão, 129-131
    migração neuronal e, 128-131
LMEs. *Ver* lesões da medula espinal
lobo anterior, 218-219
lobo límbico, 202-203
lobo occipital, 192 s, 194
lobo occipital medial, 190-191
lobo parietal posterior, 351-353
lobo posterior, 218-219
lobo temporal, 184-185
lobos frontais, 380, 380-382
lóbulo floculonodular, 217-220
lóbulo paracentral, 199-200
lóbulo parietal, 351-354
locus ceruleus, 210
LTP. *Ver* potenciação de longa duração

M

MACs. *Ver* moléculas de adesão celular
mácula, 189-193, 227-228
malformação de Arnold-Chiari. *Ver* malformação de Chiari
malformações de Chiari, 106-107, 221-222
mamas, 277-278
manutenção, 130-131
MAO. *Ver* monoaminoxidase
marcha vacilante, 119
martelo, 179
matriz extracelular (MEC), 129, 136-137
MEC. *Ver* matriz extracelular
mecanismo da sede, 276-277
mecanismos de aumento da temperatura, 252-254
mecanismos de diminuição da temperatura, 253-254
mecanismos de segundo mensageiro mediados por receptores, 171-172
mecanorreceptores, 143-144
medula espinal, 259
    neurônios, 19-21
medula presa, 106-107
medula suprarrenal, 260-261
meduloblastoma, 317-319, 319f
megacolo agangliônico congênito. *Ver* doença de Hirschsprung
mel, 66
melanócitos, 101-102
membrana basilar, 180-181
membrana pós-sináptica, 47-48

despolarização mediada por RACh, 86-87
membrana timpânica, 179
memória, 363, 368-369
  abordagem clínica, 364
  discussão, 365-367
memória de procedimento a longo prazo, 365-366
memória declarativa de curto prazo, 365-367
memória declarativa de longo prazo, 365-367
memória imediata, 365-366
memória recente. *Ver* memória declarativa de curto prazo
memória remota. *Ver* fatores repelentes da memória declarativa de longo prazo, 136-137
meninges, 8-11
meningioma parassagital, 204-205
meningiomas, 10-11
meningocele, 106-107
mesencéfalo, 91, 137-138, 200f, 199-200, 259
mesoderme, 91, 102
mesoderme paraxial, 100-101
metencéfalo, 91, 95-96
MG. *Ver* miastenia grave
miastenia de Eaton-Lambert, 86-87
miastenia grave (MG), 73-76
microfilamentos, 18-19
micróglia, 10-12
microtúbulos, 17-18
mielencéfalo, 91
mielina, 8-10, 266-267
  axônio mielinizado pré-ganglionar, 259
  desmielinização, 32, 143
  proteína básica, 34-35
mielomeningocele, 106-108
migração neural, 135-137
migração neuronal, 128-131
migração radial, 129-132
migração tangencial, 129, 132
miocardiopatia hipertrófica, 141, 143-144
mitocôndrias, 18-19
modiolus, 180-181
moléculas de adesão, 327-329
moléculas de adesão celular (MACs), 129
monoaminoxidase (MAO), 58
morfina, 158-159, 167
morte celular anterógrada, 303-306
morte celular ontogenética, 311-315
morte celular retrógrada, 303-306
motoneurônios inferiores, 199-202
motoneurônios superiores, 199-202
movimento rápido dos olhos (REM), 284-287
movimentos coreiformes, 212-213
movimentos de perseguição lenta, 226-229
movimentos oculares, 217-218, 225
  abordagem clínica, 226-227
  discussão, 227-230
movimentos oculares sacádicos, 226-229
movimentos reflexos optocinéticos, 226-227, 229-230, 172-173
movimentos sacádicos horizontais, 228-229
movimentos sacádicos reflexivos, 227-228
movimentos sacádicos verticais, 228-229
movimentos sacádicos volitivos, 227-228
movimentos vestíbulo-oculares, 228-230
multipotentes, 320-321, 323-324
muscarínico, 267-268
  RACh, 76-77
músculo cardíaco, 259, 267-268
músculo detrusor, 266-267
músculo liso, 259-261, 267-268
músculo oblíquo inferior, 227-228
músculo oblíquo superior, 227-228
músculo quadríceps femoral, 81
músculo reto inferior, 227-228
músculo reto lateral, 227-228
músculo reto medial, 227-228
músculo reto superior, 227-228
músculos flexores distais, 201-202

N

narcolepsia, 273
  abordagem clínica, 274-276
  discussão, 275-278
NE. *Ver* norepinefrina
negligência, 337
negligência motora, 352-353
neoplasia liberadora de hormônio do crescimento, 241-243
nervo abducente, 225
nervo cutâneo, 165f
nervo frênico, 291-292
nervo glossofaríngeo, 292-293
nervo lingual, 268-270
nervo mediano, 302
nervo oculomotor, 227-228
nervo óptico, 190-191, 192f
nervo petroso maior, 268-270
nervo trigêmeo, 158-159
nervo vago, 271-272
nervos olfatórios, 171-172, 172f
nervos periféricos, crescimento e regeneração, 326-331, 329f
neurite óptica, 266-267
neurociência
  quadro geral, 2
  terminologia, 2-3
  vias, 2
neurofilamentos, 18-19

ÍNDICE **413**

neurogênese, 113-115, 135-136
neuroma do acústico, 177
  abordagem clínica e, 178
  discussão, 179-183, 182f
neurônio motor inferior, 50-51, 51t
neurônio motor superior, 50-51, 51t
  vias, 200f
neurônios, 10-12, 10f
  bomba de sódio e potássio e, 27-28
  características morfológicas, 17-20
  classificação, 18-20
  classificação funcional, 19-20
  concentração de íons e, 26-27, 26t
  medula espinal, 19-21
  propriedades elétricas, 24-28, 26t, 28f
neurônios aferentes, 19-20
neurônios bipolares, 19-20
neurônios colinérgicos, 311-312
neurônios com função inspiratória, 291-292
neurônios espinhosos médios, 209, 210
neurônios motores, 16, 19-21
  lesão axonal e, 304f
  superior e inferior, 50-51, 51t
  vias do neurônio motor superior, 200f
neurônios multipolares, 19-20
neurônios pseudounipolares, 19-20
neurônios sensoriais, 19-20
neurônios somatossensoriais, 19-21
neurônios unipolares, 18-19
neuropeptídeos, 59-60
neurotoxicidade excitatória, 298-299
neurotransmissor, 45
  liberação, 66-68
  pequena molécula, 59-61
  receptores, 75-78, 260-261
  tipos, 59-62, 60f
neurotrofinas, 310-311
neurulação, 92-93, 104-106, 109-110, 135-137
  abordagem à, 105-108
  abordagem clínica, 104-106
  discussão, 107-108
  opções de tratamento, 107-109
  primária, 105-108
  secundária, 106-108
neurulação primária, 105-108
neurulação secundária, 106-108
NG2. *Ver* antígeno neurônio-glia 2
NGF. *Ver* fator de crescimento do nervo
NGL. *Ver* núcleo geniculado lateral
nicotínico, 267-268
  RACh, 74, 76-77, 83-85
  receptores, 270-271
nistagmo. *Ver* movimentos oculares
nistagmo horizontal. *Ver* movimentos oculares

N-metil-D-aspartato (NMDA), 76-77
nocicepção
  abordagem clínica, 162-163
  discussão, 163-166
nociceptor, 153-154
nódulo, 218-219
nogina, 92-93
norepinefrina (NE), 59-61, 60f, 78-79, 252-253, 263
nódulos de Ranvier, 2, 33-35
notocorda, 91-93
núcleo, 18-19
núcleo ambíguo, 200f
núcleo anterior, 235-236
núcleo arqueado, 239, 243-244
núcleo basal de Meynert, 42
núcleo caudado, 209-210, 211f, 310-311
núcleo cervical lateral, 146-147
núcleo coclear, dorsal e ventral, 181-183, 182f
núcleo cuneiforme acessório, 145-146
núcleo da rafe, 202-203, 210
núcleo de Clarke, 144-145
núcleo de Edinger-Westphal, 268-270, 344-345, 347
núcleo de Luys, 211f
núcleo denteado, 219-222
núcleo do *locus ceruleus*, 203-204
núcleo do trato solitário, 268-269, 292-293
núcleo dorsal do vago, 268-270
núcleo dorsal, 144-145
núcleo dorsomedial, 235-236
núcleo emboliforme, 219-220
núcleo espinal do V, 155-156, 158-159
núcleo fastigial, 219-220
núcleo geniculado lateral (NGL), 189-191, 344-345, 347
núcleo geniculado medial, 181-185, 182f
núcleo globoso, 219-220
núcleo hipotalâmico paraventricular, 279-280
núcleo intersticial de Cajal, 228-229
núcleo intersticial rostral, 228-229
núcleo lateral, 235-236
núcleo magno da rafe, 203-204
núcleo motor dorsal, 268-270, 271-272
núcleo oculomotor, 228-229
núcleo olfatório anterior, 171-172
núcleo paraventricular, 235-236, 243-245, 251-252
núcleo pedunculopontino, 210
núcleo pré-óptico, 235-236, 243-244
núcleo prepósito do hipoglosso, 228-229
núcleo pulposo, 82-83
núcleo rubro, 200f, 388, 390
núcleo rubro ipsilateral, 202-203
núcleo salivatório inferior, 268-270
núcleo salivatório superior, 268-270

núcleo subtalâmico, 209, 210
núcleo supraquiasmático, 235-236, 238-239
núcleo trigeminal espinal, 155-156
núcleo ventral posterolateral (VPL), 145-146, 154-155
núcleo ventral posteromedial (VPM), 155-159
núcleo ventrolateral, 219-220
núcleo ventromedial (VM), 235-236, 238-239
núcleos cerebelares, 22
núcleos da base
    abordagem clínica e, 208
    discussão, 209-213, 211f
    DP e, 120, 121f, 208-213, 211f
    papel dos, 209
núcleos da rafe caudais, 165-166, 203-204
núcleos do sistema óptico acessório, 229-230
núcleos intralaminares, 154-156
núcleos periventriculares, 243-244
núcleos pontinos dorsolaterais, 228-229
núcleos supraópticos, 235-236
núcleos talâmicos, 154-155
núcleos talâmicos intralaminares, 210
núcleos vestibulares, 228-229
núcleos vestibulares laterais, 217-218
nucleus accumbens, 297

O

obnubilado, 387
ocitocina, 235-236, 243-246, 275-278
oftalmoplegia, 216-217
oftalmoplegia internuclear (OIN), 32
oftalmoplegia intranuclear (OIN), 2
OIN. *Ver* oftalmoplegia internuclear; oftalmoplegia intracelular
oitavo nervo craniano, 180-181
oligodendrócitos, 2, 10-13, 18-19, 39-40
oligodendrogliócito, 329f
oligodendrogliomas, 8-10
opioide, 162, 165-167, 298-299
    antagonistas, 296, 297
orelha, 179
    interna, 179
    média, 179
organização tonotópica do som, 180-181
órgão de Corti, 180-181, 184-185
órgão tendinoso de Golgi, 143-144
osmorreceptor, 275-276
osmorreceptor-ADH, 276-278

P

padrão retinotópico, 189-190
pálido, 209
palidotomia, 208

par de núcleos pontinos, 291-292
paralisia espástica ipsilateral, 152
parestesia, 163-165
parkinsonismo, 57-58
parkinsonismo secundário, 58
parte compacta, 210
    região, 208
parte compacta da substância negra (SNpc), 58
parte opercular dominante, 360-361
peciloterno, 251-252
pedúnculo cerebral, 200f
pedúnculo olfatório, 171-172
PEPS. *Ver* potencial excitatório pós-sináptico
pequenas moléculas neurotransmissoras, 59-61
perda auditiva condutiva, 179
perda auditiva neurossensorial, 179
perda de sensibilidade, 152
    contralateral, 337
perilinfa, 180-181
perimetria, 343-344
período refratário absoluto, 35, 35f
período refratário relativo, 35f, 36-37
períodos refratários, 33-34
perseguição lenta, 230-231
perseveração, 380-381
pia, 93f
PIC. *Ver* pressão intracraniana
PIF. *Ver* fator inibidor da prolactina
piloereção, 251-253
PIPS. *Ver* potencial inibitório pós-sináptico
pirâmide, 220-221
pirâmide bulbar, 201-202, 205-206
placa cortical, 93f
placa motora, 83-84
placa neural, 91-93, 93f
placas, 32
placas neuríticas, 42-43
placoide ectodérmico, 99-101
plexo coroide, 93f
pluripotentes, 319-320
polidipsia, p 234
poliglutamina (poliQ), 310-311
polimiosite, 74
poliQ. *Ver* poliglutamina
polissonografia, 274-275
poliúria, 234
ponte, 200f, 259
poros de fusão, 68
potenciação de longa duração (LTP), 365-369
potencial de ação, 18-19, 298-299
    bainha de mielina e, 32-37, 35f, 37f
    componente do, 35f
potencial de membrana, 34-35
potencial de placa motora, 83-85

potencial de placa motora, 86-87
potencial de repouso da membrana (PRM), 24-28, 26t, 28f, 30, 52-53
potencial excitatório pós-sináptico (PEPS), 50-53
potencial inibitório pós-sináptico (PIPS), 50-53
potencial pós-sináptico (PPS), 50-53, 76-77
potencial sináptico quântico, 67
PPC. *Ver* pressão de perfusão cerebral
PPS. *Ver* potencial pós-sináptico
presbiacusia, 184-185 p
preservação macular, 191-193, 194
pressão de perfusão cerebral (PPC), 392-395
pressão intracraniana (PIC), 386, 391
    abordagem clínica, 392-394
    discussão, 394-396
    redução da, 395-396
priapismo, 295, 296
PRL. *Ver* prolactina
PRM. *Ver* potencial de repouso da membrana
prolactina (PRL), 243-245
prolactinoma, 233, 341-342, 345-346
propriedades elétricas de neurônios, 24-28, 26t, 28f
propriocepção, 143-149
prosencéfalo, 91, 137-138
prosencéfalo basal, 210
prosopagnosia, 337, 351-352
proteína proteolipídica, 34-35
proteína zero, 34-35
proteínas citosólicas, 68
proteínas LIM, 124-125
proteínas morfogenéticas ósseas (BMPs), 117-118
proteínas relacionadas com Ras. *Ver* Rab3A e Rab3B
proteínas SNARE, 68
proteoglicanos, 82-83
protofilamentos, 17-18
proto-oncogene *RET*, 98
ptose, 73, 257
putame, 209, 210, 211f

Q

quadrantanopsia, 343-344
quadrantanopsia superior, 191-193
quantum, 67
quarto nervo craniano, 227-228
quedas, 212-213
quiasma óptico, 188, 190-192, 342

R

Rab3A e Rab3B (proteínas relacionadas com Ras), 68
RACh. *Ver* receptor de acetilcolina
radiações ópticas, 190-191
raiz dorsal, 164-166, 165f

gânglios, 154-155, 158-159
    zona de eferência, 154-155
ramo branco, 164-165
ramo comunicante branco, 259-261
Ramon y Cajal, Santiago, 18-19
ramos comunicantes cinzentos, 260-261
receptor articular 144-145
receptor de acetilcolina (RACh), 73
    despolarização da membrana pós-sináptica, 86-87
    muscarínico, 76-77
    nicotínico, 74, 76-77, 83-85
receptor olfatório, 175-176
receptores acoplados à proteína G, 75-77
receptores colinérgicos pré-sinápticos, 66, 67
receptores de calor, 251-253
receptores de frio, 251-253
receptores de tirosina-cinase, 75-77
receptores inotrópicos, 45, 48, 74-80
receptores ligados à proteína G, 158-159
receptores metabotrópicos, 45, 48, 75-80
receptores muscarínicos, 270-271
receptores sensíveis à pressão e ao toque, 144-145, 144t
receptores tipo J, 292-293
receptores Trk, 311-313
reflexo calórico, 387
reflexo do olho de boneca. *Ver* reflexo oculocefálico
reflexo oculocefálico, 387
reflexo vestíbulo-ocular, 227-228
região determinante do sexo Y-box. *Ver SOX10*
região naso-órbito-etmoidal, 170-171
regulação cardiovascular, 276-277
regulação circadiana, 235-236
regulação da água corporal, 276-278
regulação da alimentação, 277-278
regulação da contratilidade uterina, 277-278
regulação da temperatura corporal, 276-277
regulação endócrina, 235-236
regulação gastrintestinal, 277-278
regulação negativa, 298-300
regulação visceral, 235-236
reparo neural
    abordagem clínica e, 326-328
    discussão, 328-331
    LM e, 327-331
respiração, 289
    abordagem clínica e, 290
    Cheyne-Stokes, 292-293
    discussão, 291-293
respiração apnêustica, 292-293
respiração atáxica, 292-293
respiração de Cheyne-Stokes, 292-293

respiração neurogênica central, 292-293
resposta complexa, 343-344
resposta de Babinski, 81, 373
resposta reflexa monossináptica (RRM), 50-52
retículo endoplasmático, 18-19, 63
retina, 188-192, 227-228
retina nasal, 192f
retina temporal, 192f
retirada de inervação polineuronal, 328-331
reto, 268-270
retroalimentação negativa, 247
rigidez, 212-213
rigidez em roda dentada, 58
ritmicidade visceral, 291-292
rivalidade binocular, 343-344
rodopsina, 189-190
rombencéfalo, 91, 137-138
rombômeros, 94-95
RRM. Ver resposta reflexa monossináptica

S

SAF. Ver síndrome alcoólica fetal
salicilatos, 178
sangue frio, 251-252
SAR. Ver sistema ativador reticular
schwanomas, 8-10
SDE. Ver sonolência diurna excessiva
segmentos internodais, 36-37
segregação, 92-93
seio carotídeo, 292-294
sela turca, 187, 342
seleção, 100-101
selegilina, 58
série de 7s, 380-381
serotonina, 63, 165-166
SFC. Ver síndrome da fadiga crônica
SHH. Ver sonic hedgehog
SIADH. Ver síndrome da secreção inadequada
    de hormônio antidiurético
sinais de contato atrativos/repulsivos, 138, 140
sinais de gradiente de difusão atrativa/repulsiva,
    138, 140
sinais excitatórios, 201-202
sinais inibitórios, 201-202
sinal de Lasègue, 82-83
sinal de Romberg, 146-147
sinal de Tinel, 301
sinalização celular, 30
sinalização do sistema da endotelina, 98
sinapse química, 43, 44, 45
sinapses elétricas, 43, 44
sinaptogênese, 136-138, 140
síncope vasovagal, 271-272

síndrome alcoólica fetal (SAF), 90-91, 96
síndrome da fadiga crônica (SFC), 281-284
síndrome da secreção inadequada de hormônio
    antidiurético (SIADH), 236-238
síndrome de ataxia-telangiectasia, 216-217
síndrome de Brown-Séquard, 152
síndrome de Down, 98
síndrome de Eaton-Lambert, 70
síndrome de encarceramento, 387
síndrome de Horner, 257, 258
síndrome de Klüver-Bucy, 28-29, 276-277
síndrome de Parinaud, 345-346
síndrome de Sjögren, 74
síndrome de Tourette, 212-213
síndrome de Wallenberg, 158-159
síndrome de Wernicke-Korsakoff, 216-217
síndrome disexecutiva, 380
síndrome do túnel do carpo, 301
    abordagem clínica e, 302
    discussão, 303-306
síndromes de aprisionamento, 302
síndromes de desconexão
    abordagem clínica, 372
    discussão, 373-376
sinestesia, 143-144
sintomas cerebelares do lado direito, 221-222
sintomas de abstinência, 298-299
siringomielia, 106-107
sistema anterolateral, 153-155
sistema ativador reticular (SAR), 387-388, 390
    correlação clínica e, 282-284
    discussão, 283-286
    ilustração de, 284f
sistema cervical lateral, 143-144, 146-147
sistema de sinalização Notch-Delta, 115-118
sistema diencefálico medial, 365-366
sistema dopaminérgico mesolímbico, 297, 300
sistema lemniscal espinal, 145-147
sistema lemniscal medial, 143-146, 148-149
sistema límbico
    abordagem clínica, 274-276
    discussão, 275-278
sistema nervoso central (SNC), 10-11
    desenvolvimento, 90-95
    ELA e, 15-16, 21-22
    encéfalo e, 91
sistema nervoso entérico, 98
sistema nervoso parassimpático, 99
    abordagem clínica e, 266-268
    anatomia, 269f
    discussão, 267-271
sistema nervoso periférico (SNP), 10-11, 259-261
    definição, 99
    desenvolvimento, 98-101

sistema nervoso simpático, 99
    anatomia, 261f
    correlação clínica, 258
    receptores de neurotransmissores, 260-261
    síndrome de abstinência de heroína e, 296
sistema nervoso somático, 99
sistema nervoso toracolombar, 259
sistema nervoso visceral (SNV), 99
sistema porta hipofisário, 236-237
sistema temporal medial, 365-366
sistema tuberoinfundibular, 243-244
SNC. *Ver* sistema nervoso central
SNP. *Ver* sistema nervoso periférico
SNpc. *Ver* parte compacta da substância negra
SNV. *Ver* sistema nervoso visceral
soma, 17-19
somação espacial, 50-53
somação temporal, 50-55
somatotópico, 199-200, 218-219
somitos, 100-102
sonic hedgehog (SHH), 135-136
sono
    abordagem clínica, 274-276
    discussão, 275-278
    REM, 284-287
    SDE, 273-276
sono REM. *Ver* movimento rápido dos olhos
sonolência diurna excessiva (SDE), 273-276
SOX10 (região determinante do sexo Y-box), 98
Sperry, Roger, 137-138
substância branca, 32
substância negra, 120, 121, 200f, 208-210, 211f, 311-312
substância P, 59-60, 63
substância perforante anterior, 172-173
subtalamotomia, 208
sudorese, 253-254
sulco neural, 91
sulco olfatório, 172-173
surdez pura à palavra, 376

T

T4. *Ver* tiroxina
tálamo, 58, 210, 211f
    dorsal, 200f
        núcleo dorsomedial do, 173-174
        núcleo ventrolateral do, 219-220
talamotomia, 208
taxa metabólica, 253-254
taxa metabólica cerebral de oxigênio ($CMRO_2$), 394-395
TCE. *Ver* traumatismo cranioencefálico
TEAFs. *Ver* transtornos do espectro do alcoolismo fetal

tegmento da ponte, 283-285
tegmento lateral, 259
tegmento mesencefálico, 210, 286-287
telangiectasia oculocutânea, 216-217
telencéfalo, 91, 137-138, 140
tendão patelar, 81
terminação, 130-131
terminação edemaciada, 327-328, 330-331
terminações colinérgicas, 60f
terminações noradrenérgicas, 60f
terminal pré-sináptico, 17-19
termogênese química, 252-253
termorreceptor, 251-252, 255-256, 275-277
termorregulação, 249
    abordagem clínica, 250
    discussão, 251-254
    hipotálamo e, 251-252
    mecanismos de aumento da temperatura, 252-254
    mecanismos de diminuição da temperatura, 253-254
Teste de FABER, 82-83
teste de fluência de letras, 380-381
teste de geração de palavra, 380-381
teste de Rinne, 178
teste de Romberg, 143-144, 146-147
teste de Thurstone, 380-381
teste de Wada, 336
teste de Weber, 178
teste do Tensilon, 87
tetrodotoxina (TTX), 23-24
tiamina, 216-217
timectomia, 75-76
tirosina-hidroxilase, 63-64
tiroxina (T4), 251-254
totipotente, 319-320
tPA. *Ver* ativador do plasminogênio tecidual
tractotomia, 155-156
transfecção, 320-321
transformação epitélio-mesenquimal, 99
transporte axoplasmático, 17-18
transtornos do espectro do alcoolismo fetal (TEAFs), 90-91
trato corticobulbar, 201-202
trato corticopontino, 218-219
trato corticorrubral, 202-203
trato corticospinal, 143-143, 200f, 201-202
trato corticospinal lateral, 201-202
trato corticospinal lateral cruzado, 200f
trato corticospinal ventral, 200f, 201-202
trato corticotectal, 202-203
trato cuneocerebelar, 143-144, 218-219
trato de Lissauer, 154-155
trato espinal do V, 155-156, 158-159

trato espinocerebelar dorsal, 143-145, 218-219
trato espinocerebelar lateral, 143-143
trato espinocerebelar rostral, 143-146, 218-219
trato espinocerebelar ventral, 143-144, 218-219
trato espinotalâmico, 143-144, 153-154, 153f
trato geniculocalcarino, 192
trato óptico, 190-191, 192f, 194
    núcleo de, 229-230
trato piramidal, 200f, 201-202
trato pontocerebelar, 218-219
trato reticulospinal, 219-220
trato reticulospinal pontino, 202-203
trato rubrospinal, 202-203, 219-220
trato tectopontino, 190-191
trato tectospinal, 190-191, 202-203
trato ventral, 143-143
trato vestibulospinal, 203-204, 219-220
trato vestibulospinal lateral, 203-204
trato vestibulospinal medial, 203-204
tratos, 2
tratos ascendentes sensoriais, 50-51
tratos descendentes, 50-51
tratos espinocerebelares, 143-144, 218-219
tratos espinorreticulares, 153-156
tratos olfatórios, 171-172, 172f
traumatismo cranioencefálico (TCE), 379, 380.
    Ver também hematoma epidural
tremor, 212-213
tremor de enrolar pílula, 58
tremores estáticos, 220-221
tremores intencionais, 220-221
TRH. *Ver* hormônio liberador de tireotrofina
triptofano, 63
trissomia do 21-22, 98
trombose, 198-199
tronco, 200f
TSH. *Ver* hormônio estimulante da tireoide
TTX. *Ver* tetrodotoxina
tubérculo olfatório, 171-172
tubo neural, 91, 93f, 95-96
tumor
    de Pancoast, 257, 258
    encefálico pediátrico, 317-319, 322-323
    encefálico, 7-13

U

ubiquitina, 120
unipotentes, 320-321

V

variante inter-hemisférica média (VIHM), 134
vasoconstrição, 252-253

vasodilatação, 253-254
vasopressina (VP), 234, 243-246
vasos sanguíneos, 260-261
velocidade de condução, 36-37
ventrículo, 211f
vergência, 227-231
verme cerebelar, 218-219
vesículas, 18-19
vesículas sinápticas, 45, 67
vestibulocerebelo, 217-218
via anatomia óptica, 192f
via auditiva central monaural, 181-183
via beija-e-corre, 68, 71
via clássica, 68, 71
via córtico-ponto-cerebelar, 218-219
via de endocitose em massa, 68, 71
via dorsolateral, 145-146
via espinotalâmica, 163
    abordagem clínica, 152
    discussão, 153-157, 153f
via optocinética direta, 23
via optocinética indireta, 229-230
vias auditivas ascendentes, 182f
vias espinorreticulares, 163
VIHM . *Ver* variante inter-hemisférica média
visão
    abordagem clínica, 188
    anatomia da via óptica, 192f
    daltonismo, 194
    definições relacionadas com, 343-344
    discussão, 188-193, 344-346
    dupla, 31, 73, 227-228, 343-344
    lesões e, 191-193
    prolactinoma e, 342
    turva, 31
    visão geral, 188
visão dupla, 31, 73, 227-228, 343-344
visão turva, 31
VM. *Ver* núcleo ventromedial
VP. *Ver* vasopressina
VPL. *Ver* núcleo ventral posterolateral
VPM. *Ver* núcleo ventral posteromedial

Z

zona ativa, 45, 47-48, 67
zona subgranular (ZSG), 321-324
zona subventricular (ZSV), 113-115
zona ventricular (ZV), 113-115, 123-126, 132
zonas intermédias, 218-219
ZSG. *Ver* zona subgranular
ZSV. *Ver* zona subventricular
ZV. *Ver* zona ventricular